친정 엄마 / 요리 백과

중앙books

집밥 서툰 딸과 세심한 엄마의 1:1 요리 문답

친정 엄마 / 요리 백과

윤희정
옥한나
지음

중앙books

Prologue

너에게 전해주는 이 요리가
앞으로 너희 가족에게
하루하루의 따뜻한 기억으로
남기를 바란다

내 사랑하는 딸아

"밥 다 됐다~ 밥 먹어라."
"밥은 먹었니?"
"밥 꼭 챙겨 먹고."

엄마를 떠올릴 때, 마음속에서 가장 따뜻하게 맴도는 것이 바로 '엄마가 해준 밥'이 아닐까 싶습니다. 엄마의 밥은 그냥 음식 그 이상의 가치가 담겨 있다는 것을 곁에서 함께 지낼 때는 미처 알지 못했습니다. 소박하지만 정성스럽게 만든 집밥을 차리는 것, 허기진 가족을 위해 휘리릭 준비해 챙겨 먹이는 일이 이렇게도 위대한 일인지 그때는 알지 못했지요. 결혼을 해 제 가정을 일구고, 몸과 마음을 바쳐 아이를 낳아 길러보니, 이제야 비로소 엄마의 마음을 헤아리게 되었습니다.

그렇게 '엄마'가 무엇임을 점점 조금씩 알아갈수록, 엄마 생각이 더 자주, 깊이 납니다. 하찮다고 여겨 머릿속에서 지워진 줄 알았던 어떤 날의 일상이 불현듯 떠올라 먹먹한

가슴으로 엄마에게 전화를 해 괜스레 울먹이기도 하고요. 당연하다 생각했던 많은 일들이, 사실은 너무나 특별했던 것이라는 것을 이제는 깨닫게 되었죠.
우리는 매일 하루에도 몇 번씩 음식을 먹지만, 유독 엄마가 해준 밥이 생각나는 때가 있어요. 먹을 것이 없어서가 아니라, 따뜻한 엄마의 음식 안에 들어 있는 나를 향한 정성과 사랑이 고파서일 겁니다. 엄마의 정성이 들어간 반찬들이 상 위에 오르고, 맛있게 먹는 나를 바라보는 사랑 가득한 눈빛이 조미료가 되어 특별한 것 없는 소박한 밥상임에도 푸짐하고 맛있게 느껴집니다.

갖은 유해 요소들 때문에 외출 빈도도 현저히 줄어들고, 스마트폰으로 배달 어플만 켜면 어떤 음식이든 신속히 배달 오는 세상이지만, 엄마가 차려주는 정갈하고 소박한 음식이 그리워지는 요즘입니다. "오늘은 뭐해 먹지?" 내 가족이 먹을 밥상을 차리는 일은 일상적이면서도 매번 고민되는 일이죠. 인터넷이나 요리책을 뒤져서 다른 엄마들의 요리 비법을 따라 하거나 기억을 더듬어 엄마의 요리를 열심히 흉내 내지만, 같은 재료로 요리를 하는데도 입에 딱 붙지 않거나 희한하게 친정엄마의 음식처럼 깊은 맛이 나지 않았습니다. 엄마에겐, 엄마만의 비법이라도 숨겨져 있는 것일까요?

"책을 만들 거면 한번 제대로 만들어보자."

요리하는 사람 중 그래도 꽤 많이 알려진 우리 엄마, 블로거 요리천사. 1996년부터 2008년까지 12년간 요리선생님으로 일을 하고, 2007년부터 14년간 네이버 블로그 '요리천사의 행복밥상' 을 운영하면서 매일 쉬지 않고 간단하면서도 맛있는 요리 레시피를 전파하고 있습니다. 그런 엄마가 성인이 되어가는 저희 남매를 위해 블로그에 시작한 연재가 '아들 딸 홀로서기 기초요리'였습니다. 대학에 진학한 저와 오빠가 전국 혹은 세계 어디에 있든 엄마의 레시피를 보고, 서툴러도 힘 닿는 대로 스스로 시도할 수 있기를 바라며 만든 코너였지요. 첫 포스팅은 제가 가장 좋아하는 엄마표 콩나물국이었어요. 지금 생각해보면 아주 간단한 요리지만, 그 포스팅에는 좋은 멸치와 다시마를 골라 육수를 내는 법부터, 콩나물은 얼마나 익혀야 하는지, 국물 맛을 시원하게 하려면 어떻게 해야 하는지… 이탈리아 요리만 제대로 배웠던 제가, 엄마에게 가정식 요리를 배우면서 했던 질문과 대답이 그대로 적혀 있었습니다. 친정엄마만이 해줄 수

있는 이야기, 삶에서 얻어낸 노하우가 담긴 손맛, 일부러 물어보지 않으면 표현하기 힘든 엄마만의 숨은 비법이 이런 것이겠죠.

결혼을 하고, 엄마도 저도 각자의 일이 점점 바빠지면서 잠시 멈추었던 '아들 딸 홀로서기' 연재가 이제 이 책을 통해 다시 펼쳐지게 되었습니다. 3년 넘는 기간 동안 이유식 관련 인스타그램을 운영하고 아이주도 이유식&유아식 책을 낸 저에게도, 10년이 훨씬 넘는 기간 동안 누적 방문자 7,800만 명을 기록하며 요리책도 이미 8권이나 낸 엄마에게도 공통적으로 많았던 요청들! 바로 엄마와 딸이 집에서 어떻게 해 먹는지 알려달라는 것이었어요.

레시피대로 만들어도 생겨나는 수많은 질문들, 요리를 하다 막혀서 엄마에게 전화를 걸어 물어보고 싶은 것들을 친정엄마처럼 세심하고 시원하게 대답해주는 책을 만들고 싶었습니다. 다년간 요리선생님으로, 파워 블로거로, 엄마로, 며느리로 지내오면서 거의 평생을 요리에 매진한 친정엄마의 레시피를 저 혼자 알고 있기에는 너무 아쉬워, 지난 몇 년간 인스타그램을 통해 사람들과 소통하는 저의 특기를 조금 살려 보았죠.

이 책의 목표는, 어디서든 흔하게 구할 수 있는 식자재와 제철 재료로 어렵지 않고 간단하게 뚝딱 만들어낼 수 있게끔 하는 것입니다. 어중간한 손맛보다 정확하고 자세한 계량으로 실패 없이 요리하고, 실제로 수년간 엄마가 가족들의 건강을 생각하며 만들었던 음식을 소개하고자 하는 것입니다. 자극적이지 않고 먹어도 질리지 않으며 계속해서 생각나는 기본 중에서도 기본의 집밥 레시피를 담고 싶었습니다. 어른들만의 음식이 아닌 어린 자녀가 있는 집도 아이 음식을 함께 만들 수 있어 3대가 두루두루 쓸 수 있는 레시피가 바로 이 책에 있습니다. 엄마표 레시피에 엄마가 저에게 알려주고 싶은 요리 훈수를 곁들였고요, 제가 갖가지 질문을 던지면 엄마는 친절하고 자세하게 대답해줍니다. 또 응용할 수 있는 버전업 레시피와 저만의 요령이 담긴 팁과 레시피를 더했어요.

엄마와 저는 이 책을 만든다는 명목으로 올 한 해 1년 동안 거의 매일같이 만나서 음식을 하고,가르쳐주고, 배우고, 레시피를 다듬고, 하나하나 직접 촬영하면서 맛에 대한 많은 대화를 나눴습니다. 이 귀한 시간이 제게는 평생의 선물로 남을 듯합니다. 저 또한 언젠가 딸 라임이가 결혼을 하게 되면 엄마가 제게 그랬던 것처럼, 저도 이 레시피와 요리 비법을 일러주며 내리사랑을 이어가겠지요. '외할머니가 알려준 방법인데…'라고

운을 떼면서요. 이 책은 엄마가 제게 전해주는, 그리고 제가 딸 라임이에게 전해주어야 할, 대대손손 물려주어도 부끄럽지 않을 요리 족보로 완성하고자 했습니다. 그리고 우리 집 식구들만 아는 요리 비법이 아닌, 우리 모두가 알고 따라 할 수 있도록 쉽고 자세히 풀어쓰고자 노력했습니다. 세월이 훌쩍 지나도 누군가 소중하게 펼쳐볼 수 있는 값진 요리책이 되었으면 합니다. 한식을 먹고 자라야 할 우리 후손들에게 조금이라도 도움이 되었으면 하는 간절함도 담았습니다.

이 책을 읽어주시는 여러분께, 오히려 진심으로 감사하다는 말씀을 전하고 싶습니다. 덕분에 친정엄마와 평생 잊지 못할 소중한 추억을 만들었고, 딸 라임이에게 물려줄 엄마와 외할머니의 레시피북을 완성할 수 있었습니다. 따뜻한 엄마의 집밥이 그리운 모든 분들께 많은 도움이 되길 진심으로 바랍니다.

2020년 가을, 라임맘 옥한나

Thanks to

항상 격려와 응원을 잊지 않는 영원한 내 편인 우리 부모님, 언제나 든든한 지원군이 되어주시는 시부모님, 내게 늘 힘이 되어주는 사랑하는 나의 가족 우리 남편과 라임이에게 무한한 사랑과 감사를 전합니다.

Contents

탕&전골

찜

조림

볶음

나물&무침

김치&겉절이

냉채&샐러드

전

구이

솥밥

죽

국수

일러두기

일년 열두달 먹어도 맛있는

쇠고기 미역국

우리 식구들이 가장 좋아하는 국으로 듬뿍 끓여 놓고는 거의 매일 먹어도 질리지 않을 만큼 식탁 위에 자주 등장합니다. 조갯국물을 넣고 시원하게 끓이기도 하고 싱싱한 생선살을 넣고 끓여 먹기도 하는데 뭘 넣고 끓여도 질리지 않는 우리 집 단골국이지요.

062

재료 | 4인분

- 마른 미역 30g
- 쇠고기(등심 또는 양지) 100g
- 국간장 1큰술
- 참기름 1작은술
- 다진 마늘 1작은술
- 소금 1/2작은술
- 다시마육수(또는 물) 6컵

1 쇠고기는 결 반대로 얇고 납작하게 썰어 키친타월에 말아 핏물을 뺀다.
2 마른 미역은 물에 충분히 불렸다가 꺼내어 깔끔하게 씻은 후 꼭 짜서 먹기 좋게 자른다.
3 달군 냄비에 쇠고기와 다진 마늘, 국간장, 참기름을 넣고 고기가 익도록 중불에서 달달 볶는다.
4 고기가 익으면 미역을 넣고 숨이 죽도록 고기와 함께 2분 정도 중불에서 달달 볶는다.
5 다시마육수를 붓고 끓어오르면 약불로 줄여 뚜껑을 덮고 30분 정도 미역이 부드러워지고 국물에 쇠고기맛이 잘 우러나도록 끓인다.
6 마지막에 소금으로 간을 맞춘다.

1 엄마의 훈수

063

1 엄마의 훈수

레시피를 소개하며 엄마가 딸에게 해주고 싶은 요리의 가르침을 담았습니다. '닭갈비는 재료마다 익는 시간이 다르니 오래 걸리는 순서대로 넣어서 익혀라', '쇠고기 미역국은 다시마육수를 진하게 우려내 끓여야 고기만으로 부족한 감칠맛을 채워준단다' 등 요리마다 꼭 염두했으면 하는 간곡한 부탁들을 엄마의 마음으로 전합니다.

2 엄마의 비법을 알려주세요

요리하다 보면 자꾸 생기는 오류들, 부딪히는 문제들, 궁금한 점을 모아 엄마에게 질문합니다. 재료 고르는 법부터 실패하기 쉬운 요인들, 요리 초보들이 쉽게 놓치는 부분들을 질문으로 던지고, 요리 경험이 많은 엄마가 대답합니다. 인터넷 검색으로 도저히 해결할 수 없는 진짜 요리를 하면서 맞닥뜨리게 되는 궁금증을 이곳에서 해결할 수 있습니다.

요리가 어려운데 덜컥 한 가정의 주부가 된 이 세상의 딸들, 솜씨 없는 엄마라 딸에게 혹은 며느리에게 도움될 만한 요리책을 선물하고 싶은 이 세상의 엄마들을 위해 선물과도 같은 214개의 레시피와 요리 정보들을 담았습니다. 레시피만 소개하는 것에서 끝나지 않고 친정엄마의 수십 년 내공에서 비롯된 훈수와 직접 부딪히면서 자꾸 생기는 요리에 대한 질문들과 명쾌한 답, 그리고 청출어람을 꿈꾸는 똑똑한 딸의 요령까지…. 이 책을 보는 방법들을 아주 친절하게, 자세하게 소개해 드립니다.

2

엄마의 비법을 알려 주세요!

● 제가 끓인 미역국은 왜 깊은 맛이 안나요.
미역국이 맛있으려면 일단 좋은 재료를 골라야 해. 좋은 미역과 기름기가 적당한 쇠고기, 맛이 잘 든 재래식 국간장 이 세가지가 있어야지. 깊은 맛이 나지 않는다고 해서 미역과 쇠고기를 많이 넣는데, 오히려 국물 맛이 느끼하거나 텁텁해질 수 있어. 또 엄마가 사용하는 국간장에 비밀이 있어. 미리 액젓과 국간장, 참치액을 섞어서 사용한단다.

● 그럼 어떤 미역과 고기를 골라야 해요?
부드럽고 맛있기로는 산모용 재래 미역이 좋지. 양이 많아서 손질이 어렵다면 잘게 자른 진미역을 써도 된단다. 미역을 물에 충분히 불리지 않고 사용하면 자칫 비린내가 날 수도 있으니 30분 이상 부드러워질 때까지 물에 불리는데, 두세 번 바락바락 찬물에 주물러 씻은 다음 물기를 짜서 사용해라.
보통 진한 국물 맛을 낼 때 양지머리를 사용하는데, 미역국에는 적당히 지방이 있고 씹는 맛이 좋은 등심을 사용하기도 해. 키친타월에 말아 핏물을 꼭 빼줘야 국물이 탁하지 않고 맛있어.

● 다시마육수 대신에 다른 육수를 써도 돼요?
아무래도 다시마육수가 잘 어울리지. 멸치나 가다랑어포육수를 넣으면 특유의 비린맛이 쇠고기의 맛과 부딪힐 수도 있어. 다시마육수를 낼 때는 찬물 5컵 기준에 잘 닦은 다시마 한 조각(10cm)을 넣고 30분 정도 우려 살짝 끓여주면 되는데, 너무 오래 끓이면 맛이 텁텁하고 끈끈해질 수 있으니 주의하렴.

● 미역국은 어느 정도 보관해 놓고 먹을 수 있어요?
한 번에 많은 양을 끓인 후 소분해서 냉장고에 넣어 놓고 먹을 만큼씩 꺼내어 끓여 먹도록 하렴. 그러면 간도 딱 맞고, 국맛도 처음 맛으로 먹을 수 있단다. 미역국은 냉장고에는 일주일, 냉동실에는 3주 정도 보관이 가능하단다.

● 쇠고기는 오래 끓이면 질겨지지 않나요?
국을 끓일 때 넣는 쇠고기는 결 반대로 썰어야 연하지. 고기를 크고 두툼하게 썰기보다는 얇게 썰거나 다지듯이 잘게 썰어서 넣으면 국물이 빨리 우러나. 그리고 볶아서 끓이는 시간도 30분 정도가 적당해. 다 끓이고 나서는 같은 냄비에 자꾸 재탕하지 말고 냉장고에 보관하면서 덜어내어 끓여먹는 것도 쇠고기를 연하게 먹을 수 있는 팁이야.

● 쇠고기 말고 어떤 재료를 넣어서 끓이면 맛있어요?
우리집에서 쇠고기 다음으로 자주 사용하는 것이 바지락이야. 엄마는 껍질이 있는 바지락보다는 바지락살을 많이 애용하지. 바지락은 4, 5월이 제철이라 마트에도 통통한 바지락살이 많이 나와 있는데, 바지락살을 넉넉히 사다가 살짝 씻은 다음 100g씩 소분해서 얼려 두었다가 4인분의 양을 끓일 때 넣으면 딱 맞아. 바지락살 보관이 어려우면 소분해서 냉동 판매하는 곳이 있으니 그걸 사용하면 돼. 그냥 껍질 있는 바지락은 얼리면 살이 줄어들고, 또 해감을 잘 확인해야 해서 엄마는 미역국을 끓일 때 바지락살을 더 선호한단다. 그 외에 황태채를 미역이랑 달달 볶아 끓이기도 하고, 겨울이면 제철 홍합으로 미역국을 끓여도 맛있지.

4

〔딸의 요령〕
"아이들은 구수한 들깨 맛을 좋아해요. 국물에 들깨가루를 살짝 풀어주니까 아이가 더 잘 먹더라고요. 더 고소하고 진한 국물 맛이 나거든요. 처음부터 들깨미역국으로 끓여도 되지만, 한 솥 끓여서 소분해놓고 먹는 미역국은 처음에는 쇠고기미역국으로 먹다가 그 맛이 질릴 때쯤 들깨가루를 첨가해서 주니까 더 좋아하더라고요."

친정엄마 요리백과

국

066

3

엄마의 버전-업 레시피

바지락 미역국

재료 | 4인분
○ 마른 미역 30g
○ 바지락살 100g
○ 다시마육수(또는 물) 6컵
○ 국간장 1큰술
○ 참기름 1작은술
○ 다진마늘 1작은술
○ 소금 1/2작은술

쇠고기미역국과 같은 방법으로 조리하되 바지락살을 나중에 넣어주어 시원한 바지락미역국을 만들 수 있어요. 달군 냄비에 불린 미역, 참기름, 국간장을 넣고 달달 볶다가 다시마육수, 다진 마늘을 넣고 미역이 부드러워 질 때까지 끓이세요. 거의 다 끓었을 때 냉동한 바지락살을 해동한 뒤 잘게 다져서 미역국에 넣고 국물이 뽀얗게 우러나도록 10분 정도 더 끓인 후 소금 간을 맞추면 향긋한 바다내음이 느껴지는 미역국을 맛볼 수 있어요. 그냥 껍질이 있는 바지락으로 끓일 경우에는 다시마육수에 해감한 조개를 깨끗하게 씻어 넣고 함께 끓여 조개육수를 만드세요. 바지락이 입을 벌리면 고운체에 걸러서 바지락살과 육수를 따로 분리하는 것, 잊지 마세요!

067

3 엄마의 버전업 레시피

응용이 가능한 레시피를 보너스로 넣었습니다. 재료에 약간의 변화를 주거나 혹은 요리 방법을 조금 바꾸면 또 다른 하나의 레시피가 완성되지요. 버전업 레시피는 요리 하나를 마스터하고 추가로 하나를 더 배울 수 있는 보너스 같은 페이지입니다.

4 딸의 요령

엄마의 레시피를 배우고 따라 해보니, 딸도 저만의 요령이 생기기 마련입니다. 〈딸의 요령〉은 라임맘이 친정엄마의 레시피로 요리해보고 터득한 자신만의 쉬운 방법이나 혹은 어린아이와 함께 먹을 수 있는 방법들을 소개합니다.

썰기의 정석

1교시

엄마의 기본 가르침

처음 요리 수련을 할 때 제일 먼저 '썰기'에 대해서 배우게 됩니다.
엄마의 레시피를 잘 따라 하는 것도 중요하지만,
엄마표 요리의 기본인 썰기 방법에 대해 배워봅시다.

칼 갈기

모든 요리의 첫걸음은 칼을 사용하는 것에서부터 시작된다. 다치지 않고 칼질을 잘하려면 먼저 칼을 잘 갈아서 써야 한다. 잘 갈린 칼을 보고 흔히 무섭다고 생각하는데, 오히려 반대다. 칼날이 무딘 칼이 재료가 더 잘 안 썰리고, 힘을 들여 썰다 보면 미끄러져서 자칫 잘못하면 손을 베이기 쉽다. 그래서 칼을 사용하기 전에 칼을 잘 갈아서 날을 약간 세워주면 언제나 비호같이 썰어지는 칼을 사용할 수 있다. 요즘은 숫돌이 아니어도 쉽게 날을 갈 수 있는 칼갈이가 있다. 그것을 이용해 하루에 한 번 정도 요리하기 전에 칼을 갈아 쓰면 좋다.

써는 방법

재료와 그 용도에 따라 써는 방법은 다양하다. 써는 방법과 모양에 따라 음식의 맛도 약간씩 차이가 생기니 적절한 방법으로 먹기 쉽게, 익히기 쉽게, 보기도 좋게 재료를 써는 것이 중요하다. 여러 가지 써는 방법을 마스터하면 요리의 능률 또한 높아진다. 이 책 레시피에 주로 쓰이는 썰기 방법을 소개한다.

● 모양대로 썰기

1 자른 단면이 원형인 재료를 가장자리에서부터 일정한 두께로 썬다. 두께는 요리에 맞게 조절한다. → 오이, 당근, 애호박, 가지, 우엉 등

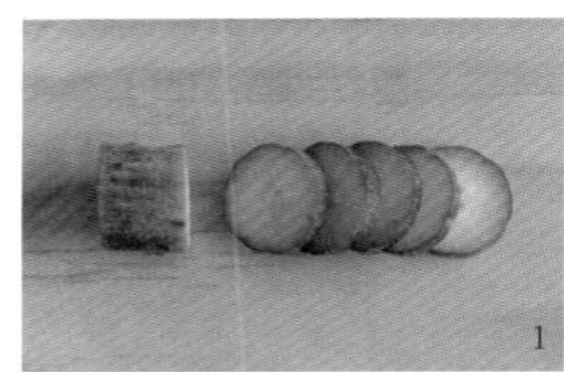
1

2 표고버섯은 기둥을 떼어내고 모양대로 가장자리에서부터 일정한 두께로 썬다.

2

● 채 썰기

3 재료를 모양대로 끝에서부터 일정한 두께로 자른 다음 원하는 두께로 채를 썬다. 표고버섯의 경우 기둥을 떼어내고 썬다.
→ 감자, 애호박, 당근, 표고버섯 등

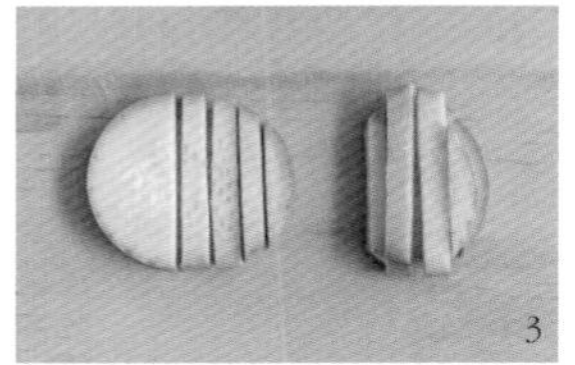
3

4 재료를 비스듬히 일정한 두께로 어슷하게 자른 다음 원하는 두께로 채를 썬다. → 오이, 당근 등

4

5 재료를 길이로 일정한 두께로 자른 다음 재료를 포개서 원하는 두께로 채를 썬다. 생채같이 아삭함을 살려야 하는 요리에는 결대로 썰고, 나물이나 국같이 부드러운 식감이 필요한 요리에는 결 반대로 썬다.
→ 무, 우엉, 애호박 등

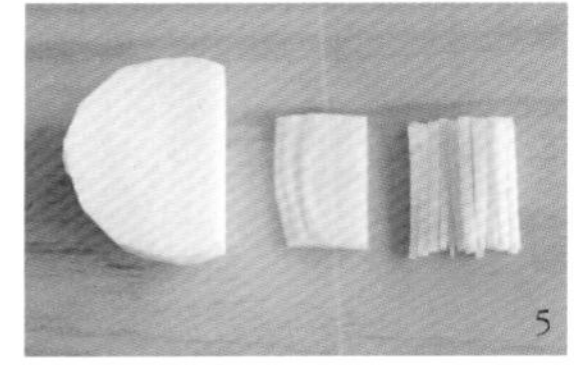
5

6 재료를 길이로 반 잘라 자른 단면을 아래로 두고 세로로 채를 썬다. 재료의 중심을 향해 칼을 약간 비스듬하게 해서 원하는 두께로 채를 썬다. → 양파, 사과 등

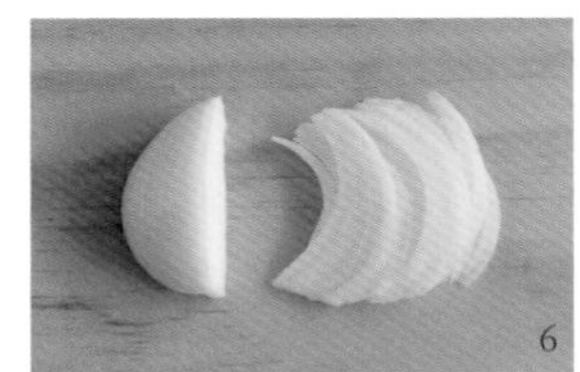
6

7 재료를 길이로 반 잘라 안에 있는 흰 부분과 씨를 제거하고 눕혀서 비스듬히 또는 세로로 원하는 두께로 채를 썬다.
→ 고추, 파프리카, 피망 등

7

8 재료를 4~5cm 정도의 길이로 자른 다음 왼손으로 재료를 잡고 천천히 돌려가면서 오른손 엄지와 검지로 칼을 밀고 당기면서 얇게 썬다. 얇게 썬 재료를 포개 놓고 원하는 두께로 채를 썬다. 가늘게 채 썰 때 많이 쓰는 방법으로, 결대로 썰어 채소가 더 아삭거린다. 냉채처럼 일정한 길이로 썰어야 폼나는 요리에 주로 쓰인다. → 오이, 당근, 무 등

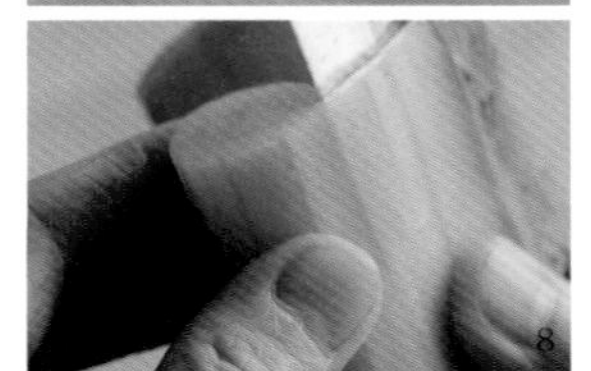
8

9 대파는 주로 흰 부분만 채를 썬다. 대파 흰 부분을 길이로 반 가르고, 가운데 있는 대파 심을 꺼낸 다음 나머지 부분을 넓게 펼쳐서 포갠 후 얇게 채를 썬다.

9

10 깻잎을 가로로 놓고 꼭지 부분, 앞쪽 뾰족한 잎 부분, 줄기 부분을 옆 사진처럼 자른다. 길이대로 모아서 포개어 원하는 두께로 채를 썬다.

10

11 얇고 넓은 잎채소는 포갠 다음에 돌돌 말아서 얇게 채를 썬다.
→ 깻잎, 상추, 양배추 등

11

12 채칼을 이용하면 좀 더 편하게 채를 썰 수 있다. 주로 결을 따라 채를 써는 샐러드, 냉채, 채소비빔밥 요리에 적당하다.
→ 무, 당근, 오이 등

12

● 다지기

13 채를 썰 재료를 가로로 놓고 가장자리부터 얇게 채를 썬다. 얇게 채를 썰면 잘게 다지기 쉽다. → 애호박, 당근, 양파, 버섯 등

13

14 채를 썬 재료를 가로로 놓고 가장자리부터 굵게 채를 썬다. 두껍게 채를 썰어 다지면 큼직하게 다져진다.

→ 양배추, 양파, 당근 등

14

15 대파는 길이로 돌려가면서 고루 칼집을 내고, 가로로 놓고 가장자리부터 대파 전체를 잘게 썬다.

15

16 마늘은 얇게 저민 다음에 나란히 포개고 잘게 채를 썬 다음 잘게 다진다. 소스나 양념장에서 마늘 맛이 제대로 나야 할 때는 이렇게 칼로 마늘을 다져서 사용하는 것이 좋다.

16

● 나박 썰기

17 재료를 얇은 직사각형 모양으로 써는 방법이다. 원하는 길이와 두께로 재료를 잘라 직육면체로 정형한 뒤에 얇게 썬다. 김치나 국에 주로 쓰이는 방법이다. → 무, 당근 등

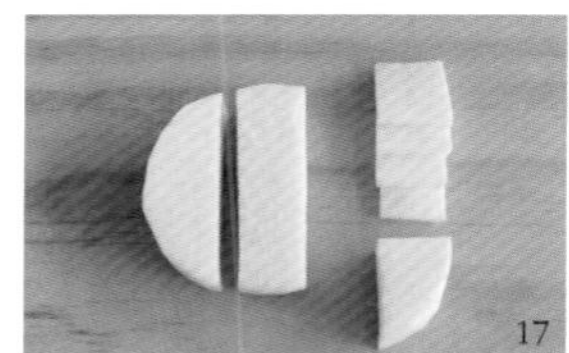
17

18 재료를 길이로 일정한 두께로 썬다. 둥글고 긴 재료를 직사각형으로 써는 방법이다. → 오이, 당근 등

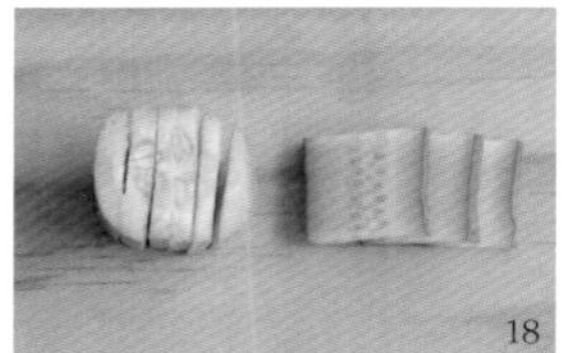
18

19 재료를 길이로 반 잘라 자른 단면을 아래로 두어 세로로 놓고 원하는 두께로 썬다. → 애호박, 가지, 죽순 등

19

● 깍둑썰기

20 재료를 원하는 길이와 두께로 막대 모양으로 자른 다음 주사위 모양으로 썬다. 깍두기나 조림, 찌개 등에 주로 쓰이는 방법이다.

→ 무, 감자, 두부, 애호박 등

20

● **반달썰기**

21 재료를 길이로 반 잘라 자른 단면을 아래로 두어 가로로 놓고 원하는 두께로 썬다. 모양대로 둥글게 썰기를 한 것을 반으로 잘라 반달썰기를 하는 방법도 있다. 주로 구이나 무침, 나물에 많이 쓰이는 방법이다.

→ 레몬, 가지, 애호박 등

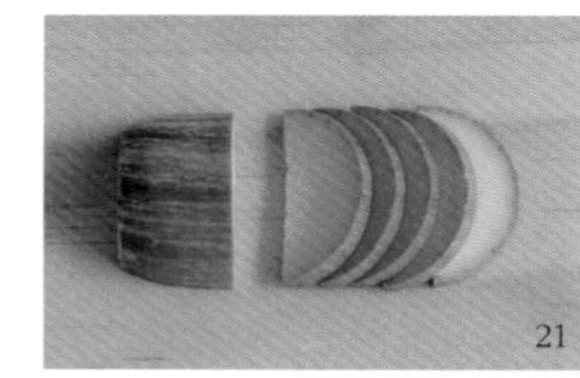
21

● **은행잎 썰기**

22 자른 단면이 원형인 재료를 반달썰기를 한 다음 반으로 자르는 방법이다. 주로 국이나 나물, 볶음을 만들 때 많이 쓰인다.

→ 애호박, 무, 당근, 가지 등

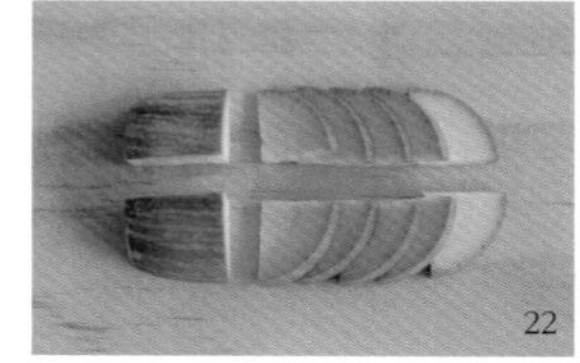
22

● **송송 썰기**

23 끝에서부터 모양대로 일정한 두께로 썬다. 주로 가늘고 긴 재료를 썰 때 많이 쓰인다.

→ 고추, 대파, 쪽파 등

23

● **어슷 썰기**

24 재료를 길이로 반 가른 후 가로로 놓고 가장자리에서부터 일정한 두께로 비스듬히 썬다. 긴 재료를 썰 때 주로 많이 쓰는 방법이다.

→ 오이, 당근, 가지, 우엉 등

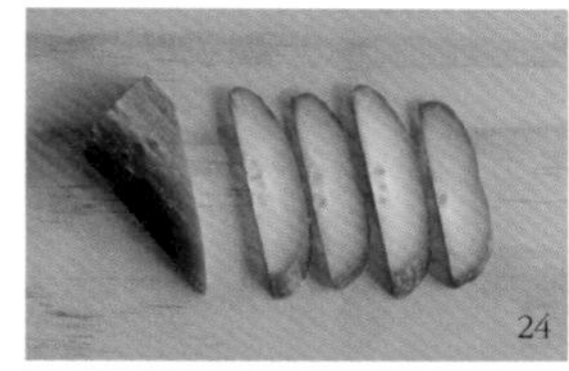
24

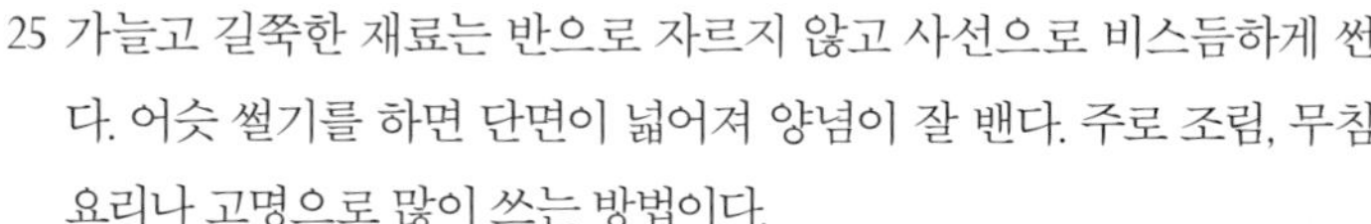

25 가늘고 길쭉한 재료는 반으로 자르지 않고 사선으로 비스듬하게 썬다. 어슷 썰기를 하면 단면이 넓어져 양념이 잘 밴다. 주로 조림, 무침 요리나 고명으로 많이 쓰는 방법이다.

→ 대파, 고추 등

25

● **한 입 크기로 썰기**

26 길이로 6~8등분한 다음 가로로 2~3등분해서 한 입에 먹기 좋은 크기로 크게 썬다. 표고버섯은 기둥을 떼어내고 4등분해 큼직하게 썬다.

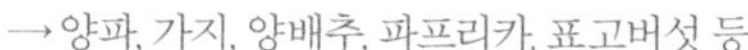

→ 양파, 가지, 양배추, 파프리카, 표고버섯 등

26

● 마구 썰기

27 끝에서부터 사선으로 방향을 바꿔가면서 어슷하게 썬다. 재료가 도톰하게 썰어져서 쉬이 무르지 않는다. 아삭하게 씹는 맛이 살아 있는 무침이나 조림, 솥밥 재료를 썰 때 주로 사용한다. → 오이, 가지 등

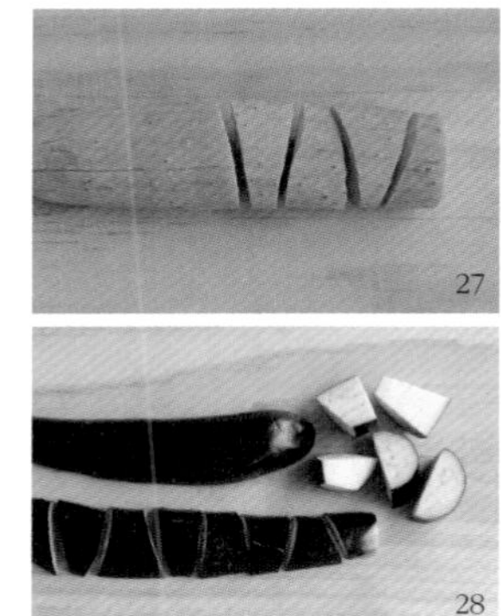
27

28 재료를 길이로 반 잘라 자른 단면을 아래로 두고 칼을 비스듬히 엇갈리면서 썬다. 불규칙한 모양으로 써는 방법이다.

→ 가지, 고구마, 감자 등

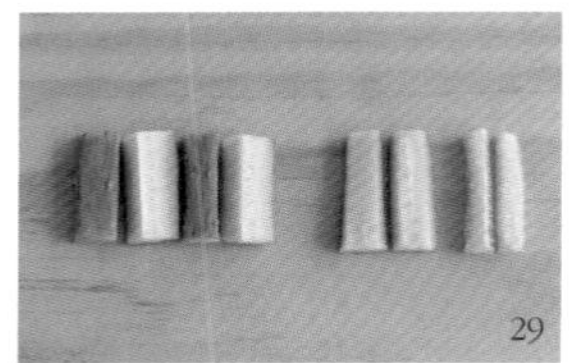
28

● 막대 썰기

29 재료를 길이로 4~6등분한 다음 안에 씨 부분을 잘라낸다. 주로 가늘고 길면서 안이 무른 재료를 썰 때 쓰는 방법이다. → 오이, 애호박 등

29

● 돌려 깎기

30 재료의 모서리를 둥글게 깎는 것이다. 찜이나 탕, 스튜처럼 오랜 시간 조리를 하는 음식은 재료의 모서리가 부서지면서 음식이 지저분해질 수 있다. 재료를 돌려 깎아 깔끔하게 조리한다. → 당근, 무, 감자 등

30

● 고기 썰기

31 채소와 마찬가지로 육류나 어류에도 결이 있다. 결은 길고 단단하므로 용도에 맞게 써는 법을 달리한다. 결 방향으로 가늘고 길게 썰면 익혔을 때 모양이 예쁘고, 씹히는 맛이 좋다. 결 반대 방향으로 썰면 섬유를 끊으면서 썰기 때문에 익혔을 때 다소 너덜너덜하지만 식감이 부드럽고 연하다.

잡채나 오이 쇠고기볶음처럼 고기가 끊어지지 않고 모양을 유지해야 하는 요리에는 결 방향대로 잘라서 사용하고, 그 외에는 보통 결 반대 방향으로 잘라 고기를 부드럽게 조리한다. 장조림이나 육개장처럼 고깃덩어리를 통째로 끓여 육수를 내는 요리는 손으로 고기를 결 방향대로 찢어서 사용한다. 어류도 결 반대 방향으로 잘라서 토막을 낸다.

31

요리가 편해지는 엄마의 조리도구

2교시

엄마의 기본 가르침

엄마의 주방에 항상 있는 조리도구이자 이 책 레시피에 사용한
기본적인 조리도구들을 모았습니다. 20~30년 가까이 쓰고 있는 것들도 많아
엄마의 손때와 함께 요리에 얽힌 추억과 사연들이 묻어 있습니다.
엄마는 특별한 것이 없다고 말하지만 적재적소 알맞은 조리도구를 사용하면
요리가 한결 수월해지기 때문에 딸의 강력한 요청으로 소개하기에 이릅니다.

● 계량컵과 계량스푼

정확한 계량을 위해서 가장 필요한 조리도구로 1컵이 200ml인 계량컵이 레시피를 따라 요리할 때 편하다. 수입산 계량컵을 살 경우 1컵이 240ml, 250ml인 경우가 많으니 주의할 것. ml=cc로, ml나 cc로 자세히 표시된 것을 사용하면 좋다.

1큰술 15ml, 1작은술 5ml가 한쪽씩 붙어 있는 계량스푼은 대형마트에서도 쉽게 구할 수 있으니 정확한 계량을 위해 하나쯤 구비하는 것이 좋다. 납작한 모양의 계량스푼은 정확하지 않으니 사진처럼 움푹하게 파인 계량스푼을 사용하도록 하자.

 저울

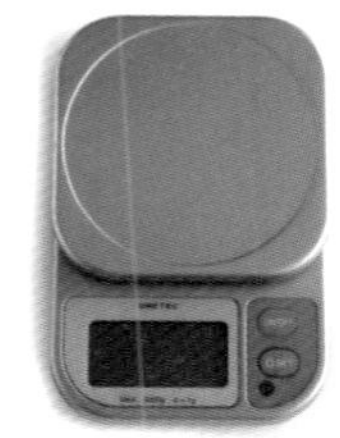

디지털식으로 돼 있어 정확하게 계량할 수 있는 전자저울이다. 정밀한 측정을 위해서 1g 단위까지 측정이 가능한 것으로 사용하는 것이 좋다.

● 타이머

뒷면에 자석이 붙어 있어 냉장고에 부착할 수 있고, 99분 99초까지 설정이 가능한 타이머다. 요리를 하다 보면 시간을 깜빡할 때가 많은데, 타이머를 설정하면 잊어버리지 않고 알맞은 시간 동안 더 정확하게 조리할 수 있다.

● 도마

나무 도마는 튼튼하고 탄성이 있어 칼이 무뎌지지 않는다. 또한 플라스틱 도마는 틈새로 세균이 번식할 수 있지만, 나무 도마는 세균을 억제하는 피톤치드가 들어 있어 위생적이다. 도톰한 통원목에 실리콘 발이 달려 있는 도마는 미끄러지지 않고, 양면으로도 쓸 수 있어 유용하다.

● 칼과 주방 가위

칼은 그립감이 좋고, 어느 정도 무게감이 느껴지는 것이 좋다. 칼날을 쉽게 갈 수 있으며, 녹이 슬지 않고 내구성이 강한 고탄소 스테인리스 스틸로 만든 칼을 추천한다. 주방 가위는 칼로 자르기 어려운 부분을 손질하거나 자를 때 아주 유용하게 쓰인다. 가위를 오므렸을 때 날이 끝까지 딱 맞물리고, 가위의 날이 잘 연마되어 있는 것이 좋다.

● 채반

스테인리스 스틸 재질로 위생적이고 반영구적으로 사용할 수 있는 채반이다. 재료를 씻거나 물기를 뺄 때 주로 많이 쓰이는데, 재료가 구멍 사이로 빠져나가지 않게 제법 촘촘한 것을 고르는 것이 좋다. 아주 촘촘한 것은 육수를 걸러낼 때 좋고, 작은 사이즈의 채반은 탕이나 찌개 위에 떠오르는 거품을 걷어낼 때 유용하게 쓰인다.

● 믹싱볼

믹싱볼은 재료를 씻을 때나 섞을 때, 특히 나물을 무칠 때 유용하게 쓰인다. 스테인리스 스틸로 만들어진 믹싱볼이 튼튼하고 내구성이 강해 오랫동안 쓸 수 있다.

● 요리주걱

고열에도 안전하게 사용할 수 있고 유연성이 있어 팬에 상처가 나지 않게 눌어붙은 양념이나 재료를 말끔하게 긁어내는 실리콘 소재의 주걱이다. 미니 스패출라는 섬세한 재료를 볶을 때 주걱처럼 쓸 수 있고, 작은 볼에 있는 양념을 섞거나 말끔하게 긁어낼 때 자주 쓰인다.

● 뒤집개

음식을 팬 위에서 굽거나 지질 때 쓰는 조리도구로 코팅이 되어 있지 않은 팬에는 스테인리스 스틸 재질로 된 뒤집개를 많이 쓰고, 코팅 팬에는 단단한 플라스틱이나 실리콘, 나무 소재로 된 뒤집개를 사용한다.

● 요리집게

재료를 섬세하게 집을 수 있는 핀셋형 요리집게다. 뒤집개나 젓가락으로 뒤집거나 집기 어려운 재료를 다룰 때, 나물이나 잡채 같은 음식을 볶을 때 등 다양하게 쓰인다.

● 감자칼

재료의 껍질을 벗겨내거나 얇게 슬라이스할 때 쓰는 도구다. 그립감이 좋고 날이 잘 연마가 돼 있어 힘을 많이 주지 않아도 쉽게 벗겨지는 것을 고르자.

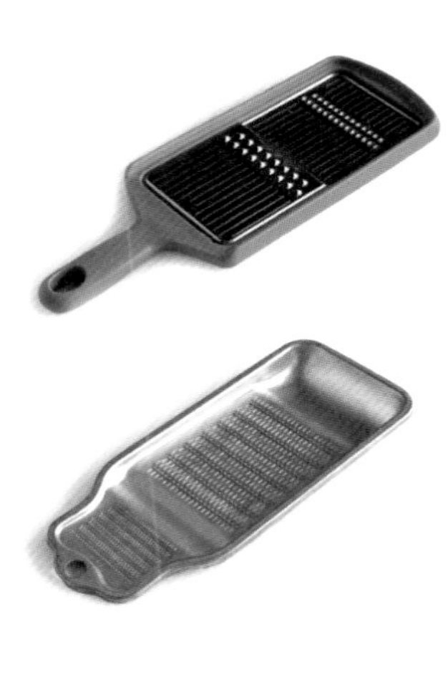

● 채칼

작은 힘으로도 쉽게 채를 썰 수 있게 도와주는 도구다. 굵은 채, 가는 채 두 가지가 있고 무, 당근, 오이, 감자 등의 재료를 일정한 굵기로 채 썰 때 유용하게 쓰인다.

● 강판

알루미늄 재질로 된 강판으로 엄마의 주방에서 가장 오랫동안 자리를 차지하고 있는 도구다. 양파, 생강, 무, 레몬 같은 것을 갈 때 주로 등장하는데, 특히 생강과 양파는 꼭 이 강판에 갈아서 쓴다. 큰 힘을 들이지 않고도 쉽게 갈리고, 아래쪽 오목한 곳에 즙이 모여 편리하다.

● 전자레인지 찜기

전자레인지로 재료를 찔 때 주로 사용하는 멀티쿡 용기다. 내열 강화유리와 실리콘 소재의 뚜껑으로 돼 있어 열에 강하고 냄새와 색 뱀이 없다. 전자레인지에 사용하는 용기는 꼭 스팀홀이 있어야 한다. 용기의 크기가 넉넉해서 콩나물, 가지, 시금치, 양배추 등 부피가 있는 채소를 찌기에도 좋고, 남은 국이나 찌개를 데워 먹을 때 유용하다.

● 조림뚜껑

스테인리스 스틸로 만든 조림뚜껑이다. 조림을 할 때 위에 얹어두면 조림 국물이 뚜껑의 구멍 사이로 오르락내리락하면서 뒤적이지 않아도 고루 졸여진다.

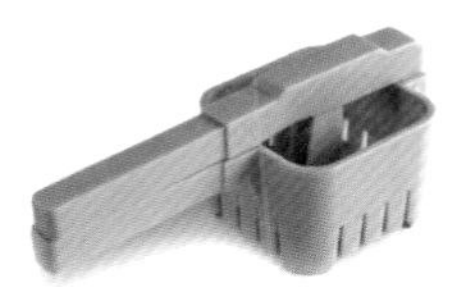

● 짤순이

재료의 물기를 말끔하게 짜주는 도구다. 손아귀에 힘을 줘 짜도 만족스럽게 물기를 짜기 어려운데, 힘을 크게 주지 않아도 손쉽게 물기를 꼭 짤 수 있다. 데친 나물이나 절임 채소, 만두 속재료, 오이지 등을 짤 때 유용하고, 으깬 두부나 잘게 다진 재료 같은 경우에는 면포에 싸서 꼭 짜면 효과적이다.

● 거즈롤과 거름종이

무형광 순면으로 만들어진 거즈와 레이온 재질의 거름종이(여과지)다. 맑은 육수로 걸러낼 때, 기름기를 제거할 때, 재료의 물기를 짤 때, 만두나 떡을 찔 때 등 고운 면포 대신에 간편하게 쓸 수 있다.

엄마의 주방 속 양념 대공개

3교시

이 책에 사용한 기본 양념을 소개합니다.
특별한 양념이 숨겨져 있을 것 같지만 주로 대형마트나
인터넷 검색을 통해서 쉽게 구할 수 있는 제품들을 사용했습니다.

● 간장 _몽고진간장 송품골드

양조간장을 구입할 때는 성분표를 잘 확인해 산분해간장, 혼합간장이 아닌 100% 자연숙성간장을 골라야 한다. 이 간장은 12개월 장기 저온 숙성법으로 발효시켜 진한 맛과 향, 부드럽고 깊은 감칠맛이 나는 100% 양조간장이다. 색이 진한 편이고 짠맛과 단맛이 조화로운 것도 특징. 오래 숙성시킬수록 색이 진해지고 단맛이 증가한다.

● 국간장 _신앙촌

국간장은 국의 간을 맞추거나 나물을 무칠 때 주로 사용하는 간장이다. 메주를 띄워 전통 방식으로 담근 간장으로, 양조간장보다는 염도가 높고 색이 옅어 재료 본래의 색을 유지하면서 음식 간을 맞출 수 있다. 이 간장은 100% 자연숙성간장으로 6개월간 전통적인 옹기숙성방식으로 발효시켜 특유의 감칠맛과 짭잘함으로 깊은 맛의 국물을 만들 수 있다. 소금으로 간을 하는 것과는 또 다른 맛과 향을 더한다.

● 멸치액젓 _CJ 하선정

싱싱한 생멸치와 천일염으로 자연숙성시켜 만든 멸치액젓으로 구수하고 감칠맛이 나 주로 김치를 담글 때나 볶음, 무침, 찌개, 국 등에 간장이나 소금 대용으로 간을 맞출 때 사용한다. 조미료 대신 요리에 감칠맛을 더할 때 많이 사용한다.

● 참치액 _한라식품

멸치액젓과 마찬가지로 깊은 감칠맛이 일품인 액젓이다. 이 제품은 가다랑어를 10번 이상 훈연하여 직접 생산한 훈연참치(가쓰오부시)를 오랜 시간 추출한 참치액으로 양조간장을 넣지 않고도 깊고 풍부한 맛을 낸다. 엄마는 주로 국간장, 멸치액젓, 참치액을 2:1:1의 비율로 섞어서 국간장 대신 사용한다.

● 된장 _CJ 해찬들

콩, 천일염, 종국, 쌀발효증류주 등 모든 원료를 국내산으로 만든 된장이다. 화학첨가물이나 인공조미료가 전혀 들어 있지 않고 자연숙성해 진한 풍미와 구수한 맛이 난다. 엄마는 집된장(재래 된장)과 시판 된장을 두루 쓰지만, 이 책의 레시피는 정확한 맛을 위해 시중에 구하기 쉬운 시판 된장을 사용했다.

집된장은 보통 100% 국산콩으로 띄운 메주를 소금물에 담가 간장을 떠내고 남은 건더기로 만든다. 구수하고 깊은 맛이 일품이고, 보통 시판 된장보다 염도가 높다. 때문에 이 책의 레시피를 집된장을 사용해 만들 경우 간을 보면서 된장 양을 조절해야 한다. 엄마는 집된장에 멸치가루, 새우가루, 홍합가루, 표고버섯가루를 넣거나 흰콩을 불려서 삶아 간 콩국을 섞어서 저염 된장을 만들어 사용하기도 한다.

● 고추장 _CJ 해찬들

가장 흔하게 구할 수 있는 시판 고추장이다. 100% 태양초로 만들어 맛있게 맵고, 색이 윤기가 돌면서 맛깔스럽다. 고추장도 된장처럼 집고추장(재래 고추장)이 있는데, 시판 고추장보다는 단맛이 덜하고 진하며 구수한 풍미가 있고, 칼칼하면서 약간 더 거친 느낌이다. 이 책의 레시피는 시판 고추장으로 만들었으니, 집고추장을 사용할 경우 단맛과 감칠맛은 올리고당, 설탕, 양조간장, 액젓 등으로 맛을 보면서 더한다.

● 소금 _섬내음

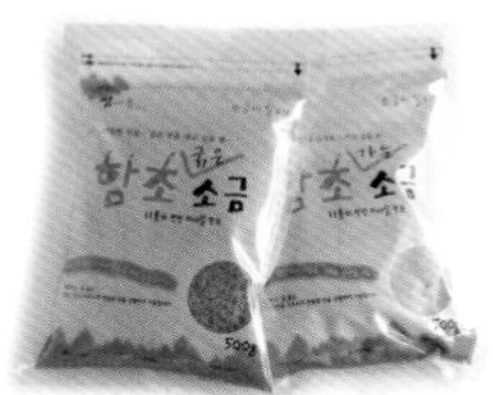

천일염과 함초를 이상적인 비율로 배합하여 만든 함초소금이다. 함초가 들어가 천일염의 염도도 낮아지고 불순물도 적으며 천연 미네랄을 다량 함유했다. 강하지 않은 짠맛에 감칠맛이 나면서 재료 본연의 맛을 살려준다. 절일 때 많이 쓰는 굵은 소금은 불순물이 섞이지 않은 탈수 천일염으로 오랜 시간 소금 창고에서 간수를 뺀 후 잔여 간수까지 완전히 탈수한 소금인데, 알갱이가 굵고 잘 부서지는 것이 좋다. 간수를 뺀 소금이라 염도가 낮고 단맛이 나며, 미네랄 함량이 높아 김치를 만들었을 때 발효가 잘 되고, 김치가 쉽게 물러지지 않는다.

● 물엿 _오뚜기

옥수수 전분이 주원료인 물엿은 색이 투명하고 묽다. 설탕보다는 단맛이 적고 열에 강하다. 요리의 윤기와 광택을 내주고 향이 없어 깔끔한 단맛을 낸다. 주로 볶음이나 구이, 무침요리를 할 때 마무리 단계에 넣는다.

● 올리고당 _CJ 백설

올리고당은 설탕과 비슷한 단맛을 내면서 상대적으로 열량은 낮다. 물엿보다 윤기나 촉촉함이 덜 하고 고열로 조리하면 단맛이 떨어지기 때문에 높은 온도에서 조리하거나 오래 가열하는 음식에는 피하는 것이 좋다. 주로 장아찌나 무침요리, 드레싱 같은 것에 많이 쓰인다.

● 설탕 _CJ 백설

설탕은 사탕수수에서 추출한 당을 정제하여 만든 것인데, 가장 처음에 정제한 것이 백설탕이다. 물을 빨아들이는 성질이 있어 빵이나 과자를 만들 때 넣으면 촉촉하게 만들 수 있다. 향이 없고 깔끔한 단맛을 내면서 요리에 윤기를 더해주는 가장 흔한 감미료다.

● 맛술 _롯데 미림

요리에 들어가는 술은 조리 중에 알코올이 휘발하면서 재료 고유의 맛을 살리고 잡내를 잡아주는 역할을 한다. 맛술은 멥쌀에 누룩을 넣어 발효시킨 당분과 알코올로 만든 조미술인데, 청주보다는 알코올 도수가 낮고 단맛이 돌아 요리의 풍미를 더한다. 미림은 단맛이 강하지 않고 깔끔해 레스토랑과 호텔의 셰프들, 유명 요리선생님들이 많이 쓴다.

● 청주 _롯데 청하

청주는 찐 멥쌀에 누룩과 물을 더해 숙성 과정을 거쳐 맑게 걸러낸 발효주다. 맛술과 기능은 같은데 단맛이 거의 없어 단맛 없이 잡내를 잡고 싶을 때 사용한다. 차례주, 백화수복, 경주법주 등으로 대체해도 된다.

● 포도씨유 _CJ 백설

포도씨를 원료로 만들어진 기름이다. 발연점이 250℃로 매우 높아 고열에서 요리해도 타지 않고, 다양한 요리에 활용하기에 좋다. 특유의 향이나 냄새, 색이 없어 요리 재료의 고유한 맛을 살리기에도 알맞다. 아보카도유, 카놀라유, 현미유, 콩유, 옥수수유도 발연점이 높은 식용유로 널리 쓰인다.

● 참기름, 들기름 _정준호 양심기름

참기름과 들기름은 요리의 풍미를 더할 때 사용하는 향미유다. 참깨를 볶아 압착하여 짜낸 기름이 참기름인데, 고소하고 향긋한 맛이 진하다. 발연점이 낮은 편이고, 불포화지방산을 많이 함유하고 있는 기름이다. 색이 투명하면서 밝은 황금빛 갈색을 띠는 것이 좋고, 공기와 햇빛에 노출되면 산패가 되기 쉬우므로 뚜껑을 꼭 닫아 그늘지고 서늘한 곳에서 상온 상태로 보관한다.

들깨를 볶아 압착하여 짜낸 기름이 들기름으로, 들깨 향이 은은하며 부드럽고 고소한 맛이 난다. 들기름은 공기 중에 놓아두면 다른 기름보다 더 빨리 산패가 되기 때문에 뚜껑을 꼭 닫아 냉장보관한다. 양심기름은 해썹(HACCP) 지정 업소로 정직하게 블렌딩해서 벤조피렌이 검출되지 않은 기름이다.

● 식초 _오뚜기

다양한 식초가 있지만 그중에 가장 흔하게 사용하는 것이 현미식초다. 현미밥에 누룩과 물을 넣어 발효숙성시켜 만든 것으로, 몸에 이로운 아미노산을 많이 함유하고 있다. 식초는 입맛을 돋우고 소화를 도우며, 우엉이나 연근 같은 재료의 갈변현상을 막아준다. 또 소금의 맛을 부드럽게 조절해주며, 향균 성분을 가지고 있어 과일이나 채소를 씻을 때도 쓰인다. 톡 쏘는 새콤함이 있고 은은한 단맛과 향미가 있다.

● 파프리카장 _둥이요리

파프리카가루로 만든 파프리카장으로 고추장이 매워서 못 먹는 아이들을 위해 고추장 대신 사용하기 좋다. 빨간 것은 매운맛이라고 인지하고 두려워하는 아이에게 고추장과 조금씩 섞어가면서 매운맛에 입문시킬 때 유용하게 쓰인다.

냉장고 메모장을 활용한 슬기로운 식단 짜기

엄마가 물려준 좋은 습관 중 하나가 바로 식단 짜기입니다.
냉장고 메모장을 이용해 식단을 짜면 어떤 재료로 어떤 음식을 만들지,
어떤 재료가 더 필요한지를 쉽게 파악할 수 있지요.

딸의 이야기

대화를 통하여 내 가족의 식성을 파악한다.

"무엇을 해주면 맛있게 잘 먹을까?"
누군가를 위해 음식을 하는 사람이라면 한 번쯤은 고민해봤을 거라 생각해요. 내가 사랑하는 가족들이 좋아하는 것, 가족의 건강을 위한 음식을 만드는 것은 엄마라면 늘 고민하는 문제죠. 먹는 사람의 기호에 맞게 식단을 짜려면 가족 구성원의 식성에 관심을 가지고 파악하는 것이 중요합니다. 아직 맛의 경험이 적은 아이들은 물론이고 어른들도 좋아하는 음식, 싫어하는 음식이 따로 있거든요.

친정집에 가면 오랜만에 온 딸을 위해 엄마는 제가 좋아하는 음식들로 식탁을 가득 채웁니다. 가족들끼리 도란도란 앉아 맛있는 음식을 함께 먹다 보면 '아, 이런 게 행복이구나!'라는 생각이 들어요. 가족들이 무엇을 좋아할까 고민하는 것 자체가 가족을 향한 관심과 사랑이라고 생각합니다.

"한나야, 이따가 간식으로 네가 좋아하는 치킨랩 만들어 줄까?"

"엄마, 이 만둣국 진짜 맛있어요. 또 있어요? 내일 또 먹고 싶은데…"

"여보, 내일 아침에 콩나물황태국 어때요? 당신이 좋아하는 두부조림이랑, 콜?"

"라임아, 이따 저녁에 우리 뭐 먹을까? 토마토파스타, 떡국, 볶음밥, 칼국수 중에 하나만 골라 봐."

"엄마 이건 내 스타일이야! 음~음~음~ 진짜 맛있어!!!"

적어도 하루에 한 번은 이런 대화를 나눕니다. 엄마는 제가 어릴 적에 오늘 간식은 뭘 먹을지, 저녁에는 어떤 음식을 할지, 내일 아침은 어떤 반찬이 좋을지 자주 물어봤어요. 그 영향 탓인지 저도 주부가 된 뒤 남편에게 혹은 라임이에게 이 같은 질문을 자주 합니다. 일방적으로 메뉴를 정하고 음식을 만들기보다 무엇이 먹고 싶은지, 먹는 중에는 입맛에 맞는지, 먹은 다음에는 또 어떤 음식을 해주면 좋을지 끊임없이 대화를 나눠요.

처음부터 식성을 잘 알기란 쉽지 않아요. 먹는 사람조차도 자신이 어떤 맛을 좋아하는지 정확히 말하기가 쉽지 않거든요. 새로운 식재료도 사용해 보고, 모르는 요리도 도전해 보고, 같은 요리라도 이렇게 저렇게 응용해서 만들다 보면 자연스럽게 알게 되더라고요. 물론 먹는 사람의 반응도 아주 중요해요! 맛있으면 맛있다고, 맛있게 해줘서 고맙다고, 이 요리는 내 스타일이라고 얘기해주면 가족의 식성을 파악하는 데 도움이 많이 됩니다.

좋아하는 음식 리스트를 만든다.

저는 평소에 냉장고에 메모장을 붙여요. 거기에 식구들이 좋아하는 음식 리스트를 적어서 늘 봅니다. 막상 요리를 하려고 생각해보면 메뉴가 잘 떠오르지 않을 때가 많거든요. 음식 리스트에 메모하는 것은 어린 시절부터 엄마가 하는 것을 어깨너머로 보고 따라 하는 거예요.

리스트에는 집에서 잘 먹었던 음식들, 외식했을 때 의외로 좋아했던 음식들, 새로운 음식이었지만 반응이 괜찮았던 음식 등을 적어요. 새로운 음식이 추가될 때마다 업데이트하고요. 남편 같은 경우에는 저랑 식성이 많이 달라서 좋아하는 음식을 시어머니께 슬쩍 물어보고 팁을 배워 오기도 해요. 라임이는 아직 어려서 편식 없이 골고루 먹을 수 있게끔 많이 노력하는 편이고요. 안 먹고 싶어 하는 것을 억지로 먹이지 않지만, 좋아하지 않는 식재료도 친근해질 수 있게 다양한 조리법으로 해주면서 끊임없이 도전해요. 같은 식재료라도 조리법에 따라 잘 먹기도 하고, 안 먹기도 하거든요. 아이가 좋아하는 음식을 기록하다 보면 아이가 생각보다 다양한 음식을 좋아한다는 것을 알 수 있어요. 좋아하는 공통점을 찾아 응용해서 요리하면 편식이 줄어들더라고요.

냉장고 안에 식재료를 기록하고 기억한다.

냉장고가 텅텅 비는 날이면, 새로 장을 볼 생각에 신이 납니다. 식재료를 다 소진해 냉장고에 먹을 것이 없으면 살림을 잘한 것 같아 괜스레 스스로가 대견해지기도 하죠. 다양하게 음식을 하는 것도 좋지만, 가지고 있는 식재료들을 잘 활용해 요리하는 것도 매우 중요하다고 생각해요.

그러려면 냉장고에 무엇이 있는지 잘 기억하고 기록해야 합니다. 메모장에 식재료 리스트를 작성해서 냉장고에 붙여 놓으면 잊어버릴 일이 없죠. 냉장고가 너무 꽉 차 있으면 다 먹지도 못하고 상하는 재료가 생길 수 있고, 냉장고 안에 뭐가 있는지 기억이 잘 나지 않아 식재료를 중복으로 구매하게 돼요. 저는 식재료를 대용량으로 구매하지 않고 소량만 구매해서 그때그때 소비하는 것을 권해요. 식재료 이름, 유통 기한 등을 라벨링하면 나중에 참고하기 좋죠.

냉장실은 자주 들여다보지만 냉동실의 경우 잘 기록하지 않으면 어떤 재료가 어디에 얼마나 있는지 잊게 돼 못 먹고 버리는 경우들이 왕왕 있어요. 그래서 꼼꼼하게 기록해야 식재료를 유용하게 쓸 수 있답니다. 냉장고 앞에 붙여진 리스트를 보며 식단을 짤 때 빨리 소비해야 하는 식재료들을 염두에 두고 메뉴를 짜면 좋아요. 장보기 목록을 작성할 때도 있는 재료와 없는 재료를 쉽게 파악 할 수 있어서 알뜰하게 장을 볼 수 있죠.

* 냉동실 보관 팁 : 보통 냉동실(-18℃ 이하)에 얼리면 소비 기한을 엄청 늘릴 수 있을 것 같지만, 생각보다 그리 길지 않아요. 냉동된 상태에서도 세균 번식이 일어나기 때문에 맛과 신선도가 떨어지면서 상할 수가 있거든요. 먹을 만큼만 소분해서 공기와 최대한 접촉이 되지 않게 밀봉하는 것이 좋아요. 처음부터 냉동으로 파는 식품들은 천천히 냉동이 되는 것이 아니라 급속 냉동을 하기 때문에 세균 번식에 있어 조금 더 안전해요. 냉동실에 들어가면 식재료를 구분하기가 어려울 수 있으니 되도록이면 재료가 잘 보이도록 투명하게 밀봉하고 라벨링해서 식재료 이름, 유통 기한, 포장 날짜를 써 놓으면 찾기 쉽죠. 또 냉동실 안에서 찾기 쉽도록 구역을 구분해서 넣어두면 좋아요. 해산물, 고기류, 채소, 육수, 냉동 간편식품 등 구역을 나눠 비슷한 종류끼리 넣으면 찾기가 쉬워요. 해동할 경우에는 냉장실에서 하는 것이 좋고, 한 번 해동한 것은 절대 다시 냉동하지 말고 바로 먹는 것이 좋아요.

● 식품별 냉동보관 권장기간

식품의 종류	냉동보관 권장기간
생선(익힌 것)	1개월
베이컨, 소시지, 햄, 핫도그, 런천햄	1~2개월
해산물	2~3개월
생선(익히지 않은 것)	2~3개월
쇠고기(익힌 것)	2~3개월
쇠고기(빵가루 첨가, 익히지 않은 것)	3~4개월
닭 내장(익히지 않은 것)	3~4개월
옥수수	8개월
당근	8개월
건조 완두콩	8개월
부위별 절단 닭(익히지 않은 것)	9개월
닭(익히지 않은 것)	12개월
간 쇠고기(익히지 않은 것)	4~12개월
쇠고기(익히지 않은 것)	6~12개월

* 출처 : 식품의약품안전처, 식품안전나라, 식품안전지식

2~3일간의 식단표를 간단하게 작성한다.

남이 짜준 식단표는 참고할 수 있지만, 각 집마다 냉장고의 재료 사정이 다르고, 식성도 달라 그대로 따라 했다가는 실패할 확률이 커요. 우리 가족만의 식단을 만드는 것이 가장 좋겠죠. 일주일 치보다는 짧게 2~3일 치 식단을 작성해야 식재료를 알뜰하게 소비하고, 융통성 있게 밥상을 차릴 수 있거든요. 아이와 남편, 내가 좋아하는 음식, 냉장고에서 빨리 소비해야 하는 재료 등을 모두 염두하면서 지혜롭게 그리고 알뜰하게 식단을 작성할 수 있어요. 또 누적된 과거 식단은 새로운 식단을 작성할 때 유용하게 쓸 수 있어요.

알아두면 좋은 요리의 스킬

5교시

엄마의 기본 가르침

이 책 레시피에 나오는 소소하지만 꼭 짚고 넘어가야 할 요리의 스킬들을 모았습니다. 불 세기 조절, 계량, 식재료별 보관법, 영양 손실이 적은 조리법까지 알찬 요리 팁들이 여기에 있습니다.

불 세기 조절

불 조절에 따라 음식의 색깔, 식감, 맛까지 달라지기 때문에 불 조절만 잘 해도 요리의 반은 성공이다. 불 조절이 제대로 잘 돼야 설익거나 눌어붙지 않고 딱 맛있는 상태로 요리할 수 있다. 집집마다 화력이 다르니 상태를 봐 가면서 조절하자.

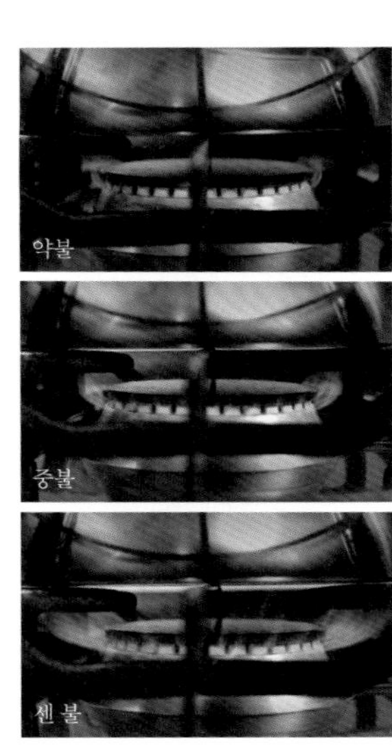

● 약불

약불은 가스레인지 레버를 꺼지지 않을 정도로 조금만 돌린 상태다. 불꽃이 작아 냄비의 바닥에 닿지 않는다.

● 중불

중불은 가스레인지의 레버를 중간 정도 돌린 상태다. 불꽃이 냄비 바닥에 살짝 닿는다.

● 센 불

센 불은 가스레인지의 레버를 거의 풀로 돌린 상태다. 불이 강해 불꽃이 냄비 바닥에 완전히 닿지만 냄비 바닥을 넘지는 않는 정도다.

* 인덕션은 자기장을 이용해 자성을 지닌 금속 물체와 반응을 일으켜 열을 만들어 내는 전기레인지다. 전용 용기가 있어야 하는 제약이 있지만 발열 속도가 빠르고 용기 모양에 맞춰 열을 내기 때문에 열효율이 높아 조리시간이 단축된다. 가스레인지처럼 불을 끄거나 용기를 상판에서 떼어내는 순간 가열은 중단된다. 불 조절이 1~9단계까지 있는 경우, 약불이 2~3단계, 중불이 5~6단계, 강불이 8단계다.

* 하이라이트는 원형의 열선이 세라믹 상판을 직접 가열하는 방식의 전기레인지로 용기의 제한이 없어서 편리하게 사용할 수 있다. 전원을 꺼도 열이 사라지는 데까지 시간이 제법 걸리기 때문에 잔열로 요리를 계속 진행할 수 있다. 불 조절이 1~9단계까지 있는 경우, 약불이 3단계, 중불이 6~7단계, 강불이 9단계다.

* 전기레인지의 불 세기는 제조사별로 차이가 크므로 직접 테스트를 통해 불 세기를 파악하는 것이 좋다.

계량하기

레시피의 맛을 그대로 재현하려면 정확한 계량이 중요하다. 집집마다 다를 수 있는 밥숟가락이나 종이컵 계량으로 어림잡아 계량하는 것보다는 정확한 도구를 사용하는 것이 좋다. 평평한 곳에서 누르지 않고 계량해야 정확하다.

● 계량컵과 계량스푼

계량스푼 1큰술(15ml/15cc) = 3 작은술

계량스푼 1작은술(5ml/5cc)

계량컵 1컵(200ml/200cc)

* 우리나라 기준의 1컵은 200ml이나, 외국에서는 1컵이 240ml, 250ml인 경우가 많아 수입산 계량컵은 1컵의 기준이 다를 수 있다.

* 납작한 계량스푼은 정확도가 떨어져 사진처럼 움푹하게 깊게 파인 계량스푼을 추천한다.

● 식재료별 계량 방법

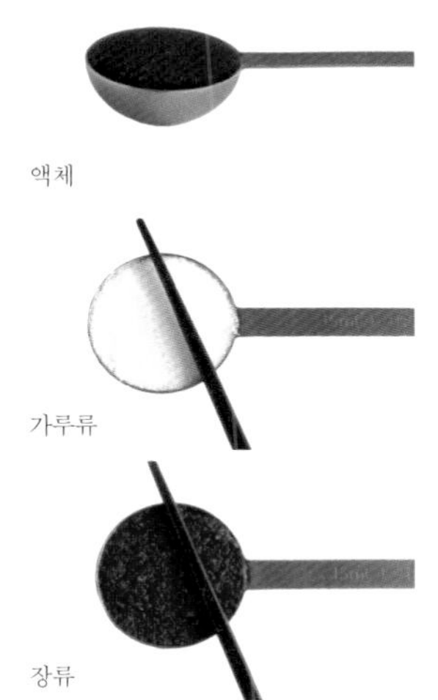
액체
가루류
장류

액체

살짝 봉긋하게 올라오지만 가장자리가 넘치지 않게 담아서 계량한다.

가루류

설탕은 윗부분을 편편하게 깎아서 계량하고, 밀가루 같은 고운 가루는 체에 한 번 내린 다음 수북하게 담아 편편하게 깎아서 계량한다.

장류

고추장이나 된장 같은 장류는 중간에 공기가 들어가지 않게 촘촘히 담는다. 계량컵이나 스푼의 바닥을 툭툭 쳐 가면서 가득 담은 다음에 편편하게 깎아서 계량한다.

식재료별 보관법

신선한 식재료를 구입해도 보관을 잘못하면 금방 상하기 일쑤다. 적당한 온도와 적합한 환경을 알면 오랫동안 신선하게 보관할 수 있을 뿐 아니라 음식물 쓰레기도 줄이고 식중독도 예방할 수 있다. 알아두면 유용한 식재료별 보관법을 소개한다.

* 냉장·냉동고 내부 온도를 높은 곳에서 낮은 곳 순으로 나열하면 **냉장고 문쪽 > 냉장고 채소칸 > 냉장고 가운데칸 > 냉장고 위칸 안쪽 > 냉동고 문쪽 > 냉동고 안쪽** 순이다.

1 곡류

벌레가 생기기 쉬우므로 한두 달 먹을 분량만 구매하는 것이 좋고, 습기를 잘 빨아들이기 때문에 밀폐가 확실한 용기에 소포장으로 나눠 보관해야 안전하다.

2 채소·과일류

채소와 과일은 소량으로 자주 구입하는 것이 좋다. 최대한 자란 환경과 비슷한 환경에서 보관할 것.

채소 감자, 고구마, 단호박, 당근, 생강, 오이, 파프리카, 피망, 흙이 묻은 대파, 흙이 묻은 뿌리채소(마늘, 양파, 우엉, 연근, 토란 등) 등
과일 귤, 레몬, 멜론, 바나나, 배, 사과, 수박, 아보카도, 오렌지, 토마토, 파인애플 등

상온 보관이 가능한 채소·과일은 서늘하고(1~15℃) 습하지 않으며 통풍이 잘 되고 그늘진 곳에 보관한다. 마늘이나 양파는 망에 넣고 바람이 잘 통하는 곳에 보관하고, 나머지 채소는 마르지 않게 키친타월에 싸서 종이 박스나 소쿠리에 보관하는 것이 좋은데 날이 덥고 습한 여름철에는 냉장고 채소칸에 보관하는 것이 가장 좋다.
과일은 자르지 않고 통으로 보관하거나 키친타월로 싸서 소쿠리에 보관하는 것이 좋고, 자르고 난 다음에는 냉장고에 보관한다. 상온 보관이 가능한 채소나 오렌지, 귤, 레몬, 사과, 배 등의 과일은 물기를 제거하고 마른 키친타월에 싸서 비닐에 넣고 가볍게 밀봉한 다음 냉장고 채소칸에 보관하면 상온에서 보관하는 것보다는 더 오랫동안 보관할 수 있다. 토마토는 꼭지를 제거하고 보관한다. 자른 채소와 과일은 단면이 공기와 접촉하지 않도록 랩으로 싸거나, 키친타월로 감싼 다음에 랩으로 싸서 냉장보관한다.

채소 가지, 고추, 무, 버섯, 배추, 부추, 브로콜리, 숙주, 아스파라거스, 애호박, 양배추, 콩나물, 푸른 잎 채소, 햇양파 등
과일 딸기, 무화과, 포도 등

대체적으로 상하기 쉬운 채소와 과일은 냉장고에 보관하는 것이 좋다. 대부분의 냉장보관 채소들은 마른 키친타월로 싸서 비닐에 넣고 가볍게 밀봉해 보관한다. 양배추나 양상추와 같이 심이 있는 채소들은 가운데 심을 약

간 도려내고 그 부분에 젖은 키친타월을 끼운 다음에 마른 키친타월로 감싸 랩으로 싼다. 콩나물과 숙주는 살살 씻어서 물에 담가 보관하면 오래 보관할 수 있다. 딸기는 씻지 않고 포장 그대로 보관하는 것이 좋고 포도, 무화과 등은 키친타월로 감싸 비닐봉지에 넣고 가볍게 밀봉해 냉장보관하는 것이 좋다.

채소 대파, 마늘, 무, 배추, 버섯류, 부추, 브로콜리, 생강, 양파, 연근, 우엉, 청경채, 토란, 호박 등
과일 딸기, 망고, 바나나, 아보카도, 파인애플 등

채소·과일을 냉동보관할 경우에는 신선한 상태에서 공기와 접촉이 없도록 완전하게 밀봉한 다음에 급속 냉동을 하는 것이 좋다. 대개 살짝 데치거나 찌거나 볶은 다음에 물기를 제거하고 밀봉·소분해서 냉동보관을 하는데 마늘, 대파, 파프리카, 고추의 경우 생으로 보관이 가능하고 양파, 마늘, 무, 생강의 경우 갈아서 보관한다. 과일의 경우 껍질을 벗기고 손질한 다음 소분해서 냉동보관한다.

3 달걀·유제품류·두부

달걀은 냉장고 위칸 안쪽 가장 차가운 곳에 보관하는 것이 좋다. 껍질에 살모넬라균이 묻어 있을 수 있어 뚜껑이 있는 보관함에 뾰족한 부분이 밑으로 가게 해 보관하고, 씻으면 균이 침투하기 쉬워 씻지 않고 보관한다.
치즈·버터류는 공기와 최대한 접촉이 없도록 랩으로 싸거나 지퍼백에 넣어 냉장·냉동보관하고 요구르트, 생크림, 우유 등은 확실하게 밀폐해서 냉장보관한다.
남은 두부의 경우 팩 속의 물은 따라내고 깨끗한 물을 채워 매일 물을 갈아주면서 냉장보관을 하거나, 물에 담은 채로 냉동보관한 다음 물기를 꼭 짜서 쓰면 된다.

4 육류·어패류

육류는 손질해서 수분을 키친타월로 꼼꼼하게 제거한 다음 마른 키친타월로 감싼 후 랩으로 싸고 지퍼백에 넣어 냉장고 위칸 안쪽 가장 차가운 곳 또는 김치냉장고에 보관하는 것이 좋다. 냉동보관을 할 경우에는 신선한 상태에서 급속냉동하고, 아주 차가운 얼음물에 담갔다가 뺀 다음에 소분을 해서 랩으로 감싸 냉동하거나 양념·밑간을 한 다음에 소분해서 냉동한다. 다진 고기의 경우에도 소분해서 랩으로 싼 다음에 냉동한다.
어류, 오징어, 새우 등은 신선할 때 바로 깔끔하게 손질을 해서 물기를 꼼꼼하게 제거한 다음 랩으로 싸서 냉장·냉동 보관한다. 조개류의 경우 소금물에 담가 냉장보관하거나, 해감을 한 다음 얼음물에 차게 두었다가 빼서 지퍼백에 넣어 냉동보관한다.

직접 만들어 쓰는 엄마표 양념과 육수

6교시

엄마의 기본 가르침

시판 재료로 부족한 맛은 엄마가 직접 만든 양념과 육수로 채울 수 있습니다. 엄마의 오랜 내공이 담긴 양념과 육수 5가지만 있으면 맛의 깊이가 확연히 달라집니다.

혼합장 400ml

레시피에서 국간장 대용으로 사용하는 혼합장이다. 음식맛은 장맛이라고, 예전에는 맛있는 국간장이 그 집의 음식 맛을 좌우한다고 했을 정도로 중요하게 생각했다. 요즘은 국간장을 거의 사 먹고 있는 시대라 부족한 국간장의 맛을 보충하고자 3가지 장을 혼합하여 사용한다. 기존 국간장보다 음식에 감칠맛과 깊은 맛을 더해준다. 국물요리의 간, 각종 나물무침의 밑간으로 사용하면 좋다.

재료 국간장 1컵, 참치액 1/2컵, 멸치액젓 1/2컵

* 레시피에 사용한 양념 브랜드는 양념(026p) 참고

국간장, 참치액, 멸치액젓을 분량대로 섞는다. 끓이는 과정 없이 섞기만 하면 된다. 소량씩 만들어 상온에 보관하면서 사용한다.

조림간장(맛간장) 1.5L

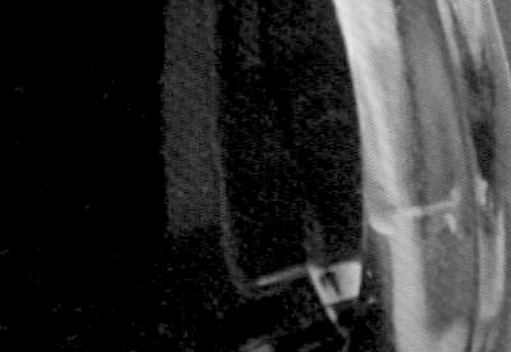

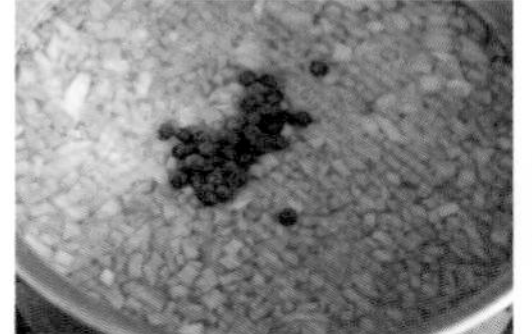

언제나 떨어지지 않게 만들어 놓고 사용하는 양념장이다. 과일 향이 솔솔 나면서 여러 맛이 조화롭게 어우러진 달콤한 맛간장으로 만들어 놓으면 두루두루 간편하게, 여러모로 사용하니 꼭 만들어 보기를 권한다. 각종 조림, 볶음, 구이요리에 활용하고, 간장과 설탕이 들어가는 요리에 널리 쓰인다고 생각하면 쉽다. 특히 고기(LA갈비, 불고기, 닭불고기 등)를 재울 때 필수 양념장이다.

재료 간장 1L, 설탕 500g, 맛술 3/4컵, 청주 1/2컵, 사과 1/2개, 레몬 1/2개, 식초물(물 500ml, 식초 2큰술)

채소즙(1/2컵 분량) 양파100g, 당근 25g, 마늘 15g, 생강 10g, 청주 1/4컵, 물 1컵, 통후추 1/2큰술

채소즙의 채소는 잘게 다진다. 커터기나 믹서를 사용해도 된다. 냄비에 분량의 채소즙 재료를 넣고 중약불에서 20~25분 졸인 후 불을 끄고 체에 밭쳐 분리하는데, 1/2컵 정도 나온다. 레몬과 사과는 식초물에 담갔다가 깨끗하게 씻어내고, 껍질째 얇게 슬라이스한다. 냄비에 채소즙, 간장, 설탕을 넣고 중불에서 끓어오르면 약불로 줄여 맛술과 청주를 넣고 한 번 더 끓인 후 썰어 놓은 사과와 레몬 슬라이스를 넣고 불을 끈다. 24시간 후에 체에 밭쳐서 병에 담고 냉장보관한다. 냉장고에서 6개월 정도 보관이 가능하다.

● 생강을 항상 준비하기가 어려워요.

한꺼번에 껍질을 벗겨서 슬라이스한 후 작은 지퍼백에 넣고 얼려 놓고 써요. 물론 생강가루도 있고, 다져서 넣기도 하는데, 그냥 이렇게 해두는 것이 여러 용도로 쓰기 편하답니다.

● 설탕이 왜 이렇게 많이 들어가나요?

조림용이라 설탕이 간장 양의 1/2이 들어가는데, 설탕 양은 그대로 하고, 나중에 조림할 때는 간장과 섞어 가면서 단맛을 조절하면 됩니다. 건강을 생각한다면 유기농 황설탕, 마스코바도 유기농 설탕, 자일로스 황설탕을 사용해도 됩니다.

● 간장은 양조간장 100%를 사용하나요?

시판 간장에는 여러 종류가 있는데 뒤의 배합 성분을 확인해서 산분해간장이 섞이지 않은 100% 양조간장을 선택하세요.

● 술은 어떤 것을 사용하나요?

술은 청주를 사용하는데, 정종이라고 하는 쌀로 만든 발효주를 사용하는 것이 좋고, 소주는 안 돼요. 맛술(요리술)에도 여러 종류가 있는데, 멥쌀에 누룩을 넣어 발효시킨 당분과 알코올로 만든 조미술을 사용하세요.

멸치 다시마육수 2L

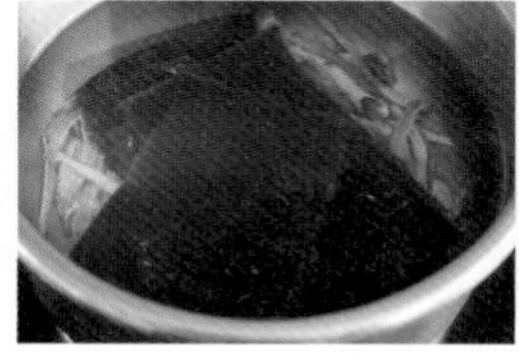

우리 집 국물요리에 자주 사용하는 육수로 국물요리뿐 아니라 나물 볶을 때, 조림할 때, 김치 담글 때도 사용합니다. 국물요리가 조미료 없이도 맛있으려면 비린 맛 없이 감칠맛 나는 멸치 다시마육수가 밑국물로 준비돼야 하지요. 요즘은 간단하게 다시팩이나 농축팩을 팔기도 하지만, 좋은 멸치로 내 눈앞에서 우려내는 국물맛과는 차원이 다르답니다.
좋은 멸치가 좋은 국물 맛을 내는데, 고르기 어렵다면 대체로 약간 가격이 높은 것을 구입하면 실패가 적어요. 멸치에 함유된 이노신산이라는 성분은 감칠맛과 시원한 맛을 내는 데 큰 역할을 합니다. 다시마 진액에 들어 있는 식이섬유와 알긴산은 맛도 맛이지만 건강에 좋은데, 변비와 대장암을 예방하고, 콜레스테롤 수치와 혈압을 낮춰주는 역할을 합니다.

재료 물 2.5L, 다시 멸치 30g, 다시마 15g

멸치는 반을 갈라 내장을 제거한다. 머리(대가리)는 버리지 않고 같이 사용한다. 냄비를 중불에서 달군 후 멸치를 넣고 구수한 맛이 나도록 5분 정도 타지 않게 볶는다. 멸치는 볶으면 구수해지면서 비린 맛이 없어진다. 멸치를 냄비 안에서 볶는 대신 전자레인지에 키친타월을 깔고 고소한 냄새가 날때까지 2분 정도 돌려 사용해도 된다. 볶은 멸치에 그대로 물 2.5L를 붓고 다시마를 넣어 불을 끄고 1시간 정도 그대로 우린다. 이 부분이 국물 맛 내기의 가장 중요한 과정인데, 팔팔 끓여서 맛을 내기보다는 서서히 국물에 맛을 우려내는 것이다. 국물이 상하지 않게 조금 오랫동안 우려도 좋다. 불린 지 1시간이 지나 다시마가 불어서 많이 커지고 끈끈한 액이 나오면 중약불에서 서서히 끓이다가 끓어오르면 다시마를 먼저 꺼내는데, 다시마의 끈끈한 액은 끓으면 없어진다. 다시마를 오래 끓이게 되면 국물이 탁해지면서 다시마가 국물을 먹어 더 커진다. 남은 멸치는 10분 더 끓인 다음 체에 밭치면 맑은 멸치 다시마육수 완성이다. 숟가락으로 떠서 맛을 보아 구수하고 감칠맛이 나야 제맛이다.

● 좋은 국물(다시) 멸치는 어떤 거예요?

남해안 멸치로 은빛이 돌면서, 멸치 모양이 흐트러져 있지 않고 머리까지 잘 붙어 있으며, 배를 갈라 내장이 잘 제거되고 쩐내가 나지 않는 것이 좋아요. 그리고 맛을 보면 비리지 않고 약간 짭조름하면서 감칠맛이 나서 계속 집어 먹게 되는 맛을 고르세요. 좋은 멸치는 적은 양을 넣어도 국물이 맛나게 우러납니다. 우리 집에서는 사이즈가 큰 다시 멸치보다는 국물도 내고, 그냥 먹기도 하는 대멸인 7cm 정도 사이즈를 주로 사용합니다.

● 멸치 다시마육수에 다른 재료를 넣으면 안 되나요?

육수를 끓이기 시작할 때 냉장고에 남은 채소를 함께 넣고 끓여도 좋습니다. 파 뿌리, 표고버섯 기둥, 양파 등의 채소나 마른 새우를 추가로 넣고 맛을 우려도 맛있어요. 대파를 다듬으면서 나오는 겉 부분은 잘 씻어 물기를 뺀 후 냉동실에 보관하고, 파 뿌리는 잘 씻은 다음 말려 국물을 낼 때 사용하면 좋습니다.

다시마육수 1.8L

조미료 같은 감칠맛을 내는 육수로 담백하면서 은은한 맛이 특징입니다. 주로 쇠고기가 들어가는 국물요리나 담백한 국물요리, 각종 솥밥의 밥물, 조림요리의 밑국물에 어울립니다. 우리 집 요리에서는 없어서는 안 되는 기본 육수입니다. 물에 담가두면 나오는 점액은 알긴산 성분으로 콜레스테롤을 저하시켜 성인병을 예방하고 다이어트에 좋아요. 다시마의 글루탐산과 표면의 흰 가루인 마니톨은 감칠맛을 내주는 역할을 합니다.

다시마육수는 냉장고에 보관하고, 일주일 이내로 사용하는 것이 좋습니다. 육수가 맛있으려면 다시마를 잘 골라야 하는데, 폭이 넓고 평평하며 거무스름하고 두께가 있는 것을 고르세요. 표면에 하얀 가루(마니톨)가 많이 붙어 있는 것이 좋은 다시마이지요. 제철은 6~9월, 청정 해역에서 채취한 다시마를 햇볕과 해풍으로 말린 도톰한 다시마가 최상품입니다.

재료 물 2L, 다시마 15g

다시마는 깨끗한 젖은 행주로 살짝 겉만 닦아 먼지 등을 털어내고 알맞게 자른다. 냄비에 분량의 물을 넣고 손질한 다시마를 넣고 30분 이상 다시마가 커지고 끈끈한 액이 나오도록 우린다. 다시마가 우려졌으면 중약불에서 끓이고, 끓어오르기 시작하면 불을 끄고 다시마를 꺼낸다.

고추기름 160ml

고추기름은 멸치볶음, 진미채무침 등 마른 밑반찬, 볶음요리, 육개장, 순두부찌개 등 얼큰한 국이나 찌개에 활용하면 좋아요. 일단 한 번 만들어놓으면 여기저기 쓸모가 많지요. 만들어 쓰는 고추기름은 매콤하고 향긋해 요리의 맛을 업그레이드시켜주는 일등공신입니다. 고추기름은 냉장고에 넣어 3~6개월 정도 보관이 가능합니다.

재료 식용유 1컵, 고춧가루 3~4큰술, 다진 마늘 1큰술, 다진 생강 1큰술

팬에 식용유를 넣고 중불에서 달군다. 8~10분 사이에 기름이 달궈지면 고춧가루를 넣고 보글보글 끓어오르기는 하는데 타지 않을 정도에서 불을 끈다. 달군 기름에 다진 마늘, 다진 생강을 넣고 골고루 젓는다. 끓는 기름이 잠잠해지면 거름용 체에 거름종이를 받치고 걸러준다. 거름종이가 없다면 고운 체로 거른다.

Chapter 1

국

콩나물국
콩나물 황태국
쇠고기 뭇국
쇠고기 미역국
쇠고기 떡국
장터국밥
배추 된장국
아욱국
매생이 굴국
어묵국
오이 미역냉국

시원하고 뜨끈한 아침 해장국

콩나물국

몸이 으슬으슬한 날에는 시원하고 뜨끈한 국물요리가 생각나기 마련입니다. 속을 따뜻하게 풀어줘 나른한 몸을 개운하게 만들어 주는 콩나물국은 술 마신 다음 날 해장용으로도 아주 인기가 많지요. 김치나 고춧가루를 넣어 칼칼한 매운맛을 낼 수도 있지만, 송송 썬 청양고추를 넣어 깔끔한 매운맛을 더했습니다.

재료 | 2~3인분

- 콩나물 1/2봉지(150g)
- 양파 1/4개
- 대파 1/2대(10cm)
- 청양고추 1개
- 새우젓 1큰술
- 소금 약간
- 멸치 다시마육수 4컵

1 콩나물은 물에 살살 씻어내면서 떨어지는 머리 등은 골라낸 다음 체에 밭쳐 흐르는 물에 살살 헹구고 그대로 체에 밭쳐둔다.

2 양파는 얇게 채 썰고, 대파는 어슷하게 썬다. 청양고추는 송송 썰어 살짝 씨를 털어낸다.

3 냄비에 준비한 멸치 다시마육수를 넣고 중불에서 끓어오르면 콩나물과 양파를 넣는다.

4 다시 끓어오르면 뚜껑을 덮고 5분 정도 끓인 뒤 새우젓과 소금으로 간을 맞춘다.

5 청양고추와 대파를 넣고 한소끔 끓인다.

엄마의 훈수

"콩나물국을 만만하게 봐서는 안 돼. 입에 감기도록 감칠맛이 나고, 속이 개운해지는 콩나물국을 끓이려면 멸치 다시마육수와 새우젓이 꼭 있어야 한단다. 어떤 육수를 넣어봐도 콩나물국에는 멸치 다시마육수가 제일 잘 어울려. 새우젓은 맑고 깨끗하게 생긴 것으로 골라 국물과 함께 다져서 사용하는데, 새우젓으로 간을 해야 국물맛이 개운하고 시원하지. 콩나물은 너무 익히지 말고 살강살강하게 익혀 바로 먹는 것이 제일 맛있어."

엄마의 비법을 알려 주세요!

● **콩나물은 어떻게 골라야 해요?**

콩나물국이나 콩나물무침이 맛있으려면 먼저 콩나물을 잘 골라야 해. 고소하고 담백한 콩나물이 맛있는 요리의 첫 번째 조건이란다. 콩나물은 그리 길지 않으면서 뿌리가 짧고 줄기가 알맞게 도톰한 국산콩 콩나물이 가장 맛있어.

● **콩나물 손질은 어떻게 해요? 껍질을 벗기고 뿌리를 잘라내나요?**

요즘 콩나물은 깨끗하게 씻어 나오기도 하고, 껍질도 손질이 필요 없을 정도로 깔끔해. 물에 살살 씻어 그대로 사용하면 된단다. 너무 많이 잘라내면 오히려 영양분이 손실될 수 있어.

● **멸치 다시마육수를 꼭 내야 할까요?**

그냥 물을 넣거나 다시마육수만 내어 끓여도 되지만 제대로 맛을 내기 어려워. 엄마가 단언하는데, 콩나물국은 멸치 다시마육수로 끓여야 국물맛이 시원하고 개운하면서 가장 맛있어. 비린 맛 없이 깔끔하게 우려낸 멸치 다시마육수를 사용하면 마치 조미료를 넣은 것처럼 감칠맛이 나지.

● **새우젓이 없으면 어떻게 간을 맞춰요?**

콩나물국은 새우젓이 필수지만, 새우젓이 없다면 국간장이나 소금으로 간을 맞추면 돼.

● **콩나물국에서 비린 맛이 나요.**

콩나물의 비린 맛은 콩나물 머리가 덜 익었을 때 주로 나는 거야. 일단 머리를 알맞게 익히려면 끓는 물에 콩나물을 넣고 뚜껑을 덮어 간을 맞추는 시간까지 10분 정도 익히렴. 그러면 비린 맛도 나지 않고 콩나물도 아삭하게 잘 익어.

{딸의 요령}

"사각어묵을 콩나물처럼 길이로 곱게 썰어 콩나물 넣을 때 함께 넣고 끓이면 맛있는 어묵 콩나물국을 만들 수 있어요. 어묵의 맛과 어우러져 감칠맛이 배가됩니다."

김치 콩나물국

재료 | 2~3인분

- 배추김치 100g(1/2컵 정도)
- 콩나물 1/6봉지(50g)
- 무 50g
- 대파 1/2대(10cm)
- 김치국물 2~3큰술
- 국간장 약간
- 멸치 다시마육수 3 ½컵

김치는 속을 살짝 털어내고 먹기 좋게 송송 썰어요. 무는 3cm 정도의 길이로 굵게 채 썰고, 대파는 어슷 썹니다. 냄비에 준비한 멸치 다시마육수를 넣고 중불에서 끓이다가, 끓어오르면 김치와 무를 넣고 5분 정도 끓이세요. 콩나물을 넣고 약 5분간 더 끓이면서 김치국물과 국간장으로 간을 맞추고, 대파를 넣어 한소끔 더 끓이면 됩니다. 김치마다 간이 다르니, 국물 간을 보면서 김치국물을 가감하세요.

속 풀어주는 재료 모두 모았다

콩나물 황태국

시원한 맛을 내는 콩나물과 구수하고 짭조름한 황태, 달달한 무까지 넣고 끓인 콩나물 황태국은 쓰린 속을 살살 달래주고 개운하게 풀어주는 최고의 속풀이용 국입니다. 여기에 밥 한 술 말고, 김치 하나만 걸쳐도 훌륭한 식사가 되지요.

1

2

3

5

6

7

재료 | 3~4인분

- 콩나물 70g
- 무 70g
- 황태채 50g
- 대파 1/2대(10cm)
- 국간장 1큰술
- 새우젓 1작은술
- 다진 마늘 1작은술
- 들기름 1작은술
- 멸치 다시마육수 5컵

1 황태채는 먹기 좋게 자른 후 흐르는 물에 헹구고 살짝 짜서 준비한다. 콩나물은 두 번 정도 물에 씻어서 채반에 밭쳐 물기를 제거한다.

2 무는 도톰하게 사방 3~4cm, 5mm 두께로 나박썰기한다. 대파는 어슷하게 썬다.

3 냄비에 황태채, 다진 마늘, 국간장, 들기름을 넣어 골고루 섞는다.

4 무를 넣은 다음 멸치 다시마육수를 2큰술 정도 넣고 중불에서 1~2분 정도 달달 볶는다. 육수를 조금 넣고 볶으면 냄비에 들러붙지 않는다.

5 멸치 다시마육수를 넣고 끓어오르면 중불에서 뚜껑을 덮고 20분 정도 끓인다.

6 ⑤에 콩나물을 넣고 5분 정도 더 끓인다.

7 콩나물이 아삭아삭하게 익으면 새우젓으로 간을 맞추고 대파를 넣어 한소끔 더 끓인다.

엄마의 훈수

"콩나물 황태국도 너무 오래 끓이지 말고, 콩나물이 아삭하게 익을 정도만 끓여야 해. 그래야 국물맛도 깔끔하고 비린 맛도 사라지거든. 아무리 국이라지만 콩나물이 너무 물컹한 것보다 아삭함이 살아있어야 씹는 맛도 있지. 얼큰하게 먹고 싶으면 고춧가루를 걸들이든가, 다진 청양고추를 넣어도 돼."

엄마의 비법을 알려 주세요!

● **황태채 손질은 어떻게 해요?**
황태채는 먹기 좋게 자른 후 흐르는 물에 살짝 씻어 물기를 꼭 짜고, 손으로 만져 가면서 잔가시를 뽑아야 해.

● **황태국에 들기름 대신 참기름을 넣으면 안 되나요?**
둘 다 사용해도 좋은데, 엄마는 구수한 들기름을 더 선호한단다.

● **새우젓이 없으면 다른 것으로 간을 맞춰도 되나요?**
새우젓은 시원하고 감칠맛을 주는 젓갈인데, 없다면 소금을 써도 돼. 볶을 때 국간장을 사용했으니 마지막 간은 소금으로 맞추는 것이 깔끔하지.

● **콩나물과 황태채의 비린 맛을 잡으려면 어떻게 해야 하나요?**
콩나물은 머리가 익을 정도로만 아삭하게 끓이도록 해. 황태채는 질기지 않고 포실하면서 잡내가 없는 것을 골라야 해. 손질한 후 잘 볶아서 끓이면 비린 맛 없이 시원하고 구수한 맛이 난단다.

{딸의 요령}
"콩나물 황태국 마지막에 달걀을 풀어 넣으면 고소하니 맛있고, 영양도 더해져요. 달걀물을 휘익 둘러 그대로 익히세요. 저으면 국물이 탁해질 수 있거든요."

황태머리육수 만드는 법

재료 | 2L
- 황태머리 2개
- 다시멸치(내장 제거) 30g
- 다시마(10cm×10cm) 2장
- 대파 뿌리 약간
- 물 2.5L

황태머리가 있다면 멸치, 다시마와 함께 끓여 육수를 내보세요. 맛이 진하고 시원한 진국이 됩니다. 황태머리는 씻어서 아가미를 자르고 깨끗하게 손질하세요. 중불에서 냄비를 달군 후 멸치를 넣고 구수한 맛이 나도록 5분 정도 타지 않게 볶습니다. 볶은 멸치에 그대로 물을 붓고 다시마, 황태머리, 대파 뿌리를 넣어 불을 끄고 1시간 정도 그대로 우리세요. 다시 중약불에 올려 끓어오르면 다시마는 꺼내고, 다른 재료는 10분 정도 더 끓인 다음 육수만 걸러냅니다.
국물이 진하고 시원한 황태국에 사용해도 좋고, 김치 담글 때 밑국물로 사용하면 최고의 김치맛을 낼 수 있습니다.

얼큰
황태국

재료 | 4인분

- 황태채 70g
- 무 150g
- 콩나물 60g
- 두부 1/4모
- 청양고추 1개
- 홍고추 1/2개
- 대파 1/2대(10cm)
- 들기름 1/2큰술
- 고춧가루 1/2큰술
- 다진 마늘 1/2큰술
- 국간장 1/2큰술
- 다진 새우젓 1작은술
- 소금 약간
- 황태머리육수 6컵

황태채는 먹기 좋게 자른 후 흐르는 물에 헹구고 살짝 짜서 준비하세요. 콩나물은 두 번 정도 물에 씻은 후 채반에 밭쳐 물기를 제거합니다. 무는 납작하게 나박썰기하고, 두부는 한 입 크기로 썰어요. 청양고추와 홍고추는 송송 썰어서 씨를 털어내고요. 달군 팬에 들기름을 두르고 중불에서 무를 먼저 1분 정도 볶습니다. 무가 살짝 볶아지면 황태채, 국간장, 고춧가루와 육수 2큰술 정도를 넣고 1분 정도 더 볶습니다. 황태머리육수를 넣고 끓어오르면 중불에서 뚜껑을 덮고 20분 정도 끓이세요. 콩나물과 다진 마늘을 넣고 5분 정도 더 끓인 후에 다진 새우젓과 소금 약간으로 간을 합니다. 마지막으로 고추, 대파, 두부를 넣고 한소끔 끓이세요.

제철 무로 끓여 달달하니 맛있는

쇠고기 뭇국

그대로 따라 하면 맛의 실패가 거의 없는 쇠고기 뭇국 황금 레시피입니다. 이대로 해야 입에 딱 맞는 깔끔하고 시원한 국물 맛이 되거든요. 뭇국의 맛내기 비법은 무의 시원한 맛을 살리는 것인데, 수분이 많고 단맛이 나는 무와 양념한 고기육수가 어우러져 개운하고 달달한 맛을 내준답니다.

재료 | 3~4인분

- 무 200g
- 쇠고기(등심 또는 양지) 100g
- 대파 1/2대(10cm)
- 소금 1/2작은술
- 다시마육수(또는 물) 5컵

쇠고기양념

- 국간장 1큰술
- 다진 마늘 1작은술
- 참기름 1작은술
- 후춧가루 약간

1 무는 납작하게 사방 3~4cm, 5mm 두께로 나박썰기하고, 대파는 어슷하게 썬다.

2 쇠고기는 잘게 다지듯이 잘라서 키친타월에 말아 핏물을 뺀다.

3 달군 냄비에 쇠고기와 분량의 양념을 넣고 고기가 익도록 중불에서 달달 볶는다.

4 ③에 무를 넣고 1분 이내로 살짝 볶다가 다시마육수를 넣어 끓어오르면 중불로 줄여 뚜껑을 덮고 20분 정도 끓인다.

5 소금으로 간을 맞춘 후 대파를 넣고 한소끔 더 끓인다.

엄마의 훈수

"맑고 깨끗한 국을 만들려면 중간중간 쇠고기 거품이 생기는 걸 걷어내야 해. 수입 고기나 냉동 고기를 사용할 경우 끓는 다시마육수(또는 물)를 붓고, 고기 잡내가 날아가도록 살짝 뚜껑을 열고 끓이는 것이 좋아. 쇠고기를 넣었는데도 굳이 다시마육수를 더하는 것은 천연조미료 역할을 해 국물에 감칠맛이 돌거든."

엄마의 비법을 알려 주세요!

- **잘게 다지는 것은 어느 정도 크기를 말하나요?**

곱게 갈아진 고기를 사용하는 것이 아니라 칼로 입자 있게 다지는 것을 말해. 씹는 맛이 확실히 다르거든.

- **국물맛을 빠르게 내는 방법이 있나요?**

빠르게 국물맛을 내려면 쇠고기를 좀 더 잘게 썰어서 끓이면 돼. 덩어리째 구입해 직접 칼로 다져 사용하는 것이 좋아. 크기를 조절할 수 있거든.

- **참기름 대신 들기름을 넣어도 되나요?**

쇠고기국에는 들기름 맛이 잘 안 어울리니 참기름을 사용하는 것이 좋겠구나.

- **오래 끓여야 더 진하고 맛있는 거 아닌가요?**

쇠고기와 무를 넣고 함께 끓이는 국이라 무가 맛있게 맛을 냈을 때 그만 끓이는 것이 좋아. 그래야 국물과 함께 쇠고기와 무까지 맛있게 먹을 수 있단다. 고기와 무를 마냥 끓여서 우려내면 무의 식감이 너무 물컹해져 맛이 없어. 쇠고기뭇국은 무엇보다 무가 맛있어야 하기 때문에, 쇠고기도 잘게 잘라서 빨리 맛을 내게 하는 거란다. 시간을 잘 지켜서 레시피대로 끓여 보기 바란다.

- **다시마육수가 없으면 그냥 물을 넣어도 되나요?**

물론 그냥 물로 끓여도 돼. 다시마육수를 사용하는 것은 마치 조미료를 넣는 것처럼 감칠맛을 더하려고 밑국물로 쓰는 것이니 그 점을 늘 참고하면 된단다.

{딸의 요령}

"쇠고기뭇국은 라임이가 가장 좋아하는 국 중에 하나예요. 특히 국 속에 들어 있는 무를 아주 좋아하죠. 라임이용은 여기에 두부, 표고버섯이나 불린 당면을 넣어서 끓이기도 해요."

토란국

재료 | 6~7인분

- 쇠고기(양지) 300g
- 토란 250g
- 무 200g
- 대파 1대(20cm)
- 국간장 1큰술
- 다진 마늘 1/2큰술
- 소금 약간
- 후춧가루 약간

국물재료

- 다시마 10cm
- 대파 잎 1대분
- 대파 뿌리 1개
- 마늘 3~4쪽
- 통후추 약간
- 물 10컵

양지는 덩어리째 찬물에 1시간 정도 담가 핏물을 빼고, 토란은 물로 흙을 씻어내고, 끓는 물에 살짝 데쳐냅니다. 이렇게 끓는 물에 데치는 과정을 거치면 토란 겉면의 끈끈한 점액질이 줄어들어 껍질을 벗기기 쉬워져요. 그 다음 비닐장갑을 끼고 칼로 껍질을 살살 벗겨내어 연한 식초물에 담가둡니다. 끓이기 전에 먹기 좋은 크기로 잘라주세요.

냄비에 쇠고기와 분량의 국물 재료를 넣고 끓어오르면 50분 정도 중불에서 끓입니다. 고운 면포에 밭치거나 거름종이에 걸러 쇠고기 육수를 내요. 쇠고기는 결 반대로 납작하게 썰어서 다진 마늘과 국간장으로 무치고, 육수 낼 때 쓴 다시마는 건져 마름모 모양으로 썰고, 무는 사방 3~4cm, 5mm 두께로 나박썰기하고, 대파는 어슷 썹니다. 맑게 걸러진 육수에 무를 넣고 중불에서 15~20분 정도 끓이다가 다시마와 쇠고기, 토란을 넣고 한소끔 더 끓입니다. 국간장으로 간을 하고 모자란 간은 소금으로 맞춘 다음 후춧가루를 뿌리고, 먹기 전에 대파 썬 것을 얹습니다.

일년 열두달 먹어도 맛있는

쇠고기 미역국

우리 식구들이 가장 좋아하는 국으로 듬뿍 끓여 놓고 거의 매일 먹을 정도로 식탁 위에 자주 등장합니다. 조갯국물을 넣고 시원하게 끓이기도 하고 싱싱한 생선살을 넣고 끓여 먹기도 하는데 뭘 넣고 끓여도 질리지 않는 우리 집 단골국이지요.

1

2

3

4

5

6

재료 | 4인분

- 마른 미역 30g
- 쇠고기(등심 또는 양지) 100g
- 국간장 1큰술
- 참기름 1작은술
- 다진 마늘 1작은술
- 소금 1/2작은술
- 다시마육수(또는 물) 6컵

1 쇠고기는 결 반대로 얇고 납작하게 썰어 키친타월에 말아 핏물을 뺀다.

2 마른 미역은 물에 충분히 불렸다가 꺼내어 말끔하게 씻은 후 꼭 짜서 먹기 좋게 자른다.

3 달군 냄비에 쇠고기와 다진 마늘, 국간장, 참기름을 넣고 고기가 익도록 중불에서 달달 볶는다.

4 고기가 익으면 미역을 넣고 숨이 죽도록 고기와 함께 2분 정도 중불에서 달달 볶는다.

5 다시마육수를 붓고 끓어오르면 약불로 줄여 뚜껑을 덮고 30분 정도 미역이 부드러워지고 국물에 쇠고기맛이 잘 우러나도록 끓인다.

6 마지막에 소금으로 간을 맞춘다.

엄마의 훈수

"미역국의 키 포인트는 다시마육수를 진하게 우려내 끓이는 거야. 고기만으로 부족한 감칠맛을 진하게 우린 다시마육수가 채워주거든. 쇠고기를 적게 넣어도 맛이 풍부하고 깊어져. 육수가 조미료 역할을 톡톡히 하기 때문이지. 많은 양을 끓인 뒤 계속 끓여서 먹으면 깊은 맛이 더 난다고 생각하는데, 오히려 그렇지 않아. 한 번 끓일 때 푹 끓인 다음 냉장 보관해 놓고, 먹을 만큼만 덜어서 데워 먹는 것이 좋단다. 여러 번 끓여 먹을 때는 다진 마늘을 넣지 않고 끓여서 보관한 다음, 먹기 직전에 넣고 한소끔 끓여 먹어야 맛이 깔끔해."

엄마의 비법을 알려 주세요!

● **제가 끓인 미역국은 왜 깊은 맛이 안 나요?**

미역국이 맛있으려면 일단 좋은 재료를 골라야 해. 좋은 미역과 기름기가 적당한 쇠고기, 맛이 잘 든 재래식 국간장 이 세 가지가 있어야지. 깊은 맛이 나지 않는다고 해서 미역과 쇠고기를 너무 많이 넣는데, 오히려 국물 맛이 느끼하거나 텁텁해질 수 있어. 또 엄마가 사용하는 국간장에 비밀이 있어. 미리 액젓과 국간장, 참치액을 섞어서 사용한단다.

● **그럼 어떤 미역과 고기를 골라야 해요?**

부드럽고 맛있기로는 산모용 재래 미역이 좋지. 양이 많아서 손질이 어렵다면 잘게 자른 마른 미역을 써도 된단다. 미역을 물에 충분히 불리지 않고 사용하면 자칫 비린내가 날 수도 있으니 30분 이상 부드러워질 때까지 물에 불리는데, 두세 번 바락바락 찬물에 주물러 씻은 다음 물기를 짜서 사용해라.
보통 진한 국물맛을 낼 때 양지머리를 사용하는데, 미역국에는 적당히 지방이 있고 씹는 맛이 좋은 등심을 사용하기도 해. 키친타월에 말아 핏물을 꼭 빼줘야 국물이 탁하지 않고 맛있어.

● **다시마육수 대신에 다른 육수를 써도 돼요?**

아무래도 다시마육수가 잘 어울리지. 멸치나 가다랑어포육수를 넣으면 특유의 비린 맛이 쇠고기의 맛과 부딪힐 수도 있어. 다시마육수를 낼 때는 찬물 5컵 기준에 잘 닦은 다시마 한 조각(10cm)을 넣고 30분 정도 우린 후 살짝 끓여주면 되는데, 너무 오래 끓이면 맛이 텁텁하고 끈끈해질 수 있으니 주의하렴.

● **미역국은 어느 정도 보관해 놓고 먹을 수 있어요?**

한 번에 많은 양을 끓인 후 소분해서 냉장고에 넣어 놓고 먹을 만큼씩 꺼내어 끓여 먹도록 하렴. 그러면 간도 딱 맞고, 국맛도 처음 맛으로 먹을 수 있단다. 미역국은 냉장고에는 일주일, 냉동실에는 3주 정도 보관이 가능하단다.

● **쇠고기는 오래 끓이면 질겨지지 않나요?**

국을 끓일 때 넣는 쇠고기는 결 반대로 썰어야 연하지. 고기를 크고 두툼하게 썰기보다는 얇게 썰거나 다지듯이 잘게 썰어서 넣으면 국물이 빨리 우러나고 질기지 않아. 그리고 볶아서 끓이는 시간도 30분 정도가 적당해.

● **쇠고기 말고 어떤 재료를 넣어서 끓이면 맛있어요?**

우리 집에서 쇠고기 다음으로 자주 사용하는 것이 바지락이야. 엄마는 껍질이 있는 바지락보다는 바지락살을 많이 애용하지. 바지락은 4, 5월이 제철이라 마트에도 통통한 바지락살이 많이 나와 있는데, 바지락살을 넉넉히 사다가 살짝 씻은 다음 100g씩 소분해서 얼려 두었다가 4인분의 양을 끓일 때 넣으면 딱 맞아. 바지락살 보관이 어려우면 소분해서 냉동 판매하는 곳이 있으니 그걸 사용하면 돼. 그냥 껍질 있는 바지락은 얼리면 살이 줄어들고, 또 해감을 잘 확인해야 해서 엄마는 미역국을 끓일 때 바지락살을 더 선호한단다. 그 외에 황태채를 미역이랑 달달 볶아 끓이기도 하고, 겨울이면 제철 홍합으로 미역국을 끓여도 맛있지.

{딸의 요령}

"아이들은 구수한 들깨맛을 좋아해요. 국물에 들깻가루를 살짝 풀어주니까 아이가 더 잘 먹더라고요. 더 고소하고 진한 국물맛이 나거든요. 처음부터 들깨 미역국으로 끓여도 되지만, 한 솥 끓여서 소분해 둔 미역국은 처음에는 쇠고기 미역국으로 먹다가 그 맛이 질릴 때쯤 들깻가루를 첨가해서 주니까 더 좋아하더라고요."

2

5

6

7

8

10

재료 | 2인분

- 쇠고기 80g
- 떡국떡 360g
- 달걀 1개
- 대파 1/2대(10cm)
- 구운 김 1/2장
- 소금 1/4작은술
- 다시마육수 5컵

쇠고기양념

- 국간장 1큰술
- 다진 마늘 1작은술
- 참기름 1작은술
- 후춧가루 약간

1 쇠고기는 연한 국거리로 준비해 약간 굵게 채 썬다. 칼로 살짝 두드리듯이 칼집을 내주면 고기가 더 연해진다.

2 ①의 쇠고기를 키친타월에 말아 핏물을 뺀다. 생고기일 경우는 그냥 사용해도 되는데, 냉동육을 해동해서 사용할 경우 핏물을 제거하고 사용하는 것이 좋다.

3 쇠고기에 분량의 양념을 넣고 버무린다.

4 달걀은 볼에 넣고 알끈을 제거한 뒤 골고루 풀고, 구운 김은 2~3cm 길이로 채 썰고, 대파는 어슷하게 썬다.

5 떡국떡은 물에 헹궈서 체에 밭쳐 준비한다.

6 달군 냄비에 양념한 쇠고기를 넣고 중불에서 완전히 익도록 볶는다.

7 쇠고기가 다 볶아지면 다시마육수를 붓고 20분 정도 뚜껑을 덮고 중약불에서 끓인다. 끓이는 중간에 거품이 생기면 걷어낸다.

8 쇠고기국물이 우러나면 떡국떡을 넣고 5분 정도 뚜껑을 덮어 더 끓인다.

9 떡국떡이 말랑해지고 국물이 뽀얗게 되면 소금으로 간을 맞춘다.

10 국물이 팔팔 끓으면 달걀물을 국물 위에 골고루 풀어주는데, 젓지 말고 몽글몽글 엉기도록 잠시 둔다. 달걀이 풀어지면 대파를 넣고 한소끔 더 끓인 다음 그릇에 담고 채 썬 김을 곁들인다.

엄마의 훈수

"예부터 새해가 되면 한 살 더 먹는다는 의미로 떡국을 먹었는데, 한 해 동안 재물이 풍성하기를 기원하는 마음도 담겼다고 해. 경상도에서는 쇠고기 대신에 멸치 다시마육수와 굴을 넣어 끓이는데, 이것도 꽤 별미란다. 만두를 추가하고 싶으면, 떡국떡을 넣을 때 같이 넣으면 돼. 떡국떡은 1인분에 150~180g 정도가 적당한데, 기호에 맞춰서 가감하고 떡의 양에 맞춰서 육수 양을 늘려 간을 맞추면 된다."

엄마의 비법을 알려 주세요!

● **연한 국거리는 쇠고기의 어떤 부위인가요?**

주로 양지머리나 등심 부위를 말하지. 엄마는 시장 단골 정육점에서 주로 사는데 연한 국거리로 달라고 하면 다른 부위(목심, 앞다리, 설도)라도 국 끓이기 좋은 것으로 알아서 잘 챙겨 줘. 인터넷으로 구입할 경우에는 후기를 잘 읽어보고 선택하도록 해라.

● **쇠고기 칼집을 낼 때 노하우가 있나요?**

국거리는 아무래도 결 반대로 얇게 썰어야 질기지 않고 연하지. 그런 다음 결 반대로 칼로 살짝 두드리듯이 칼집을 내주면 고기가 더 연해진단다.

● **떡국떡을 물에 헹궈 체에 밭쳐 준비하는 이유가 있나요?**

떡국떡도 쌀을 씻듯이 한 번 물에 헹궈서 사용하는 게 좋아. 수분이 있는 상태로 국물에 넣고 익혀야 떡이 부드럽게 잘 익거든.

● **중간에 거품은 꼭 걷어내야 하나요?**

쇠고기의 핏물이 잘 제거되지 않은 상태라면 핏물 거품이 나오기 때문에 거품을 깔끔하게 걷어내는 것이 좋지.

● **달걀물을 엉기도록 잠시 두는 것은 불을 끈 상태인가요? 젓지 않으면 뭉치던데요.**

불을 끄지 않고 국물이 끓는 상태에서 달걀물을 푼 다음 젓지 않고 그대로 두었다가 멍울이 생기기 시작하면 그때 살살 저어 풀어주면서 끓여. 그래야 달걀물이 지저분하지 않고 알맞게 멍울지면서 국물 속에서 익게 된단다. 끓는 국물에 부을 때 한 번에 휙 붓지 말고, 천천히 둥글게 둘러가며 넣으면 돼.

{딸의 요령}

"아이들은 굵게 채 썬 고기도 좋지만, 다진 쇠고기를 쓰면 먹기가 수월해요. 육수는 진한 사골육수를 이용해서 만들어도 맛있고, 떡국떡 대신 조랭이떡을 넣고 만들어도 모양 덕에 재밌어하면서 먹을 수 있어요. 라임이는 불린 떡을 좋아하는데, 육수를 조금 더 넣어 국물을 넉넉하게 만들어서 반나절 불렸다가 줄 때도 많아요. 불린 떡이 부드럽고 단맛이 더 돌아서 아주 좋아해요."

굴 떡국

재료 | 3~4인분

- 떡국떡 450~500g
- 굴 200g
- 달걀 1개
- 대파 1/2대(10cm)
- 구운 김 1/2장
- 국간장 1큰술
- 소금 약간
- 후춧가루 약간
- 식용유 적당량
- 다시마육수 6컵

떡국떡은 물에 씻은 다음 체에 밭쳐 물기를 빼고, 굴은 만져 가면서 껍질을 골라내고, 연한 소금물에 살살 흔들어 씻어 건져요. 달걀은 잘 풀어서 체에 한 번 내리고, 달군 팬에 식용유를 살짝 둘러 달걀물을 붓고 얇게 지단을 부쳐서 곱게 채 썰어요. 구운 김은 3cm 길이로 채 썰고, 대파는 어슷하게 썹니다. 다시마육수에 떡국떡을 넣고 끓어오르면 5분 정도 중불에서 끓이는데, 떡이 먹기 좋게 퍼지면 씻어 놓은 굴을 넣어요. 끓어오르면 국간장, 소금으로 간을 맞추고, 약간의 후춧가루를 넣습니다. 국그릇에 떡국을 담고 대파, 달걀지단, 채 썬 김을 얹어냅니다. 굴이 살짝 익도록 맨 나중에 넣고 한 번 우르르 끓으면 간을 맞춰서 고명을 골고루 얹어 내면 돼요. 달걀지단은 생략 가능합니다.

시장의 정이 느껴지는 따뜻한 쇠고기 국밥

장터국밥

재료 | 5~6인분

- 얼갈이배추 500g
- 무 200g
- 대파 1대(20cm)
- 청양고추 2개

쇠고기육수

- 쇠고기(양지) 300g
- 대파 잎 1대분+대파 뿌리 1개
- 물 2.5L

양념장

- 된장 4큰술(80g)
- 국간장 2큰술
- 고춧가루 1~1 ½큰술
- 다진 마늘 1큰술
- 소금 약간

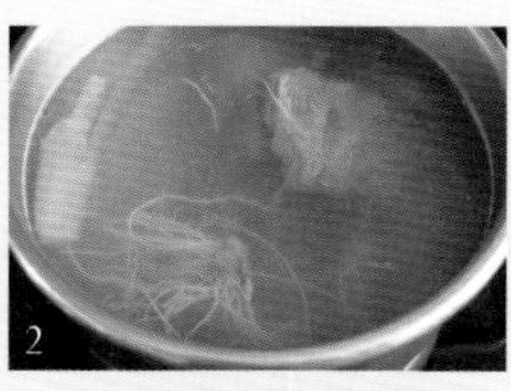

2

7

9

1 쇠고기는 1시간 정도 물에 담가 핏물을 뺀다.

2 냄비에 쇠고기, 물, 대파 잎, 대파 뿌리를 넣고 센 불에서 끓이다가, 끓어오르면 중불에서 고기가 부드럽게 되도록 1시간 정도 끓여 쇠고기육수를 낸다.

3 삶은 고기는 건져 결 반대로 얇게 썰고, 육수는 체에 밭쳐 거른다.

4 얼갈이는 끓는 물에 1분 정도 살짝 데쳐 찬물에 헹군 다음 물기를 빼서 3cm 길이로 썬다.

5 무는 사방 3~4cm, 5mm 두께로 나박썰기한다. 대파는 흰 부분 쪽으로 어슷하게 썰고, 청양고추는 송송 썬다.

6 분량의 재료를 섞어 양념장을 만든다.

7 냄비에 데친 얼갈이에 분량의 양념장을 넣고 조물조물 무친다.

8 쇠고기육수를 붓고 센 불에서 끓이다가, 끓어오르면 중불로 줄여 20분 정도 끓인다.

9 무와 쇠고기를 넣고 중불에서 20분 정도 더 끓인 후 소금으로 간을 맞춘다.

10 대파와 청양고추를 넣고 한소끔 더 끓인다.

찬바람이 불면 가마솥에 푹 끓인 시골장터표 국밥이 생각납니다. 한 국자 듬뿍 떠서 흰밥에 올려 먹어야 제 맛이지요. 콧등에 땀이 송글송글 맺힐 정도로 뜨끈하게 먹고 나면 속이 확 풀리면서 마음까지 따뜻해지는 정겨운 쇠고기국밥 한 그릇입니다.

엄마의 비법을 알려 주세요!

- **장터국밥에 넣는 쇠고기는 어떤 부위가 좋아요?**

덩어리로 끓여 육수를 내는 것이라 기름기가 적은 양지머리나 사태가 좋단다.

- **얼갈이배추는 데치지 않고 끓일 때 바로 넣어도 되지 않나요?**

푸른 잎이 많은 배춧잎이나 얼갈이는 그냥 넣으면 풋내가 나기 쉬워. 번거롭더라도 끓는 물에 살짝 데쳐서 넣는 것이 좋아.

- **얼갈이배추 말고 대체할 만한 다른 재료가 있나요?**

배춧잎 우거지나 시래기를 대신 넣을 수 있고, 콩나물과 고사리를 추가해도 맛있단다.

{딸의 요령}

"레시피 그대로 하되, 양념장에서 고춧가루, 청양고추만 빼고 만들면 아이까지 함께 즐길 수 있는 맑은 장터국밥이 돼요. 대신 고춧가루 2~3큰술, 참기름 1큰술을 섞어 다대기를 만든 다음, 칼칼한 맛을 원하는 어른들은 기호에 맞게 섞어서 먹으면 됩니다."

엄마의 훈수

"어린 시절 장이 서는 날, 장터를 따라가면 여러 사람들이 왁자지껄하게 모여서 참 맛있게 먹는 음식이 있었는데, 그게 바로 뜨거운 쇠고기국물에 밥을 만 장터국밥이었어. 쇠고기로 만들었으니 몸에 좋은 것은 말할 것도 없고, 시장 사람들의 정이 느껴지는 푸근한 음식이지. 따뜻한 사람의 정이 그리울 때, 뜨거운 국물 한 그릇이 간절할 때 한 냄비 가득 장터국밥을 끓여 여럿이 나눠 먹으면 더할 나위 없단다."

개운하게 속을 풀어주는 마성의 맛

배추 된장국

재료 | 3~4인분

- 배춧잎(속잎) 5~6장(250g)
- 대파 1/2대(10cm)
- 된장 2큰술
- 고추장 1작은술
- 다진 마늘 1작은술
- 멸치 다시마육수 5컵

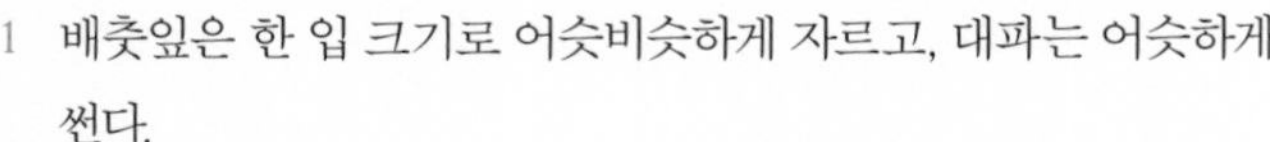

1 배춧잎은 한 입 크기로 어슷비슷하게 자르고, 대파는 어슷하게 썬다.

2 냄비에 멸치 다시마육수를 넣고 끓어오르면 된장과 고추장을 풀어 끓인다.

3 끓는 국물에 썰어 놓은 배추와 다진 마늘을 넣고 끓어오르면 뚜껑을 덮어 중약불에서 10분 정도 끓인다.

4 대파를 넣고 한소끔 더 끓인다.

1

2

겨울 배추는 아삭하고 달아서 구수한 된장국에 넣어 먹으면 더욱 맛있어요. 된장국에 밥 말아 깍두기 한 점 올리고 먹으면 금상첨화지요. 메인 메뉴로 고기요리를 했다면, 국으로는 배추 된장국을 준비해 보세요.

엄마의 비법을 알려 주세요!

● **배춧잎 고르는 방법 알려주세요.**

데치지 않고 바로 끓이는 배추 된장국은 파란 배춧잎을 사용하면 우거지 냄새나 풋내가 날 수 있어. 하얗고 노란 배추속대를 사용하면 달달하면서 구수한 맛이 나니 바로 끓일 때는 배추속대만 사용하는 걸 잊지 말아라. 또 겉절이 등을 하면서 남은 파란 배춧잎을 데쳐서 넣으면 국물 맛이 시원하단다.

● **김장 때 남은 배추가 있어 소금물에 살짝 데쳐서 냉동실에 보관했어요. 냉동했던 배춧잎을 넣으면 안 되나요?**

보들보들하니 식감은 약간 다르겠지만 국에 넣는 것이니 데쳐서 냉동했던 배춧잎을 해동해서 사용해도 되겠지.

{딸의 요령}

"배추 된장국은 사골국물이나 쌀뜨물로 끓이기도 하는데, 더욱 구수하고 진한 맛이 나요. 얇고 작게 썬 쇠고기를 참기름과 다진 마늘에 버무려 볶은 다음에 레시피처럼 끓여도 되고, 두부나 무를 넣어서 끓여도 된답니다."

엄마의
버전-업
레시피

봄동 된장국

재료 | 2~3인분

- 봄동 12장(120~150g)
- 대파 1/2대(10cm)
- 콩나물 한 줌
- 된장 1 ½큰술
- 다진 마늘 1/2큰술
- 멸치 다시마육수 4컵

봄동은 끓는 물에 살짝 데친 다음 찬물에 헹궈서 물기를 꼭 짜고 2cm 길이 정도로 송송 썰어 준비하세요. 콩나물은 깨끗이 씻어 체에 밭쳐 물기를 빼고 대파는 어슷하게 썹니다. 냄비에 멸치 다시마육수를 넣고 끓어오르면 된장을 체에 걸러서 푼 다음 준비한 봄동, 콩나물, 다진 마늘을 넣고 끓이세요. 된장이랑 고추장을 약간 섞어 넣어도 됩니다. 중불에서 15~20분 정도 끓이면서 위에 뜨는 거품을 걷어내고, 구수한 맛이 나면 대파를 넣어 한소끔 더 끓이세요.

귀한 사람에게 대접하고 싶은 맛

아욱국

재료 | 3~4인분

- 손질한 아욱 150g
- 마른 새우 20g
- 대파 1/2대(10cm)
- 된장 2큰술
- 다진 마늘 1/2큰술
- 소금 약간
- 멸치 다시마육수 5컵

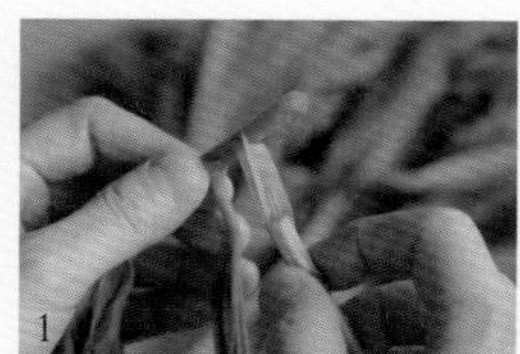
1

2

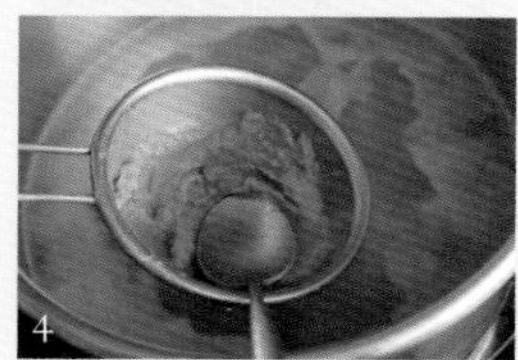
4

5

1 아욱은 억센 줄기나 잎은 떼어내고, 줄기를 꺾어 잎 쪽으로 이어지는 투명한 겉껍질을 벗긴다. 손질하면서 손으로 먹기 좋은 길이로 자른다.

2 손질한 아욱은 물에 담가 손으로 살짝 으깨듯이 바락바락 주물러 씻은 후 헹궈서 물기를 꼭 짠다.

3 새우는 잔발, 더듬이, 꼬리를 떼어낸다. 꽃새우, 보리새우, 홍새우 등을 사용하면 된다. 대파는 어슷하게 썬다.

4 냄비에 멸치 다시마육수를 넣고 끓어오르면 중불에서 된장을 풀고 아욱을 넣는다.

5 다시 바글바글 끓어오르면 손질한 새우와 다진 마늘을 넣고 아욱이 부드러워질 때까지 중불에서 20~30분 정도 끓인다.

6 대파를 넣어 한소끔 더 끓이고, 부족한 간은 소금으로 맞춘다.

엄마의 훈수

"아욱은 투명한 겉껍질을 벗겨내고, 물 속에서 손으로 바락바락 주물러야 아욱이 으깨지면서 풋내와 푸른 물이 빠진단다. 마른 새우도 손질을 잘해야 목에 걸리는 것 없이 말끔한 국물을 먹을 수 있어. 마른 새우가 까끌거리면 아예 밑국물을 낼 때 마른 새우를 넣고, 국은 새우 대신 바지락으로 대체해도 돼."

7~8월이 제철인 아욱은 가을 서리가 내리기 전의 것이 최고로 맛있어요. '가을 아욱국은 사립문을 닫고 먹는다'는 말이 있을 정도로 맛과 영양이 일품입니다. 멸치 다시마육수에 구수한 된장을 풀어 끓이는데, 향긋한 아욱과 환상 궁합을 이루는 마른 새우를 넣으면 맛이 한층 깊어지지요.

엄마의 비법을 알려 주세요!

● 아욱은 어떤 것을 골라야 맛있나요?

아욱은 잎이 넓고 진한 초록색을 띠며, 줄기는 통통하면서 마르지 않고 연한 것을 고르는 것이 좋아.

● 새우의 잔발, 더듬이, 꼬리를 떼는 이유는요?

새우에 붙어 있는 잔발이나 더듬이, 꼬리는 날카롭기 때문에 떼어내야 국 속에 들어 간 새우까지 부드럽게 먹을 수 있단다. 손으로 다듬기 귀찮으면 비닐봉지에 넣고 가볍게 비벼 체에 친 다음 사용해도 돼.

● 꽃새우, 보리새우, 홍새우… 뭐가 다른 거예요?

모두 새우를 말린 것인데, 새우의 종류가 다른 것이지. 특히 크기가 조금씩 다른데 맛과 영양에는 큰 차이가 없어. 주로 꽃새우, 보리새우는 국물 낼 때 많이 쓰여. 다른 종류의 마른 새우가 있다면 그것을 써도 상관없단다. 마른 새우는 주로 구수한 단맛이 있고 감칠맛이 나서 육수용으로도 많이 쓰이는데, 볶음요리에도 쓰고, 갈아서 조미료로도 많이 사용해. 국물요리에 마른 새우를 넣으면 국물맛이 깊고 시원해지지.

● 간은 소금으로만 맞추나요? 국간장은요?

간은 이미 된장으로 거의 맞춰진 상태라 소금이나 국간장 중의 하나로 맞춰주면 돼.

{딸의 요령}

"아욱국에 불린 쌀 1컵을 넣고 아욱 된장죽을 끓여도 별미입니다. 멸치 다시마육수에 된장을 푼 뒤 불린 쌀을 넣고 뚜껑을 열어 한소끔 끓어오르면 마른 새우를 넣고 약불로 줄여 쌀이 퍼지도록 끓이세요. 쌀알이 퍼지면서 끓어오르면 아욱을 넣고 푹 무르게 끓인 다음 소금으로 부족한 간을 맞춰 뜨겁게 담아냅니다."

겨울바다가 주는 알찬 먹을거리

매생이 굴국

찬바람이 불면 바다 향기를 가득 품은 매생이 굴국 한 그릇이 생각나지요. 입안을 따뜻하게 감싸는 매생이를 먹으면 온몸이 따뜻해지고, 정화되는 기분마저 듭니다. 추운 겨울날 수확되는 매생이는 냉동해 놓고 사계절 먹을 수 있는데, 요즘은 동결 건조된 매생이도 쉽게 구할 수 있어 간편하게 요리할 수 있어요.

1

2

3

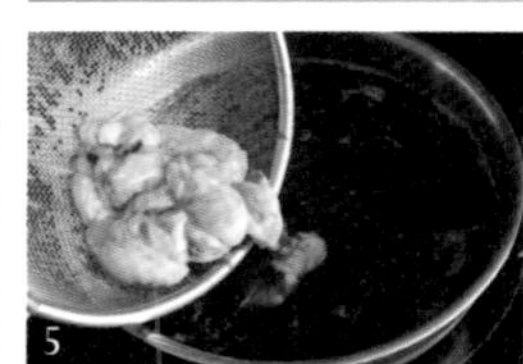
5

재료 | **2~3인분**

- 매생이 200g
- 굴 150g
- 국간장 1큰술
- 굵은 소금 1큰술
- 참기름 1작은술
- 다진 마늘 1작은술
- 소금 1/2작은술
- 다시마육수 3 ½컵
- 소금물(생수 5컵+소금 1 ½큰술)

1. 매생이는 물에 담가 굵은 소금으로 바락바락 주물러 준 후 여러 번 물에 헹궈 물기를 뺀다. 세척된 냉동 매생이일 경우는 해동 후 체에 밭쳐서 한 번 정도 씻어주면 되고, 건조 매생이는 생수에 살짝 불린 후에 동량으로 사용한다.
2. 굴은 손으로 만져보면서 껍질이 있으면 떼고, 체에 담긴 굴을 소금물에 넣고 흔들어 가면서 1~2번 씻어 체에 10분 정도 밭쳐 충분히 물기를 뺀다.
3. 손질한 매생이를 칼로 먹기 좋게 자른 후 냄비에 매생이, 국간장, 참기름, 다진 마늘을 넣고 중불에서 1~2분 정도 볶는다.
4. ③에 다시마육수를 넣고 국물이 끓기 시작하면 굴을 넣고 중간에 거품을 걷어낸다.
5. 끓어오르면 3분 정도 더 끓인 후 소금으로 간을 맞춘다.

엄마의 훈수

"추운 겨울 우리 집 식탁에서 빠질 수 없는 음식이 바로 이 매생이 굴국이야. 칼슘과 무기질이 풍부한 매생이는 저칼로리·저지방 식품으로 꼽히기 때문에 움직임이 적어 몸이 무거워지는 겨울철에 먹으면 건강에도 아주 이롭지. 짙은 푸른빛의 매생이와 스태미나에 좋은 굴이 만난 음식이니 얼마나 건강에 좋고, 맛있겠어!"

엄마의 비법을 알려 주세요!

● **매생이는 어떤 것을 골라야 해요?**

매생이는 겨울에서 이른 봄까지만 나오는 해조류인데, 제철에는 광택이 나고 선명한 녹색인 것을 고르면 돼. 두고 먹으려면 깨끗하게 씻어서 채반에 밭쳐 물기를 뺀 후 먹을 만큼씩 소분해 냉동 보관했다가 사용하면 아주 요긴하단다. 요즘은 소량씩 개별 포장된 건조 매생이를 구입할 수 있는데, 요리하기에 양도 적당하고 보관이 편리해 사용할 만해.

● **굴은 어떻게 골라요? 큰 것이 좋나요? 작은 것이 좋나요?**

국을 끓일 때는 많이 크지 않은 자연산 굴을 사용하면 먹기 좋지. 굴과 매생이가 어우러져 국물맛도 시원하고 감칠맛이 난단다.

● **매생이나 굴에 이물질이 많아요.**

매생이는 약간의 소금을 넣고 바락바락 문질러 불순물을 뺀 후 넉넉한 양의 물에 담가 풀어지면 손으로 집고 흔들어 가면서 씻어내. 그때 이물질이 가끔씩 보일 수 있는데, 씻으면서 골라내면 돼.

제철에 산 굴은 주로 굴깍지가 조금씩 붙어 있는 것들이 있으니 하나씩 만져서 굴깍지가 있으면 떼어내도록 하렴. 그런 다음 연한 소금물에 살살 흔들어 씻어 불순물을 제거하고 체에 밭치면 된단다. 봉지굴은 이물질이 거의 없어 그냥 물에 살짝 헹궈서 사용해도 돼.

● **왜 마지막에 소금으로 간을 맞춰요?**

매생이를 볶을 때 이미 국간장으로 간을 해놓았지만 매생이와 굴의 맛이 국물에 우러난 후 간을 봐가며 모자라는 맛은 깔끔하게 소금으로 맞추는 것이 좋아. 간을 맞출 때는 한 가지 짠맛으로만 맞추지 말고 국간장, 소금, 간장, 액젓 등 맛에 어울리게 적절히 섞는 것이 국물맛을 내는 요령 중 하나란다.

● **매생이 굴국은 끓인 뒤 얼마 동안 먹는 것이 좋아요?**

매생이와 굴을 넣어 끓인 국이라 다시 데워 먹으면 국물도 탁해지고 처음과 같은 맛이 나지 않아. 되도록이면 먹을 만큼만 끓이는 것이 좋고, 남았으면 냉장고에 보관해 3일 이내로 빨리 먹는 것이 좋지.

{딸의 요령}

"입안을 감싸는 보드라운 매생이와 굴에 떡을 넣고 끓이는 매생이 굴떡국은 라임이가 정말 좋아하는 음식이에요. 재료와 조리과정 ①, ②, ③번은 동일해요. 추가로 떡국떡 200g을 준비해 씻어서 건져 놓았다가 ④번 과정에서 국물이 끓기 시작하면 떡을 먼저 넣고 끓이는데 육수가 부족하면 조금 더 추가해주세요. 떡이 말랑해지면 굴을 넣고 3분 정도 끓인 뒤 소금으로 간을 맞추면 됩니다."

쇠고기 매생이국

재료 | 2~3인분

- 매생이 200g
- 쇠고기 70g
- 국간장 1큰술
- 참기름 1/2큰술
- 다진 마늘 1/2큰술
- 소금 약간
- 다시마육수 4~4 ½컵

매생이는 물을 넣고 굵은 소금으로 바락바락 주물러 준 후 여러 번 물에 헹궈 물기를 빼세요. 쇠고기는 국거리로 준비해 칼로 부드럽게 다져서 칼집을 내고요. 달군 냄비에 쇠고기, 참기름, 국간장, 다진 마늘을 넣고 중불에서 쇠고기가 익도록 달달 볶다가 손질한 매생이를 먹기 좋게 칼로 듬성듬성 썰어 냄비에 넣고 쇠고기와 함께 1~2분 정도 더 볶습니다. 다시마육수를 붓고 끓어오르면 중불에서 10분 정도 끓이고, 소금으로 간을 맞추세요.

언제 먹어도 맛있고 익숙한 그 맛

어묵국

재료 | 2~3인분

- 어묵 300g
- 무 150g
- 대파 1대(20cm)
- 국간장 1/2큰술
- 소금 1/4작은술
- 멸치 다시마육수 5~6컵
- 고춧가루 약간

겨자양념장

- 간장 1큰술
- 연겨자 1/2큰술
- 맛술 1/2큰술
- 다진 파(또는 송송 썬 실파) 1/2 큰술
- 다진 마늘 1/2작은술

1 어묵은 끓는 물에 살짝 데친 다음 한 입 크기로 자른다.

2 무는 3cm×5cm 크기, 1cm 두께로 자르고, 대파는 1.5cm 길이로 송송 썬다.

3 냄비에 멸치 다시마육수와 무를 넣고 중불에서 끓어오르면 중약불로 줄여 무맛이 우러나도록 10분 정도 끓인다.

4 ③에 어묵을 넣고 중불에서 끓어오르면 약불로 줄여 10분 정도 끓인다.

5 국간장과 소금으로 간하고 대파를 넣어 한소끔 더 끓인다. 어묵 봉지에 수프가 있다면 조금 넣어 간을 맞춰도 된다.

6 분량의 재료를 섞어 겨자양념장을 만들고, 고춧가루와 함께 곁들인다.

1·2

5

추운 날, 시장 골목 어귀에서 사 먹는 어묵은 온몸을 따뜻하게 녹여주었지요. 떡볶이, 순대, 튀김과 짝꿍인 어묵국을 홈메이드 스타일로 좀 더 개운하고 깔끔하게 만들었습니다. 탱글탱글한 어묵도 맛있지만, 몰캉하게 끓여진 무맛도 입맛을 사로잡지요.

엄마의 비법을 알려 주세요!

- **어묵은 데치지 않고 키친타월로 겉면만 닦아주면 안 되나요?**

어묵은 기름에 튀긴 것이니 아무래도 끓는 물에 데쳐 내는 것이 깔끔하고 좋아. 어묵의 맛이 데치는 물에 다 빠져나가지 않도록 겉에 있는 기름을 씻어 내는 정도만 살짝 데치면 돼.

- **멸치 다시마육수 대신 어울리는 다른 육수는요?**

가다랑어포육수도 어울리지. 만약 육수가 준비되지 않았다면 쯔유를 물에 연하게 풀어 사용해도 되고, 어묵 봉지에 함께 들어 있는 수프를 사용해도 괜찮아.

- **어묵을 센 불에서 끓이면 맛이 떨어지나요?**

어묵은 약한 불에서 끓여야 식감이 부드러워지면서 국물이 탁하지 않고 감칠맛이 나.

- **오래 끓여야 깊고 진한 맛이 나지 않나요?**

어묵은 순수한 생선살이 아니라 전분도 넣고 여러 첨가물을 가미해서 만든 거라 마냥 끓이면 그 맛이 국물에 다 빠져나와 국물이 탁해지면서 맛이 없어져. 또 어묵은 팅팅 불게 되지. 그래서 어묵은 끓는 물에 살짝 데쳐서 넣는 것이 좋고 국물이 바글바글 끓어오르면 약한 불로 줄여야 해. 어묵이 퍼지지 않으면서 쫀득쫀득할 정도만 끓여주는 것이 가장 맛있어.

{딸의 요령}

"시판 어묵은 햄이나 맛살처럼 의외로 식품첨가물이 많이 들어 있는 재료예요. 그래서 꼭 데쳐 먹는 편인데, 라임이와 먹을 때는 주로 수제어묵을 만들어서 먹어요. 인터넷이나 친환경 유기농 마트에서 찾아보면 화학첨가물, 밀가루를 넣지 않은 건강한 어묵을 파는데, 어묵을 고를 때에는 원재료명을 확인하여 성분이 좋은 것을 고르는 것이 포인트예요."

엄마의 훈수

"멸치 다시마육수가 맛있게 우러나야 어묵탕 국물도 맛있어진단다. 또 센 불보다는 약한 불에서 끓여야 어묵이 부드러워지면서 국물이 탁하지 않고 감칠맛이 나지. 고춧가루는 기호에 맞게 추가하렴."

얼음 동동 띄워 시원하게 들이켜는

오이 미역냉국

더운 여름날, 새콤달콤하게 만든 오이 미역냉국은 지친 입맛을 살리는 견인차 역할을 합니다. 식초를 뺀 양념에 넉넉히 만들어 냉장고에 넣었다가 먹기 직전에 새콤한 양념을 넣고, 얼음 동동 띄워 시원하게 먹으면 금세 더위가 날아가지요. 미역을 좋아하는 우리 집 식구들은 한 계절 내내 먹어도 질리지 않는 여름날의 냉국입니다.

1

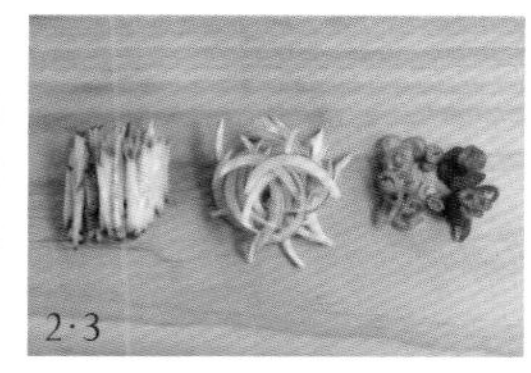
2·3

4

5

재료 | 3~4인분

- 오이 1개
- 마른 미역 10g
- 풋고추 1개
- 홍고추 1/2개
- 양파 1/4개

양념 1

- 국간장 1/2큰술
- 다진 마늘 2작은술
- 소금 2작은술
- 간장 1작은술
- 설탕 1작은술
- 생수 1컵

양념 2

- 식초 3큰술
- 매실청 1큰술
- 국간장 1/2큰술
- 통깨 1/2큰술
- 소금 1/4작은술
- 참기름 1/8작은술
- 물 2 ½컵
- 얼음 1/2컵

1 마른 미역은 물에 불리고, 끓는 물에 살짝 데쳐 씻은 다음 체에 밭쳐 놓는다. 손으로 꾹 짜서 물기를 제거한다. 마른 미역 10g을 불리면 150g 정도 나온다.

2 오이는 어슷하게 3mm 두께로 슬라이스한 후 곱게 채 썰고, 양파도 곱게 채 썬다.

3 풋고추와 홍고추는 얇게 송송 썰어 물에 씻어 씨를 털어내고 준비한다.

4 불린 미역은 5cm 길이로 먹기 좋게 자른다.

5 볼에 미역과 오이를 넣고 분량의 양념 1을 넣어 버무리는데, 바로 먹을 것이 아니라면 여기까지 만들어 냉장고에 넣어둔다.

6 먹기 전에 양념 2를 넣고 홍고추와 풋고추를 섞는다.

엄마의 훈수

"미역은 데치지 않고 그냥 불려서 사용하기도 하는데, 살짝 데치는 것이 부드럽고 맛도 개운하단다. 미역을 좋아하는 우리 집 식구들은 불렸는지, 불려서 데쳤는지 용케 알더라고. 냉국의 색이 예쁘라고 적양파를 사용했는데, 적양파, 흰 양파 모두 사용해도 괜찮아."

엄마의 비법을 알려 주세요!

- **양념 1과 양념 2의 기능은 각각 뭐예요?**

양념 1은 불린 미역에 밑간을 하는 양념이고, 양념 2는 냉국의 맛을 내는 양념이야. 바로 먹을 거면 양념 1에 미역을 잠시 밑간했다가 양념 2로 냉국의 맛을 조절하면 된단다.

- **미역은 얼마나 어떻게 불려야 해요?**

30분 정도 불리면 딱 적당해.

- **미리 식초를 넣지 않고 먹기 직전에 식초 넣은 양념을 넣는 이유가 있나요?**

푸른 채소나 해초류 등에 식초를 넣으면 시간이 지나면서 누렇게 색이 변하게 돼. 식초가 들어가 있는 양념 2는 먹기 전에 섞으면 파릇파릇한 미역을 산뜻하게 먹을 수 있지.

- **단맛과 신맛, 어떻게 간을 맞춰야 해요?**

신맛과 단맛은 기호에 맞게 식초나 설탕을 넣어가며 조절하면 돼.

{딸의 요령}

"레시피의 양념 1, 2 대신 무침양념(다진 파 1큰술, 설탕·식초·국간장 1/2큰술씩, 다진 마늘 1작은술, 소금·참기름·깨소금 약간씩)에 무치면 새콤달콤 맛있는 오이 미역초무침이 돼요. 오이는 1/2개만 사용하고, 풋고추는 빼주세요. 매운 것을 못 먹는 아이들과 먹을 때는 다진 마늘과 고추를 빼고 양파는 물에 담가 매운 기를 제거한 다음에 만드세요. 식초에 레몬즙을 살짝 섞어 만들면 더욱 향긋하고 맛있어요."

콩나물냉국

재료 | 2인분
- 콩나물 150g
- 다시마육수 4컵
- 얼음 적당량

국물양념
- 국간장 1작은술
- 새우젓 1작은술
- 소금 1/2작은술

콩나물양념
- 굵게 다진 홍고추 1/3개
- 송송 썬 실파 2줄기
- 다진 마늘 1작은술
- 통깨 1작은술

냄비에 다시마육수를 넣고 끓인 다음 콩나물을 넣어 아삭하게 삶아 건져 콩나물양념에 버무려요. 육수에 국물양념을 넣고 차갑게 식힌 후 양념한 콩나물과 섞고, 얼음을 동동 띄워 차갑게 냅니다. 아삭한 콩나물과 달지 않고 은은한 국물맛이 그만입니다.

가지냉국

재료 | 2인분
- 가지 2개
- 다시마육수 2컵

국물양념
- 식초 2큰술
- 설탕 1큰술
- 멸치액젓 1/2작은술
- 소금 1/2작은술

가지양념
- 굵게 다진 홍·청양고추 1/2개씩
- 송송 썬 실파 2줄기
- 통깨 1큰술
- 참기름 1작은술
- 다진 마늘 1작은술
- 소금 1/8작은술

가지는 가지무침(310p)과 동일하게 쪄내 손으로 먹기 좋게 찢어 가지양념에 버무려요. 다시마육수에 국물양념을 넣고 섞은 후 양념한 가지를 넣고 섞어서 얼음을 동동 띄워 차갑게 냅니다.

Chapter 2

찌개

- 바지락 된장찌개
- 시래기 된장찌개
- 강된장
- 청국장찌개
- 콩비지찌개
- 순두부찌개
- 두부 새우젓찌개
- 두부 명란젓찌개
- 애호박 새우젓찌개
- 돼지고기 김치찌개
- 부대찌개
- 쇠고기 매운찌개
- 참치 감자찌개

시원하고 개운한 국물맛에 반하다

바지락 된장찌개

재료 | 2~3인분

- 바지락 120g
- 두부 1/4모
- 애호박 60g
- 양파 50g
- 느타리버섯 30g
- 대파 1/2대(10cm)
- 청양고추 1개
- 된장 1 ½큰술
- 고춧가루 1작은술
- 멸치 다시마육수 1 ½컵

1 두부와 애호박, 양파는 사방 1.5cm 정도로 깍둑썰기한다. 느타리버섯도 2cm 길이로 자른다. 대파와 청양고추는 송송 썬다.

2 볼에 멸치 다시마육수 3큰술을 넣고 된장과 고춧가루를 풀기 좋게 개어 놓는다.

3 냄비에 나머지 멸치 다시마육수를 붓고 양파와 버섯을 넣어 끓어오르면 중불로 줄여 1분 정도 끓인다.

4 개어 놓은 된장을 ③에 넣고 푼 다음 두부, 애호박, 바지락을 넣고, 바지락이 입을 벌리고 애호박이 알맞게 익을 정도로 중불에서 2~3분간 끓인다. 끓이면서 위에 나오는 거품을 걷어낸다.

5 대파와 청양고추를 넣고 한소끔 더 끓인다.

1

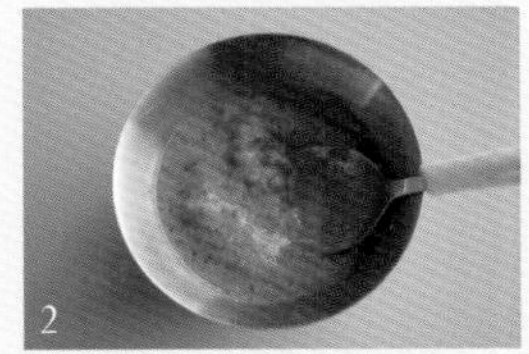
2

4

엄마의 훈수

"된장의 항암 효과를 기대하려면 된장을 너무 일찍 넣지 말고 맨 마지막에 넣도록 해라. 된장찌개는 부재료를 얼마든지 달리할 수 있는데, 바지락, 새우, 꽃게 등의 해물, 쇠고기, 표고버섯, 냉이, 달래, 시래기 등을 넣고 다양하게 끓일 수 있지. 두부, 애호박 등의 재료는 크고 납작하게 썰어야 식감이 좋아. 마지막에 넣는 대파와 고추는 너무 익히지 말고 파릇할 때 상에 내는 것이 좋단다."

신토불이 대표 찌개 중 하나인 된장찌개는 한국 사람이라면 언제 먹어도 질리지 않는 친숙한 맛이지요. 무엇으로 국물을 내느냐에 따라 맛이 다양한데, 바지락을 넣어 바글바글 끓이면 구수하고 시원한 된장찌개 참맛을 느낄 수 있답니다.

엄마의 비법을 알려 주세요!

● 시판 된장을 어떻게 골라야 할까요?

콩으로만 빚은 전통식 재래된장(집된장)은 숙성 기간이 길어 오래 끓일수록 맛있고 구수한 맛이 난단다. 반면에 시판 된장은 숙성 기간을 단축하기 위해 전분질을 섞는 경우가 많은데, 오래 끓이면 그것이 분해되면서 산 성분이 생성되기 때문에 뒷맛이 떫고 시큼해질 수 있어. 그래서 10분 이내로 짧게 끓여 먹는 것이 좋아. 시판 된장을 쓸 경우에는 국간장이나 소금으로 간을 살짝 더하면 된장 맛을 보완할 수 있지.

엄마의 된장찌개는 100% 국산콩으로 담근 시판 된장을 사용해서 만들었어. 집된장과는 확실히 맛의 차이가 있지만, 이 레시피대로 된장찌개를 끓여보니 부드럽고 구수한 맛이 나더구나.

● 된장과 고춧가루를 왜 미리 개어 놔야 하나요?

바로 찌개 국물에 풀어서 끓여도 되지만 미리 개어 놓으면 찌개에 양념을 풀기가 편해. 국물도 더 깔끔해지고.

● 바지락을 넣으니 거품이 올라와요.

찌개나 전골, 국 등이 끓어오르며 생기는 기포는 식재료나 양념 등에서 나오는 녹말, 아미노산, 단백질 등이 섞이면서 생기는 불투명한 거품이야. 몸에 해로운 것은 아니라고 하니 굳이 걷어내지 않아도 되는데, 깨끗한 국물맛과 외관상 깔끔한 요리를 원한다면 걷어내는 것이 좋지.

● 바지락은 어떤 것을 사용하는 것이 좋나요?

살아 있는 활바지락을 해감해 사용하거나, 냉동 바지락살을 사용하면 돼. 냉동시켜둔 활바지락이 있다면 이걸 활용해도 되는데, 해동하면 입이 살짝 벌어져 해감 상태를 확인하기 좋아. 하지만 바지락살과는 달리 냉동시켰다가 해동하면 속살의 크기가 줄어들어 먹을 것이 별로 없어. 활바지락을 그대로 사용할 경우에는 입을 다물고 있어서 혹시 해감을 머금은 것이 있을 수 있으니, 냄비에 활바지락과 물을 약간 넣고 입을 벌릴 정도만 바지락을 익혀서 쓰는 것이 안전해. 입 벌린 바지락과 국물을 따로 분리한 다음, 국물은 멸치 다시마육수와 합치고, 입 벌린 바지락은 찌개 마지막 단계에 넣어 한 번만 더 끓여 내는 방법도 있단다.

{딸의 요령}

"저희 남편은 바지락과 미더덕을 함께 넣고 끓인 된장찌개를 좋아해요. 찌개 국물에 조금 더 바다 향이 나고, 먹으면서 간간이 씹히는 미더덕이 정말 맛있거든요. 미더덕이 터져서 입을 데지 않도록 반으로 잘라서 넣어요. 라임이는 차돌박이를 넣은 된장찌개를 좋아해요. 전통 된장 대신 더 달큰한 미소된장을 풀어 된장국을 만들면 꽤 잘 먹어요."

한 냄비 가득 끓여 먹는

시래기 된장찌개

시래기는 푸른 무청을 겨우내 말린 것으로 비타민과 미네랄이 풍부한 건강 식품입니다. 잘 말린 시래기를 물에 불린 다음 구수하게 끓여낸 된장찌개는 한 그릇 가득 먹어도 살 찔 걱정 없는 다이어트식이자 몸에 이로운 우리의 전통 음식이지요.

재료 | 3~4인분

- 손질한 시래기 300g
- 쇠고기 150g
- 양파 1/2개
- 대파 1대(20cm)
- 풋고추 1개
- 국간장 약간
- 멸치 다시마육수 5컵

양념장

- 된장 3큰술
- 다진 마늘 1큰술
- 들기름 1큰술
- 고춧가루 1/2큰술

1 시래기를 먹기 좋게 8cm 길이로 자르고, 양파는 굵게 채 썬다. 대파와 풋고추는 어슷하게 썬다.

2 냄비에 시래기와 양파, 쇠고기를 넣고, 분량의 재료를 섞은 양념장을 넣고 조물조물 무친다. 멸치 다시마육수 1컵을 넣고 끓어오르면 쇠고기가 익도록 중불에서 5분 정도 자글자글 끓인다.

3 나머지 멸치 다시마육수 4컵을 붓고 시래기가 푹 무르도록 뚜껑을 덮고 중불에서 30분 정도 끓인다.

4 대파와 풋고추를 넣고 한소끔 더 끓인다.

5 맛을 보고 간이 부족하면 국간장으로 간을 맞춘다.

엄마의 훈수

"우리 가족이 시래기를 유난히 좋아해서 엄마는 늘 비상용으로 냉동실에 저장해 둬. 마땅한 재료가 없을 때 꺼내 쓰면 요긴하거든. 구수한 국물과 씹을수록 단맛이 나는 시래기가 어우러져 한 그릇 뚝딱 비우게 돼. 많이 졸여서 밥과 비벼 먹어도 꿀맛이지."

엄마의 비법을 알려 주세요!

● 시래기 고르는 방법과 보관법을 알려주세요.

시래기는 싱싱하고 연한 무청을 이용해 완전히 말린 것이 좋아. 요즘은 좋은 시래기를 얻기 위해 무를 심고 무청이 억세지기 전에 수확해 말리기도 하는데, 그런 시래기를 구입하면 좋지. 푸른 잎사귀의 비율이 높은 것을 골라야 시래기가 부드럽고 맛있어.

잘 말린 시래기는 서늘하고 통풍이 잘되는 곳에서 실온 보관을 하고, 많이 삶아 남은 시래기는 먹을 만큼 소분해서 냉동 보관했다가 꺼내서 해동 후 다시 요리하면 된단다.

● 시래기 손질은 어떻게 해요?

냄비에 물과 시래기를 넣고 하룻밤(12시간 정도) 불렸다가 불에 올려서 물이 끓어오르면 10분 정도 삶은 다음 불을 끄고 그대로 식히면 말랑하게 잘 삶아져. 시래기는 삶은 후 줄기 쪽의 껍질을 벗겨야 하는데, 그래야 질기지 않고 부드럽지. 시래기의 질긴 정도가 다 다르기 때문에 시래기를 손으로 만져보면서 삶는 시간을 조절해라. 더 부드럽게 하고 싶으면 좀 더 삶고, 질기지 않은 시래기를 원하면 가볍게 삶아 식감을 맞추면 돼.

● 부족한 간을 국간장으로 맞추나요? 소금으로 맞추면 안 되나요?

된장으로 미리 간을 했다고 해도 완벽하게 간을 맞출 수 없기 때문에 국간장이나 소금으로 간을 더하는 거야. 국간장은 짠맛과 특유의 향이 있고, 소금은 국간장과는 또 다른 짠맛이 있기 때문에 된장이나 고추장으로만 간을 하지 않고, 다른 짠맛을 더해야 맛이 풍부해지지. 된장이나 고추장같이 다른 간이 돼 있는 양념이 들어가지 않으면 대부분 국간장, 소금을 같이 사용하고, 간이 되는 양념이 미리 들어갈 때는 짠맛이 겹치지 않도록 소금이나 국간장 둘 중에 하나로 간을 맞추면 돼.

● 쇠고기는 어떤 부위를 넣어야 맛있을까요?

국물요리에 어울리는 양지나 등심을 추천해.

● 멸치 다시마육수 대신 다른 육수를 넣어도 되나요?

이 레시피에는 고기가 들어가니까 멸치 다시마육수 대신에 다시마육수를 사용해도 되지만, 최상의 맛을 내는 궁합은 멸치 다시마육수란다. 육수 내기가 번거롭다면 요즘 나온 천연가루(멸치, 다시마, 표고버섯 등)를 사용하는 것도 방법이야. 냄비에 물을 넣고 끓이다가 너무 진하지 않을 정도로만 분말을 넣어주면 된다. 간편하게 나오는 육수팩 제품도 있으니 티백처럼 우려내어 써도 돼.

● 자글자글 끓인다는 것은 국물이 거의 없는 정도를 말하나요?

그렇지. 국물을 적게 넣고 볶듯이 졸이는 거지. 쇠고기와 시래기에 먼저 양념맛이 배도록 강하지 않게 끓이는 거란다.

{딸의 요령}

"라임이도 된장찌개를 굉장히 좋아해요. 시래기는 라임이에게 약간 질길 수 있어 대신 얼갈이를 넣고 끓인답니다. 얼갈이를 시래기처럼 데쳐서 같은 방법으로 끓이면 되는데, 부들부들한 얼갈이를 먹기 좋게 잘라 주면 아이들도 아주 잘 먹어요."

묵은지 된장찌개

재료 | 2~3인분

- 묵은지 300g
- 두부 150g
- 양파 50g
- 청양고추 1개
- 대파 1/2대(10cm)
- 청국장 1큰술
- 된장 1큰술
- 들기름 1/2큰술
- 다진 마늘 1/2큰술
- 멸치 다시마육수 2~2 $\frac{1}{2}$컵

묵은지는 속을 털어내고 맑게 헹궈서 물에 1시간 정도 담가 짠기를 어느 정도 빼고 물기를 짠 다음 먹기 좋게 송송 썰어요. 짠기가 거의 없도록 물을 갈아주면서 담가 놓으면 됩니다. 양파는 굵게 채 썰고, 대파와 청양고추는 송송 썰고, 두부는 납작하게 썹니다. 냄비에 묵은지, 양파, 된장, 청국장, 들기름, 다진 마늘을 넣고 조물조물 무친 다음 멸치 다시마육수 2컵을 넣고 끓어오르면 중불에서 10분 정도 묵은지가 무르도록 끓이세요. 김치에 따라 간이 다르니 국물이 약간 짠 듯하면 멸치 다시마육수를 1/2컵 정도 더 붓습니다. 어느 정도 묵은지가 물러지면 준비한 두부, 대파, 청양고추를 넣고 한소끔 끓이세요.

여름 밥상의 밥도둑

강된장

된장에 갖은 재료를 넣어 되직하게 끓인 강된장은 여름 밥상의 별미입니다. 구수한 보리밥에 비벼 먹거나 쌈채소에 쌈장 대신 올려 먹으면 엄지 척! 진한 된장의 맛에 버섯, 고기, 채소 등의 다양한 재료가 어우러져 그저 쌈을 싸 먹거나 비벼 먹는 것만으로도 최고의 건강밥상이 되지요.

재료 | 4인분

- 다진 쇠고기 (등심 또는 불고기감) 50g
- 표고버섯 2개
- 애호박 60g
- 양파 1/4개
- 풋고추(또는 청양고추) 1개
- 대파 1/2대(10cm)
- 다진 마늘 1/2작은술
- 참기름 1/2작은술

양념

- 된장 2~3큰술
- 고추장 1/2큰술
- 꿀 1/2작은술
- 멸치 다시마육수 1/2컵

1

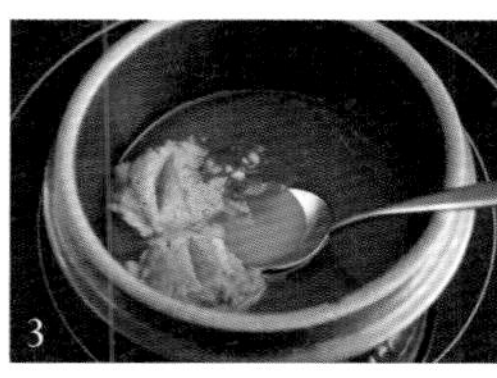
3

4

5

1 표고버섯은 기둥을 떼어내고 사방 1cm 정도로 썰고, 양파와 애호박은 사방 8mm 정도로 굵게 다진다. 풋고추, 대파는 송송 썬다.

2 뚝배기에 다진 쇠고기, 다진 마늘, 참기름을 넣고 중불에서 달달 볶는다.

3 쇠고기가 익으면 분량의 양념을 넣고 골고루 섞어 잘 푼 다음, 표고버섯을 넣고 끓어오르면 중불에서 5분 정도 바글바글 끓인다.

4 애호박, 양파를 넣고 끓어오르면 약불로 줄여 국물이 되직하게 될 때까지 10분 정도 끓인다.

5 풋고추, 대파를 넣고 섞으면서 한소끔 더 끓인다.

엄마의 훈수

"쇠고기가 싫다면 조갯살, 다진 멸치, 우렁이 등의 재료를 넣어도 돼. 고기는 고기대로, 해물은 해물대로 재료의 맛이 더해져 색다른 맛이 나거든. 강된장은 찐 호박잎이나 찐 양배추 등 쌈채소와 곁들여 먹으면 맛도 있고 건강에도 좋단다. 찌는 과정이 힘들다면 간편하게 전자레인지를 이용하도록 하렴"

호박잎 찌기

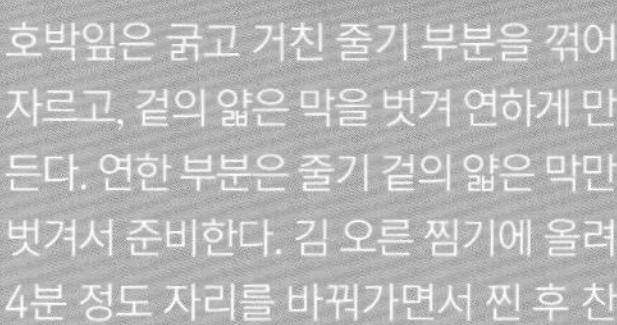
호박잎은 굵고 거친 줄기 부분을 꺾어 자르고, 겉의 얇은 막을 벗겨 연하게 만든다. 연한 부분은 줄기 겉의 얇은 막만 벗겨서 준비한다. 김 오른 찜기에 올려 4분 정도 자리를 바꿔가면서 찐 후 찬물에 헹궈서 눌러 짠다.

양배추 찌기

양배추는 낱장으로 뜯어 씻은 후 심 부분을 자른다. 김 오른 찜기에 올려 2~4분 찌면서 익은 것부터 먼저 꺼낸다. 찐 것은 찬물에 헹궈서 물기를 살짝 짠다. 이 방법으로 찌면 달달하면서도 아삭한 양배추찜을 맛볼 수 있다.

전자레인지 이용하기

전자레인지용 찜기에 물 3큰술과 함께 호박잎과 양배추를 넣고 뚜껑을 닫은 후 전자레인지에 2~4분 정도 돌려서 찐다. 물에 헹궈서 식힌 후 물기를 살짝 짜서 준비한다.

엄마의 비법을 알려 주세요!

● **'바글바글' 끓이는 것이 어떤 느낌이에요?**

끓어 넘치지 않고 제자리에서 국물이 작은 방울 모양을 만들어 가면서 끓는 모습이라고 설명하면 이해가 될까? 재료의 맛들이 서로 엉기는 절정의 순간이야.

● **국물이 되직한 상태는 어떤 정도를 말하나요?**

숟가락으로 강된장을 떴을 때 '뚝뚝' 떨어지는 상태로 쌈장보다는 묽고 일반 된장찌개보다는 국물이 적고 건더기가 많은 편이지. 식으면서 약간 더 되직하고 걸쭉해진단다.

● **된장은 어떤 것을 써야 하나요?**

집된장, 시판용 된장 모두 사용 가능한데, 레시피의 된장은 시판용 된장이니 조금 더 짠 집된장을 쓸 경우에는 된장의 양을 조금 줄이고 간을 보면서 추가하도록 해.

● **강된장은 오래 보관해두고 먹을 수 있나요?**

아무래도 된장을 넣고 좀 더 간간하게 졸여 놓은 상태이니 냉장고에서 2주 정도는 보관이 가능하지.

● **강된장으로 찌개를 끓여도 되나요?**

강된장에 먹기 좋게 썬 두부와 멸치 다시마육수를 약간 넣고 찌개로 끓여 먹어도 되는데, 이렇게 끓인 된장찌개는 여러 번 끓이면 맛이 텁텁해지니 먹을 만큼만 조금씩 끓이는 것이 좋아.

남은 강된장은 여러 가지 채소(상추 등 쌈채소, 부추, 열무김치)와 보리밥을 넣고 비벼 먹으면 좋고, 제육볶음이나 오징어볶음 등의 볶음요리에 구수한 된장 맛을 더하고 싶을 때 첨가하면 좋단다. 그리고 케일, 호박잎, 양배추 등으로 쌈밥을 만들 때 속에 넣고 말거나 위에 얹어내면 잘 어울리지.

{딸의 요령}

"강된장에 얼린 두부를 넣어 끓여 보세요. 두부는 얼려서 먹으면 단백질이 6배 이상 더 많아진다고 하네요. 얼었다가 녹으면서 수분이 쫙 빠져나가 두부가 스펀지처럼 되는데, 그 구멍에 양념이 스며들어 의외로 맛있어요. 두부를 체에 밭쳐 물기를 충분히 뺀 후에 랩을 싸 용기에 담아 냉동실에 얼리고, 먹을 때는 자연 해동을 하거나 전자레인지에 4분 정도 돌린 다음 물기를 꼭 짜서 사용하세요.

또 하나의 팁은 고추장과 고추를 뺀 맵지 않은 아이용 강된장을 만드는 거예요! 차돌박이, 돼지 목살, 두부 등의 재료를 넣어 만들고, 마지막에 들기름이나 참기름을 살짝 두르면 고소한 맛이 배가돼 아이들이 특히 좋아해요. 아이용 덮밥이나 양배추쌈밥, 비빔밥에도 활용해서 넣어 보세요."

강된장 버섯비빔밥

재료 | 2인분

- 버섯(표고버섯, 느타리버섯, 송이버섯 등) 200~300g
- 밥(보리밥) 2공기
- 샐러드 채소 2줌
- 찐 양배추 2장
- 참기름 1/2큰술
- 소금 약간
- 후춧가루 약간

비빔용 강된장

- 강된장 1컵
- 으깬 두부 1/4모(70g)

강된장 1컵에 으깬 두부를 넣고 한소끔 끓이세요. 버섯들은 밑동을 잘라내고 먹기 좋게 가르거나 슬라이스해서 전자레인지용 찜기에 넣고 뚜껑을 닫은 뒤 1~2분 정도 돌려 익힌 다음 체에 밭쳐서 물을 따라냅니다. 달군 팬에 버섯과 참기름, 소금과 후춧가루를 넣고 물기가 없도록 중불에 볶아요. 샐러드 채소, 찐 양배추는 비벼 먹기 좋게 굵게 채를 썰고요. 그릇에 고슬하게 지어진 보리밥을 담고, 준비한 버섯, 채소들, 강된장을 곁들여 내면 맛있는 비빔밥이 완성됩니다.

보글보글 뚝배기에 끓인 영양 한 그릇

청국장찌개

한국인의 토속적인 입맛을 대표하는 음식, 청국장. 요즘은 냄새가 강하지 않으면서 구수함을 잃지 않은 청국장을 구할 수 있어 부담 없이 자주 끓여 먹을 수 있어요. 멸치 다시마육수에 청국장을 듬뿍 넣고 슴슴하게 끓여 먹는 청국장찌개 레시피를 소개할게요.

재료 | 2~3인분

- 청국장 80g
- 두부 150g
- 무 40g
- 대파 1/2대(10cm)
- 풋고추 1/2개
- 고춧가루 1작은술
- 다진 마늘 1작은술
- 국간장 1/2작은술
- 멸치 다시마육수 1 ½컵

1 무는 사방 2.5cm로 납작하게 나박썰기하고 두부는 사방 3cm, 1.5cm 두께로 도톰하게 썬다. 풋고추와 대파는 어슷하게 썬다.

2 냄비에 멸치 다시마육수와 무를 넣고 끓어오르면 중불에서 5분 정도 끓인다.

3 무맛이 우러나면 청국장을 국물에 풀고 고춧가루, 다진 마늘, 두부를 넣는다.

4 끓어오르면 국간장으로 간을 맞추고 대파와 풋고추를 넣고 한소끔 더 끓인다.

엄마의 훈수

"뚝배기에 바글바글 자작하게 끓인 청국장을 밥에 올려 슥슥 비벼 먹으면 정말 꿀맛이지. 쌈채소나 열무김치까지 넣고 비비면 더없이 맛있어지는 거고. 그래서 청국장의 간은 너무 짜지 않게, 국물까지 다 먹을 수 있도록 슴슴하게 맞추는 것이 좋아. 김치나 버섯 등 다른 부재료를 넣고 끓여도 맛있단다."

엄마의 비법을 알려 주세요!

● **청국장은 어떤 것을 골라요?**

오래된 콩보다는 고소하고 달달한 그해 가을 햇국산콩으로 만든 게 좋아. 또한 전통방식으로 제대로 발효한 청국장은 냄새도 적고 쓴맛이 거의 없단다. 오래된 청국장은 산패가 되면서 고린내가 나기 시작해. 육안으로 봤을 때 또렷한 노란색을 띠면서, 첨가물과 인공감미료가 들어가지 않은 청국장을 고르는 것이 좋지. 냉장보관으로는 한 달 정도, 냉동보관으로는 6개월 정도 보관이 가능한데 먹을 만큼씩 소분해서 보관하면 돼.

● **무맛을 내는 이유는 뭐예요?**

담백하고 시원하게 국물이 우러나서 청국장 본연의 맛을 제대로 느낄 수 있도록 도와주기 위해서야.

● **청국장은 오래 끓여야 맛있지 않나요?**

청국장은 콩을 발효시키는 과정에서 항암 효과가 있는 바실러스균이 생성되는데, 너무 오래 끓이면 이 균의 효력이 떨어지기 때문에 5분 이내로 끓여 내는 것이 좋아.

{딸의 요령}

"시중에는 고춧가루가 섞여 있는 약간 양념된 청국장도 있고, 양념이 안 된 구수하고 아주 슴슴한 청국장도 있어요. 낫토를 좋아하는 라임이는 어릴 때부터 맵지 않게 청국장을 끓여줬는데, 지금도 아주 잘 먹어요. 청국장의 맛과 냄새가 익숙하지 않은 아이들에게는 된장과 좀 섞어서 만들어줘도 좋아요."

엄마의
버전－업
레시피

묵은지 청국장찌개

재료 | 2~3인분

- 청국장 80g
- 묵은지 50g
- 두부 100g
- 무 30g
- 대파 1/2대(10cm)
- 풋고추 1/2개
- 멸치 다시마육수 1 ½컵

김치는 속을 털어내서 작게 송송 썰고, 무는 사방 1.5cm로 납작하게 나박썰기를 해주세요. 풋고추와 대파는 송송 썰고, 두부도 먹기 좋은 도톰한 사이즈로 썹니다. 뚝배기에 멸치 다시마 육수를 넣고 끓어오르면 무와 김치를 넣어 중불에서 10분 정도 끓여요. 국물에 김치맛이 배면 청국장과 두부를 넣고 한소끔 더 끓이고, 마지막으로 대파와 풋고추 송송 썬 것을 얹어 살짝 끓입니다. 묵은지를 넣어 간간하지만 모자라는 간은 국간장으로 보충하면 돼요.

콩을 직접 갈아 구수하고 깊은 맛이 나는

콩비지찌개

단백질의 보고인 콩의 영양이 가득 담긴 겨울철 보양식입니다. 김치와 돼지고기를 넣은 콩비지찌개는 밥과 비벼 먹으면 다른 반찬 없이도 술술 넘어가고, 새우젓 간만 해서 맑고 슴슴하게 끓이는 콩비지찌개는 많이 먹어도 속이 편안하지요.

1

2

3

5

재료 | **3~4인분**

- 흰콩 100g+물 1컵
- 돼지고기(삼겹살 또는 목등심) 120g
- 김치 200g
- 새우젓 1작은술
- 물(또는 쌀뜨물, 멸치 다시마육수) 3컵

양념

- 국간장 1큰술
- 들기름 1큰술
- 다진 마늘 1작은술
- 맛술 1작은술
- 청주 1작은술

1 흰콩은 하룻밤 정도 충분히 불려서 준비한다.

2 돼지고기는 2cm 길이로 굵게 채 썬다. 김치는 속을 털어내고 1cm 두께로 썬다.

3 냄비에 돼지고기와 김치, 분량의 양념을 넣고 잘 섞은 다음 중불에서 5분 정도 충분히 볶는다.

4 믹서에 불린 콩과 물 1컵을 넣고 곱게 간다. 간 콩비지를 볶아 놓은 돼지고기와 김치 위에 붓는다. 이때 준비한 물 3컵 중 1컵을 이용해 믹서에 묻은 콩비지도 훑어서 함께 넣는다.

5 센 불에서 끓어오르면 중불로 줄여 4~5분 정도 끓인다. 나머지 물 2컵과 새우젓 1작은술을 넣어 간을 맞춘 후 중약불에서 넘치지 않게 15분 정도 끓인다. 기호에 따라 물의 양은 가감해서 끓인다.

엄마의 훈수

"돼지고기와 김치는 충분히 볶아야 맛도 잘 배고 콩비지찌개를 끓였을 때 기름이 뜨지 않아 깔끔하단다. 구수한 맛을 원한다면 들기름을 분량보다 더 넉넉히 넣어줘도 돼. 마지막에 기호에 따라 물의 양을 조절하면 되는데, 되직한 것이 좋다면 푹 끓이고, 맑은 국물이 좋다면 물을 조금 더 넣어 끓이도록 하렴."

엄마의 비법을 알려 주세요!

● **돼지고기와 김치는 왜 충분히 볶아야 해요?**

충분히 볶아야 맛도 구수하고, 돼지고기와 김치에 양념이 잘 섞이면서 콩비지 위에 기름이 뜨지 않는단다.

● **참기름보다 들기름이 더 어울려요?**

콩비지에는 참기름보다는 구수한 들기름이 잘 어울리지. 들기름은 참기름보다는 맛이 구수해 찌개요리에 많이 들어가고, 필수지방산과 불포화지방산이 풍부해 건강에도 좋아.

● **새우젓 대신 국간장이나 소금으로 간을 맞춰도 되나요? 새우젓을 쓰는 이유는요?**

콩비지찌개는 국간장이나 소금보다는 새우젓으로 간을 맞추는 것이 좋아. 새우젓은 발효과정에서 지방 분해 효소인 리파아제를 만들어내는데, 돼지고기의 소화를 돕고, 감칠맛도 더해주니 일석이조야. 그리고 돼지고기를 조리할 때 콩을 함께 넣으면 돼지고기로 인한 콜레스테롤의 피해를 상당히 줄일 수 있다고 해. 콩비지찌개는 여러모로 궁합이 잘 맞는 조합으로 만든 음식이지.

{딸의 요령}

"비지는 보통 콩을 삶은 후에 두유를 짜내고 남은 건더기를 말해요. 불린 콩을 맷돌이나 믹서에 갈아서 두유를 빼지 않은 되직한 상태의 것을 콩비지, 되비지라고 하고, 이 찌개를 콩비지찌개, 되지비찌개, 되비지탕이라고도 하죠. 되비지로 만든 것이 조금 더 구수하고 깊은 맛이 나고 영양가도 높아요. 김치 대신에 데친 배추나 얼갈이를 넣고 끓여도 맛있어요."

엄마의
버전 – 업
레시피

명란 콩비지찌개

재료 | 2~3인분

- 흰콩 100g
- 명란 2~3개
- 양파 30g
- 대파 1/2대(10cm)
- 다진 마늘 1/2큰술
- 고춧가루 1~2작은술
- 새우젓 1작은술
- 멸치 다시마육수 3컵

* 불린 콩일 경우 250g

흰콩은 하룻밤 정도 충분히 불려서 껍질을 벗긴 다음 믹서에 불린 콩과 멸치 다시마육수 1컵을 넣고 곱게 갑니다. 양파는 굵게 다지고, 명란은 잘게 썰고, 대파는 송송 썰어요. 냄비에 갈아 놓은 콩비지를 넣고 다시 믹서에 남은 콩비지를 멸치 다시마육수로 헹궈서 붓습니다. 멸치 다시마육수로 콩비지찌개의 농도를 조절하는데, 끓으면서 점점 되직해지기 때문에 약간 묽게 끓이는 것이 좋습니다. 중불에서 콩비지가 끓으면 명란, 양파, 다진 마늘을 넣고 섞은 후 고춧가루를 넣고 5분 정도 끓여요. 새우젓으로 간을 한 다음 마지막으로 한소끔 끓여 대파를 얹어 냅니다. 명란을 빼고 새우젓으로 간을 맞춰 맑은 콩비지찌개를 끓여도 맛있어요.

바로 끓여 따뜻할 때 먹어야 제맛

순두부찌개

고기가 있으면 고기를 넣고, 해물이 있으면 해물을 넣어 후루룩 끓여 먹는 얼큰하고 고소한 순두부찌개. 새빨간 국물 속에 몽글몽글 자리한 순두부만 봐도 군침이 잘잘~ 흐르지요.

재료 | 2인분

- 순두부 1봉(350g)
- 해감 바지락 6~8개(100g)
- 다진 돼지고기 (등심 또는 살코기) 50g
- 청양고추(청·홍) 1개분
- 대파 1/3대(7cm)
- 다진 양파 3큰술
- 고춧가루 1큰술
- 다진 마늘 1큰술
- 식용유 1큰술
- 국간장 1/2큰술
- 멸치 다시마육수(또는 물) 1컵
- 소금 약간

1 순두부는 봉지를 칼로 반으로 잘라 2등분한 순두부를 접시에 담는다. 대파와 청양고추는 송송 썰어 준비한다.

2 달군 냄비에 식용유를 두르고 다진 돼지고기, 다진 양파, 다진 마늘, 고춧가루, 국간장을 넣고 고기가 익도록 중불에서 2~3분 정도 달달 볶는다.

3 ②에 멸치 다시마육수 1컵과 바지락을 넣고 중불에서 끓인다.

4 국물이 바글바글 끓으면서 바지락이 입을 벌리면 순두부를 숟가락으로 큼직하게 잘라 넣고, 중불에서 끓어오를 때까지 바글바글 끓인다.

5 마지막으로 소금으로 간을 맞춘 후 대파와 청양고추 송송 썬 것을 넣고 한소끔 더 끓인다.

엄마의 훈수

"순두부찌개는 오래 끓이는 것보다 바로 끓여서 먹는 것이 맛있어. 끓으면서 순두부 자체에서도 물이 나와 국물이 시원해지는데, 순두부는 큼직하게 숟가락으로 떠서 넣어야 먹음직스럽단다. 살코기나 바지락 말고도 차돌박이나 새우, 오징어를 넣어도 맛있고, 마지막에 달걀을 풀어 넣으면 좀 더 든든하게 먹을 수 있지."

엄마의 비법을 알려 주세요!

● **돼지고기는 따로 밑간하지 않아도 되나요?**

돼지고기를 여러 양념과 함께 먼저 볶는 과정이 일종의 밑간 역할을 하기 때문에 따로 간하지 않아도 된단다.

● **순두부찌개에는 멸치 다시마육수가 어울리나요?**

얼큰한 순두부찌개는 멸치 다시마육수가 가장 잘 어울려. 물을 사용해도 되는데 아무래도 멸치 다시마육수를 사용하면 국물맛이 진하고 감칠맛이 나지.

● **바지락은 어떻게 세척하고 해감해야 되요?**

마트에서 파는 바지락은 대부분 해감돼서 나오지만, 그렇지 않은 것이라면 깨끗하게 세척해서 직접 해감하는 게 좋아. 볼에 바지락을 담고, 물을 가득 넣어 2~3번 정도 바락바락 씻는데, 물을 갈아주면서 껍데기 겉에 묻어 있던 불순물들을 씻어내는 거야. 그리고 바지락 1kg 기준, 물 1L에 굵은 소금 2큰술을 섞어 소금물을 만든 다음에 바지락을 넣고 검은 비닐봉지를 씌워 냉장고에서 2시간 정도 해감을 하면 된단다. 조개류는 조개가 원래 살던 어둡고 차가운 바닷속 환경을 조성해 주면 머금고 있던 뻘, 불순물, 모래 등을 뱉으며 해감이 되지.

{딸의 요령}

"라임이용은 맑은 굴 순두부찌개를 끓여요. 향긋하게 퍼지는 굴의 향이 좋은 부드러운 순두부찌개로 만들기도 아주 간단해요. 순두부 1봉, 굴 100g, 대파 1/2대(10cm), 청주 1큰술, 소금 또는 새우젓 약간, 다시마육수 1컵을 준비하세요. 굴은 소금물에 씻은 후 체에 밭쳐 두고, 순두부는 큼직하게 떠놓고, 대파는 얇게 어슷하게 썰어 준비합니다. 냄비에 다시마육수를 넣고 끓어오르면 굴을 넣어 살짝 끓인 다음 순두부를 큼직하게 잘라 넣고 한소끔 끓여주세요. 끓을 때 청주 1큰술을 넣고, 마지막에 소금 또는 새우젓으로 간을 맞추고 대파를 넣어 마무리하세요."

순두부 들깨탕

재료 | 2~3인분

- 순두부 250g
- 감자 1/2개
- 양파 1/2개
- 느타리버섯 50g
- 팽이버섯 50g
- 대파 1/2대(10cm)
- 들깻가루 4큰술
- 젖은 찹쌀가루 2큰술 또는 마른 찹쌀가루 1큰술
- 들기름 1/2큰술
- 다진 마늘 1/2큰술
- 국간장 1작은술
- 소금 약간
- 멸치 다시마육수 2 ½~3컵

감자는 5mm 두께의 반달 모양으로 썰고, 양파는 곱게 채 썰고, 대파는 어슷하게 썰어 준비하세요. 밑동을 자른 팽이버섯은 길이로 반 잘라 먹기 좋게 자르고, 느타리버섯도 먹기 좋게 찢어 놓습니다. 찹쌀가루는 멸치 다시마육수 2큰술 정도를 덜어 개어서 준비하세요. 냄비에 들기름을 두르고 감자를 넣고 살짝 투명하도록 달달 볶은 다음 멸치 다시마육수, 국간장, 양파를 넣고 중불에서 감자가 어느 정도 익도록 끓입니다. 여기에 들깻가루를 넣고, 개어 놓은 찹쌀가루를 넣고 저어주세요. 국물이 다시 끓어오르면 느타리버섯과 순두부를 넣고 2~3분 정도 더 끓이고, 소금으로 간을 맞춘 후 마지막으로 다진 마늘, 대파를 넣고 한소끔 더 끓이면 완성입니다.

개운하고 시원한 국물맛이 일품!

두부 새우젓찌개

두부를 좋아하는 우리 집 식구들을 위한 취향 저격 찌개로 새우젓으로 간한 시원한 국물은 감탄사가 절로 나오는 맛이랍니다. 먹을 만큼만 바로 끓여서 먹어야 제맛인데, 여기에 달걀 하나 풀어 넣으면 더욱 고소하고 든든한 요리로 재탄생하지요.

1

2

재료 | 2인분

- 두부 200g
- 무 50g
- 양파 30g
- 대파 1/3대(7cm)
- 팽이버섯 15g
- 청양고추(청·홍) 1/2개분
- 새우젓 1큰술
- 다진 마늘 1작은술
- 멸치 다시마육수 1 ¼컵(250ml)

1 두부는 길이로 반을 잘라 1cm 두께로 썬다. 무는 사방 2cm 정도로 나박하게 썰고, 양파는 곱게 채 썰고, 팽이버섯은 밑동을 잘라내고 3cm 정도로 짧게 썬다. 청양고추는 반으로 갈라 씨를 빼고 길이 반대로 채 썬다.

2 뚝배기에 멸치 다시마육수와 무, 양파를 넣고 끓이는데, 끓어오르면 중불로 줄여 5분 정도 끓인 다음 두부를 넣고 끓인다.

3 국물이 다시 바글바글 끓으면 다진 마늘을 넣고 새우젓으로 간을 맞춘 다음 대파, 청양고추, 팽이버섯을 넣어 한소끔 더 끓인다.

엄마의 비법을 알려 주세요!

● **뚝배기가 없으면 그냥 냄비에 끓여도 되나요?**

물론이지! 뚝배기가 없다면 그냥 냄비에 끓여도 된단다. 뚝배기에 끓여 밥상 위에 바로 올리면 잠시 동안 바글바글 끓기 때문에 시각적으로도 먹음직스럽고, 먹는 내내 따뜻하게 먹을 수 있단다.

● **팽이버섯 말고 다른 버섯으로 대체할 수 있나요?**

버섯 중에 팽이의 식감이 제일 부드러워서 이 찌개에 잘 어울려. 향이 강하지 않고 부드러운 버섯(느타리버섯, 만가닥버섯 등)이라면 같은 양으로 대체 가능하단다. 그리고 당장 없다면 버섯은 굳이 넣지 않아도 돼.

엄마의 훈수

"콩나물국밥 같은 해장 요리에 새우젓을 넣으면 국물이 개운하고 시원해지는 것처럼, 이 찌개도 새우젓으로 간을 맞춰 국물맛이 아주 깔끔하지. 감칠맛 나는 멸치 다시마육수도 넣고, 시원하고 달달한 무도 넣었으니 국물맛은 보장이야. 두부는 단단한 부침두부 말고 보들보들한 찌개두부를 사용해라. 순두부를 숟가락으로 큼직하게 잘라 넣어도 맛있지."

뚝배기에 보글보글 끓여 먹는 알찌개

두부 명란젓찌개

재료 | 2인분

- 명란 150g
- 두부 1/4모
- 무 60g
- 양파 30g
- 홍고추 1/2개
- 대파 1/2대(10cm)
- 새우젓 1작은술
- 다진 마늘 1작은술
- 멸치 다시마육수 1 ½컵

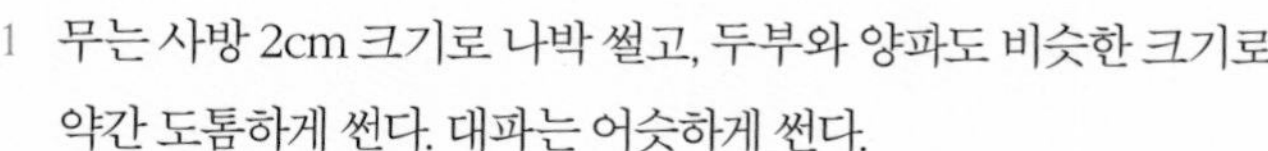

1 무는 사방 2cm 크기로 나박 썰고, 두부와 양파도 비슷한 크기로 약간 도톰하게 썬다. 대파는 어슷하게 썬다.

2 명란은 2cm 두께로 썬다.

3 뚝배기에 멸치 다시마육수, 무, 양파를 넣고 끓이는데, 끓어오르면 무가 익을 때까지 중불에서 5분 정도 끓인다.

4 무가 다 익으면 두부와 명란, 다진 마늘을 넣어 알이 익을 때까지 한소끔 끓인다.

5 새우젓으로 간을 맞춘 후 대파와 홍고추를 얹는다.

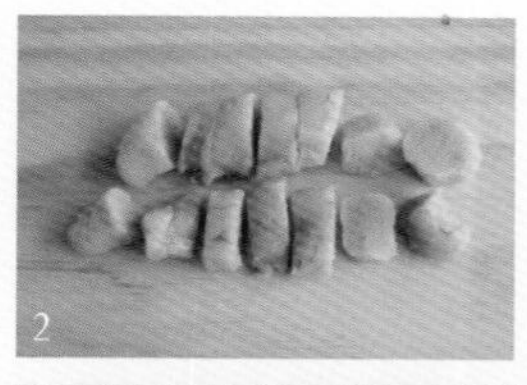

2

5

냉장고에 명란만 준비돼 있으면 쉽고 빠르게 끓일 수 있는 찌개예요. 시원하면서 짭조름한 국물에 톡톡 씹히는 간간한 명란알이 별미 중의 별미죠. 명란은 가락시장 젓갈 가게에서 저염 백명란 파치(모양이 흐트러진 것)를 주로 사다 끓입니다.

엄마의 비법을 알려 주세요!

● 명란은 어떤 것을 사야 해요?

요즘은 덜 짜고 색소가 들어가지 않은 저염 백명란을 많이 판매하니 되도록이면 저염 백명란을 사용할 것을 권한다. 너무 짠 음식은 건강에 좋지 않으니까. 찌개를 끓일 때는 모양이 그리 반듯하지 않아도 괜찮으니 약간 모양이 흐트러진 파치 명란을 저렴한 가격으로 구입해 사용해도 돼. 길게 보관하려면 소분해서 냉동실에 넣어두고 사용해라.

● 새우젓으로 간을 맞추는 이유가 있어요?

두부 명란젓찌개는 소금이나 국간장보다 짭조름하면서 감칠맛과 시원한 맛이 나는 새우젓이 잘 어울려. 명란 자체에 간이 좀 되어 있으니, 새우젓을 많이 넣지 말고 조금만 넣어 간을 맞추면 돼.

● 제가 끓이면 명란이 알알이 풀어지거나 너무 딱딱해져요.

알찌개를 맛있게 끓이려면 불 조절이 중요해. 센 불에서 끓이면 명란이 전부 풀어져서 국물이 지저분해지거나, 반대로 명란이 너무 딱딱해져 씹었을 때 맛이 없지. 끓어오르면 약불로 줄인 다음 알이 익을 정도만 한소끔 끓여야 명란의 생생한 식감이 고스란히 살아 있어.

● 칼칼하게 끓여도 되나요?

그럼! 엄마는 백명란을 사용해서 홍고추를 1/2개만 넣었는데, 기호에 따라 좀 더 칼칼하게 먹고 싶으면 고춧가루를 약간 넣어줘도 된단다.

{딸의 요령}

"감칠맛 나는 국물 때문인지 아이들도 좋아하는 찌개예요. 저염 백명란을 사용하면 맵지도, 그렇게 짜지도 않게 끓일 수 있어요. 저는 라임이랑 먹을 때 너무 간간하지 않게 두부를 좀 더 넉넉히 넣어서 슴슴하게 만들어 먹는 편이에요."

국물 반, 애호박 반 자작자작 끓이는

애호박 새우젓찌개

재료 | 2~3인분

- 애호박 1/2개(200g 정도)
- 양파 1/4개
- 대파 1/2대(10cm)
- 풋고추(또는 청양고추) 1개
- 새우젓 1큰술
- 식용유 1큰술
- 고춧가루 1/2큰술
- 다진 마늘 1작은술
- 멸치 다시마육수 3/4컵

1 애호박은 1cm 두께의 반달 모양으로 썰고, 양파도 같은 두께로 채 썬다. 대파와 풋고추는 어슷하게 썬다.

2 냄비에 애호박, 양파, 다진 마늘, 고춧가루, 새우젓, 식용유를 넣고 양념이 어우러지도록 중불에서 2~3분간 볶는다.

3 어느 정도 볶아지면 멸치 다시마육수를 넣고, 센 불에서 끓어오르면 중불로 줄여 5분 정도 바글바글 끓인다.

4 애호박이 반쯤 익으면 대파와 풋고추를 넣고, 애호박이 말랑하게 익도록 한소끔 더 끓인다.

2

4

엄마의 훈수

"애호박 새우젓찌개는 간이 약간 짭조름하고, 애호박이 말랑하게 익은 상태로 끓여야 맛있어. 국물은 다른 찌개보다 약간 적은 듯하게 끓여야 해. 애호박과 새우젓은 궁합이 잘 맞는데, 새우젓을 넣으면 호박이 쉽게 뭉그러지지 않아 식감을 살리고 감칠맛을 더할 수 있단다. 이 찌개는 그냥 물을 넣지 말고, 잘 우려낸 멸치 다시마육수를 넣어야 내공 있는 맛이 돼."

한여름 애호박 가격이 착해지면 새우젓으로 짭조름하게 간을 해서 자글자글 끓여보세요. 한 번에 많이 끓이지 말고 작은 냄비에 '딱' 먹을 양만 끓여 먹는 것이 좋아요. 고춧가루를 넣지 않고 맑게 끓여도 맛있답니다.

엄마의 비법을 알려 주세요!

● **새우젓은 한 번 사두면 다 먹기가 힘들어요.**

새우젓은 적은 양을 구입해 냉동실이나 김치냉장고에 넣어두면 1년 이상 보관해도 돼. 새우젓이 들어가 맛의 화룡점정을 이루는 메뉴가 생각보다 많단다. 달걀찜, 애호박볶음, 두부찌개, 명란찌개, 돼지고기찌개, 무생채, 오이김치 등의 요리에 새우젓을 사용하면 소화도 잘 되고, 짭조름하니 시원한 감칠맛을 더하지. 책에도 새우젓을 사용하는 레시피가 제법 있으니 잘 활용하기 바란다.

● **애호박은 어떤 것을 골라야 맛있어요?**

애호박은 너무 굵고 크면 씨가 많고 껍질도 질겨. 길이가 15cm 전후로 윤기가 나면서 고운 연둣빛을 띠는 것이 좋아. 표면에 흠집이 있으면 그곳부터 상하기 쉬우니, 흠집이 없고 꼭지가 싱싱한 상태로 달려 있는 것을 고르렴.

● **꼭 멸치 다시마육수로 끓여야 해요?**

엄마는 멸치 다시마육수를 참 많이 사용하지? 멸치와 다시마가 쉽게 구할 수 있는 재료이면서 깊은 감칠맛을 내주니 애용할 수밖에. 이 찌개는 특히 국물맛을 낼 만한 특별한 재료가 들어가지 않으니 멸치 다시마육수로 맛을 내는 것이 최상이란다.

● **왜 다른 찌개보다 자작하게 끓이는 것이 좋아요?**

이 찌개는 국물을 많이 잡지 않고 달달한 애호박을 새우젓 양념에 자글자글 끓여 먹는 것이 제맛이란다. 국물맛으로 먹기보다는 양념 맛이 스며든 부드러운 애호박과 새우젓으로 간을 한 자작한 국물을 함께 한 숟갈 떠서 먹으면 일품이지. 국물 반, 애호박 반이라고 해도 과언이 아닐 정도로 애호박을 많이 먹을 수 있는 것이 이 찌개의 특징이야.

{딸의 요령}

"늦여름이 되면 길쭉한 애호박 말고 둥근 애호박도 나오는데, 이 호박으로 만들어도 맛있어요. 반 잘라서 씨를 대강 발라내고 약간 도톰하게 썰어 맑은 국물의 애호박 새우젓찌개를 끓여 보세요. 둥근 애호박은 식감이 더 부드럽고 달큰한 맛이 있어 국물요리에 정말 잘 어울린답니다. 제철 채소를 놓치지 마세요."

속이 확~ 풀리는 오천만의 국민음식

돼지고기 김치찌개

얼큰하고 입에 짝 붙는 김치찌개를 싫어하는 사람이 있을까요. 푹 지진 김치를 따끈한 흰밥에 걸쳐 먹으면 그야말로 꿀맛! 어떤 재료를 넣느냐에 따라 다채롭게 변신하는 것이 바로 김치찌개의 매력입니다.

재료 | 3~4인분

- 돼지고기(찌개용) 300g
- 김치 1/4포기(500g)
- 양파 1/2개(100g)
- 맛술 1큰술
- 멸치 다시마육수 3컵

볶음양념

- 김치국물 1/2컵
- 들기름 1큰술
- 고춧가루 1/2큰술
- 다진 마늘 1/2큰술

1 김치를 2cm 폭으로 먹기 좋게 자르고, 양파는 1.5~2cm 굵기로 큼직하게 채 썬다.

2 돼지고기는 3cm×4cm 정도의 한 입 크기로 도톰하게 잘라 맛술에 15분간 재운다.

3 냄비에 김치, 분량의 볶음양념, 양파, 맛술에 재운 돼지고기를 넣고 중불에서 돼지고기가 익도록 20분 정도 충분히 볶는다.

4 ③에 멸치 다시마육수를 붓고 센 불에서 끓어오르면 중불로 줄이고, 뚜껑을 덮어 김치가 물러지도록 20~30분 정도 충분히 끓인다.

엄마의 훈수

"돼지고기는 주로 목등심, 앞다리살, 뒷다리살을 사용하는데, 맛술에 재우면 고기 잡내를 잡을 수 있어. 김치는 볶음김치 느낌이 나도록 볶아서 끓이는데, 그래야 고기 누린내도 없어지고, 양념이 잘 어우러져 깊은 맛이 나지. 묵은지로 끓일 때는 마지막에 설탕을 넣어주는데, 이건 찌개맛을 보면서 추가해도 돼. 기호에 따라 들깻가루를 넣으면 더욱 깊은 맛이 난단다."

엄마의 비법을 알려 주세요!

- **김치와 돼지고기를 왜 같이 볶는 거예요?**

그냥 돼지고기와 김치, 물을 넣고 끓이면 고기에 김치 맛이 채 배기 전에 익어버려서 맛이 서로 어우러지지 않고 따로 놀게 돼. 맛술에 재운 돼지고기와 볶음양념, 김치를 함께 충분히 볶아 서로 맛이 어우러지게 한 후 육수를 붓고 끓이면 고기, 김치, 국물 모두 맛있는 찌개가 완성된단다. 김치찌개는 맛있게 잘 익은 김치를 사용하는 것이 제맛을 내는 조건 중 하나지만 이렇게 충분히 볶아 맛을 내는 것도 중요한 팁이지.

- **김치 속을 털어내지 않아도 되나요?**

엄마는 깔끔하게 끓이는 것을 좋아해서 속을 털어내기도 하는데, 잘 익은 김치는 속도 맛있으니 굳이 털어내지 않아도 돼. 엄마처럼 속이 국물에 돌아다니는 것이 싫으면 털고 끓여도 된단다.

- **덜 익은 김치밖에 없어요.**

덜 익은 김치로 김치찌개를 끓이면 이상하게 김치찌개의 깊은 맛이 나질 않더라. 액젓을 넣는 방법도 있는데, 엄마 생각에는 익은 김치의 깊은 맛을 대신하지 못하는 것 같아. 찌개를 끓일 때는 잘 익은 김치나 묵은지를 사용하고 덜 익은 김치는 그냥 먹는 것이 제일 맛있어.

- **돼지고기를 꼭 맛술에 재워야 해요?**

돼지고기를 맛술에 재우는 이유는 달달한 술맛이 배면서 고기 잡내를 잡기 때문이야. 싱싱한 돼지고기를 사용한다면 꼭 맛술에 재우지 않아도 돼. 또 레시피에서 볶음양념, 김치 등으로 충분히 볶아주기 때문에 맛술이 있다면 사용하고, 없다면 굳이 맛술에 재울 필요는 없어.

- **들깻가루를 넣으면 어떤 맛이 나요?**

기호에 따라 들깻가루를 넣어도 되는데, 그 맛이 김치국물과 어우러지면서 진하고 구수한 맛이 나. 뻔한 김치찌개가 질릴 때 이렇게도 한 번 끓여보렴.

{딸의 요령}

"라임이는 잘 익은 백김치를 이용해 같은 방법으로 만들어 주는데 아주 좋아해요. 김치찌개에 돈가스를 얹어 먹어도 정말 맛있답니다. 매운맛만 빼고 똑같이 끓이면 돼요."

참치 김치찌개

재료 | 2인분 김치 300g, 김치국물 1/2~2/3컵, 참치 통조림 1개, 두부 1/4모, 양파 1/4개, 맛술 1/2큰술, 설탕 1작은술, 멸치 다시마육수 2~2 ½컵

김치는 먹기 좋게 송송 썰고, 양파는 채 썰어주세요. 두부는 큼직하게 깍둑 썹니다. 냄비에 김치와 양파를 넣고 참치 통조림의 기름과 김치국물을 부운 후, 중불에서 볶듯이 5분 정도 뒤적이면서 끓이세요. 멸치 다시마육수를 넣고 김치찌개가 끓어오르면 약불로 줄이고, 뚜껑을 덮어 한 20분 정도 은근하게 끓입니다. 김치가 부드럽게 되도록 끓는 사이에 맛술과 설탕을 약간 넣어주세요. 김치가 어느 정도 무르게 끓여졌으면 참치와 두부를 넣고 5분 정도 더 끓입니다.

돼지고기 김치찜

재료 | 2인분 돼지고기 목살(수육용 또는 삼겹살) 300~400g, 묵은지 6장, 양파 1/2개, 멸치 다시마육수 1컵
양념 김치국물 1/2컵, 고춧가루 1/2큰술, 들기름 1/2큰술, 설탕 1작은술, 다진 마늘 1작은술

돼지 목살은 큼직하게 6등분하고, 양파도 길이로 6등분해 굵게 썰어요. 묵은지에 돼지고기를 한 토막씩 올려 놓고 돌돌 말아주세요. 뚝배기에 양파를 깔고, 김치로 만 돼지고기를 올리세요. 그 위에 분량의 양념을 고루 붓고, 멸치 다시마육수를 넣은 다음 뚜껑을 덮어 중불에서 끓이다가 중약불로 줄여서 50분 정도 푹 익혀줍니다.

엄마의
버전-업
레시피

등갈비 김치찜

재료 | 3~4인분

- 등갈비 600g
- 김치 1kg
- 식용유 1큰술
- 생강 1쪽
- 설탕 1작은술
- 청주 2큰술
- 대파 뿌리 2개(또는 대파 잎 약간)
- 멸치 다시마육수 5~6컵

등갈비양념

- 김치국물 1/2컵
- 고춧가루 1큰술
- 다진 마늘 1큰술
- 참기름(또는 들기름) 1큰술
- 맛술 1큰술

등갈비는 깨끗하게 씻어 뼈 사이사이에 칼집을 넣어 하나씩 자르세요. 냄비에 등갈비가 잠길 정도의 물, 생강, 청주, 파 뿌리를 넣고 센 불에서 끓이다가, 끓어오르면 등갈비를 넣고 중불에서 한소끔 바글바글 끓여 데치세요. 등갈비를 한 번 데쳐 내야 국물이 깔끔하답니다. 볼에 데친 등갈비와 분량의 양념을 넣고 고루 무치세요. 여기서 꿀팁! 손질한 등갈비를 이렇게 양념한 후 냉동실에 넣었다가 조금씩 꺼내서 김치찌개, 김치찜에 넣고 끓여 먹어도 됩니다. 잘 익은 김장 김치를 꺼내 먹기 좋게 송송 썰고, 달군 팬에 식용유를 두르고 김치를 넣어 중불에서 5분 정도 충분히 볶아주세요. 김치가 다 볶아지면 양념한 등갈비를 김치 위에 넣고 멸치 다시마육수를 부은 후 뚜껑을 덮어 은근한 불에서 1시간 정도 푹 끓입니다. 중간에 설탕을 넣어주는데, 국물의 신맛과 약간 씁쓸한 맛이 중화가 되면서 맛도 좋아지고, 김치도 먹기 좋게 부드러워져요.

조미료 없이도 밖에서 사 먹는 부대찌개보다 훨씬 맛있게 끓일 수 있어요. 많은 재료가 들어가야 할 것 같지만, 의외로 스팸을 넉넉히 넣고 포크빈, 김치, 치즈만 더하면 풍미 가득한 부대찌개 냄새가 폴폴~난답니다.

재료 | 2~3인분

- 스팸 200g
- 김치 100g
- 다진 쇠고기 50g
- 포크빈(베이크드 빈) 50g
- 버섯(느타리, 팽이, 새송이버섯) 50g
- 슬라이스치즈 1장
- 양파 1/4개
- 두부 1/4모
- 대파 1/3대(7cm)
- 깻잎 5장
- 홍고추 1개
- 불린 당면과 떡국떡 (또는 라면 사리) 적당량
- 소금 약간
- 후춧가루 약간
- 다시마육수 3~4컵

양념장

- 고춧가루 1큰술
- 다진 마늘 1큰술
- 다시마육수 1큰술
- 고추장 1/2큰술
- 국간장 1/2큰술
- 후춧가루 약간

1

3

4·5·6

7

1 새송이버섯은 5~6cm 길이로 굵게 채 썬다. 두부는 1cm 정도 두께로 납작하게 썰고, 양파는 채 썬다. 홍고추와 대파는 어슷하게 썬다.

2 김치는 대충 속을 털어내고 5cm 길이로 굵게 채 썬다. 다진 쇠고기는 소금과 후춧가루로 밑간을 한다. 스팸은 1cm 두께로 납작하게 썰어서 끓는 물에 한 번 데친다.

3 납작한 전골냄비(직경 20cm 정도)에 채 썬 양파를 깔고, 재료를 반으로 나눠 보기 좋게 둘러 담는다.

4 다진 쇠고기는 작은 완자로 빚어서 군데군데 놓는다.

5 가운데에 포크빈을 넣고, 슬라이스치즈는 반으로 잘라 돌돌 말아 얹는다.

6 분량의 재료를 섞어 양념장을 만든다.

7 전골냄비에 육수 절반 정도를 붓고 불에 올려서 재료들이 익을 때까지 보글보글 끓인다.

8 기호에 맞게 양념장과 육수를 추가하면서 간을 맞춘다.

9 떡국떡과 불린 당면은 따로 준비해 추가로 넣고 끓여가며 먹는다.

엄마의 훈수

"다채로운 재료들이 화합을 이루는 부대찌개는 레시피대로 만들되 기호나 편의에 맞게 재료들을 추가해도 되고, 간을 보면서 양념장이나 육수를 가감하면 된단다."

엄마의 비법을 알려 주세요!

● **김치는 꼭 따로 양념해야 되요?**

알맞게 익은 김치는 따로 양념을 하지 않고 넣어도 되는데, 신김치를 사용한다면 약간의 설탕과 참기름을 넣고 조물조물 무쳐서 신맛을 살짝 감해 주는 것이 좋지.

● **스팸은 데치지 않고 바로 넣으면 안 되나요?**

그냥 넣어도 되지만 살짝 데쳐 넣으면 스팸의 과한 기름기와 겉에 도는 끈적거림이 없어져. 조금이라도 더 몸에 좋은 부대찌개를 먹으려면, 귀찮더라도 스팸은 꼭 데쳐 넣는 것이 좋지.

● **쇠고기를 완자 모양으로 만드는 이유가 있나요? 그냥 넣으면 안 되나요?**

쇠고기 다짐육(민찌)은 그냥 넣어도 맛에 지장은 없겠지만 국물이 지저분해 보일 수 있어. 완자를 빚어 넣으면 건져 먹기도 좋고, 모양도 먹음직스럽단다.

● **치즈를 넣으면 부대찌개의 국물맛이 좋아지나요?**

치즈가 부대찌개 국물에 녹아 들어가야 특유의 부대찌개 국물이 완성돼. 살짝 느끼하면서도 고소하고, 얼큰한 국물이 다른 재료와 어우러져 더 깊은 맛을 내지.

● **당면은 어느 정도 불려요?**

당면은 1~2시간 정도 부드럽게 불려 넣으면 돼. 꼭 당면이 아니라도 라면이나 우동 사리 등으로 대체 가능하기 때문에 기호나 편의에 따라 준비하렴.

● **다른 햄 종류를 더 넣는다고 하면, 육수를 추가해야 하나요?**

햄의 양을 늘린다면 끓이면서 기호에 맞게 육수를 추가해도 돼. 다른 재료도 계속 리필한다면 아예 육수와 양념장을 좀 더 넉넉히 만들었다가 끓이면서 입맛에 맞게 추가해서 푸짐하게 먹으면 좋지.

● **양념장을 만들 때 육수는 왜 넣어요?**

양념장 재료들이 잘 섞이라고 넣는 거야. 잘 섞이지 않으면 양념이 겉도는 느낌이 들거든.

{딸의 요령}

"부대찌개는 다시마육수에 치킨스톡이나 라면 수프 등을 추가하거나, 시판 사골육수를 사용해서 만들어도 맛있어요. 포크빈(베이크드 빈)을 꼭 넣어야 밖에서 사 먹는 부대찌개 맛이 납니다. 포크빈이 없다면 케첩을 조금 넣는 것도 방법이에요."

친정엄마의 손맛 그대로~

쇠고기 매운찌개

쇠고기 매운찌개라는 게 다소 생경하게 느껴질 수 있지만 저희 집안에서는 예전부터 해먹던 요리예요. 쇠고기뿐 아니라 새우, 모시조개 등 해물이나 갖가지 버섯을 듬뿍 넣어 끓여먹었죠. 추억이 새록새록 떠오르는 맛이랍니다.

1

2

4

5

6

6-1

재료 | **2~3인분**

- 쇠고기(양지머리, 등심, 차돌박이) 150g
- 무 100g
- 애호박 100g
- 양파 50g
- 표고버섯 2개
- 두부 1/2모
- 대파 1/2대(10cm)
- 풋고추 1개
- 홍고추 1/2개
- 다시마육수(또는 멸치 다시마육수) 2 ½컵

양념장

- 고춧가루 1큰술
- 다진 마늘 1큰술
- 국간장 1큰술
- 청주 1큰술
- 고추장 1/2큰술
- 후춧가루 약간

1 쇠고기는 결 반대 방향으로 납작하게 사방 3~4cm 크기로 썬다. 두부도 2cm 두께의 한 입 크기로 썬다.

2 양파는 반 자르고 다시 길이로 반을 잘라 2cm 두께로 썬다. 표고버섯은 기둥을 떼고 반으로 잘라 굵게 썬다. 무는 사방 2cm로 나박썰기하고, 애호박은 1cm 두께로 반달썰기한다. 대파와 풋고추, 홍고추는 어슷하게 썬다.

3 분량의 재료를 섞어 양념장을 만든다.

4 냄비에 육수 2큰술, 쇠고기, 양념장을 넣고 중불에서 고기가 어느 정도 익을 때까지 볶는다.

5 나머지 육수, 양파, 무, 표고버섯을 넣고 뚜껑을 덮어 중불에서 10분 동안 육수가 잘 우러나도록 끓인다.

6 국물에 맛이 들면 두부와 애호박을 넣고, 애호박이 알맞게 익도록 끓이다가 대파와 풋고추, 홍고추를 넣고 한소끔 더 끓인다.

엄마의 훈수

"이 요리의 주인공은 쇠고기인데, 부드러운 양지머리나 등심, 차돌박이 등을 사용하는 것이 좋아. 기름기가 적당히 있으면서 국물과 잘 어울리는 부위거든. 여름에는 감자가 맛있으니 추가로 넣어도 되고, 표고버섯이 없으면 팽이버섯 등 다른 종류의 버섯을 더해도 맛있어. 눈물 나도록 매콤한 맛을 원한다면 청양고추를 송송 썰어서 넣어보렴."

엄마의 비법을 알려 주세요!

● 쇠고기의 결은 어떻게 찾아요?

쇠고기에도 결이 있는데 쇠고기 단면을 잘 보면 주로 세로로 줄이 보인단다. 그 줄을 잘라가면서 썰어야 고기가 연해. 장조림을 제외하고 쇠고기가 들어가는 대부분의 요리는 결 반대로 썰어 사용해라.

● 고기를 볶는 과정은 왜 필요해요?

대부분의 국이나 찌개에 들어가는 고기는 볶는 과정에서 고기에 양념맛이 배고, 고기 자체의 냄새를 미리 없앨 수 있어. 국물에 고기를 바로 넣는 것보다 볶아준 다음 국물을 붓는 것이 국물맛도 훨씬 깔끔하고 좋아.

● 쇠고기의 부드러운 식감이 살아 있도록 찌개를 끓이려면 어떻게 해야 하나요?

먼저 질기지 않은 좋은 쇠고기를 사용해야 하고, 그 쇠고기를 결 반대로 썰어야 해. 또 레시피대로 먼저 양념과 함께 볶고 육수를 넣고 끓이는 과정을 거치는데, 조리 시간(20분 이내)에 맞춰 끓여야 고기의 진한 맛도 우러나면서 식감도 질기지 않고 부드러워지지.

● 쇠고기요리는 멸치 다시마육수보다 다시마육수가 더 어울리나요?

쇠고기가 들어가는 것은 그냥 다시마육수가 더 잘 어울리는 편이야. 그런데 매운찌개의 경우는 멸치의 감칠맛도 잘 어울리는 편이라 멸치 다시마육수를 사용하기도 해.

● 끓이면서 생기는 고기 거품은 걷어내지 않아도 되나요?

중간중간에 올라오는 거품을 걷어내면 보기에도 좋고, 맛도 깔끔하지.

{딸의 요령}

"이 쇠고기 매운찌개에 모시조개, 새우, 오징어 등 해물을 넣고 푸짐하게 끓여도 맛있어요. 고기의 고소한 맛에 해물의 시원함이 더해져 더욱 맛있답니다. 해물은 너무 많이 익지 않도록 애호박을 넣을 때 함께 넣어주세요."

돼지고기 짜글이찌개

재료 | 2인분

- 돼지고기(목등심) 100g
- 양파 40g
- 대파 40g
- 감자(중) 1개
- 풋고추(또는 청양고추) 1개
- 식용유 1큰술
- 멸치 다시마육수(또는 물) 1컵

양념장

- 고추장 1 ½큰술
- 고춧가루 1큰술
- 된장 1큰술
- 다진 마늘 1큰술
- 참치액 1큰술
- 간장 1/2큰술
- 설탕 1/2큰술
- 후춧가루 약간

기타

- 구운 김
- 밥

돼지고기는 키친타월로 감싸 핏물을 제거한 후 두껍지 않게 한 입 크기로 얄팍하게 썰어주세요. 분량의 재료를 섞어 양념장을 만듭니다. 대파는 굵직하게 어슷하게 썰고 양파도 굵게 채 썰어 반으로 잘라줍니다. 감자도 한 입 크기로 썰고, 고추는 송송 썰어 씨를 털어 내세요. 달군 팬에 식용유를 두르고 중불에서 양파와 대파를 넣고 기름에 향이 배도록 반쯤 볶아줍니다. 썰어 놓은 돼지고기와 양념장을 넣고 잘 섞어주면서 돼지고기가 익을 때까지 볶아요. 돼지고기가 익으면 멸치 다시마육수(또는 물) 1컵을 붓고 썰어 놓은 감자도 넣고 중불에서 끓어오르면 불을 중약불로 줄이고 8~10분 정도 자글자글 끓입니다. 고추를 넣고 한소끔 끓인 후 불에서 내리고, 구운 김 부순 것과 고슬고슬하고 따끈한 흰밥을 곁들입니다.

집에 늘 있는 재료로 자글자글 끓인

참치 감자찌개

재료 | 2~3인분

- 참치 통조림(150g) 1개
- 감자 200g
- 양파 1/4개
- 애호박 60g
- 대파 1/2대(10cm)
- 청양고추(청·홍) 1개분
- 멸치 다시마육수(또는 물) 2컵

양념장

- 고춧가루 1큰술
- 국간장(또는 참치액) 1/2큰술
- 고추장 1작은술
- 다진 마늘 1작은술
- 소금 1/2작은술
- 후춧가루 약간

1

2

4

1 감자는 1.5cm 두께로 슬라이스한 후 4등분하고, 애호박도 감자와 같은 두께로 썰어 4등분한다. 양파는 채 썰고, 대파는 어슷 썰고, 고추는 씨를 빼고 어슷하게 채 썬다. 참치 통조림은 뚜껑을 연 다음 뚜껑으로 살짝 눌러 기름을 약간 따라내어 준비한다.

2 분량의 재료를 섞어 양념장을 만든다.

3 냄비에 멸치 다시마육수, 감자와 양파를 넣고 국물이 끓어오르면 중불에서 7분 정도 끓이는데, 감자가 2/3 정도 익도록 끓인다.

4 ③에 양념장을 풀고 준비한 애호박과 참치를 찌개 속에 넣어 애호박이 익도록 끓인다.

5 소금과 후춧가루로 간을 맞추고 대파와 고추를 넣어 한소끔 더 끓인다.

재료가 간단해 여름철 휴가지에서 캠핑 요리로 만들어 먹기에도 좋고, 집에서도 별다른 식재료가 없을 때 쉽고 빠르게 끓여 먹을 수 있는 찌개예요. 포슬포슬한 감자와 얼큰한 국물이 참치와 어우러져 진한 감칠맛을 내지요. 언제 어디서 해 먹어도 실패가 없는 요리입니다.

엄마의 비법을 알려 주세요!

● **감자는 물에 담가 전분을 빼지 않아도 되나요?**

감자로 볶음이나 조림을 할 때는 물에 담가 전분을 빼지만, 찌개에 넣는 것은 그냥 숭덩숭덩 썰어 넣어도 된단다.

● **멸치 다시마육수 말고 다른 육수는 안 어울려요?**

멸치 다시마육수 대신에 그냥 물을 넣어도 되는데, 참치 감자찌개는 통조림 국물이 약간 들어가기 때문에 다른 육수로 대체할 필요까지는 없을 것 같아.

● **참치는 기름기를 완벽하게 제거한 후 넣어야 하나요?**

참치 통조림은 뚜껑을 연 다음 뚜껑으로 살짝 눌러 기름을 약간만 따라내고, 나머지 국물은 넣어줘야 찌개가 더 맛있단다. 국물을 다 넣으면 국물에 기름이 둥둥 뜰 수 있어 약간은 따라내야 해.

{딸의 요령}

"참치 통조림과 감자와의 조합도 맛있지만, 참치 대신 스팸이나 꽁치 통조림을 넣고 만들어도 진하고 맛있답니다."

엄마의 훈수

"비상용으로 늘 집에 준비해두는 참치와 사시사철 구하기 쉬운 감자만 있으면 쉽게 끓일 수 있는 찌개야. 국물을 더 자작하게 졸이듯이 끓이면 강된장처럼 밥과 비벼 먹어도 꿀맛이지. 고소한 두부를 넣어서 짜글이처럼 끓여먹어도 별미란다."

Chapter 3

탕&전골

육개장
닭개장
닭볶음탕
해물탕
꽃게탕
우럭매운탕
알탕
들깨 버섯탕
전복 삼계탕
만두전골
쇠고기 버섯전골

시간과 정성, 엄마 내공의 합작품

육개장

양지 푹 고아서 토란대, 고사리, 숙주 그리고 대파를 듬뿍 넣어 만든 육개장. 진하고 얼큰한 국물에 건더기 듬뿍 넣고 밥을 말아 먹으면 어깨춤이 절로 나오지요. 이 한 그릇에 온갖 영양이 가득해서 추운 겨울뿐 아니라 무더위로 고생하는 여름에도 보양식으로 으뜸입니다.

1

2

3·4

7

8

재료 | 3~4인분

- 쇠고기(양지머리) 300g
- 숙주나물 150g
- 삶은 고사리 100g
- 삶은 토란대 100g
- 대파 3대(300g)
- 대파 잎 2대
- 마른 홍고추 2개
- 생강 1쪽
- 통후추 1작은술
- 소금 1/2큰술
- 물 10컵
- 거름종이(또는 고운 면포)

양념장

- 고춧가루 2 ½큰술
- 국간장 2큰술
- 다진 마늘 1큰술
- 참기름 1큰술

1 양지머리는 덩어리째 찬물에 1시간 정도 담가 핏물을 뺀다.

2 냄비에 물 10컵과 쇠고기, 대파 잎, 마른 홍고추, 생강, 통후추를 넣고 센 불에서 끓이다가, 끓어오르면 중불에서 50분 정도 끓인다.

3 고운 면포에 밭치거나 거름종이에 걸러 8컵 정도 나오게 쇠고기 육수를 낸다.

4 쇠고기는 먹기 좋게 가늘게 찢어 놓는다.

5 분량의 재료들을 섞어 양념장을 만든다.

6 대파는 세로로 반 갈라 끓는 물에 살짝 데쳐 6~7cm 길이로 자른다. 삶은 고사리와 토란대도 같은 길이로 자른다. 숙주나물은 끓는 물에 살짝 데쳐서 찬물에 헹구고 체에 밭쳐 물기를 턴다.

7 냄비에 쇠고기, 숙주를 제외한 나물들, 대파, 양념장을 넣고 섞은 다음 육수를 약간씩 부어가면서 중불에서 10~15분 정도 충분히 볶는다. 숙주는 거의 다 볶았을 때 마지막에 넣고 볶는다.

8 육수를 넣고 중약불에 30분 정도 푹 끓인 다음 소금을 넣어 간을 맞춘다.

엄마의 훈수

"육개장은 쇠고기와 각종 채소 등의 재료도, 맛을 내는 양념도 많이 들어가기 때문에 육수를 깨끗하게 걸러 사용해야 국물이 맑고 담백해. 양지머리를 장시간 끓여서 진한 육수를 만드는데, 고기는 잘게 찢어서 사용하기 때문에 덩어리째 구입하는 것이 좋아. 육개장은 끓여서 하루 정도 지난 후에 먹는 것이 더 맛있는데, 시간이 지나면서 각 재료에서 맛이 나오고 양념과 어우러져 더욱 깊은 맛이 나지. 먹기 직전에 다시 간을 맞춰서 먹으면 돼."

엄마의 비법을 알려 주세요!

● **왜 쇠고기는 양지머리 부위를 사용하나요?**

양지머리는 장시간 끓여서 진한 육수를 낼 때 적합하고, 육수를 낸 후 고기를 건져내 잘게 찢어서 사용하기에도 좋아. 다른 국거리 부위인 사태 등을 사용해도 되지만 육개장 특유의 쭉쭉 찢는 고깃결은 기대하기 힘들고, 육개장이라는 느낌이 덜 하기 때문에 엄마는 꼭 양지머리를 사용하지.

● **육수는 면포나 거름종이에 꼭 걸러야 해요?**

쇠고기는 물에 담가 핏물을 충분히 빼도 막상 끓이면 기름이나 핏물 찌거기가 많이 나와. 그래서 엄마는 꼭 고운 면포나 거름종이에 걸러서 사용한단다. 쇠고기육수가 마치 냉면육수처럼 맑고 깨끗해져서 요리를 해도 말끔하니 기분이 좋아. 번거로우면 핏물을 충분히 빼고 끓여서 그냥 사용해도 맛에 큰 지장은 없어.

● **쇠고기는 방향 없이 아무렇게나 찢으면 되나요?**

양지 부위는 세로로 길게 줄이 보여. 고기를 삶고 살짝 식힌 후 보이는 결대로 찢어야 고기가 쭉쭉 잘 찢어진단다.

● **대파와 숙주는 데치지 않고 그냥 넣으면 안 되나요?**

대파와 숙주를 데쳐서 넣는 이유는 재료 고유의 냄새를 살짝 줄이면서 고기와 어우러지는 맛에 충실하기 위함이야. 굵지 않은 어린 파일 경우는 그냥 넣어도 되지만, 육개장에 보통 사용하는 굵은 대파는 파란 잎 안에 끈끈한 진액이 있어 따로 데쳐서 사용하는 것이 깔끔하지.

● **고사리와 토란대는 어떻게 삶아요?**

고사리나물볶음(300p)의 레시피를 참고해라. 대부분의 마른 나물들은 같은 방법으로 불리고 삶는데, 토란대도 고사리와 같은 방법으로 삶으면 된단다. 보통 마른 나물은 불리면 5~8배 정도로 무게가 늘어나니 이 점도 알아두면 좋겠지.

● **숙주나 고사리, 토란대 등 데치는 재료는 한꺼번에 넣어서 데치면 안 되나요?**

고사리나 토란대는 직접 불려서 삶은 경우가 아니고 시장에서 삶은 것을 사왔을 경우에만 끓는 물에 한 번 더 데쳐서 사용해야 개운해. 숙주는 생으로 된 것을 데치는 것이기 때문에 세 가지 재료를 한꺼번에 넣고 데치면, 각각 데쳐지는 시간이 달라서 어떤 것은 더 익고, 덜 익을 수 있어. 끓는 물을 넉넉히 준비해 숙주를 먼저 데치고, 다시 그 물에 고사리와 토란대를 같이 데치면 간편하단다.

● **볶는 과정이 왜 필요한가요?**

볶아서 끓여야 구수한 고추기름의 효과도 나면서 재료에 간이 배어 부드러운 건더기와 구수한 국물을 맛볼 수 있지.

● **왜 당장 먹는 것보다 다음 날 먹는 것이 더 맛있나요?**

육개장은 끓이면서 시간이 지나야 맛이 우러나오기 때문에 바로 끓였을 때보다는 하루가 지나 한 번 더 끓일 때가 맛있어. 다시 한 번 끓이면서 먹기 전에 국물 간이 필요하다면 그때 잘 맞추면 돼.

{딸의 요령}

"양념장에 고춧가루만 빼고 레시피 그대로 만들면, 온 가족이 함께 즐길 수 있는 맑은 육개장을 끓일 수 있어요. 대신에 고춧가루 2~3큰술, 참기름 1큰술을 섞어 다대기를 만든 다음, 매콤한 맛을 원하는 어른들은 기호에 맞게 섞어서 먹으면 됩니다. 육개장을 끓일 때 마지막에 달걀을 풀어 넣거나, 불린 당면을 약간 넣어 먹어도 별미예요."

얼큰하면서 담백한 닭 한마리 보양식

닭개장

추운 날 닭 한 마리로 얼큰하게 끓인 닭개장을 먹으면 몸과 마음까지 훈훈해집니다. 푸짐한 건더기와 기름기 없이 부드러운 닭살, 진하고 고소한 국물이 어우러진 닭개장은 끓일수록 맛이 더 깊어지는 묘한 마법이 숨겨져 있지요. 육개장과는 또 다른 매력의 닭개장을 소개합니다.

2

3

4

5

7

8

재료 | 4~5인분
- 닭 1마리 800g
- 대파 3대(300g)
- 삶은 고사리 200g
- 콩나물 200g
- 양파 1개
- 마늘 5쪽
- 통후추 1큰술
- 국간장 1작은술
- 소금 1작은술
- 물 3L

닭살양념
- 국간장 2큰술
- 고춧가루 2큰술
- 다진 마늘 1큰술
- 소금 1/2큰술

다대기
- 닭개장국물 2큰술
- 고춧가루 1~2큰술
- 참기름 1큰술

1 닭은 흐르는 물에 깨끗하게 씻으면서 기름이 덩어리진 부분과 기름이 두툼한 껍질 부분을 제거하고, 일부 내장에 붙어 있는 뼈 부분도 훑어내 깔끔하게 손질한다.

2 삶은 고사리는 5~6cm 길이로 자르고, 대파도 같은 길이로 잘라 두께에 따라 길게 2~4등분한다. 콩나물은 두 번 정도 물에 씻어서 채반에 밭쳐 물기를 제거한다.

3 냄비에 닭과 물, 통마늘, 통후추, 양파를 넣고 끓이는데, 끓어오르면 중불로 줄여 40분 정도 끓인다.

4 닭고기는 건져서 뼈와 살로 분리하면서 살을 바른다.

5 닭살은 살짝 식혀서 잘게 찢은 다음 분량의 닭살양념에 무친다.

6 남은 국물은 거름종이나 고운 면포에 맑게 걸러내는데, 닭육수 양은 2.8L 정도 된다.

7 냄비에 양념에 무친 닭살, 대파, 고사리, 걸러낸 국물을 넣고 끓이는데, 끓어오르면 중불에서 20분 정도 더 끓인다.

8 콩나물을 넣고 5분 정도 더 끓이면서 소금과 국간장으로 마지막 간을 한다. 마지막에 기호에 따라 다대기를 넣어 얼큰하게 먹어도 된다.

엄마의 훈수

"엄마는 푸짐한 건더기 먹는 맛에 닭개장을 끓인단다. 기름기 쏙 빠진 닭살이며, 고사리, 콩나물 등 영양 풍부한 채소를 충분히 먹을 수 있어 한 그릇 들이켜고 나면 제대로 보양식을 먹은 느낌이야. 너무 더워서 지치는 여름에 이열치열 음식으로 먹어도 좋고, 사계절 언제든 몸이 춥고 허할 때 한 솥 끓여서 먹으면 힘이 날 거야."

엄마의 비법을 알려 주세요!

● **닭살을 따로 양념하면 더 맛있나요?**

어차피 탕 속에 들어가는 닭살이지만 미리 양념을 했다가 넣으면 양념맛이 배면서 닭살도 맛있어지고 버무려진 양념이 국물에 퍼지면서 더 깊은 맛을 내지.

● **국물을 꼭 면포나 거름종이에 걸러내야 하나요?**

면포나 거름종이에 걸러내면 닭고기에서 나온 기름이 싹 걸러지면서 국물이 아주 맑고 깔끔해져. 면포나 거름종이 사용이 번거롭다면 고운 체를 사용해 걸러내도록 해라.

● **고사리는 어떻게 사용해요?**

마른 고사리는 물에 하룻밤 정도 불렸다가 불에 올려서 10분 정도 삶는데, 손으로 만져 보아 어느 정도 부드러워질 때까지 삶아 불을 끈 다음 냄비째 그대로 식히면서 좀 더 불리면 돼. 고사리는 상태에 따라 삶는 시간이 다를 수 있으니 말랑하면서 먹기 좋은 상태를 만져 보면서 체크하렴. 보드랍게 삶은 고사리는 끝 부분인 고사리 손과 단단한 줄기 부분을 다듬은 후 사용해야 해.

● **다대기는 왜 넣어요?**

다대기는 고춧가루, 참기름, 닭개장국물을 섞은 것인데, 각자 식성에 맞게 원하는 대로 넣어 먹으면 돼. 아무래도 얼큰하고 칼칼한 맛을 좋아하는 사람이라면 다대기가 꼭 필요할 거야.

● **닭개장에 고사리와 콩나물이 어울리나요?**

닭개장에는 숙주나 콩나물이 시원하니 잘 어울려서 꼭 넣는 것이 좋아. 물론 고사리나 토란대도 잘 어울리니 준비되는 대로 사용하면 된단다.

{딸의 요령}

"맵지 않게 만들려면 닭살양념에 고춧가루를 빼고, 참기름 1/2큰술을 넣어 섞어주세요. 들깻가루를 1큰술 정도 넣어줘도 고소하니 맛있어요. 고사리나 토란대 같은 것이 없으면, 느타리버섯, 표고버섯을 끓는 물에 살짝 데친 다음 먹기 좋게 잘라 레시피의 20분이 아닌 10분만 끓이면(조리과정 ⑦번) 돼요."

깨끗하게 손질해서 개운하게 끓이는

닭볶음탕

닭볶음탕은 푸짐하고 먹을 것이 많아 온 가족 모이는 밥상에 자주 올려요. 매운 국물에 잘 익은 감자도 맛있고, 남은 국물에 밥을 비비거나 볶아도 꿀맛이지요. 양을 푸짐하게 늘리고 싶으면 몸통보다는 쫄깃한 다리살을 추가해서 만드는 것이 비법이랍니다.

재료 | 3~4인분

- 토막 닭(닭볶음탕용) 1kg
- 감자(중) 2개
- 풋고추 2개
- 양파(대) 1개
- 당근 1/2개
- 대파 1/2대(10cm)
- 대파 잎 1대분
- 청주 2큰술
- 녹찻 잎 약간
- 소금 1작은술
- 물 3컵

양념장

- 간장 4큰술
- 고춧가루 3큰술
- 맛술 2큰술
- 고추장 1큰술
- 청주 1큰술
- 설탕 1큰술
- 다진 마늘 1큰술
- 참기름 1큰술
- 다진 생강 1/2큰술
- 후춧가루 약간

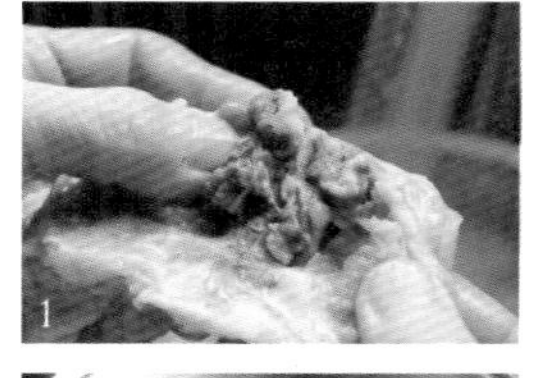
1

2

6

8

1 닭은 흐르는 물에 깨끗하게 씻으면서 기름이 덩어리진 부분과 기름이 두툼한 껍질 부분을 제거하고, 일부 내장에 붙어 있는 뼈 부분도 훑어내어 깔끔하게 손질한다.

2 냄비에 닭이 잠길 정도의 물(1L 정도)과 녹찻 잎, 대파 잎, 청주를 넣고 센 불에서 끓어오르면 2~3분 정도 끓인다. 손질한 닭을 넣고 다시 끓어오르면 1분 정도 데쳐낸다.

3 양파는 큼직하게 반으로 자르고 다시 3등분한다. 감자도 반으로 잘라 3등분한다. 당근도 감자와 비슷한 크기로 큼직하게 잘라 준비한다.

4 대파는 4~5cm 길이로 잘라 반으로 길게 가른다. 풋고추는 어슷하게 썰어 씨를 털어낸다.

5 분량의 재료를 섞어 양념장을 만든다.

6 달군 팬에 손질한 닭과 양념장을 넣고 중간불보다 약간 센 불에서 2분 정도 달달 볶는다.

7 ⑥에 물 3컵을 붓고 끓으면 뚜껑을 덮어 중불에서 10분 끓인다.

8 ⑦에 감자, 양파, 당근을 넣고 뚜껑을 덮어 중불에서 10분 더 끓이고, 뚜껑을 열고 뒤적이면서 10분 더 끓인다.

9 소금과 후춧가루로 간을 맞추고, 대파와 풋고추를 넣고 5분 정도 더 끓인다.

엄마의 훈수

"닭볶음탕은 제일 안 익는 감자와 닭다리가 알맞게 익을 정도로만 끓이면 돼. 너무 오래 끓이면 감자가 뭉그러져 국물이 졸아들고 탈 수 있어. 국물은 흥건하지 않고 자작하게 남는 정도가 좋은데, 기호에 따라 국물 졸이는 정도를 조절하면 돼. 밥을 볶아 먹을 생각이라면 좀 더 자작하게 국물을 남기는 것이 좋겠지."

엄마의 비법을 알려 주세요!

● **데칠 때 녹찻잎을 넣는 이유가 뭐예요?**

녹찻잎은 고기 잡내를 없애주는 데 아주 탁월해. 껍질이나 지방에 있는 지저분한 불순물과 누린내를 잡을 수 있어 녹차 끓인 물에 살짝 데치는 것이 좋지.

● **손질만 잘하면 데치지 않고 바로 요리해도 되지 않아요?**

닭 손질을 잘해도 데쳐 낸 국물을 보면 찌꺼기가 많이 보여. 그걸 보면 개운하게 데쳐내는 것이 좋겠다는 생각이 들 거야. 엄마는 번거롭더라도 손질도 깨끗하게 하고, 한 번 데쳐서 사용해야 마음이 편해.

● **양념장이랑 닭을 먼저 달달 볶고 물을 넣는 이유는요?**

양념장에 달달 볶아주면 양념장이 닭이랑 어우러지면서 볶아져서 고소해지고, 양념장이 고추기름 역할도 하면서 국물이 칼칼하니 더 맛이 난단다.

● **물 대신 육수를 넣어도 되나요?**

닭복음탕은 국물이 많은 것은 아니라서 토막 낸 닭 한 마리로 끓이면 닭에서 육수가 충분히 나와. 굳이 다른 육수를 사용하지 않아도 되지.

{딸의 요령}

"고춧가루와 고추장을 빼고 간장 1/2큰술을 넣어 양념장을 만들면 매운 것을 못 먹는 아이들도 함께 먹을 수 있는 간장 닭볶음탕을 만들 수 있어요. 매운 것을 어느 정도 먹는 아이라면 고춧가루 양만 살짝 조절해 주세요."

바다를 통째로 옮겨온 듯 푸짐한

해물탕

싱싱한 해물과 칼칼한 양념장, 감칠맛 나는 밑국물만 준비하면 어렵지 않게 시원한 해물탕을 끓일 수 있어요. 재료를 모두 손질해서 전골냄비에 쭉 둘러 담고, 양념을 푼 밑국물을 팔팔 끓여 붓는데, 해물을 익혀가면서 샤부샤부처럼 먹는 것이 폼도 나고 제일 맛있답니다.

재료 | 4~5인분

- 새우(중) 5마리
- 꽃게 2마리
- 낙지 1마리
- 모시조개 (또는 대합, 바지락 등) 300g
- 미더덕 100g
- 콩나물 150g
- 느타리버섯 100g
- 양파 1개
- 애호박 1/2개
- 팽이버섯 1/2봉지
- 홍고추 1개
- 풋고추 1개
- 대파 1대(20cm)
- 쑥갓 50g

육수

- 멸치 다시마육수 5컵 (다시 멸치 30g, 무 200g, 다시마 10cm 1조각, 마른 홍고추 2~3개, 마른 새우 10g, 물 6컵)

양념장

- 고춧가루 2큰술
- 국간장 2큰술
- 육수 2큰술
- 다진 마늘 1 ½큰술
- 고추장 1큰술
- 청주 1큰술
- 다진 생강 1/2작은술
- 소금 1/4작은술
- 후춧가루 약간

1 냄비에 멸치를 넣고 중불에서 바삭하게 볶다가 다시마, 마른 새우, 물 6컵을 넣는다. 30분 이상 그대로 두었다가 무, 마른 홍고추를 넣고 약한 불에서 끓어오르면 다시마는 꺼낸다. 나머지 재료는 10분 정도 더 끓인 다음 체에 걸러 육수를 만든다.

2 콩나물은 지저분한 꼬리만 약간 다듬고, 애호박은 직사각형으로 나박하게 썬다. 느타리버섯은 결대로 찢고, 팽이버섯은 밑동을 잘라 먹기 좋게 찢는다. 쑥갓은 버섯과 비슷한 길이로 썬다. 양파는 곱게 채 썰고 홍고추, 풋고추, 대파는 어슷하게 썬다.

3 새우는 등쪽의 내장을 빼고, 머리 쪽의 뾰족한 뿔을 잘라내고 통째로 깨끗이 씻는다. 낙지는 머리의 내장을 빼고 밀가루를 뿌려 문질러 씻은 후 먹기 좋게 5~6cm 길이로 썬다. 모시조개, 바지락은 해감된 것으로 준비한다. 미더덕은 소금물에 씻은 후 칼이나 꼬치로 끝을 터뜨린다. 꽃게는 손질하여 먹기 좋은 크기로 토막낸다.

4 분량의 재료를 섞어 양념장을 만든다.

5 냄비에 해물과 채소를 둘러 담는다.

6 다른 냄비에 멸치 다시마육수를 붓고 양념장을 넣어 푼 다음 끓인다.

7 끓어오르면 ⑤에 뜨거운 국물을 붓고 중불에서 10~15분 정도 끓인 다음 홍고추, 풋고추, 대파, 쑥갓, 팽이버섯을 얹어 한소끔 더 끓여낸다.

엄마의 비법을 알려 주세요!

● 따로 육수를 만들어야 하나요? 기존의 멸치 다시마육수를 사용하면 안 되요?

기존의 멸치 다시마육수를 써도 되지만, 무, 마른 홍고추, 마른 새우를 멸치, 다시마와 함께 육수로 내어 밑국물로 사용하면 그냥 멸치 다시마육수를 쓰는 것보다 국물맛이 훨씬 깊고 시원해. 물론 싱싱한 해물들을 알맞게 익혀 넣는 과정에서 맛있는 해물맛이 많이 나와 감칠맛이 더해지기는 하지만, 레시피대로 육수를 따로 만들면 부족한 맛을 보충해 주면서 끓일수록 더욱 맛있는 해물탕을 만들 수 있어.

● 다른 요리는 그렇지 않았는데, 왜 콩나물 꼬리를 다듬나요?

들어가는 재료들이 많은데, 콩나물 꼬리까지 들어가면 너무 지저분해질 것 같아 해물탕에는 깔끔하게 다듬어 넣었단다. 그리고 엄마는 빨리 끓여서 먹을 수 있도록 머리, 꼬리를 다 손질해서 넣기도 해.

● 오래 끓일수록 더욱 맛이 깊어지는 게 아닌가요?

오래 끓이면 국물 맛은 좋아지겠지만, 해물은 질겨지고 맛이 덜해지겠지.

● 해물탕 양이 많아서 소가족은 만들기 부담스러워요. 적은 양으로 끓이는 방법 없나요?

해물탕을 적은 양으로 간단하게 끓이고 싶다면 낙지, 조개, 새우 등 몇 가지 해물 재료와 채소를 준비하고, 육수에 양념장을 넣어 슴슴하게 간을 맞춘 뒤 같은 방법으로 끓이면 돼. 양념장은 미리 넉넉히 준비해 두고 끓일 때마다 조금씩 사용하면 편하지.

{딸의 요령}

"해물을 건져 먹고 나서 남은 국물에 라면, 칼국수, 수제비 등 사리를 넣어 먹으면 정말 맛있어요. 해물 재료는 냉동된 모둠 해물이 아닌 싱싱한 것으로 각각 구입하는 것이 좋아요. 냉동이 아닌 생물이면 더욱 좋겠죠. 생물로 사다가 각각 손질하고 소분해서 얼리면, 오래 보관해두고 유용하게 활용할 수 있답니다."

엄마의 훈수

"해물탕을 끓일 때 주의할 점이 있어. 사진처럼 미리 냄비에 재료를 넣고 국물(멸치 다시마육수+양념)은 따로 옆에서 끓여야 해. 해물에 찬 국물을 부으면 국물이 끓을 때까지 너무 푹 익어 질겨질 수 있거든. 그리고 해물탕은 15~20분 정도만 끓이는 게 좋아. 그래야 시원한 맛이 우러나고 재료도 적당히 연하면서 맛있어지지. 해물탕에 들어가는 게는 살이 많은 수게를 사용해도 돼. 껍질을 벗기고 반으로 잘라 아가미를 제거한 후 깨끗하게 씻어서 준비하면 된단다."

진한 바다 향과 얼큰함이 매력!

꽃게탕

꽃게탕은 뭐니 뭐니 해도 시원한 국물이 핵심입니다. 알이 꽉 찬 암게보다는 살이 많은 수게로 끓이는데, 단호박을 넣어 꽃게와 함께 끓이면 달콤한 단호박맛과 감칠맛 나는 꽃게 국물이 어우러져 그 맛이 가히 일품이지요.

재료 | 2~3인분

- 꽃게 2마리(수게 500g 정도)
- 단호박 200g
- 무 100g
- 풋고추(또는 청양고추) 1개
- 홍고추 1/2개
- 팽이버섯 1/3봉지
- 대파 1/2대(10cm)
- 멸치 다시마육수 5컵

양념장

- 고춧가루 1 ½큰술
- 국간장 1큰술
- 청주 1큰술
- 다진 마늘 1큰술
- 고추장 1/2큰술
- 된장 1/2큰술
- 다진 생강 1/2작은술

엄마의 훈수

"꽃게는 가을이 제철인데, 갓 잡은 꽃게로 탕을 끓이면 특별한 재료를 더하지 않아도 정말 맛있어. 꽃게에서 우러나온 진한 바다향과 양념장의 칼칼한 맛이 어우러져 한 그릇 제대로 먹으면 속이 확 풀리지. 멸치 다시마육수를 넣었지만 마른 새우까지 더하면 더 깊은 맛이 난단다."

1

2·3

6

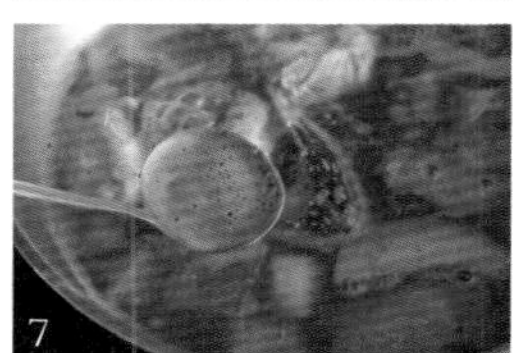
7

1 꽃게는 솔로 문질러 깨끗이 씻은 다음 살이 없는 잔발을 떼고, 다리의 집게를 자른다. 배와 등껍질 경계점에 엄지손가락을 넣고 힘을 줘 벌려서 등딱지를 뗀다. 아가미를 가위로 잘라 떼어내고 깨끗하게 씻은 후 몸통을 2~4토막 낸다. 몸통 옆 아가미 부분을 잘라 주어야 비리지 않는다. 게딱지는 모래주머니만 빼고 양쪽 뾰족한 부분을 잘라 손질한다. 살아 있는 꽃게를 사용한다면 냉동실에 30분간 넣어두면 기절한다.

2 무는 사방 3cm, 두께 5mm로 납작하게 썬다. 단호박은 반을 잘라 속을 파내고 껍질을 벗겨 1cm 정도 두께로 큼직하게 썬다.

3 고추와 대파는 어슷하게 송송 썰고, 팽이버섯은 밑동을 잘라내고 길이로 2등분한다.

4 분량의 재료를 섞어 양념장을 만든다.

5 멸치 다시마육수 5컵에 등딱지와 손질할 때 나온 잔발을 넣고 끓어오르면 중불에서 10분 정도 끓인 다음 건져 국물 4컵을 만든다. 이 과정은 생략해도 된다.

6 국물 4컵을 냄비에 담고 무를 넣고 끓어오르면 중불에서 5분 정도 끓인 후 양념장을 푼다.

7 꽃게와 단호박을 넣고 끓어오르면 재료가 알맞게 익도록 중불에서 10분 정도 바글바글 끓이는데, 중간에 나오는 거품은 걷어낸다. 간이 필요하다면 소금으로 간을 맞춘다.

8 마지막에 대파, 홍고추, 풋고추, 팽이버섯을 넣고 한소끔 끓인다.

엄마의 비법을 알려 주세요!

● **꽃게 고르는 법을 알려주세요!**

꽃게는 배 쪽에 있는 삼각형 딱지로 암수를 구분할 수 있는데, 삼각형이 뚜렷한 것이 수컷이고, 둥그스름한 원형에 가까운 것이 암컷이야. 탕이나 찜, 무침으로 살을 먹는다면 수게가 더 맛있지만, 게장을 담글 때는 알이 가득한 암게가 좋단다. 꽃게는 1kg에 3~4마리 정도 되는 크기가 무침이나 탕을 끓이는 데 좋아. 게를 구입할 때는 같은 크기라도 직접 들어보고 살이 많아 무거운 것을 고르도록 하렴.

● **수게가 아니고 암게를 사용해도 되나요?**

살이 꽉 찬 수게는 가을이 제철이고, 알이 꽉 찬 암게는 봄이 제철이야. 가을 수게가 아닌 봄철 암게로 꽃게탕을 끓일 경우엔 알과 내장을 등딱지 하나에 모아두고 나머지 등딱지는 국물용으로 사용하면 된단다.

● **꽃게탕에는 단호박이 어울려요? 고구마나 감자는 안 돼요?**

꽃게탕의 얼큰한 국물은 달달한 단호박 맛과 잘 어울려. 단호박은 국물을 탁하게 하지 않고 오히려 꽃게탕 국물맛을 부드럽고 시원하게 해주거든. 감자나 고구마는 단호박보다 익는 시간도 오래 걸리고 전분 때문에 국물을 탁하게 만들면서 단맛도 덜하니 넣어도 단호박만 못해.

● **단호박은 너무 단단해서 손질이 어려워요.**

단호박은 껍질이 두꺼워 반으로 가르기도 힘든데, 가르기 전에 먼저 전자레인지에 넣고 2분 정도 돌리면 겉껍질이 살짝 익어 가르기 좋고 껍질을 벗기기도 편해. 물론 껍질까지 요리에 넣어도 되지만 덜 부드러워 엄마는 껍질을 다 벗기고 넣어.

● **손질할 때 나온 잔발이 뭐에요?**

꽃게발에서 살이 거의 없어 잘 먹지 않는 끝 부분을 말한단다. 먹기 간편하게 다리의 끝부분은 잘라 국물에 사용하고 버리면 돼.

{딸의 요령}

"매운 것을 못 먹는 아이와 먹을 경우, 고춧가루와 고추장은 빼고 된장을 약간 더 추가해 만들어 주세요. 꽃게를 넣을 때 새우나 조개를 더해서 만들어도 맛있고요. 마지막에 미나리나 쑥갓 같은 향이 있는 채소를 넣어줘도 맛이 개운해진답니다."

비린 맛 없이 고소하고 개운한 국물의

우럭매운탕

생선 매운탕을 끓일 때는 기본 국물을 맛있게 내어 싱싱한 생선 토막을 넣고 얼큰하게 끓이지만, 회를 뜨고 남은 생선 머리나 뼈를 이용해 끓이기도 하지요. 기름이 많아 국물을 고소하게 만들어 주는 싱싱한 생우럭으로 진하고 얼큰한 매운탕을 끓여봤습니다.

재료 | 2~3인분

- 우럭 600g
- 무 100g
- 콩나물 1/3봉지(100g)
- 대파 1/2대(10cm)
- 청양고추 1개
- 홍고추 1개
- 쑥갓 반줌(30g)
- 소금 1/4작은술
- 멸치 다시마육수 4컵

양념장

- 고춧가루 1 $\frac{1}{2}$큰술
- 국간장 1큰술
- 청주 1큰술
- 다진 마늘 1큰술
- 고추장 1작은술
- 다진 생강 1/2작은술

1 깨끗하게 손질한 우럭은 먹기 좋은 크기로 3~4토막을 낸다. 머리 부분은 아가미를 제거하고 길이로 2등분한다.

2 무는 사방 3cm, 5mm 두께로 자르고, 쑥갓은 잎 부분 쪽으로 다듬어 짧게 자른다. 대파와 청양고추, 홍고추는 어슷하게 썬다.

3 분량의 재료를 섞어 양념장을 만든다.

4 냄비에 멸치 다시마육수와 양념장을 넣어 풀어준 후 썰어둔 무와 우럭 머리를 넣고 센 불에서 끓이다가 끓어오르면 중불에서 10분간 끓인다.

5 나머지 우럭 토막을 넣고 약 10분간 끓인다.

6 콩나물과 대파를 넣고 5분 정도 더 끓인다.

7 소금으로 간을 맞춘다.

8 마지막으로 쑥갓과 청양고추, 홍고추를 넣고 한소끔 끓인다.

엄마의 훈수

"엄마는 가끔 멸치 다시마육수에 마른 새우를 넣고 만들기도 하는데, 이렇게 하면 더 깊은 국물 맛이 난단다. 대신 미나리를 사용해도 되고, 속배추잎이나 느타리버섯 등 매운탕에 어울리는 채소들을 추가해도 돼."

엄마의 비법을 알려 주세요!

● 우럭 대신 다른 생선으로 매운탕을 끓여도 이 양념장을 그대로 사용하면 되나요?

엄마는 대체로 얼큰한 생선 매운탕에는 이 양념장을 사용하는데, 기호에 따라 된장 같은 다른 양념을 조금 추가하기도 해. 된장이 들어가면 생선의 비린 맛을 잡아주면서 뒷맛이 개운하거든. 매운탕은 지역마다 만드는 법이 조금씩 다르고, 바다 생선인지 민물 생선인지에 따라서 조리법이 달라지기도 해. 민물고기로 매운탕을 끓일 때는 비린내를 없애기 위해 다진 마늘, 후춧가루, 생강, 들깻가루, 계핏가루 등을 추가해서 끓이지.

● 멸치 다시마육수가 제일 잘 어울려요?

아무래도 생선매운탕에는 멸치 다시마육수가 제일 잘 어울려. 조개, 미더덕 등의 재료를 추가하면 더 시원하고 감칠맛이 난단다.

● 끓을 때 생기는 거품은 걷어줘야 하나요?

끓을 때 나오는 거품은 여러 가지 맛과 영양분이 위로 올라오는 것이라 걷지 않아도 된다고 말하는 이들도 있는데, 엄마는 주로 걷어내고 끓여. 그래야 보기에도 깔끔하고 텁텁한 맛이 줄어들어 깔끔하고 개운한 맛이 나거든.

● 생선 비린내를 없애는 특유의 비법이 있나요?

탕에 들어가는 생선의 비린내를 없애려면 싱싱한 생선을 사용하는 것이 우선이야. 생선을 다듬을 때 내장 쪽 뼈에 붙은 검붉은 부분을 깔끔하게 긁어내야 특유의 비린내가 줄어들지. 그리고 좀 번거롭지만 손질해서 토막 낸 후 체에 밭쳐 끓는 물을 끼얹어 살짝 데친 후 채반에 넣고 소금을 약간 뿌려 재워줘. 재우는 동안 나오는 물을 버리고 씻어서 사용하면 훨씬 개운하고 비린내와 잡내가 적어. 그리고 향채소인 대파, 미나리, 쑥갓 등을 마지막에 넉넉히 넣으면 향긋하면서 시원한 맛이 나 생선의 비린내가 없어진단다.

{딸의 요령}

"매운탕에 칼국수나 수제비, 우동 사리를 함께 넣어서 먹어도 정말 맛있답니다. 육수나 양념장을 조금 넉넉하게 준비해서 국물이나 간이 부족하면 추가하면 돼요."

개운하고 칼칼한 국물맛이 일품

알탕

재료 | **2~3인분**

- 알(명태 알) 200g
- 곤이(대구 곤이) 100g
- 두부 100g
- 무 50g
- 쇠고기 50g
- 콩나물 1/6봉지(50g)
- 대파 1/2대(10cm)
- 청양고추 1개
- 홍고추 1개
- 미나리 반줌(30g)
- 소금 1/2작은술
- 멸치 다시마육수 3 ½컵

쇠고기양념

- 다진 마늘 1작은술
- 참기름 1작은술
- 후춧가루 약간

양념장

- 고춧가루 1 ½큰술
- 국간장 1큰술
- 청주 1큰술
- 다진 마늘 1/2큰술
- 다진 생강 1/4작은술
- 멸치 다시마육수 2큰술

1 알과 곤이는 연한 소금물(생수 5컵+소금 1 ½큰술)에 담가 살살 헹군 후에 건져서 체에 밭쳐 물기를 뺀다.

2 분량의 재료를 섞어 양념장을 만든다. 쇠고기는 분량의 쇠고기 양념에 버무린다.

3 두부는 1cm 두께로 먹기 좋은 크기로 썬다. 무는 납작하게 사방 3~4cm, 5mm 두께로 나박썰기하고, 대파와 청양고추는 어슷하게 썬다. 미나리는 잎을 대충 다듬어 내고 3cm 길이로 썬다.

4 달군 냄비에 무와 양념한 쇠고기를 넣고 중불에서 쇠고기가 익도록 볶다가 멸치 다시마육수를 붓고 끓어오르면 중불에서 10분 정도 끓인다.

5 국물 맛이 우러나도록 끓인 후 콩나물과 알, 곤이, 두부를 넣고 다시 끓어오르면 3분 정도 뚜껑을 열고 끓인다. 끓이는 중간에 나오는 거품은 걷어낸다.

6 양념장을 풀어 넣고 3분 정도 끓이면서 소금으로 간을 맞춘다.

7 재료가 익고 맛이 잘 어우러지면 마지막으로 미나리, 대파, 청양고추를 넣고 한소끔 더 끓인다.

쫀득하고 부드러운 명태 알을 얼큰한 국물과 함께 먹으면 속이 확 풀리고 온몸이 개운해지지요. 보통 알탕 재료는 명태나 대구의 알과 곤이로 끓이는데, 방법은 어느 알이나 동일해요. 비리지 않고 담백하면서 고소한 알에 칼칼한 국물이 어우러지게 끓이면 누구나 앉은 자리에서 한 그릇 뚝딱입니다.

엄마의 비법을 알려 주세요!

- **알과 곤이는 어떤 것이 싱싱한가요?**

보통 명태 알이나 곤이는 급속 냉동되었다가 해동 후 판매가 된단다. 이때 알 색이 붉은 적색으로 선명하고 투명해 보이는 것이 좋고, 곤이는 뽀얗고 모양이 탱글탱글 잘 살아 있는 것이 좋아.

- **왜 쇠고기는 따로 양념해야 하나요?**

탕이나 찌개에 들어가는 고기는 양념을 해서 볶은 다음 국물을 넣어야 고기 잡내도 없고 고소한 고기의 맛이 잘 우러난단다.

- **콩나물이나 미나리를 넣는 이유는요?**

알과 곤이는 자칫 텁텁하거나 비린 맛이 날 수 있어. 콩나물은 시원한 맛을 내고, 미나리는 특유의 향긋함이 매력이지. 또 비린 맛을 없애주고 맛과 영양의 균형을 맞춰주는 역할을 해.

{딸의 요령}

"청양고추와 고춧가루를 빼고 만들면 맵지 않고 시원한 맑은 알탕이 완성됩니다. 아이 것을 먼저 덜어내고, 마지막에 청양고추와 고춧가루를 추가해 먹으면 얼큰하게 즐길 수 있어요."

엄마의 훈수

"엄마는 가끔 쇠고기 대신에 무만 넣고 끓이다가 알과 곤이를 넣을 때 조개를 넣고 끓이기도 해. 쇠고기와 다른 개운한 맛이 느껴지지. 미나리 한 단 샀는데, 알탕에 넣는 양이 너무 적지? 남은 미나리는 미나리 새우전(406p)을 만들면 돼. 찌개에 미나리잎까지 넣으면 지저분하니까, 미나리 대신 쑥갓잎을 다듬어 사용하는 것도 방법이야."

진한 국물 뜨끈하게 먹으면 속이 편안해지는

들깨 버섯탕

재료 | 2~3인분

- 표고버섯 2~3개(80g)
- 느타리버섯 50g
- 애호박 50g
- 팽이버섯 30g
- 양파 30g
- 대파 1/2대(10cm)
- 들깻가루 4큰술
- 국간장 1큰술
- 소금 약간
- 멸치 다시마육수 3 ½컵

1 표고버섯은 기둥을 떼어내고 5mm 정도로 얇게 슬라이스한다. 느타리버섯은 낱개로 찢어 놓고, 팽이버섯은 밑동을 잘라내고 적당히 가른다.

2 애호박은 5mm 정도로 얇게 반달썰기 한다. 대파는 어슷하게 썰고, 양파는 곱게 채 썬다.

3 냄비에 멸치 다시마육수를 넣고 끓어오르면 중불에서 양파, 표고버섯, 느타리버섯을 넣고 한소끔 끓인다.

4 애호박을 넣고 살짝 익도록 한 번 더 끓인다.

5 들깻가루를 넣어 풀고 국간장, 소금으로 간을 맞춘 후 대파와 팽이버섯을 넣고 한소끔 더 끓인다.

1·2

3

5

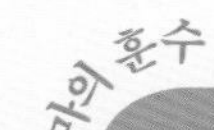

"우리 집 식구들은 고소하고 구수한 들깨맛을 좋아해서 무침에도 넣고, 조림에도 넣고, 탕이나 찌개에도 잘 활용해. 엄마의 요리리스트를 찬찬히 살펴보면 들깻가루 한 봉지를 사서 유용하게 쓸 수 있지. 들깻가루는 기름이 많아 잘못 보관하면 소위 쩐내가 날 수 있어. 바로 갈아낸 신선한 것으로 구입하고 꼭 냉동 보관해라."

몸에 좋고 구수한 들깨를 가득 넣고 끓이는 들깨탕은 국물도 뽀얗고 더할 나위 없이 고소하지요. 들깨와 궁합이 잘 맞는 쫄깃한 버섯을 넣고 끓이면 맛과 영양이 더욱 풍부해집니다. 생들깨를 육수에 갈아서 넣으면 풍미가 더 좋지만, 들깻가루를 이용해 끓여도 충분히 맛있어요.

엄마의 비법을 알려 주세요!

● **버섯은 3가지만 사용하면 돼요?**

버섯은 좋아하는 종류로 다양하게 넣어도 된단다. 마트에 가서 싱싱한 것이나 제철에 나오는 버섯을 구입해 넣으면 좋아.

● **버섯과 들깻가루가 잘 어울리나요?**

그럼, 맛은 환상 궁합이고, 음식 궁합도 아주 좋지. 버섯은 특유의 은은한 향이 있고 식감이 부드러워 고소하고 걸쭉한 들깨탕에 아주 잘 어울려. 식이섬유가 풍부한 버섯과 DHA와 오메가-3가 풍부한 들깨로 만든 들깨 버섯탕은 보양식 부럽지 않은 음식이지.

● **들깻가루 대신에 생들깨를 사용해도 되나요?**

그럼. 그러면 더 맛있지. 생들깨를 고운 체에 밭친 상태에서 깨끗하게 씻은 후 생들깨와 물을 믹서에 넣고 곱고 걸쭉하게 갈면 돼. 체에 한 번 걸러 껍질을 걸러내고 들깻가루 대신 멸치 다시마육수에 풀어 넣고 사용하면 된단다. 엄마는 진한 국물을 좋아해서 처음부터 씻은 생들깨를 멸치 다시마육수를 넣고 갈아 걸쭉하게 국물을 만들기도 해.

{딸의 요령}

"국물을 넉넉히 잡아 수제비를 만들어 먹어도 맛있어요. 수제비 반죽(3~4인분)은 밀가루(중력분) 250g, 물(냉수) 100ml, 달걀흰자 1개, 소금 1/4작은술을 준비하세요. 반죽을 잘 섞어 3분 정도 치댄 후 비닐봉지에 넣고 30분 정도 숙성시켜요. 조리과정 ③번에서 국물이 팔팔 끓을 때 반죽을 얇게 떠서 넣으면 돼요. 남는 수제비 반죽은 밀봉해서 냉장보관했다가 다른 요리에 활용하면 좋아요."

무더운 여름을 거뜬히 이겨내는 보양식

전복 삼계탕

한여름의 무더위가 찾아오면 삼복더위를 이겨내기 위한 특별식, 삼계탕을 찾게 됩니다. 복날이 아니더라도 몸이 허하거나 피곤할 때 만들어 먹는 대표적인 보양식 중 하나지요. 단백질이 풍부한 닭과 간에 좋은 아르지닌과 타우린이 다량 함유된 전복을 동시에 먹을 수 있어 든든하게 체력을 보충할 수 있습니다.

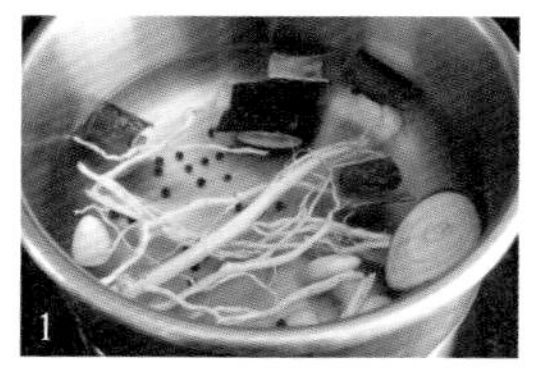
1

5

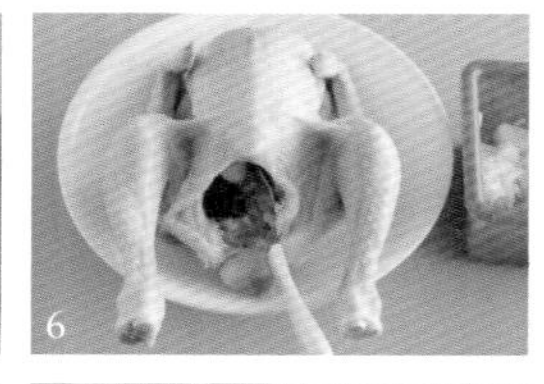
6

7-1

7-2

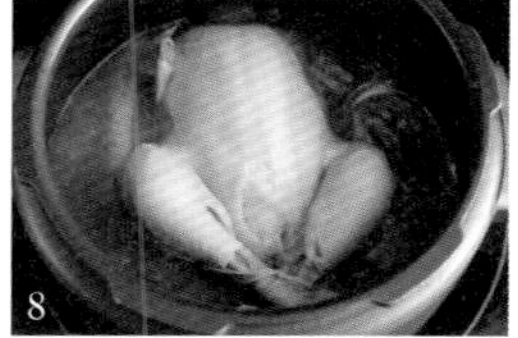
8

재료 | 1~2인분

- 영계 1마리(500g)
- 전복(소) 2마리

국물

- 마늘 5쪽
- 황기 20g
- 오가피 10g
- 헛개나무 10g
- 대추 2개
- 통후추 1작은술
- 물 1.5L

속재료

- 찹쌀 1/2컵
- 인삼(소) 1개
- 대추 3개
- 마늘 3쪽

1 국물 재료를 모두 냄비에 넣고 약한 불에서 1시간 정도 푹 끓인다.

2 국물을 고운 체에 밭쳐 거른다.

3 닭은 배를 가르지 않은 영계로 준비해 꽁지 주변의 기름을 제거하고 내장이나 피 찌꺼기 등이 없도록 배 속을 훑어가면서 씻는다. 닭의 목뼈는 잘라 옆에 두고, 목 주변 껍질의 기름기를 제거한 후 등쪽으로 접고 이쑤시개로 고정해 깔끔하게 마무리한다. * 기름이 많은 꽁지는 아예 잘라 버려도 된다. 목뼈가 튀어나와 있으면 외관상 보기 좋지 않으므로 깔끔하게 처리한다.

4 전복도 솔로 구석구석 문질러 흐르는 물에 깨끗하게 씻는다.

5 찹쌀은 30분 이상 물에 불렸다가 내열 용기에 찹쌀이 잠길 정도로 물을 붓고 뚜껑을 덮거나 랩을 씌워서 전자레인지에 2분씩 나눠서 총 4분 정도 돌려 익힌다.

6 준비한 찹쌀밥과 마늘, 대추, 인삼을 닭 배 속에 잘 채워 넣는다.

7 이쑤시개로 아래 구멍이 벌어지지 않도록 한 번 집어 준 다음 다리가 서로 엇갈리게 무명실로 묶는다. * 무명실로 묶는 대신에 속에 든 재료가 빠져나오지 않도록 X자 모양으로 다리를 꼬고 왼쪽 허벅지 안쪽 껍질에 칼집을 넣어 구멍을 낸 뒤 당겨 오른쪽 다리를 끼워서 고정해도 된다.

8 압력솥에 배 속을 채운 닭과 목뼈를 넣고 닭이 잠길 정도로 준비한 국물을 5컵 정도를 붓고 전복을 넣어 센 불에서 끓인다. 추가 올라오면 중불로 줄여 18~20분 정도 끓인 다음, 불을 끄고 추가 내려가도록 그대로 둔다. 추가 내려가면 그릇에 덜어낸다. 취향에 따라 부추를 3~4cm 길이로 썰어 얹거나 송송 썬 파, 소금을 곁들여 먹는다.

엄마의 비법을 알려 주세요!

● **국물 재료는 왜 따로 준비해 끓여요?**

한방 재료는 미리 끓여 사용하고, 닭은 그 국물에 끓여서 알맞게 익혀서 먹는 것이 좋아. 한방 재료를 우리는 것은 닭을 끓이는 시간보다 더 오래 걸리기 때문에 깊은 국물맛을 제대로 내려면 따로 국물을 내어 준비해야 돼. 귀찮으면 한방 재료와 물을 넣고 먼저 끓이다가 어느 정도 재료가 우러난 후 닭을 넣고 함께 삶아도 된단다.

● **닭은 어떤 것을 골라요?**

삼계탕에 사용하는 닭은 보통 '영계'라고 부르는, 알을 낳기 전인 생후 6개월 이전의 닭이야. 400~600g 정도의 닭이 살도 연하고 퍽퍽하지 않아 적당하지.

● **그럼 전복은 어떤 것을 골라요?**

전복은 살아 있는 것으로 많이 크지 않은 사이즈(50~80g)를 넣으면 먹기에 딱 좋아.

● **찹쌀을 익히지 않고 넣어서 더 오래 끓이면 되지 않나요?**

닭이 알맞게 익는 시간에 찹쌀이 덜 익을 수 있기 때문에 찹쌀을 미리 살짝 익혀서 배 속에 넣으면 완성되었을 때 찹쌀이 잘 익게 돼. 찹쌀밥을 넉넉히 준비해서 면포에 따로 넣고, 닭과 국물과 함께 익히면 찹쌀죽을 넉넉하게 만들 수 있어.

● **압력솥 말고 냄비에 끓여도 조리 시간이 똑같아요?**

냄비나 솥에 끓일 경우에는 센 불에서 끓어오르면 중약불로 줄여 푹 익도록 50분 정도 끓이면 돼.

{딸의 요령}

"저는 고소한 들깨국물로 만든 삼계탕을 좋아하는데요, 닭육수 1/2컵, 들깻가루 3큰술, 불린 찹쌀 2큰술, 볶은 콩가루 1큰술을 믹서에 넣고 곱게 갈아서 들깨육수를 만든 다음, 마지막에 넣고 10분 정도 끓이면 걸쭉하고 구수한 들깨삼계탕이 돼요."

엄마의 훈수

"삼계탕에 전복을 넣어 끓이면 영양이 좋아질뿐 아니라 닭고기에서 나온 기름기를 어느 정도 제거할 수 있어 맛이 더욱 담백하고 고소해져. 성장기 어린이는 물론이고 노인들의 기력 충전에도 이만한 음식이 없지. 한 냄비에 다 집어 넣고 끓여도 완성은 되지만, 국물도 미리 끓이고, 찹쌀도 따로 익혀서 넣어야 각 재료의 맛이 살아 있으면서 한끗이 다른 전복 삼계탕이 된단다."

쌀쌀한 날씨에 빛을 발하는 얼큰한 맛

만두전골

요즘은 사시사철 만두를 접할 수 있지만 예전에는 설 명절이나 되어야 푸짐하게 맛볼 수 있는 별식이었어요. 설 명절에 끓이는 떡만둣국도 별미지만, 남은 만두로 이것저것 요리하는 일도 참 즐겁답니다. 넉넉하게 빚어 냉동했다가 김치와 육수를 넣고 칼칼한 전골을 끓이면 그 어떤 일품 요리도 부럽지 않아요.

1

2

5

6

재료 | 2~3인분
- 만두 6개
- 두부 1/2모(150g)
- 김치 180g
- 버섯(느타리버섯, 표고버섯) 100g
- 대파 1/2대(10cm)
- 청·홍고추 1개씩
- 멸치 다시마육수 1 ½컵

양념장
- 고춧가루 1큰술
- 청주 1큰술
- 국간장 1큰술
- 고추장 1작은술
- 다진 마늘 1/2큰술
- 후춧가루 약간

김치양념
- 참기름 1작은술
- 설탕 1/2작은술

1 김치는 5~6cm 길이, 1cm 폭으로 채 썬 다음 양념에 버무린다.
2 표고버섯은 기둥을 떼어내고 모양대로 얇게 슬라이스하고, 느타리버섯은 밑동을 잘라내고 먹기 좋게 찢는다. 대파와 고추는 어슷하게 썬다.
3 만두는 미리 쪄서 준비한다. 두부는 사방 3~4cm, 1cm 두께로 썬다.
4 분량의 재료를 섞어 양념장을 만든다.
5 전골냄비에 손질한 재료들을 돌려가며 담고 찐 만두를 가운데에 올린다. 여분의 만두는 끓이면서 넣어 먹어도 된다.
6 멸치 다시마육수에 양념장을 풀어 재료가 담긴 전골냄비에 붓고, 불 위에 올려 보글보글 끓이면서 먹는다.

엄마의 훈수

"만두 빚는 것이 손이 많이 가긴 해도, 전골에는 손만두를 넣어야 푸짐하고 맛있어. 만두전골에 떡국떡이나 명절에 남은 전을 추가해 끓여 먹어도 별미야. 남은 국물에는 생면이나 수제비 반죽을 넣어 끓이면 든든한 한 끼 식사가 된단다."

엄마의 비법을 알려 주세요!

● **김칫소는 털어내나요?**

김칫소를 털어내고 끓이면 속이 흩어지지 않아 국물이 더 깔끔하겠지만, 김칫소까지 넣어서 좀 더 시원하고 감칠맛 나게 끓이고 싶다면 그대로 넣어도 상관없어.

● **만두는 시판 만두로 대체해도 되나요?**

요즘은 여러 가지 모양과 속을 채운 시판 만두가 다양하게 판매되고 있어 기호에 따라 시판 만두를 이용해도 돼.

● **만두를 따로 찌지 않고 전골냄비에 같이 넣고 끓이면 안 되나요?**

만두를 찌지 않고 넣으면 다른 재료와 익는 시간이 달라 좀 더 기다려 먹어야 해. 아무래도 쪄서 넣으면 국물도 탁해지지 않고, 다른 재료들도 너무 오래 익히지 않아도 되니까 좋지. 만두가 다른 재료나 국물과 잘 어우러질 때쯤 먹기 시작하면 돼. 그치만 찌는 게 영 번거롭다면 익는 동안 기다리면서 먹어도 괜찮단다.

{딸의 요령}

"제가 좋아하는 엄마표 만두전골입니다. 재료만 준비해두면 끓이는 건 어렵지 않아 신혼 때 손님 요리로 많이 만들었죠. 불린 당면, 어묵, 배추, 팽이버섯, 청경채 등을 넣고 응용해서 만들어도 맛있어요. 담백하고 깔끔한 멸치 다시마육수 대신 사골육수를 넣으면 깊고 진한 맛을 느낄 수 있어요."

온 가족 둘러앉아 호호~ 불어 먹는

쇠고기 버섯전골

맛있게 재운 불고기로 전골을 만들면 일본식 스키야키처럼 달달하면서 양도 푸짐해 어른, 아이 할 것 없이 좋아하는 인기 메뉴가 됩니다. 제철 채소와 버섯을 다양하게 넣어도 되고, 보글보글 끓이면서 사리까지 추가해서 먹으면 외식이 필요 없을 만큼 폼 나는 한 상이 되지요.

재료 | 2~3인분
○ 쇠고기(불고기감 200g)
○ 표고버섯 1개
○ 새송이버섯 1개
○ 팽이버섯 1/2봉
○ 양파 1/4개
○ 속배추 1~2장
○ 우엉 1/2대(50g)
○ 대파 3/4대(15cm)
○ 불린 당면 100g

불고기양념
○ 간장 1큰술
○ 참기름 1큰술
○ 설탕 2작은술
○ 다진 마늘 1작은술
○ 후춧가루 약간

육수
○ 다시마육수 1 ½컵
○ 맛술 1큰술
○ 국간장 1/2큰술
○ 간장 1/2큰술
○ 참기름 1작은술
○ 소금 약간
○ 후춧가루 약간

* 조림간장이 준비되어 있다면 아래 조리분량을 참고하면 된다.

불고기양념
○ 조림간장 2큰술
○ 참기름 1큰술
○ 다진 마늘 1작은술
○ 후춧가루 약간

육수
○ 다시마육수 1 ½컵
○ 국간장 1큰술
○ 조림간장 1~1 ½큰술
○ 참기름 1작은술
○ 소금 약간
○ 후춧가루 약간

2

3

4

5

1 쇠고기는 키친타월로 핏물을 뺀 후 분량의 불고기양념에 재운다.
2 양파는 채 썰고, 속배추는 가로로 굵게 채 썬다. 우엉도 반으로 갈라서 길고 얇게 어슷 썬다. 새송이버섯은 5~6cm 길이로 잘라 1cm 두께로 얇게 채 썬다. 표고버섯은 기둥을 떼어내고 모양대로 슬라이스한다. 팽이버섯은 밑동을 잘라 먹기 좋게 갈라준다. 대파는 5cm 길이로 잘라 채 썬다.
3 전골냄비에 준비한 채소를 둘러 담고 불린 당면과 불고기를 올린다.
4 분량의 재료를 섞어 국물을 만든다. 먹기 전에 냄비에 국물을 끓여서 준비한다.
5 전골냄비를 불에 올린 다음 뜨거운 국물을 붓고 끓이면서 먹는다.

엄마의 훈수

"쇠고기 버섯전골은 엄마의 단골 메뉴 중에 하나야. 채소와 당면, 국물을 넉넉히 준비하고, 끓이면서 추가해 먹으면 온 가족이 푸짐하고 넉넉하게 즐길 수 있단다. 칼칼한 국물맛을 원하면 육수를 끓일 때 마른 고추를 첨가하면 돼."

엄마의 비법을 알려 주세요!

● **당면은 얼마나 어떻게 불려야 하나요? 당면 불리는 것도 어렵더라고요.**

당면은 찬물에 담가서 1시간 정도 불리는 것이 적당해. 불려졌으면 건져서 물을 빼고 사용하면 돼. 양이 많으면 비닐팩 등에 넣어서 냉장보관하렴.

● **레시피 재료 말고도 어울리는 재료가 있나요?**

쇠고기 버섯전골은 다른 재료보다 버섯이 주인공이니 버섯을 다양하게 준비하는 것이 좋아. 쇠고기와 제철 버섯이 제일 잘 어울리는 재료란다.

● **재료를 둘러 담을 때 룰이 있나요?**

별다른 룰은 없고 재료의 가짓수가 적으면 마주 보면서 2번씩 돌려 담고, 재료의 가짓수가 많으면 한 번씩만 색감을 맞춰 돌려 담은 후, 불고기는 가운데에 넉넉히 올려 놓으면 돼.

● **칼칼하게 먹고 싶을 때 육수에 마른 고추 대신 고춧가루를 넣어도 되나요?**

그럼. 고춧가루를 넣으면 얼큰한 버섯전골이 되겠지. 국물에 고춧가루를 풀어 육수를 끓여서 넣으면 된단다.

● **전골 국물은 왜 뜨겁게 해서 부어야 하나요?**

재료가 둘러 담아진 전골이나 탕에 넣는 육수는 따로 옆에서 끓인 다음 부어야 해. 찬 육수를 그냥 부으면 재료와 함께 끓어오르는 시간이 제법 걸리기 때문에 재료가 과하게 익거나 퍼지면서 국물이 탁해질 수 있거든. 뜨거운 육수를 부어야 제대로 된 국물맛을 볼 수 있고, 알맞게 익은 재료들이 어우러져 더욱 맛있지.

{딸의 요령}

"1인용 뚝배기에 1인용 분량만큼 재료를 넣고 준비한 국물을 부어 끓이면 뚝배기불고기를 만들 수 있어요. 뚝배기에서 팔팔 끓여 먹으면 더욱 맛있답니다."

얼큰
버섯전골

재료 | 3~4인분

- 여러가지 버섯 400g
- 속배추 200g
- 대파 1대(20cm)
- 데친 사각 생유부 5장(5×10cm)
- 우동 사리 1팩

국물

- 다시 멸치 30g
- 다시마 30g
- 마른 새우 10g
- 마른 홍고추 2개
- 물 10컵

양념

- 고춧가루 3큰술
- 고추장 2큰술
- 참치액 1큰술
- 국간장 1큰술
- 다진 마늘 1큰술
- 청주 1큰술
- 소금 1큰술
- 설탕 2작은술
- 후춧가루 약간

국물과 양념이 넉넉한 편이니 쇠고기 버섯전골과 같은 방법으로 전골냄비에 재료를 둘러 담고 국물과 양념, 버섯, 우동 사리를 추가해서 끓이면서 먹으면 돼요. 표고버섯, 느타리버섯, 새송이버섯, 양송이버섯, 팽이버섯, 만가닥버섯 등 버섯은 있는 대로 넉넉히 준비해도 됩니다. 생유부가 없다면 부침 두부를 썰어 팬에 노릇하게 구워 사용하세요. 국물 내는 법은 멸치 다시마 육수 44p를 참고하세요.

찜

- 소갈비찜
- 돼지등갈비찜
- 간장 닭찜
- 수육
- 양념꼬막
- 깻잎찜
- 꽈리고추찜
- 뚝배기달걀찜

엄마의 명불허전 레시피
소갈비찜

소갈비는 쇠고기 부위 중 기름이 많은 부위라 양념을 하기 전에 기름을 잘 제거하고 조리하는 것이 깔끔한 갈비찜을 만드는 비결입니다. 무수한 시도 끝에 완성했고, 블로그나 가족, 주변 사람들에게 오랫동안 많은 사랑을 받아온 레시피라 자신 있게 소개할게요.

재료 | 3~4인분

- 소갈비 1.2kg
- 참기름 2큰술
- 올리고당 1큰술
- 거름종이(고운 면포) 1장

갈비 삶는 양념

- 대파 잎 1대
- 통마늘 4쪽
- 생강 1쪽
- 통후추 1작은술
- 물 5컵

고명

- 무 1토막(7cm)
- 대추 8개
- 마른 표고버섯 3개
- 피망 1개
- 당근 1/2개

양념장

- 배 1/2개
- 양파 1/2개
- 간장 5큰술
- 청주 3큰술
- 다진 마늘 2큰술
- 설탕 1큰술
- 후춧가루 약간

1 토막 낸 갈비는 물에 1시간 정도 담가서 핏물을 뺀다.

2 냄비에 갈비와 갈비가 잠기도록 물 5컵을 붓고 생강, 마늘, 대파 잎, 통후추를 넣어 중약불에서 갈비가 절반 정도 익을 때까지 약 30분간 삶는다.

3 삶은 갈비는 건지고, 남은 국물을 거름종이(고운 면포)에 밭쳐 걸러낸다. 대략 2 ½~3컵 정도의 육수가 나온다.

4 갈비는 물에 한 번 깨끗하게 씻어 고기에 남아 있는 핏물과 찌꺼기 등을 씻어낸다. 갈비는 뼈 절단 방향과 같은 방향으로 2cm 정도 깊이의 칼집을 낸다. 칼집을 내어 졸이면 양념이 속까지 잘 밴다.

5 배와 양파를 곱게 간 다음 면포에 걸러 즙을 낸다. 착즙기를 사용해도 된다. 배즙+양파즙은 1 ½컵 정도 나오는데, 이를 나머지 분량의 재료와 함께 섞어 양념장을 만든다.

6 갈비에 양념장을 부어 1시간 정도 재운다.

7 당근과 무는 한 입 크기로 잘라 동글동글하게 다듬고, 대추는 깨끗하게 씻는다. 마른 표고버섯은 반나절 정도 물에 담가 불리고 기둥을 잘라내어 모양대로 4~5등분으로 굵게 썬다. 피망도 무, 당근과 비슷한 크기로 썰어서 가장자리를 둥글려 준다. * 여기까지 미리 준비해서, 먹기 직전에 나머지 조리과정으로 요리하면 된다.

(다음 페이지에서 계속)

8

9

11

8 양념장에 재운 갈비는 크고 오목한 팬에 넣고 뚜껑을 덮은 뒤 중불에서 20분 정도 끓인다.

9 ③의 육수 2컵을 붓고 무와 당근, 표고버섯을 넣어 뚜껑을 덮은 뒤 중불에서 20분 정도 더 끓인다.

10 대추를 넣고 끓이면서 국물이 자작하게 남을 때까지 졸인다.

11 고명과 고기가 무르게 잘 익으면 마지막으로 참기름, 올리고당을 넣고 버무린다. 뜨거울 때 피망을 넣어 섞는다.

엄마의 훈수

"갈비는 뼈의 크기가 작고, 마블링이 골고루 있으면서 일정한 크기로 잘라진 것을 골라야 해. 갈비를 삶는 과정도 중요한데, 향신채의 향이 배고 갈비 기름도 빠져나와 맛이 깔끔해져. 평소에 대파를 다듬을 때 파 뿌리를 깨끗이 씻어 말려 두었다가 향신채로 쓰면 정말 좋아. 갈비를 양념에 재우고, 고명, 육수 이렇게 준비한 다음, 미리 끓이지 말고 먹기 직전에 조리해야 훨씬 맛있어. 국물 양은 기호에 맞게 조절하는데, 국물이 약간 남도록 졸이는 게 좋아. 중간중간 남은 육수로 국물을 보충해도 되고, 남겨뒀다가 다시 데워 먹을 때 보충해도 된단다."

엄마의
버전-업
레시피

매운 소갈비찜

재료 | 3~4인분

양념장 간장 4큰술, 고춧가루·청주·맛술 3큰술씩, 다진 마늘 2큰술, 고추장 1큰술, 배즙(배 1/2개분), 양파즙(양파 1/2개분)

매콤하고 칼칼한 맛의 소갈비찜을 먹고 싶다면 양념장만 바꿔 동일하게 요리하면 돼요. 그 국물에 밥을 비벼 먹으면 매운데도 자꾸 숟가락이 가는 매력적인 맛이 됩니다.

- **거름종이에 거르는 과정을 생략하면 안 되나요?**

소갈비는 기름도, 핏물도 많은 부위라 1차로 삶은 뒤 거름종이나 고운 면포에 걸러줘야 냉면 육수처럼 맑은 육수만 남게 된단다. 아마 삶고 나면 엄마가 왜 걸러내라고 하는지 이해가 갈 거야. 육수를 식힌 다음 냉동고에 1시간 정도 차갑게 두었다가 꺼내면 육수 위에 기름과 불순물이 하얗게 굳어 있는데, 이걸 걷어내는 방법도 있지. 그런데 시간도 더 오래 걸리고 완벽하게 걸러지지는 않아서, 거름종이나 고운 면포에 거르는 것을 권한다. 거름종이는 대형마트 일회용품 파는 곳에 가면 쉽게 구할 수 있어.

- **갈비에 기름이 많으면 손질할 때 떼어내거나 하면 안 되나요? 갈비 손질법을 알려주세요.**

갈비를 물에 담가 핏물을 빼기 전에 기름이 많은 부위는 떼어내도 돼. 그런데 갈비는 살코기 사이사이에 기름 부위가 워낙 많아 다 떼어내면 잘게 조각이 날 수도 있어. 자르기 쉬운 큰 기름 부위는 잘라내고 1차로 삶아 깨끗하게 물에 씻은 후 갈비에 남은 기름을 더 떼어내도 된단다. 그리고 양념이 잘 배도록 뼈 절단 방향으로 한두 개 칼집을 내어 준비하렴.

- **배즙이나 양파즙은 미리 즙을 내놓고 보관해서 써도 되나요?**

그렇지. 즙을 낼 때 한 번에 넉넉히 만들어서 소분한 후 냉동했다가 사용하면 편리하단다. 배 1/2개, 양파 1/2개분의 즙이 합쳐서 1 ½컵 정도가 나오니 참고해서 소분하면 좋지.

- **고명을 동글동글하게 다듬는 이유가 있나요?**

고명을 그냥 크게 썰어 넣어도 맛에는 크게 지장이 없지만, 갈비찜을 끓이다 보면 각진 부분이 부서지면서 자칫 국물이 지저분해질 수 있어. 동글동글하게 모양을 만들어 넣으면 부서지지 않아 갈비찜도 한층 고급스러워 보이지.

- **양념에 재우지 않고 끓일 때 양념장을 함께 넣어도 되지 않아요?**

갈비찜용 갈비는 두툼한 편이라 안까지 양념 맛이 배려면 미리 재워놓는 것이 좋아. 만약에 바로 먹을 거면 갈비에 육수와 양념을 함께 넣고 약한 불에서 서서히 졸이는 것도 방법이지.

- **피망은 왜 마지막에 넣나요?**

피망은 색을 맞추려고 고명으로 넣는 것이라 마지막에 숨만 죽을 정도로 넣어주면 돼. 피망 대신에 은행을 볶아 껍질을 벗겨 넣어도 노란색이 정말 예쁘단다. 밤이나 생표고버섯도 고명으로 추천하는 재료야.

{딸의 요령}

"압력솥으로 소갈비찜을 만들어도 맛있어요. 양념장에 재운 소갈비, 고명, 걸러낸 맑은 육수를 압력솥에 넣고 센 불에서 끓이다가 추가 오르면 4~5분 정도 둔 다음 불을 꺼 추가 내려가도록 두면 소갈비찜을 빠르게 만들 수 있어요. 열어보고 더 익혀야겠다 싶으면 압력이 풀어진 대로 살짝 더 끓이면 됩니다. 가스레인지, 전기레인지, 인덕션 사양에 따라 조리시간이 약간 다를 수 있으니 이 시간 범위 안에서 가열한 후 체크하세요."

갈빗살을 쏙쏙 발라 먹는 재미

돼지등갈비찜

돼지등갈비로 찜을 만들면 소갈비찜 못지않게 맛이 있어요. 돼지등갈비는 소갈비에 비해 기름도 적고, 살이 부드러우면서 쫀득해 씹는 식감이 훌륭하답니다. 양념이 잘 밴 갈비를 한 점 들고 살을 쏙쏙 발라 먹는 재미가 있는 등갈비찜! 우리 집 레시피대로 만들면 맛은 보장할 수 있어요.

재료 | 4~5인분

- 돼지등갈비 1.2kg
- 무 1토막(7cm)
- 당근 1개
- 대추 10개
- 참기름 1큰술
- 물엿 1큰술
- 물 2컵

향신채

- 대파 잎+대파 뿌리 2대분
- 녹차잎 1작은술
- 청주 2큰술

조림양념

- 사과(중) 1/2개
- 배(중) 1/4개
- 양파 1/2개
- 생강 1쪽
- 간장 5큰술
- 청주 2큰술
- 다진 마늘 2큰술
- 매실청(또는 올리고당) 1큰술
- 후춧가루 약간

엄마의 훈수

"소갈비찜은 푹 끓여 국물을 체에 밭치고 그 국물을 다시 쓰지만, 돼지갈비는 그냥 데치기만 하면 된단다. 데치는 과정에서 고기의 불순물이 제거되거든. 갈비찜은 국물이 어느 정도 걸쭉하게 남도록 졸이는데, 불의 세기에 따라 다르지만 갈비가 부드럽게 익는 시간을 총 1시간 이내로 잡으면 돼."

1

3

5

8

1 등갈비는 1시간 정도 찬물에 담가 핏물을 뺀다. 등갈비를 통째로 구입했다면 뼈 쪽에 있는 막(속껍질)을 벗겨 내고 토막을 내서 손질한다.

2 무와 당근은 등갈비와 비슷한 모양으로 5~6cm 길이, 2cm 두께로 썰어서 타원형으로 둥글려 깎는다. 대추는 깨끗하게 씻어 준비한다.

3 냄비에 등갈비와 등갈비가 잠길 정도의 물, 향신채를 넣은 다음, 센 불에서 끓어오르면 3분 정도 삶은 후 건져내고 흐르는 물에 깨끗하게 씻는다.

4 조림양념 중 양파, 배, 사과, 생강은 강판이나 커터기에 갈아 면포에 걸러 즙을 내고, 나머지 분량의 재료를 섞어 조림양념을 만든다. * 여기까지 미리 준비해서, 먹기 직전에 나머지 조리과정으로 요리하면 된다.

5 넓은 냄비에 등갈비와 준비한 조림양념, 물 2컵을 넣고 끓어오르면 뚜껑을 덮어 중불에서 20분 정도 끓인다.

6 ⑤에 손질한 무, 당근, 대추를 넣고 뚜껑을 덮어 10분 정도 더 끓인다.

7 10분이 지나면 뚜껑을 열고 15분 정도 국물을 졸이면서 끓이는데, 중간에 뒤적여준다.

8 갈비찜 국물이 자작하게 남아 있으면서 반짝거리게 졸아지면 마지막으로 참기름, 물엿을 넣고 골고루 섞은 다음 마무리한다.

엄마의 비법을 알려 주세요!

● **조림양념 중 양파, 배, 사과, 생강은 꼭 즙을 내야 하나요? 건더기가 좀 남아 있으면 안 되요?**

국물까지 맛있는 갈비찜을 만들려면 즙을 내 조리하는 것이 좋아. 갈고 짜는 과정이 번거롭지만 레시피대로 한다면 더 맛있고 깔끔한 갈비찜이 만들어지니 완성도를 생각해 수고를 하면 좋겠구나. 정 바쁘면 모두 넣고 끓이다가 물러지면 걸러내는 방법도 있어.

● **고기는 꼭 데쳐야 해요?**

이 부분은 필히 해야 하는 과정이야. 찬물에 담가 핏물을 뺐더라도, 데칠 때 물 위에 떠오르는 찌꺼기를 보면 깔끔하게 데쳐서 만드는 것이 필수라는 생각이 든다. 고기의 군냄새도 빼고, 핏물에서 나오는 거품도 제거하는 과정이야. 그냥 조리한다면 이 찌꺼기를 다 먹는 셈이지. 엄마는 아무래도 우리 식구들이 먹는다 생각하니 데쳐낸 후 말끔하게 씻겨진 등갈비를 봐야 속까지 개운해지더라고. 요리는 정성이라고 하는데, 이런 과정이 정성의 한 부분이라고 할 수 있어.

● **물엿 대신 올리고당이나 조청 등을 넣으면 안 되요?**

물엿이 들어가면 단맛도 있지만 윤기를 내주는 역할을 해. 물론 물엿 대신 올리고당, 조청 등으로도 대체가 가능하단다.

{딸의 요령}

"저는 조리과정 ⑦번에서 물에 불린 납작당면 한 줌이나 가래떡, 또는 떡볶이떡을 조금 넣어 만들기도 해요. 짭조름한 양념이 스며들어 주재료인 등갈비만큼 맛있거든요. 국물이 너무 졸지 않도록 약불에서 졸이거나 물을 살짝 더 추가해 졸여주세요. 압력솥을 사용할 경우 조림양념, 등갈비, 고명, 물을 압력솥에 넣고 센 불에서 끓이다가 추가 오르고 4~5분 정도 둔 후 불을 끄고 추가 내려가도록 두면 빠르게 만들 수 있어요. 열어보고 더 익혀야겠다 싶으면 압력이 풀어진 상태에서 더 끓여주면 됩니다. 각 가정마다 가스레인지, 하이라이트, 인덕션 사양에 따라 조리 시간이 약간 다를 수 있으니 이 시간 범위 안에서 가열한 후 체크하세요."

엄마의 버전-업 레시피

돼지갈비찜

돼지갈비찜도 동일한 방법으로 만들 수 있어요. 재료의 분량은 똑같고, 등갈비 대신 돼지갈비를 넣으면 돼요. 먼저 돼지갈비를 삶아내고, 흐르는 물에 깨끗이 씻으면서 가위로 큰 기름기를 떼어내면 기름기가 적은 깔끔한 갈비찜을 만들 수 있답니다. 등갈비와는 달리 살이 더 두툼한 편이니 양념과 함께 끓이기 전, 갈비를 조림양념에 1시간 정도 재웠다가 조리 과정 ⑤번부터 그대로 만들면 됩니다.

닭을 재우고, 굽고, 양념장에 졸여 정성스레 만드는

간장 닭찜

명절 전에는 많은 식구가 모여 무얼 해 먹을까 걱정이 많아지는데, 그럴 땐 만들기 간단하면서 푸짐한 음식으로 닭찜이 최고지요. 안동찜닭보다는 국물이 적고, 각 재료의 맛이 살아 있어 기품 있는 맛이 난답니다. 닭을 데쳐서 졸이는 일반 방식과는 달리 재우고, 구워서, 양념장에 졸이는 3단계 방식으로 조리하기 때문에 맛이 고급스러워요.

재료 | 3~4인분

- 닭 1마리(토막 닭 1kg)
- 양파 1개
- 당근 1/2개
- 표고버섯 6~8개
- 붉은 고추 2개
- 물 2컵

재움 양념

- 간 양파 1/4개분
- 청주 2큰술

굽는 양념

- 식용유 2큰술
- 마늘 2쪽
- 대파 1대(20cm)
- 생강 1쪽
- 마른 고추 1개

양념장

- 간장 4큰술
- 다진 마늘 2큰술
- 청주 2큰술
- 굴소스 1큰술
- 설탕 1큰술
- 맛술 1큰술
- 참기름 1큰술
- 다진 생강 1/2큰술
- 후춧가루 1/4작은술

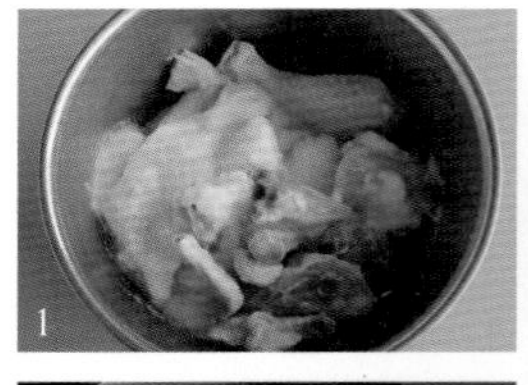

1

5

6

7

1 닭은 내장과 기름을 잘 제거해 손질한 후 흐르는 물에 깨끗이 씻어 물기를 뺀 다음 재움 양념에 재운다. 재우는 양념인 양파는 강판에 곱게 갈거나 믹서에 청주와 함께 곱게 갈아 준비한다.

2 분량의 재료를 섞어 양념장을 만든다.

3 양파는 반으로 잘라 6등분해서 큼직하게 썰고, 표고버섯은 씻어서 기둥을 다듬고 모양대로 2~4등분한다. 당근은 동그랗게 1cm 두께로 잘라 모서리를 둥글게 다듬고, 붉은 고추는 어슷하게 3~4토막 낸다.

4 마늘과 생강은 편 썰고, 대파는 반으로 잘라 3cm 길이로 썬다. 마른 고추는 어슷하게 썰어 씨를 털어낸다.

5 달군 팬에 식용유를 두르고 마늘과 대파, 생강, 마른 고추를 중불에서 볶아 향을 낸 다음 재운 닭을 넣고 노릇노릇하게 지진다. 재운 닭은 양념을 툭툭 털어가면서 넣는다.

6 ⑤에서 닭만 건진 다음 남은 양념은 버리고 다시 닭고기 지진 것을 팬에 담아 잠길 정도의 물(2컵)을 부어서 끓인다. 끓어오르면 거품을 걷어 내고 중불에서 뚜껑을 살짝 열어 20분 정도 끓인다.

7 닭이 어느 정도 익으면 양파, 표고버섯, 당근, 붉은 고추를 넣고 양념장을 붓고 뒤섞은 다음 국물이 거의 없어질 때까지 센 불에서 뚜껑을 열고 10분 정도 졸인다. 취향에 따라 고춧가루 2작은술을 넣어도 된다.

엄마의 비법을 알려 주세요!

- **찜닭용 닭은 어떤 것을 골라요?**

찜용닭은 주로 토막 닭을 사용하는데, 1마리에 1kg 정도의 사이즈가 좋아. 유통기한을 확인해 싱싱한 것으로 구입하면 돼.

- **재움 양념이랑 굽는 양념, 양념장까지 3가지 양념을 쓰는 이유가 있나요?**

재움 양념은 닭 비린 맛을 없애주는 역할이고, 굽는 양념은 기름을 빼주면서 향긋하고 고소한 풍미로 익혀주는 역할, 양념장은 본격적으로 닭에 맛을 들여주는 과정이란다. 맛있는 닭찜을 만들기 위해 재우는 과정과 굽는 과정은 닭고기의 전처리 과정이고, 양념장으로 졸이는 과정이 메인 과정이라고 보면 되지.

- **당근을 모서리가 둥글게 다듬는 이유가 있어요?**

동글동글하게 모서리를 다듬어야 졸였을 때 가장자리가 쉽게 뭉그러지지 않고 양념이 잘 스며들면서 모양을 예쁘게 유지하기 좋아 다듬어 넣는 거야. 소갈비찜을 만들 때와 비슷한 거지.

- **보통은 닭을 데치던데, 엄마는 왜 한 번 노릇하게 구워서 졸여요?**

팬에 기름을 넉넉히 넣고 향 채소를 볶으면 그 채소의 향이 기름에 배게 된단다. 그 기름으로 닭을 굽는다고 생각하면 돼. 닭을 물에 살짝 데쳐도 좋지만 이렇게 향이 밴 기름에 노릇하게 구워서 찜을 하면 닭의 기름이 빠져서 담백하고 풍미가 더욱 풍부해지지.

{딸의 요령}

"고추만 빼고 조리한다면 매운 것을 못 먹는 아이들도 맛있게 먹을 수 있는 간장 닭찜이 돼요. 구워서 졸인 것이라 우리가 흔히 아는 안동식 찜닭보다 훨씬 고소하고 담백한 맛이랍니다."

엄마의 훈수

"일반적으로 닭을 물에 살짝 데쳐서 만드는데, 엄마는 양념을 넣고 노릇하게 구워서 찜을 해. 닭의 기름이 빠지면서 담백하고, 향신재료들의 맛과 향을 입어 풍미가 더해지지. 여러 가지 시도한 방법 중 가장 맛있는 닭찜 레시피란다. 닭찜도 먹기 직전에 바로 만들어 먹는 것이 맛있는데, 미리 준비를 한다면 조리과정 ⑤번까지 해서 닭만 건져내 준비하고, 먹기 전에 나머지 과정으로 조리하면 돼."

깻잎 위에 고기, 무생채 올려 싸 먹는 맛!

수육

고기, 깻잎, 무생채 삼박자가 어우러져 푸짐한 우리 집표 수육은 '깻잎쌈 수육'이라는 별명이 붙은 별미 음식입니다. 절임 깻잎 위에 잘 삶은 고기와 새콤달콤한 무생채를 올려 싸 먹는 맛은 먹어본 사람만이 아는 맛이라 자부하지요. 부드럽고 야들야들하게 삶아 기름기가 쏙 빠진 수육은 담백하고 고기요리 중 칼로리가 낮아 부담 없이 먹을 수 있어요.

재료 | 2~3인분

- 통삼겹살 600g

삶는 양념

- 된장 1큰술
- 커피(인스턴트) 1/2큰술
- 소금 1/2작은술
- 통후추 1/2작은술

깻잎절임

- 깻잎 60장

양념 1

- 배즙 1큰술
- 간장 1/2큰술
- 멸치액젓 1/2큰술
- 설탕 1/2작은술

양념 2

- 간장 1큰술
- 통깨 1큰술
- 고춧가루 1/2큰술

무생채

- 무 400g
- 밤 3개
- 배 1/4개
- 홍고추 1개

양념 1

- 식초 1작은술
- 설탕 1작은술
- 소금 1작은술

양념 2

- 고춧가루 2~2 ½큰술
- 멸치액젓 1큰술
- 다진 마늘 1큰술
- 설탕 1/2큰술
- 간장 1작은술

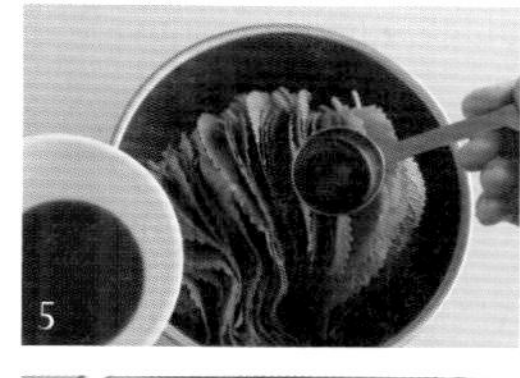
5

7·8

9

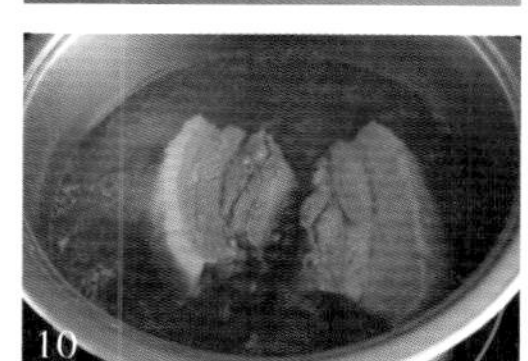
10

1 삼겹살은 통삼겹으로 준비해 삶기 좋게 길이로 2등분한다.
2 냄비에 삼겹살이 잠길 정도의 물(1L 정도), 분량의 삶는 양념을 넣고 센 불에서 끓이다가, 끓어오르면 준비한 삼겹살을 넣은 다음 뚜껑을 덮고 다시 바글바글 끓어오르면 중약불에서 50분 정도 삶는다.
3 깻잎을 가지런히 잡고 흐르는 물에 깨끗하게 씻어 물기를 뺀다.
4 분량의 재료를 섞어 깻잎절임과 무생채의 양념 1과 양념 2를 만든다.
5 볼에 깻잎을 가지런히 옆으로 세워놓고 양념 1을 고루 뿌린 다음 내려앉은 양념을 깻잎 사이에 다시 뿌리는 과정을 2~3번 반복하고, 깻잎 모양이 제대로 보이도록 앞으로 놓고 20분 정도 절인다. 어느 정도 숨이 죽었으면 양념을 살짝 짜낸다.
6 깻잎 위에 양념 2를 두 장마다 콩알만큼씩 바른다. 이 양념은 생략 가능하다.
7 무는 5~6cm 길이로 토막 내 길이대로 슬라이스해서 5mm 정도 두께로 약간 굵게 채 썰고, 양념 1에 20분 정도 재워 꼭 짠다.
8 밤은 껍질을 벗긴 다음 얇게 슬라이스하는데, 밤이 크면 반으로 잘라서 썬다. 배도 무와 같은 길이와 두께로 채 썬다.
9 무에 양념 2를 넣고 버무린 다음 배와 밤을 넣고 다시 살살 버무린다.
10 부드럽게 삶아진 수육은 불을 끄고 그대로 30분 정도 뜸을 들인 다음 꺼내서 결 반대로 0.5~1cm 두께로 썬다.
11 접시에 썰어 놓은 수육을 담고 깻잎절임과 무생채를 곁들인다.

엄마의 비법을 알려 주세요!

● **고기 삶을 때 커피를 넣는 이유가 있어요? 된장이나 다른 향신채를 추가하거나 대체해도 되나요?**

커피를 넣으면 향이 은은하게 배어 돼지 잡내를 잡아주는 역할을 해. 된장이랑 통후추 외에 따로 향신채를 넣지 않더라도 커피만 있으면 수육 맛이 아주 깔끔하지. 레시피대로 꼭 만들어 보길 추천한다. 커피가 없다면 된장과 함께 파잎, 통마늘, 생강 등을 넣고 끓여 주면 돼.

● **깻잎은 왜 양념을 1, 2로 나누나요?**

양념 1은 깻잎을 절이는 거고, 양념 2는 깻잎 위에 발라주는 양념이라 섞으면 안 돼. 굳이 줄이고 싶다면 양념 2를 생략해도 된단다.

● **수육도 뜸을 들이나요? 그래야 맛있나요?**

고깃덩어리를 50분 정도 삶으면 무르지 않고 쫀득하게 되는데, 삶은 물에 그대로 두면 수육에 고기 맛이 어우러진 국물 간도 배고, 썰면 식감이 따뜻하면서 촉촉해. 맛이 더 좋아진다는 얘기지. 세세한 노하우가 요리의 맛을 더 업그레이드시키는 거란다.

● **결 반대로 썰어야 식감이 좋나요?**

그렇지, 결대로 썰면 단면도 결대로 찢어져 깔끔하게 썰어지지 않고 식감이 퍽퍽할 수 있어. 결 반대로 썰면 단면이 매끈하게 썰어지면서 먹었을 때 식감이 연하고 부드러운 수육을 즐길 수 있지.

{딸의 요령}

"달군 팬에 삶은 삼겹살 수육을 덩어리째 넣고 가장자리를 노릇하게 구워 잘라 먹으면 고소한 별미 수육이 됩니다. 구우면서 기름이 나오기 때문에 따로 식용유를 두르지 않아도 돼요. 작은 냄비에 마늘 2쪽, 올리고당 3큰술, 간장 1½큰술을 넣고 바글바글 끓인 다음 삶아진 수육을 4토막 정도로 잘라 넣고 골고루 코팅하듯이 졸이면 맛있어요. 라임이는 이렇게 졸이는 것을 가장 잘 먹는답니다."

엄마의 훈수

"수육은 삼겹살 말고 목살, 앞다리살로 만들어도 돼. 그런데 약간 지방이 있는 삼겹살이 맛있는 것 같아. 무생채에 배와 밤을 넣으면 씹는 맛이 좋고 산뜻하니 맛있는데, 없으면 생략해도 되고, 배 대신에 무로 그 양을 대체하면 된단다. 과정도 길고 재료도 많지만 만들어 놓으면 정말 맛있고 푸짐하게 온 가족 배부르게 먹을 수 있는 메뉴야."

바다 냄새 가득 품은

양념꼬막

속살이 탱글탱글한 제철 꼬막을 가장 간단하게, 또 맛있게 먹는 방법이 바로 양념꼬막이죠. 꼬막을 살짝 데쳐 껍질 한쪽을 떼어낸 후 양념장을 얹어 켜켜이 쌓아두면 겨울 밥상이 풍요로워집니다. 육즙이 가득하고 쫄깃한 속살의 꼬막과 짭조름한 양념장이 어우러진 양념꼬막만 있으면 집에서도 남도의 맛을 느낄 수 있습니다.

재료 | 3~4인분
- 꼬막 1kg
- 물 3L

양념장
- 간장 2큰술
- 다진 파 2큰술
- 통깨 1큰술
- 참기름 1/2큰술
- 고춧가루 2작은술
- 다진 마늘 1작은술
- 설탕 1/2작은술

1 꼬막은 입을 꼭 다문 싱싱한 것으로 준비해 물에 담가 박박 문질러 가면서 3~4회 씻은 후 건진다.
2 냄비에 물을 넣고 팔팔 끓인다. 꼬막을 넣고 다시 끓어오르면 한쪽 방향으로 휘휘 저어서 3분 정도 삶은 다음 체에 밭쳐 건진다.
3 데쳐낸 꼬막의 껍질 한쪽을 떼어낸다.
4 분량의 재료를 섞어 양념장을 만든다.
5 꼬막 위에 양념장을 조금씩 얹어낸다.

엄마의 훈수

"단백질과 필수 아미노산이 풍부한 꼬막은 갯벌의 칼바람을 맞고 자란 겨울에서 초봄에 이를 때까지 제일 맛있어. 살이 통통하게 오른 꼬막은 간을 하지 않아도 감칠맛이 남아 있어 살짝 데쳐 그냥 먹어도 꿀맛이란다. 그래서 양념장은 건더기를 많이 넣고 약간 되직하게 만드는 것이 좋아. 꼬막살이 약간 간간하니 양념장은 조금씩 얹어 먹도록 해라."

● 꼬막도 종류가 있나요? 어떤 꼬막이 맛있나요?

꼬막은 11월에서 3월까지가 제철이야. 자라는 장소와 시기에 따라 참꼬막, 새꼬막 등이 있는데, 시장에 가보면 흔히 볼 수 있는 껍데기가 하얗고 골이 얕은 것은 새꼬막이고, 주름이 적으면서 골이 깊고 색이 거무스름한 것이 참꼬막이지. 참꼬막은 물이 들고 나는 얕은 곳에서 자라고, 새꼬막은 항상 물이 잠겨 있는 곳에서 자라기 때문에, 새꼬막은 1~2년이면 다 자라서 채취가 가능하고 참꼬막은 성장이 더뎌 3~5년이 지나야 채취할 수 있다고 해. 참꼬막은 맛은 좋은데 비싸고 산지에 따로 주문하지 않는 이상 구하기가 힘들단다. 그래서 우리가 주로 쉽게 접하는 꼬막이 새꼬막이야.

꼬막은 살아 있는 채로 입을 다물고 있는 것을 구입해야 해. 갯벌에서 캐낸 것이지만 속에는 진흙을 머금고 있지 않아서 따로 해감하지 않아도 되고, 겉에 묻은 뻘만 잘 씻으면 그대로 먹을 수 있지. 알맞게 익히면 비리지 않고 촉촉한 꼬막살을 맛볼 수 있단다.

● 꼬막은 삶을 때 왜 한쪽으로만 저어야 하나요?

꼬막을 한쪽으로 저어주면 살도 한쪽으로 치우치게 되어 껍질 까기 편해.

● 제가 삶은 꼬막은 질긴데, 이유가 무엇일까요?

꼬막은 살짝 데치듯이 익혀야 해. 입이 완전히 벌어지도록 삶은 꼬막은 육즙이 다 빠져서 질겨. 체에 밭쳐 놓고 입이 벌어지지 않은 꼬막은 껍데기를 앞뒤로 연결하는 봉긋한 부분 가운데에 숟가락을 넣고 비틀어주면 껍질이 벌어지면서 입을 열게 되지.

● 양념장을 얹지 않고 버무리거나 찍어 먹는 방법도 있나요?

그런 방법도 있지. 그냥 데쳐서 바로 먹기도 하고, 꼬막살을 발라 여러 채소와 함께 상큼하게 무쳐도 맛있단다.

{딸의 요령}

"양념장에서 고춧가루만 빼면 맵지 않아 아이들도 맛있게 먹을 수 있어요. 아이가 다진 파나 다진 마늘도 먹기 힘들어하면 간장·통깨 1큰술씩, 참기름 1/2큰술, 설탕 1/2작은술(또는 매실청 1/2큰술)을 넣고 양념장을 만들어 먹기 좋게 반으로 자른 꼬막살에 살짝 버무리는 방법이 있습니다."

향긋한 깻잎을 한 장씩 떼어 먹는 맛

깻잎찜

재료 | 2~3인분

- 깻잎 100g(5묶음 정도)

양념장

- 손질한 멸치 10g
- 간장 1큰술
- 국간장 1큰술
- 들기름 1큰술
- 맛술 1/2큰술
- 다진 마늘 1작은술
- 고춧가루 1작은술
- 올리고당 1작은술
- 물 3/4컵

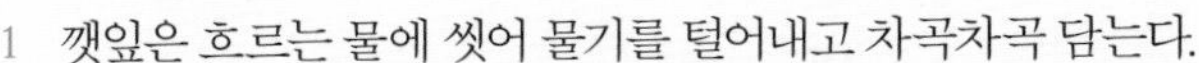

1 깻잎은 흐르는 물에 씻어 물기를 털어내고 차곡차곡 담는다.
2 멸치는 작은 다시멸치로 준비해 머리와 내장을 제거하고, 전자레인지에 50초~1분 정도 돌려 손으로 대충 부순다. 멸치는 세멸을 사용해도 된다.
3 분량의 재료를 섞어 양념장을 만든다.
4 부순 멸치와 양념장 재료들을 모두 넣고 섞는다.
5 냄비에 깻잎을 두 장씩 시계 방향으로 돌아가면서 놓으면서 켜켜이 양념장을 골고루 얹는다.
6 불에 올려서 김이 오르면 약불에서 10분 정도 찐다.

2·3

5

들기름 향이 솔솔나는 부드럽고 슴슴한 깻잎찜은 만들기도 쉽고, 준비 재료도 복잡하지 않아 종종 해 먹기 좋은 반찬입니다. 갓 지은 밥 한 숟가락 떠서 깻잎찜 한 장 척~ 올려 먹으면 입안은 깻잎 특유의 향과 감칠맛이 진동을 하지요. 깻잎장아찌와는 또 다른 매력의 깻잎찜을 소개합니다.

엄마의 비법을 알려 주세요!

● **멸치를 전자레인지에 돌리는 이유가 뭐예요?**

멸치를 마른 팬에 볶아주는 대신 전자레인지에 넣고 살짝 돌려 고소하게 익혀 주는 거란다. 물론 원칙대로 팬에서 볶아도 돼.

● **멸치를 부수는 이유는요?**

멸치는 작은 다시멸치를 사용했기 때문에 양념과 함께 익으면 사이즈가 커지거든. 작은 사이즈로 맛만 내면 되기 때문에 찜을 하기 전에 부수는 거란다. 다시멸치가 맛을 내기에는 더 좋지만, 따로 부술 필요 없는 세멸을 사용해도 돼.

● **깻잎을 왜 시계 방향으로 돌아가면서 놓는 거예요?**

양념이 골고루 밸 수 있도록 깻잎을 펼치기 편한 방향이라 그리 한단다.

{딸의 요령}

"내열용기에 깻잎을 두 장씩 겹쳐가면서 펼치고, 숟가락으로 양념장을 조금씩 골고루 얹은 후 랩을 살짝 씌운 다음 구멍을 2~3개 정도 뚫거나 덮개를 살짝 덮어 전자레인지에 2분 정도 돌려 찌는 방법도 있어요. 한꺼번에 많은 양을 돌리면 안 되고, 깻잎 30장씩 나눠 살짝 숨이 죽을 정도로만 찌세요. 전자레인지마다 사양이 달라 시간을 보면서 적당히 조절하세요. 아이용으로 만들 경우에는 고춧가루를 빼면 됩니다."

엄마의 훈수

"엄마는 약간 빳빳한 깻잎의 질감이 살아 있는 것이 좋은데, 그보다 더 부드럽게 만들기를 원하면 깻잎을 위아래로 뒤집어주면서 10분 정도 더 찌면 돼."

칼칼하게 입맛 돋우는

꽈리고추찜

재료 | 3~4인분

- 꽈리고추 200g
- 밀가루 2큰술
  (날콩가루 또는 청국장가루 3큰술)

양념장

- 간장 2큰술
- 다진 파 2큰술
- 다진 마늘 1큰술
- 통깨 1큰술
- 고춧가루 1/2큰술
- 참기름 1/2큰술
- 국간장 1작은술
- 올리고당 1작은술

1 꽈리고추는 씻어서 물기를 탈탈 털어낸 다음 꼭지를 떼고 군데군데 가위집을 넣는다.
2 비닐봉지에 꽈리고추와 밀가루를 넣고 골고루 섞는다.
3 김이 오른 찜기에 면포를 깔고 꽈리고추를 올려 6분 정도 찐다.
4 쪄낸 꽈리고추는 접시에 펼쳐서 냉장고에 넣고 한 김 식힌다.
5 분량의 재료를 섞어 양념장을 만든다.
6 볼에 식힌 꽈리고추와 양념장을 넣어 골고루 버무린다.

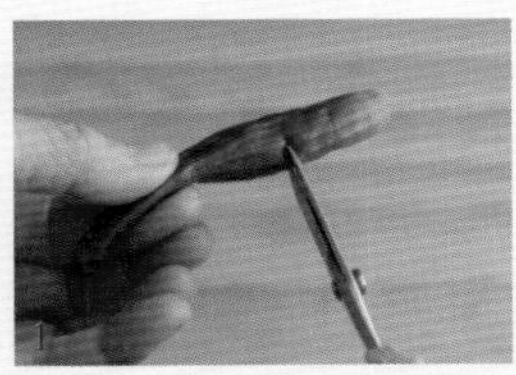
1

3

6

엄마의 훈수

"찐 꽈리고추는 꼭 한 김 식힌 다음에 양념장을 묻혀야 해. 그래야 겉에 수분이 날아가면서 고추와 양념이 잘 엉기거든. 뜨거운 고추는 양념과 버무릴 때 자칫 수분이 겉돌 수 있어. 한 김 식혀서 고추의 겉이 꼬들꼬들해졌을 때 무쳐야 윤기가 돌고 제맛이 나는 법이야."

꽈리고추는 다른 고추와는 다른 특유의 풍미가 있어 멸치볶음이나 조림요리에 넣어 향긋함을 더해주는 식재료입니다. 꽈리고추찜은 밀가루나 콩가루 옷을 입혀 양념에 무친 부드럽고 칼칼한 반찬으로 밥과 함께 먹어도 맛있고, 고기구이나 볶음밥, 덮밥 같은 다른 음식이랑 곁들여 먹어도 맛있지요. 손질도 쉽고 영양가도 풍부해 여름철 밑반찬으로 만들어 먹기 '딱'이에요.

엄마의 비법을 알려 주세요!

● 꽈리고추는 어떤 것을 골라요?

꽈리고추는 세로로 주름이 많고 쭈글거리는 것, 육질이 연한 것이 맛있는데, 찜용은 맵지만 않으면 사이즈가 작고 야무진 것도 괜찮아. 꼭지가 마르지 않고 촉촉한지 꼭 살펴보는 것이 좋아.

● 찜을 할 때 꽈리고추에 가위집을 넣는 이유가 있어요?

가위집을 넣는 이유는 찜기에서 찔 때 빨리 쪄지고, 무치는 양념이 잘 스며들도록 하기 위해서야.

● 밀가루를 묻힐 때 비닐봉지를 사용하는 이유가 뭐예요?

비닐봉지에 재료와 밀가루를 넣고 흔들어 주면 적은 양의 밀가루로도 골고루 완벽하게 코팅이 돼. 또 밀가루를 그릇에 묻히지 않아 설거지가 줄어든단다.

{딸의 요령}

"꽈리고추는 일반 고추에 비해서 쉽게 무르는 편이에요. 습기가 차지 않게 물기를 완벽하게 제거한 다음 키친타월로 싸서 지퍼백이나 밀폐용기에 넣어 냉장보관하면 오래 두고 먹을 수 있어요."

엄마의
버전 – 업
레시피

쇠뿔고추찜

재료 | 3~4인분
꽈리고추찜
레시피와 동일
(꽈리고추만 쇠뿔고추로 대체)

늦가을에 재래시장에 나가면 작은 쇠뿔 모양의 고추가 자주 눈에 띄는데, 제철 재료라 맛이 좋아요. 가을 고추를 수확하고 난 뒤에 덤으로 열린 고추로, 탱글거리면서 연하고 맵지 않아 꽈리고추처럼 조림용으로 활용해도 좋고, 이렇게 찜을 해서 무쳐 놓으면 최고랍니다! 요리 방법은 꽈리고추찜이랑 동일하게 하면 돼요.

보글보글 끓이면서 부드럽게 익히는

뚝배기달걀찜

재료 | 2~3인분

- 달걀 4개
- 대파 1/4대(5cm)
- 새우젓 국물 1/2큰술
- 소금 1/4작은술
- 다진 마늘 1/4작은술
- 참기름 1~2방울
- 고춧가루 한 꼬집
- 멸치 다시마육수(또는 물) 1컵

1 대파는 파란 부분으로 송송 썰고, 새우젓은 국물만 준비한다.

2 달걀은 멸치 다시마육수와 새우젓 국물을 넣고 골고루 풀어서 체에 내린다. 체에 내리면 간이 골고루 섞이고, 흰자가 뭉쳐지지 않고 부드럽다. 수저나 포크로 체 아래를 긁어주면서 내려주면 달걀물이 잘 내려간다.

3 달걀물에 다진 마늘, 참기름을 넣고 소금으로 간을 맞추면서 골고루 섞는다.

4 달걀물을 뚝배기에 붓고 중불보다 약간 센 불에서 끓인다. 10분 정도 지나 달걀찜 국물이 바글바글 끓기 시작하면 약불로 줄이고 알뜰주걱으로 뚝배기 속의 달걀물을 아래 위로 섞어준다.

5 달걀물이 엉키면서 몽글몽글 덩어리가 지면 파와 고춧가루를 얹고 뚝배기 뚜껑을 덮어 약불에서 3분 정도 끓이고, 불을 끈 다음 다시 3분 정도 뜸을 들인다.

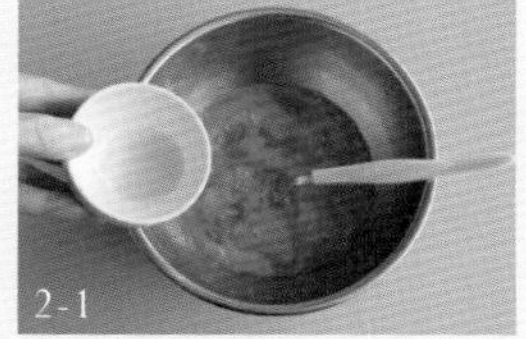

2-1

2-2

4

엄마의 훈수

"달걀찜은 끓이면 위로 많이 부풀어오르는데, 이때 뚜껑을 열면 점점 가라앉아 볼품없게 돼. 뚜껑을 열지 말고 약불에서 끓인 다음 뜸을 들이면 달걀찜의 속까지 잘 익으면서 윗모양이 예쁘게 된단다."

휘리릭 뚝딱 만드는 뚝배기 달걀찜은 고소하고 담백해 밥상 위에 올리면 어떤 요리와도 잘 어울리지요. 가족들이 즐겨 먹는 메뉴라 언제나 이 배합으로 만드는데, 짜지도 심심하지도 않은 간이 '딱'입니다. 뚝배기나 작은 냄비로 만드는 요리라 불 조절이 가장 중요한데, 한두 번 성공해서 익숙해지면 바닥이 타지 않으면서 보들보들한 달걀찜을 만들 수 있어요.

엄마의 비법을 알려 주세요!

- **왜 중간에 알뜰주걱으로 위아래로 섞어 주나요?**

중간에 달걀물이 끓어 아랫부분이 익기 시작하면 위 아래로 달걀물을 저어줘야 달걀찜이 골고루 익고, 바닥이 타는 것을 막을 수 있어.

- **뜸을 들이면 달걀이 다 익나요?**

뚝배기가 머금고 있는 열이 있어 달걀찜이 어느 정도 익었을 때 불을 끄고 뜸 들이듯이 두면 마지막까지 부드럽게 잘 익게 되지.

- **고깃집 달걀찜처럼 부풀어 오르지를 않아요.**

달걀은 물을 섞어서 익히면 수증기와 함께 부풀어 오르는 성질이 있어. 봉긋하게 부풀어 오르지만 식으면 수증기가 빠지면서 다시 주저앉지. 봉긋한 달걀찜을 원하면 일단 달걀을 넉넉히 사용하고 물을 적게 넣고 만들어야 많이 가라앉지 않고 봉긋한 달걀찜을 만들 수 있단다.

- **전자레인지를 이용해서 만들 수도 있나요?**

그럼. 같은 레시피로 달걀물을 만들어 뚜껑이 있는 내열용기에 넣고 전자레인지에 4분 정도 돌려 익히면 간단하게 만들 수 있어. 옴폭한 그릇에 달걀물을 넣고 랩을 씌워 젓가락으로 구멍을 3~4개 정도 뚫고 돌려도 되고. 달걀물이 익으면서 부풀어 넘칠 수 있으니, 제법 넉넉한 크기의 용기를 사용하는 것이 좋아.

{딸의 요령}

"아주 간단하게 한 그릇 요리로 훌륭한 달걀찜밥을 만들 수 있어요. 달걀물에 당근, 팽이버섯, 브로콜리 같은 채소를 다져서 섞어주어요. 그릇이나 내열용기에 한 끼 먹을 만큼의 밥을 담고 그 위에 달걀물을 부어 쪄서 익히면 간단하게 달걀찜밥을 만들 수 있답니다. 전자레인지는 4분, 찜통은 15분을 찌면 되는데 꼬치로 찔러보아 달걀물이 묻지 않으면 다 익은 거예요."

Chapter 5

조림

돼지고기장조림
쇠고기사태장조림
닭봉조림
닭봉강정
갈치조림
시래기 고등어조림
코다리강정
두부 무조림
감자조림
새송이 메추리알장조림
우엉조림
연근조림
콩조림
호두 땅콩조림

알뜰한 살림에 가성비 좋은 고기반찬

돼지고기장조림

우리 가족은 쇠고기장조림보다 돼지고기장조림을 선호하는데, 만들어 놓으면 쇠고기인지, 돼지고기인지 구분을 못할 정도로 부드럽고 맛있기 때문이에요. 돼지고기 안심으로 장조림을 만들면 육질이 부드럽고 연해 아이들이나 연세가 있는 어른들도 먹기에 좋지요.

1·2

3

6

7

8

9

재료 | 5~6인분

- 돼지고기(안심) 600g
- 삶은 메추리알 200g
- 풋고추 3~4개

향신채

- 대파 잎+대파 뿌리 1대분
- 청주 2큰술
- 녹찻잎 1작은술

조림양념

- 대파 잎+대파 뿌리 1대분
- 마늘 5~6쪽
- 마른 홍고추 2개
- 생강 1쪽
- 양파 1/4개
- 조림간장 3/4컵
- 간장 1/4컵
- 물 2컵
- 통후추 1작은술

* 조림간장이 없을 경우 조림양념 분량은 간장 1컵, 올리고당 1/4컵, 매실청 1/4컵, 물 2컵, 사과 1/2개, 양파 1/2개, 대파 잎+대파 뿌리 1대분, 마늘 5~6쪽, 마른 홍고추 2개, 생강 1쪽, 통후추 1작은술이다.

1 안심은 6cm 길이로 잘라 반으로 자른다.
2 풋고추는 1cm 두께로 송송 썬다.
3 냄비에 돼지고기와 고기가 잠길 정도의 물, 그리고 녹찻잎, 청주, 대파 잎, 대파 뿌리를 넣고 끓으면 5분 정도 삶은 후 돼지고기를 건진다.
4 삶은 돼지고기는 길이로 반 정도로 자르거나 결대로 가른다.
5 조림양념에 들어가는 마른 홍고추는 반으로 잘라 씨를 털어내고, 생강은 얇게 슬라이스한다. 양파는 1/2등분한다.
6 팬에 조림양념 재료와 손질한 고기를 모두 넣고 불에 올려 끓어오르면 약불로 줄이고 뚜껑을 덮어 20~25분 정도 끓인다.
7 고기는 건져내고, 국물은 체에 밭쳐 건더기를 걸러낸다.
8 건져낸 고기는 먹기 좋은 크기로 찢어 보관용기에 담는다. 졸여진 양념국물은 350ml 정도 나온다.
9 걸러낸 간장국물을 팬에 다시 붓고 메추리알을 넣어 중불에서 5분 정도 졸인 다음 송송 썬 풋고추를 넣고 불을 끈다.
10 ⑨에 먹기 좋게 찢은 고기를 넣은 다음 보관용기에 담는다.

엄마의 훈수

"안심은 철분이 풍부하고 담백질 함량이 높은 반면 지방은 적어 다른 돼지고기에 비해 부담 없이 먹을 수 있는 부위야. 육즙도 많고, 육질도 부드러운 편이라 장조림 고기로는 딱이지. 양념의 짠맛이 걱정된다면 고기 덩어리를 그대로 넣었다가 먹기 직전에 결대로 찢어서 내면 돼. 양념이 푹 배어서 짭조름한 장조림을 원한다면 미리 찢어 놓는 것이 좋아."

엄마의 비법을 알려 주세요!

● **장조림용으로는 안심 말고 다른 부위는 안 되나요?**

돼지고기 부위 중 안심이나 사태가 장조림으로 적당해. 사태는 안심처럼 부드럽지는 않지만 쫄깃한 맛이 있지. 단 잘 찢어지지는 않으니 작은 덩어리로 먹기 좋게 썰어 내면 돼.

● **녹찻잎이 없을 때는 어떤 것으로 대체하는 것이 좋을까요?**

집에 돌아다니는 현미차, 둥글레차 등 향이 강하지 않은 티백을 이용해도 돼. 그것도 없다면 그냥 빼고 데쳐도 된단다.

● **돼지 안심을 길이와 결대로 자르라고 하는데, 길이와 결을 어떻게 찾아요?**

안심은 긴 원통 모양으로 생겼어. 장조림을 길게 만들 수는 없으니, 긴 쪽을 먹기 좋은 길이로 자르는 거야. 그리고 자세히 보면 그 긴 쪽으로 결 즉, 긴 줄이 보인단다. 고기에도 결이 있거든. 특히 안심은 결이 아주 분명해서 익은 후 결대로 찢으면 우리가 알고 있는 장조림 모양으로 가늘게 잘 찢어져. 쇠고기의 치마양지, 홍두깨 부위도 결이 잘 보이는 부위야.

● **풋고추에서 나오는 씨가 싫다면 통으로 넣어도 되나요?**

장조림에 풋고추를 넣는 이유는 장조림 국물에 고추의 칼칼하고 풋풋한 향을 넣고, 산뜻한 색을 더하기 위함인데 통으로 넣으면 그 역할이 적을 것 같아. 풋고추를 송송 썰어 물에 한 번 헹군 뒤 씨를 털어내고 넣으면 되지 않겠어!

● **장조림은 덩어리째 보관하나요? 아니면 찢어둘까요?**

보통 장조림은 작은 덩어리로 만들어 국물과 함께 보관했다가 먹기 전에 찢거나 썰어서 상에 내는 편이야. 손으로 찢으면 아무래도 단면이 울퉁불퉁해 간이 더 잘 배지 싶어. 아니면 만들자마자 한 김 식히고 먹기 좋게 손으로 찢거나 칼로 썰어서 국물과 함께 담아도 돼. 단지 잘게 썰면 아무래도 덩어리보다는 간이 잘 배서 조금 간간해질 수가 있지. 일장일단이 있으니 편한 대로 하려무나.

{딸의 요령}

"아이와 함께 먹으려면 고추를 빼서 맵지 않게 만드세요! 압력솥을 이용해 간단하고 빠르게 장조림을 만들 수 있어요. 조리과정 ⑥번에서 재료를 압력솥에 넣어 센 불에서 추가 오르고 4~5분 정도 두었다가 불을 끈 다음, 추가 내려가고 압력이 빠지면 장조림 완성입니다. 시간과 노력을 단축할 수 있지요."

일품 고기요리 못지않은 든든한 밑반찬

쇠고기사태장조림

쇠고기 아롱사태로 만든 장조림은 살이 퍽퍽하지 않고 쫀득쫀득해 먹기에 딱 좋아요. 쇠고기의 잡내를 없애고, 미리 삶아 걸러낸 깔끔한 국물로 다시 졸여내는 우리 집 장조림 레시피입니다. 달걀, 메추리알, 꽈리고추, 버섯 등을 넣어 졸이면 더욱 푸짐하게 즐길 수 있지요.

재료 | **2~3인분**
- 쇠고기(아롱사태) 500g

쇠고기 삶는 양념
- 마늘 2쪽
- 마른 고추 2개
- 대파 잎 1대분(또는 파 뿌리)
- 양파 1/4개
- 통후추 1/2작은술
- 물 3컵

조림양념
- 간장 1/2컵
- 설탕 1큰술
- 매실청 1큰술
- 맛술 1큰술

곁들임 재료
- 삶은 달걀 5~6개
- 마늘 6쪽
- 꽈리고추 50g

1 쇠고기 사태는 6등분 정도로 토막을 낸 다음 1시간 정도 물에 담가 핏물을 뺀다.

2 삶은 달걀은 껍질을 벗기고, 꽈리고추는 포크나 이쑤시개로 구멍을 송송 낸다.

3 냄비에 핏물을 뺀 쇠고기와 분량의 쇠고기 삶는 양념을 넣고 중불에서 끓인다. 끓어오르면 약불로 줄여 쇠고기가 반쯤 익도록 30분 정도 끓인다.

4 삶아낸 사태는 따로 꺼내어 놓고, 국물은 면포나 거름종이에 걸러내어 쇠고기와 육수(2 ½컵 정도)를 준비한다.

5 다시 냄비에 쇠고기, 육수, 분량의 조림양념을 넣고 쇠고기가 부드럽게 간이 배면서 익도록 뚜껑을 덮고 중약불에서 30분 정도 끓인다.

6 쇠고기가 부드럽게 익으면 삶은 달걀과 마늘을 넣고 졸이다가 마지막으로 꽈리고추를 넣고 1분 정도 살짝 익힌다.

7 쇠고기를 꺼내 얇게 썰고, 국물과 삶은 달걀, 마늘, 꽈리고추를 곁들인다.

엄마의 훈수

"쇠고기는 삶으면 국물에 핏물이 많이 나와 지저분하기 때문에 귀찮더라도 거르는 과정을 잊지 마. 이렇게 걸러내면 국물에 둥둥 떠다니는 것도 없고 깔끔한 맛의 장조림국물이 되거든. 장조림국물은 맛은 슴슴하고 양은 넉넉한 것이 좋은데, 너무 졸아졌으면 눈으로 봐가며 물을 더 추가해도 된단다."

엄마의 비법을 알려 주세요!

● **사태 말고 다른 부위로 한다면요?**

아롱사태는 살이 쫀득한 편이라 장조림에 어울려. 아니면 홍두깨 부위로 만들어보렴. 홍두깨 부위는 순살로, 결이 있어 장조림을 만든 후에 알맞은 길이로 썰어서 결대로 쭉쭉 찢으면 돼.

● **꽈리고추에 구멍을 내주는 이유가 뭐예요?**

구멍을 내지 않으면 양념이 잘 배지 않더라고. 양념이 잘 스미도록 포크나 이쑤시개로 작은 구멍을 내주는 거야.

● **삶은 달걀 껍질 잘 벗기는 노하우가 있나요?**

달걀은 찰랑할 정도의 물을 붓고 불에 올려 살살 저어주다가 끓어오른 다음 5~6분 정도 삶으면 반숙으로 삶아지는데, 얼른 찬물에 넣어 5분 정도 두었다가 꺼내 껍질을 살살 두들겨서 전체적으로 크랙을 만들어 준 다음 살살 벗겨내면 말끔하게 잘 벗겨진단다.

● **조림양념에서 매실청은 어떤 역할을 하나요?**

매실청은 고기와 잘 어울리는 단맛이야. 고기의 누린내를 감해주고 향긋한 단맛을 더해주는 역할을 하지.

● **압력솥으로 만들 수 있어요?**

그럼, 가능하지. 조리과정 ④번까지는 동일하게 만들면 돼. 압력솥에 삶아 낸 쇠고기, 육수, 분량의 조림양념을 넣고 센 불에서 끓이다가 추가 올라가면 중불로 줄이고 5~7분 정도 둔 다음 불을 끄고 추가 내려가도록 둬. 뚜껑을 열고 다시 ⑥번 과정으로 가서 달걀, 마늘, 꽈리고추를 넣고 더 졸이면 완성이란다.

{딸의 요령}

"따뜻한 밥 위에 버터를 조금 올리고, 부드럽게 익힌 달걀스크램블과 장조림을 듬뿍 올린 다음 장조림 국물을 2~3큰술 정도 넣고 비벼 먹으면 장조림 버터비빔밥이 돼요. 아주 간단하게 만들 수 있고, 중독성 강한 맛이라 라임이와 저희 부부가 모두 즐겨 먹는답니다."

요리 초보도 뚝딱 만드는

닭봉조림

재료 | 2~3인분

- 닭봉 500g
- 마늘 2~3쪽
- 생강 1쪽

조림양념

- 간장 3큰술
- 설탕 3큰술
- 식초 3큰술
- 물 3큰술

1

2·3

4

1 닭봉은 깨끗하게 씻어 물기를 뺀다. 마늘과 생강은 슬라이스한다.
2 팬에 닭봉을 쭉 둘러 담고, 분량의 조림양념을 넣는다.
3 양념 위에 슬라이스한 마늘과 생강을 넣는다.
4 뚜껑을 덮고 센 불에서 끓이다가, 끓어오르면 뚜껑을 열고 중약불에서 10분, 뒤집어서 10분 정도 바닥에 양념이 조금 남아 있으면서 닭봉이 반짝거릴 때까지 졸인다.

아이, 어른 할 것 없이 모두 좋아하는 맛의 초간단 간장양념 닭조림입니다. 만드는 과정이 쉬워 요리 초보에게 자주 권하는 닭요리지요. 요리의 자신감이 생기는 데 이만한 메뉴가 없습니다.

엄마의 비법을 알려 주세요!

● 같은 양념으로 닭의 다른 부위로 요리해도 되나요?

닭다리살(정육)을 큼직하게 잘라 졸이거나 닭날개로 해도 괜찮아. 그렇지만 닭봉이 빨리 익어서 요리하기도 편하고, 들고 먹기에도 적당하지.

● 닭살에 붙어 있는 노란색 이물질 같은 것은 제거하는 것이 좋은가요?

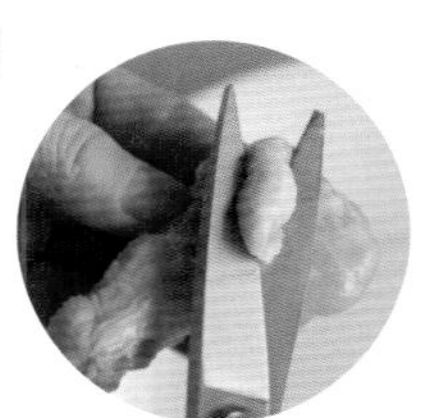

닭봉은 지방이 거의 없지만 옆부분에 볼록하게 지방이 붙어 있어서 그것만 떼어 내고 사용하면 돼. 비교적 손질이 간단한 편이지. 그리고 여러 조리법을 보면 요리하기 전에 우유에 재우기도 하는데, 신선한 닭봉이라면 그 자체로 말끔하게 씻어 물기만 빼고 요리하면 된단다. 오래 냉동된 닭일 경우 우유에 재우면 냄새 제거에 도움은 되는데, 아무래도 신선한 재료를 쓰는 게 가장 좋겠지.

● 양념에 식초는 왜 넣어요?

식초가 꼭 들어가야 닭의 비린 맛이 없어지거든.

● 닭봉의 양을 늘리면 양념도 그만큼 늘리나요?

만약 양을 2~3배로 늘려서 만들 경우에는 양념장을 배수보다 적게 조절해야 해. 처음 하는 요리라면 주재료까지 레시피의 양대로 따라 해서 제맛을 본 다음, 점차적으로 양을 늘려서 양념장을 조절하면 노하우가 생긴단다.

● 졸일 때 뒤적뒤적하지 않아도 되나요?

닭봉은 크기도 작고 익는 시간도 짧아 레시피에 있는 대로만 한 번 뒤집어 졸이다가 마지막에 남은 소스에 전체적으로 뒤적이면서 버무려 내면 된단다. 간단하지?

{딸의 요령}

"저는 식초 대신에 발사믹식초를 넣기도 해요. 먹음직스럽게 진한 색이 나오기도 하지만, 발사믹식초의 은은한 맛이 생각보다 닭봉과 잘 어울려요."

맛있고 건강하게 만드는 홈메이드 닭요리

닭봉강정

사 먹는 치킨 저리 가라 할 만큼 아주 맛있는 요리예요. 닭봉을 바삭하게 튀겨서 '단짠' 소스에 버무린 다음 청양고추를 올려 먹으면 손님요리로도 좋고, 술안주로도 제격이지요. 아이들과 먹을 경우에는 고추를 빼서 맵지 않게 준비하면 됩니다.

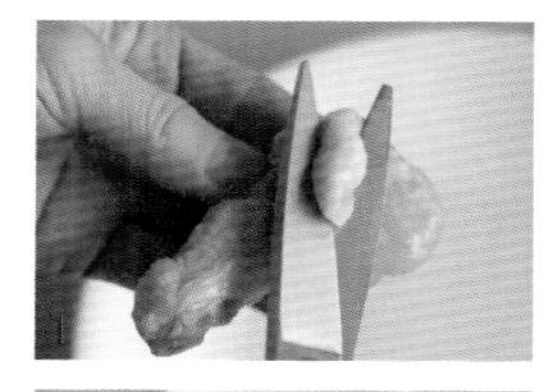
1

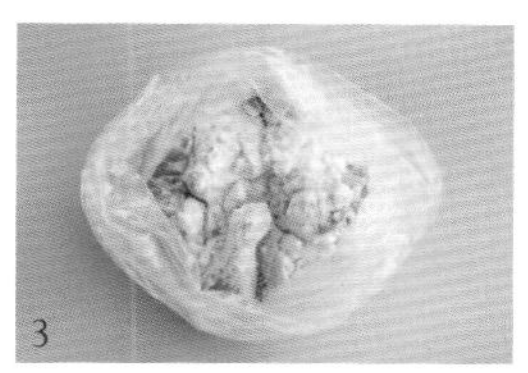
3

4

5

재료 | 2~3인분

- 닭봉 500g
- 청양고추 4~5개
- 마늘 2쪽
- 감자전분 3큰술
- 튀김가루 1큰술
- 튀김유 1컵
- 소금 약간
- 후춧가루(또는 허브솔트) 약간

소스

- 마늘 2쪽
- 올리고당(또는 꿀과 섞어서) 4큰술
- 간장 2큰술

1 닭봉은 옆면에 있는 큰 기름을 가위로 떼어내고 깨끗하게 씻어 체에 밭쳐 물기를 뺀 후 다시 키친타월로 물기를 없앤다. 냉동 닭봉일 경우 해동 후 잘 씻어서 비닐봉지에 넣고 닭봉이 잠길 정도의 우유와 소금, 후춧가루에 재워 밑간을 한 다음 체에 밭쳐서 물기를 뺀다. 싱싱한 생닭일 경우는 굳이 우유에 재우지 않아도 된다.

2 물기를 뺀 닭봉에 소금과 후춧가루로 간을 한다. 다시 소스에 버무릴 것이라 밑간을 약하게 한다.

3 비닐봉지에 튀김가루와 전분가루를 넣고 재워 둔 닭봉을 넣고 가루가 골고루 섞이도록 잘 흔든 다음 묻은 가루가 촉촉해지도록 잠시 둔다.

4 청양고추는 얇게 송송 썰고 씨를 털어낸다. 마늘은 도톰하게 슬라이스한다.

5 팬에 튀김유 1컵을 붓고 가루에 버무린 닭봉을 겹치지 않게 나란히 잘 펴서 담는다. 팬 뚜껑을 덮고 약간 센 불에서 닭봉 한 쪽이 노릇하게 되도록 익힌다. 기름이 끓어오른 후 5분 정도 튀긴다.

(다음 페이지에서 계속)

6 닭봉 한 쪽이 노릇하게 익으면 다시 뒤집어서 뚜껑을 덮고 약간 센 불에서 5분 정도 다시 노릇하게 익힌다. 노릇하게 익힌 후 뒤집어야 냄비 바닥에 눌어붙지 않는다.

7 노릇하고 먹음직스럽게 튀겨진 닭봉을 꺼내고 튀김기름을 따라 낸다.

8 닭봉튀김의 기름을 키친타월 위에서 빼준다.

9 닭을 튀겨내고 기름을 따라 낸 냄비에 분량의 소스를 넣고 거품이 나도록 중불에서 바글바글 1분 정도 끓인다.

10 튀겨낸 닭봉을 넣고 골고루 버무려 주면서 소스가 거의 없도록 졸이듯이 뒤적인다.

11 접시에 담고 송송 썬 청양고추를 듬뿍 얹어낸다.

엄마의 훈수

"소스를 만들 때 간장과 올리고당의 비율은 1:2가 알맞아. 닭의 양에 따라 이 비율로 조절하면 되지. 닭을 튀기는 팬은 코팅팬을 사용해도 되는데, 뚜껑이 있는 것이면 다 가능해. 엄마의 닭봉튀김은 마른 가루를 묻혀서 적은 기름에 튀기는 방식이라 튀김옷이 매끄럽지 않고 울퉁불퉁하게 튀겨져. 모양새는 좀 그렇지만, 튀김옷에 양념이 잘 묻어 더 맛있단다."

엄마의 비법을 알려 주세요!

● 튀김옷의 황금 비율이 있나요?

튀김가루와 감자전분을 1:3의 비율로 섞어 사용하면 튀김옷이 더 바삭하고, 부피감 있게 튀겨져. 감자전분이 없다면 그냥 튀김가루만 사용해 튀겨도 돼.

● 묻은 가루가 촉촉해지도록 잠시 두는 이유가 있나요?

그래야 튀김옷인 마른 가루가 닭봉에 잘 붙게 되고 튀겨도 기름에 가루가 떨어지지 않지. 튀김옷도 더 바삭하게 튀겨진단다.

● 차가운 기름을 넣는 이유는요? 튀길 때 뚜껑을 덮어야 하나요?

튀김은 보통 넉넉한 양의 달군 기름에 넣어 튀기는데, 위험하기도 하고 기름이 많이 쓰이기 때문에 칼로리가 높아져 튀김요리를 꺼리게 되지. 이렇게 차가운 기름에 튀김옷을 입힌 닭봉을 둘러 넣고 뚜껑을 덮어 약간 센 불에서 튀기면 기름이 튀지도 않고, 적은 기름으로 타지 않고 안전하게 튀길 수 있는 저유 튀김방식이란다. 튀김을 한 뒤 기름을 따라보면 적은 양의 기름이 거의 없어지지 않고 그대로야.

● 바삭하게 튀기는 비법이 무엇인가요?

차가운 기름에 처음부터 닭봉을 넣고 뚜껑을 덮은 뒤 닭봉을 뒤적이지 말고 한 쪽이 노릇하게 익은 것이 확인되면 뒤집어서 뚜껑을 덮어 다시 남은 한 쪽을 노릇하게 튀겨내면 돼. 뒤적이지 않고 한 번만 뒤집어 노릇하게 튀겨내는 것이 이 튀김의 비법이야. 간단하지?

{딸의 요령}

"닭봉 대신에 닭정육살을 이용해 순살로 만들어도 맛있어요. 아이와 먹을 경우에는 청양고추는 빼고, 대신 달군 팬에 살짝 볶아 다진 견과류를 뿌려주면 영양 면에서 더 좋아요."

은빛 갈치가 매콤함을 입은 날

갈치조림

살이 보드라운 흰살 생선 갈치에 무를 넣고 매콤하게 졸이면 갈치살은 물론이고 무와 국물까지 완벽한 맛을 이룹니다. 특히 도톰한 생물 갈치로 만들면 생선조림 중에서도 단연 최고의 맛을 자랑하지요. 밥 한 숟가락에 칼칼한 양념이 고루 밴 담백한 갈치살 한 점을 올려 먹으면 입에 착 감기는 맛이 가히 일품입니다.

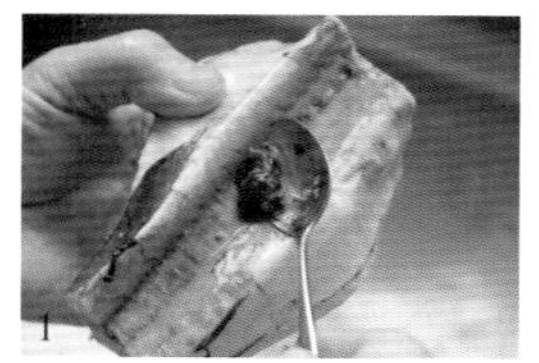
1

2

3

4

5

6

재료 | 2~3인분

- 갈치 5~6토막(450~500g)
- 무 200g
- 양파 1/4개
- 대파 1대(20cm)
- 홍고추 1개
- 풋고추 1개
- 멸치 다시마육수 1 ½컵

양념장

- 간장 3큰술
- 고춧가루 2큰술
- 다진 마늘 1 ½큰술
- 청주 1 ½큰술
- 고추장 1/2큰술
- 설탕 1/2큰술
- 참기름 1작은술
- 다진 생강 1작은술

1 내장이 있는 갈치는 배를 갈라 뼈 쪽에 붙은 핏덩이를 작은 숟가락으로 깔끔하게 제거하고, 내장 살 쪽의 검은 막도 제거한다.

2 갈치 등 쪽의 지느러미를 잘라낸 다음, 길이로 엇비슷하게 앞뒤로 칼집을 내어 등뼈를 발라낸다. 이렇게 미리 잔뼈를 잘라내면 먹기 편하다.

3 무는 1.5cm 두께로 모양대로 썬 다음 4등분하고, 양파는 1cm 두께로 채 썬다. 대파와 고추는 어슷하게 썬다.

4 분량의 재료를 섞어 양념장을 만든다.

5 냄비에 무와 양파를 깐 다음 갈치를 올리고, 멸치 다시마육수를 부은 후 양념장을 올린다.

6 무가 푹 익도록 중약불에서 10~15분 정도 뚜껑을 덮고 끓인다.

7 무가 무르게 익었으면 썰어 놓은 대파와 고추를 얹고 갈치에 양념맛이 잘 배도록 중약불에서 다시 10분 정도 뚜껑을 덮고 뭉근하게 졸인다. 중간중간에 조림국물을 끼얹는다.

엄마의 훈수

"한나야, 네가 생선조림이 어렵다고 말한 적 있지. 엄마가 생선조림 양념의 황금 레시피를 알려줄게. 이 양념장만 있으면 생선조림 맛은 무조건 100% 보장이다. 고등어든, 삼치든, 병어든, 갈치든 손질한 상태에서 250g 기준(2인분)으로 간장 2큰술, 고춧가루 1 ½큰술, 다진 마늘 · 청주 1큰술씩, 고추장 · 설탕 · 참기름 1작은술씩, 다진 생강 1/2작은술을 넣고 양념장을 만들어. 생선 양 대비 양념장 분량을 외워두면 실패 없는 생선조림을 만들 수 있단다. 멸치 다시마육수는 1컵 정도 사용하면 되고, 나머지 과정은 위 레시피와 동일하게 하면 돼. 어때, 쉽지?"

엄마의 비법을 알려 주세요!

● **맛있는 갈치 고르는 방법을 알려주세요.**

갈치는 여름과 가을 사이가 제철인데, 살이 통통하게 오르고 맛도 아주 담백해. 갈치는 은빛 껍질이 빛나는 것이 신선하고, 길이가 1m 전후인 것이 가장 맛이 좋아. 토막으로 파는 것도 굵기와 껍질 상태를 보고 고르면 되지.

● **갈치 손질법이 궁금해요!**

밑손질은 비늘이 없기 때문에 껍질을 벗겨 내지 않고 표면의 미끈거리는 점액을 칼로 긁어 내는 정도만 해도 충분해. 그다음은 머리와 내장, 등지느러미를 제거해. 내장이 있는 쪽은 뼈 쪽 핏덩이를 작은 숟가락으로 긁어 깔끔하게 제거해 줘. 그냥 이대로 요리를 해도 되지만 지느러미 쪽에 있는 잔가시를 지느러미를 잘라낸 방향으로 엇비슷하게 칼집을 내서 미리 빼면 먹을 땐 굵은 가시만 발라내면 되니까 한결 편하단다.

● **뭉근하게 끓인다는 느낌이 뭐예요?**

'뭉근하게'는 '은근하게'와 비슷한 느낌으로, 주로 약한 불에서 바글바글 조용히 끓고 있는 느낌이라고 생각하면 돼.

● **무와 양파를 먼저 깔고 그 위에 갈치를 올리는 이유가 있나요?**

졸이면서 갈치가 바닥에 붙어 버리는 것을 방지하고, 무와 양파의 들큰한 맛이 국물과 어우러져 양념맛을 한결 더 좋게 해. 갈치의 맛이 푹 밴 무를 먹는 재미도 아주 쏠쏠하단다.

● **멸치 다시마육수 대신 물을 넣어도 되나요?**

물을 써도 되지만 아무래도 맛이 훨씬 덜하지. 멸치 다시마육수에는 감칠맛이 있어 갈치양념의 맛을 깊고 진하게 만들어주거든.

{딸의 요령}

"양념장에서 고추장과 고춧가루를 빼고 간장양념으로 만들면 아이들도 부담 없이 먹을 수 있어요. 달지 않은 레시피니 먹어보고 마지막 단계에서 기호에 맞게 올리고당을 추가하면 돼요. 여름철에는 무 대신 제철인 감자를 넣으면 또 다른 포근한 매력을 느낄 수 있어요."

다른 반찬 필요 없는 소문난 밥도둑

시래기 고등어조림

구수한 시래기와 싱싱한 고등어를 매콤한 양념장과 함께 졸이면 밥도둑이 따로 없지요. 진한 고등어살도 맛있지만, 생선과 양념장의 맛이 밴 보들보들한 시래기가 어쩌면 더 인기입니다. 시래기 넉넉히 넣어 먹음직스럽게 완성해보세요.

재료 | 3~4인분

- 손질한 시래기 300~400g
- 생물 고등어 2마리
  (손질한 것 500~600g)
- 풋고추 2개
- 홍고추 1개
- 대파 1대(20cm)
- 굵은 소금 1/2큰술
- 멸치 다시마육수 3~4컵

양념장

- 고춧가루 3큰술
- 간장 2큰술
- 청주 1 ½큰술
- 다진 마늘 1 ½큰술
- 된장 1큰술
- 국간장 1큰술
- 들기름 1큰술
- 고추장 1/2큰술
- 설탕 1/2큰술
- 다진 생강 1/2작은술

1 고등어는 머리를 잘라내고 배를 갈라 내장 등 부산물을 흐르는 물에 잘 씻어낸 후 4등분으로 토막을 내고, 굵은 소금을 고루 뿌려 미리 30분 정도 재운다.

2 시래기는 먹기 좋게 3등분으로 자른다. 대파와 고추는 어슷하게 썬다.

3 분량의 재료를 섞어 양념장을 만든다.

4 팬에 손질한 시래기를 골고루 앉히고 그 위에 고등어를 얹는다.

5 고등어 위에 양념장을 골고루 뿌린 후 고등어가 잠길 정도로 멸치 다시마육수를 붓고 끓인다.

6 끓어오르면 뚜껑을 덮고 중약불에서 고등어와 시래기에 양념이 폭 배도록 20분 정도 끓인다.

7 고등어와 시래기가 알맞게 익었으면 대파와 고추를 넣고 국물이 어느 정도 남아 있도록 중약불에서 국물을 끼얹어 가면서 5~10분 정도 더 졸인다.

엄마의 훈수

"시래기는 고등어의 맛을 업~시켜주는 역할을 하는데, 시래기 대신에 삶은 고구마 줄기나 헹궈서 짠맛을 뺀 묵은지 등으로 대체해도 된단다. 시래기를 좀 더 부드럽게 먹고 싶다면 먼저 양념의 절반 양에 버무려 멸치 다시마육수를 붓고 어느 정도 끓이다가 고등어를 넣고 남은 양념장을 넣어 끓이면 돼. 좀 더 오래 끓이고 싶으면 간을 봐서 멸치 다시마육수를 추가하도록 하렴."

엄마의 비법을 알려 주세요!

- **고등어 비린내 잡는 법 좀 알려주세요.**

싱싱한 고등어를 구입하는 것이 가장 중요하고, 고등어를 토막 내어 잘 씻은 후 소금에 살짝 절이면 비린 맛이 좀 없어지지. 꼭 채반에 밭쳐서 절이고 물에 씻은 후에는 레시피대로 양념장에 잘 졸이면 고등어의 비린 맛은 그리 없단다.

- **자반고등어로 만들면 안 되나요?**

자반고등어는 쌀뜨물에 담가 짠맛을 뺀 후에 같은 방법으로 조리하면 되는데, 생물 고등어로 조림을 하는 것보다는 맛과 식감이 확실히 떨어져.

- **시래기는 어떻게 손질해요?**

냄비에 시래기와 물을 넣고 하룻밤(12시간 정도) 불렸다가 끓이는데, 불에 올려서 물이 끓어오르면 10분 정도 삶은 뒤 불을 끄고 그대로 식히면 부드럽게 잘 삶아져. 삶은 후에는 줄기 쪽의 껍질을 벗겨줘야 연해지지. 시래기의 질긴 정도가 다르기 때문에 손으로 만져보면서 삶는 시간을 조절하는데, 부드럽게 하고 싶으면 좀 더 오래 삶고, 질기지 않은 시래기면 덜 삶으면 된단다.

- **좀 질긴 시래기면 어떻게 해야 하나요?**

시래기를 삶았는데도 질기다면 한 번 더 끓는 물에 삶아서 부드럽게 하는 것이 좋아. 번거롭더라도 시래기 줄기 껍질을 벗겨내면 식감이 훨씬 부드러워지지. 그래서 엄마는 항상 껍질을 벗기고 요리해.

- **고등어조림에 멸치 다시마육수가 더 잘 어울리나요?**

고등어조림에는 물이나 다시마육수보다 멸치 다시마육수가 더 잘 어울려. 멸치 다시마육수가 조림의 맛을 구수하고 감칠맛 있게 만들어주거든.

- **끓일 때 뒤적일 필요는 없나요?**

끓일 때 뒤적이면 고등어가 부서질 수 있으니 국물이 자작하게 될 때까지 국물을 끼얹어가면서 졸이면 돼. 이때 엄마가 사용하는 조림뚜껑을 덮어 놓으면 따로 국물을 끼얹을 필요없이 눈으로 확인하면서 편하게 요리할 수 있어(조리도구 참고 022p).

{딸의 요령}

"고추와 고춧가루를 빼고, 고추장 1/2큰술 대신에 간장 1작은술을 더 넣어 간장양념으로 만들면 매운 것을 못 먹는 아이들도 함께 먹을 수 있어요. 간혹 아이가 빨간 양념을 먹고 싶다고 할 때가 있는데, 그럴 때는 파프리카가루로 만든 맵지 않은 아이들용 고추장을 사용하세요. 시판 제품도 있어요. 맵지는 않지만 먹음직스러운 빨간 양념으로 먹을 수 있죠."

겉은 바삭하고 속은 촉촉한

코다리강정

코다리는 명태를 손질해서 반건조시킨 것으로 지방 함량과 열량이 낮으며, 부드럽고 쫄깃한 식감이 아주 좋아요. 코다리는 조림, 찜, 양념구이 등 다양한 방법으로 요리하는데, 겨울이 제철이지만 손질된 토막 냉동 코다리를 이용하면 언제나 편하게 요리할 수 있죠. 깔끔하게 손질한 코다리에 녹말가루를 묻혀 바삭하고 고소하게 튀긴 다음 소스에 버무린 코다리강정은 밥반찬으로도 좋지만, 한 접시 안주로도 딱입니다.

2

4

6

7

8

재료 | 2~3인분

- 손질된 냉동 코다리 600g
- 감자전분 1/2컵
- 식용유 2큰술
- 맛술 1큰술
- 송송 썬 실파 약간
- 통깨 약간

재움 양념

- 맛술 1큰술
- 소금 1/2작은술
- 후춧가루 약간

강정양념장

- 간장 2큰술
- 올리고당 2큰술
- 맛술 2큰술
- 고추장 1큰술
- 청주 1큰술
- 식초 2작은술
- 다진 마늘 1작은술
- 생강즙 1/4작은술

* 생강은 강판에 갈아 즙을 짜낸다.

1 손질된 냉동 토막 코다리는 냉장고나 상온에서 완전 해동시킨다. 남은 지느러미나 내장이 있던 부분의 검은 막을 깔끔하게 다듬고 물에 헹군다.
2 코다리를 먹기 좋게 가로 1.5cm 두께로 자른 다음 키친타월에 올려 충분히 물기를 제거한다.
3 소금과 후춧가루, 맛술에 버무려 30분 정도 냉장고에 둔다.
4 ③을 꺼내 전분가루를 골고루 묻힌다.
5 에어프라이어 팬에 종이포일을 깔고 식용유를 살짝 뿌린 후 녹말을 묻힌 코다리를 얹고 그 위에 다시 식용유를 살짝 뿌린다.
6 180℃로 예열한 에어프라이어에 20~25분 정도 코다리가 노랗고 바삭하게 되도록 굽는다.
7 분량의 재료를 섞어 강정양념장을 만든다.
8 팬에 ⑦을 넣고 중불에서 바글바글 굵은 거품이 나도록 끓인 다음 구워 놓은 코다리를 넣고 재빠르게 버무린다.
9 접시에 담아 송송 썬 실파와 통깨를 약간 뿌린다.

엄마의 훈수

"에어프라이어가 없던 시절에는 기름에 노릇하게 튀겨서 강정을 만들었는데, 요즘은 튀기지 않고 에어프라이어에서 노릇하게 구워서 강정을 만들어. 기름기를 좋아하지 않는 엄마 입맛에는 담백하고 더 낫더라. 여유가 된다면 곁들임을 만들어 봐. 붉은 양파를 아주 얇게 슬라이스해서 소금, 매실청, 식초에 살짝 절였다가 강정과 곁들이면 더할 나위 없는 짝궁이 된단다."

엄마의 비법을 알려 주세요!

● **제철 코다리를 사용할 경우에도 레시피는 같나요?**

통째로 꾸덕꾸덕 말린 제철 코다리를 쓸 경우 칼로 비늘을 긁어 내고, 가위로 지느러미, 머리, 꼬리를 자른 다음 내장 부분을 깔끔하게 손질하면 돼. 그런 다음 씻어서 토막 내고 레시피 방법대로 요리하면 된단다.

● **전분가루 대신 부침가루를 사용하면 안 되나요?**

전분가루 대신이라면 튀김가루가 낫겠지. 기본적으로 튀김요리이기 때문에 부침가루보다는 튀김가루가 더 바삭하고 좋아.

● **코다리에서 살짝 비린내가 나요.**

코다리는 비교적 비린 맛이 많이 나지 않는 담백한 생선이긴 하지만, 잘못 손질하면 예민한 사람들은 비린 맛이 날 수 있어. 우선 코다리를 고를 때 내장 부분이 잘 말라 냄새가 나지 않는 것으로 골라야 해. 손질할 때는 내장 부분 안쪽의 뼈 부분에 붙어 있는 시커먼 내장을 잘 긁어내 깔끔하게 정리하면 대체로 비린 맛 없이 맛있는 요리를 할 수 있단다.

● **에어프라이어 말고 기름에 직접 튀겨도 되나요?**

기름에 직접 노릇하게 튀기면 고소하고 더 맛있지. 그런데 기름에 튀기는 과정이 번거로우니 에어프라이어에 하는 방법을 추천해. 튀기는 것보다 맛도 담백하고 건강에도 더 좋으니 말이야.

● **마지막에 재빠르게 버무리는 이유가 뭐예요?**

그대로 중불에서 빠르게 볶아내면 아래 남는 국물이 없이 반짝거리는 코다리강정이 완성되지. 오래 볶으면 딱딱해지기 쉬우니 주의해야 해.

{딸의 요령}

"고추장 1큰술을 간장 1/2큰술로 대체해 간장양념에 졸이면 매운 것을 전혀 못 먹는 아이도 맛있게 먹을 수 있어요. 좀 더 달짝지근하게 먹고 싶다면, 마지막에 올리고당이나 물엿을 약간 추가해 버무리면 윤기가 좔좔 흘러 먹음직스럽죠. 코다리 대신에 순살 고등어로 만들어도 고소하고 맛있어요. 냉동 고등어라면 완전 해동한 후 키친타월로 물기를 제거하고, 먹기 좋은 크기로 자른 다음 레시피대로 요리하면 돼요. 간이 되어 있는 고등어라면 재울 때 따로 간을 안 해도 되고요. 코다리만큼 쫄깃하고 맛있는 고등어강정도 추천합니다."

무를 주재료로 자작하게 졸인

두부 무조림

무와 두부, 멸치 세 가지가 절묘하게 어우러져 깊은 맛을 내는 조림반찬입니다. 제철 맞은 가을 무만 졸여도 일품이지만, 담백한 두부와 고소한 멸치가 더해져 맛과 영양이 훨씬 풍부해졌어요.

1

2

3

5

6

7

재료 | 4~5인분

- 무 500g
- 두부 1 ½모(450g)
- 대파 1/2대(10cm)
- 홍고추 1/2개
- 다듬은 멸치 15g
- 식용유 1큰술
- 물 1 ½컵

조림양념

- 간장 4큰술
- 고춧가루 2큰술
- 국간장 1큰술
- 맛술 1큰술
- 다진 마늘 1큰술

1 두부는 두께 1.5cm, 가로·세로 5cm 정도로 자른다.

2 무는 2cm 두께로 도톰하게 잘라 두부와 비슷한 크기로 4등분한다. 홍고추는 길이로 반으로 잘라낸 것으로 씨를 털어내고 길이 반대로 짧게 채 썬다. 대파는 어슷하게 썬다.

3 멸치는 반으로 갈라 머리와 내장을 빼내고 기름을 두르지 않은 팬에 약불에서 약간 바삭하도록 뒤적이면서 볶는다.

4 분량의 재료를 섞어 조림양념을 만든다.

5 달군 팬에 식용유를 두르고 중불에 두부를 앞뒤로 노릇하고 단단하게 굽는다.

6 오목한 팬에 무를 깔고, 멸치를 얹고 양념장의 절반 분량을 뿌린 후 물을 살며시 붓는다. 끓어오르면 뚜껑을 덮고 20분 정도 약불에서 끓인다.

7 무가 어느 정도 부드럽게 졸여지면 두부, 대파, 홍고추, 남은 양념을 넣고 뚜껑을 덮어 중불에서 5분 정도 끓인 후 뚜껑을 열어 국물을 끼얹어 가며 5분 정도 더 졸인다.

엄마의 훈수

"속이 단단하고 단맛이 나는 가을 무와 고소한 두부, 감칠맛 나는 멸치가 어우러진 밥도둑 조림이야. 멸치는 육수의 역할을 하는데, 크지 않은 다시멸치를 사용하도록 해. 센 불에서 너무 졸여 국물 없게 만들지 말고, 국물이 자작하게 남아 있어 각 재료들이 양념에 코팅된 것처럼 반짝거리고 윤기 나게 졸여진 상태가 맛있어."

- **맛있는 무 고르는 법 알려주세요.**

무는 모양이 매끈하면서 단단하고 수분이 많은 것이 좋아. 특히 가을 무가 수분이 많아 시원하고 달달하니 맛있단다. 시장에 나가보면 흙도 묻어 있고 무청이 달려 있는 가을 무를 볼 수 있어. 아무래도 무는 제철인 가을부터 봄까지가 가장 맛있지. 무의 파란 부분은 햇빛을 받고 자라 육질이 단단하고 단맛이 있으면서 맛이 진해 생채나 나물, 샐러드 등에 많이 사용되고, 뿌리 쪽 흰 부분은 파란 부분보다는 매운맛이 있어서 깍두기, 국물 요리, 조림 등에 많이 쓰여. 파란 부분으로 국물 요리나 조림을 하면 단맛이 강하게 날 수 있으니, 조림을 할 때는 흰 부분을 쓰도록 하렴.

- **다시멸치를 사용하는 이유가 있나요?**

무조림은 멸치육수 대신에 다시멸치를 손질해서 사용해 맛을 내는 것이 좋아. 졸이면서 멸치의 맛이 무와 어우러져 진한 감칠맛이 나거든.

- **멸치를 볶는 이유는 무엇인가요?**

멸치는 그냥 사용하면 자칫 비린 맛이 날 수 있는데 마른 팬에 볶아서 사용하면 멸치가 훨씬 고소해져. 조림국물에 이 고소한 맛이 우러나면서 조림의 감칠맛이 배가되겠지.

- **무가 어느 정도 상태가 되면 부드럽게 졸여진 건가요?**

조림양념이 무에 깊이 스며들면서 숟가락으로 잘라 먹을 수 있을 정도로 부드럽게 졸여져야 딱 맛있게 익은 거야. 두부를 빼고 무만 졸이면 무조림이 되는데, 달달한 가을 무라면 무만 먹어도 정말 맛있단다.

{딸의 요령}

"고추와 고춧가루를 빼서 맵지 않게 조리하면 아이들도 좋아하는 두부 무조림이 돼요. 저는 양파를 잔뜩 채 썰어 두부를 졸일 때 같이 넣어 만들어요. 달달하고 부드럽게 졸여진 양파가 두부와 어우러져 아주 맛있거든요."

윤기 좔좔~ 흐르는 단짠단짠

감자조림

재료 | **3~4인분**

- 감자 2~3개(400g)
- 올리고당 1/2큰술
- 검은깨 1/4작은술

조림장

- 간장 2큰술
- 설탕 1큰술
- 식용유 1큰술
- 버터 1큰술
- 물 1/2컵

1 감자는 껍질을 벗기고 사방 1.5cm 크기로 깍둑 썬 다음 찬물에 15분 정도 담가 전분기를 제거한다.

2 물에 담갔던 감자는 한두 번 더 헹궈서 체에 밭쳐 물기를 털어내고 키친타월 위에서 물기를 제거한다.

3 팬에 조림장 재료를 모두 넣고 끓어오르면 감자를 넣고 중불에서 10분 정도 뚜껑을 열고 졸인다.

4 조림장이 자작하게 졸여지면 올리고당을 넣고 한 번 더 섞은 후 불을 끈다.

5 접시에 담아 검은깨를 뿌린다.

1

3

4

엄마의 훈수

"감자는 너무 푹 익은 것보다 알맞게 익은 것이 훨씬 맛있고, 보기에도 좋아. 젓가락으로 찔렀을 때 쑥 들어가면 너무 익은 거고 쏘옥~ 들어가는 정도로 익으면 돼. 엄마 감자조림의 한끗은 바로 버터인데, 감자를 윤기나게 코팅시켜주고, 부드럽고 고소한 풍미를 더해주기 때문에 없어서는 안 될 재료란다."

고소하고 부드러운 제철 감자는 뭘 해도 맛있지만, 특히 감자조림으로 식탁에 올리면 온 가족 젓가락이 모두 이곳에 집중됩니다. 폭신하면서도 무르지 않게 졸인 감자조림을 따끈한 밥에 올리고 열무김치나 오이지를 곁들이면 부러울 것 없는 여름 밥상이 차려지지요.

엄마의 비법을 알려 주세요!

- **너무 불을 빨리 끄면 감자가 설 익고, 오래 볶으면 뭉개지고… 감자가 어느 정도 익었을 때 불을 꺼야 해요?**

감자에 양념이 골고루 배어 있으면서 감자의 각이 반듯하게 잘 살아 있고, 쫀득한 느낌일 때 불에서 내리는 것이 좋아.

- **졸일 때는 뚜껑을 열어야 하나요?**

뚜껑을 덮으면 국물은 졸지 않고 감자만 폭 익게 될 수 있으니 뚜껑을 열어 감자가 익는 정도를 살펴가면서 졸이도록 하렴.

- **통깨 대신 검은깨를 뿌리는 이유가 있나요?**

통깨 대신에 고명의 역할로 검은깨를 뿌리지. 감자조림과 색도 잘 어울리고 더 맛있어 보여.

- **버터는 어떤 역할을 하나요? 마가린도 괜찮나요?**

버터를 넣으면 일단 윤기가 나고 버터 특유의 고소함이 더해진단다. 그 맛이 감자조림의 포인트가 되지. 버터 대신에 참기름을 넣어도 되는데, 마가린은 버터 대용이긴 하지만 몸에 좋지 않은 트랜스지방이 들어 있어 권하지는 않아.

{딸의 요령}

"아이용은 잔멸치를 넣어 영양을 더해보세요. 달군 팬에 잔멸치 20g을 바삭하게 볶은 다음, 조리과정 마지막에 올리고당을 넣을 때 함께 넣고 섞으면 멸치 감자조림이 완성돼요. 매운맛을 원하면 꽈리고추를 넣어주세요. 감자 250g, 꽈리고추 50g, 통마늘 3쪽을 준비합니다. 통마늘은 도톰하게 슬라이스하고, 꽈리고추는 꼭지를 떼고 반으로 자르세요. 레시피 ③번까지 동일하게 하다가 조림장이 약간 자작할 때 꽈리고추와 마늘을 넣고 레시피와 같은 방법으로 조리하면 꽈리고추 감자조림이 됩니다."

쫄깃한 버섯과 탱글한 메추리알의 만남

새송이 메추리알장조림

재료 | **3~4인분**

- 새송이버섯 300g(3~4개)
- 삶은 메추리알 500g
- 풋고추 2개

양념장

- 조림간장 3큰술
- 간장 3큰술
- 멸치 다시마육수 1컵

* 조림간장 3큰술 대신에 간장 2큰술, 설탕·맛술 1큰술씩으로 간을 보면서 대체하면 된다.

1

2

3

5

1 새송이버섯은 가로로 반 잘라 다시 길이로 4등분해 자른다. 풋고추는 1cm 정도로 송송 썬다.

2 전자레인지용 찜기에 새송이버섯을 넣어 뚜껑을 닫고 전자레인지에 1분 30초 정도 돌려서 살짝 숨이 죽게 찌고 체에 밭쳐서 물기를 뺀다.

3 팬에 멸치 다시마육수, 간장, 조림간장을 넣고 새송이버섯과 메추리알을 넣고 끓인다.

4 ③이 끓어오르면 중불로 줄여 메추리알과 새송이버섯에 간이 배도록 15분 정도 졸인다.

5 색이 까무잡잡해지면서 메추리알과 새송이버섯에 간이 들면 마지막으로 풋고추를 넣고 국물이 자작하게 남도록 조금 더 끓인다.

{딸의 요령}

"멸치 다시마육수가 없다면, 사방 5cm 크기의 다시마 한 조각을 넣고 함께 끓여도 좋아요. 메추리알을 직접 삶는다면, 냄비에 물 1L, 소금·식초 1큰술씩 넣고, 메추리알 한 판을 넣어 끓이는데, 끓어오르면 3~4분 정도 저으면서 삶아 건진 다음에 찬물에 10분 정도 담가 두세요. 그러면 노른자가 한쪽으로 쏠리지 않게 잘 삶아지고, 껍질도 잘 까져요."

고기 대신 쫄깃하고 부드러운 새송이버섯을 넣고 만든 메추리알장조림이에요. 재료도 간단하고, 만들기도 어렵지 않아 두고두고 먹기 좋은 저장반찬이지요.

엄마의 비법을 알려 주세요!

● **새송이버섯을 전자레인지에 돌리는 이유가 뭐예요?**
버섯 특유의 향과 수분을 살짝 빼 주는 과정인데, 간단하게 하려고 전자레인지를 이용하는 거야. 끓는 물에 데친 다음 체에 건져서 물기를 빼고 사용해도 된단다.

● **메추리알 말고 달걀을 넣어도 되나요?**
삶은 달걀을 넣어도 되는데, 조림장의 간을 약간 더 짭짤하게 하는 것이 좋을 것 같아.

● **풋고추 말고 어울리는 다른 재료는요?**
풋고추 말고 꽈리고추, 마늘종, 통마늘 등을 사용해도 된단다. 매콤한 맛을 원한다면 청양고추도 괜찮지.

엄마의
버전-업
레시피

달걀장(계란장, 마약계란)

재료 | 2~3인분 달걀 10개, 대파 흰 부분 3/4대(15cm), 양파 1/2개, 청양고추·홍고추 1개씩, 마늘 2쪽, 통깨·참기름 1큰술씩
절임간장 물 1 ½컵, 간장 1컵, 설탕 2/3컵(100g), 다시마 5cm×5cm 2장

냄비에 달걀을 넣고 찰랑할 정도로 물을 부어 중불에서 살살 저어주면서 끓이다가, 끓어오르면 4분 이내로 끓이세요. 달걀은 찬물에 담갔다가 껍질을 벗겨 준비합니다. 달걀을 삶을 때 깨지는 것을 방지하기 위해 소금 1큰술, 식초 1큰술을 넣어주면 좋아요. 냄비에 분량의 절임간장 재료를 넣고 약한 불에서 끓어오르면 5분 정도 더 끓인 후에 다시마는 건지고, 절임간장은 볼에 덜어 식힙니다. 양파는 사방 1cm로 썰고 대파와 고추는 얇게 송송 썰고, 마늘은 얇게 편 썰어주세요. 보관통에 식힌 절임간장을 담고 통깨와 참기름을 섞은 다음, 삶은 달걀과 썰어진 부재료들을 모두 넣고 섞어줍니다. 냉장고에 5시간 정도 숙성시켜 먹으면 됩니다. 매콤한 맛을 원하면 절임간장에 고추기름 2작은술 정도를 추가하세요.

살캉살캉 씹을수록 향이 좋은

우엉조림

재료 | **2~3인분**

- 우엉 300g
- 들기름 2큰술
- 통깨 1/2큰술

조림양념

- 간장 2큰술
- 청주 2큰술
- 맛술 2큰술
- 설탕 1큰술
- 식용유 1큰술
- 물(또는 다시마육수) 1/2컵

1

2

3

1 우엉은 칼등으로 껍질을 살살 벗겨 흐르는 물에 깨끗하게 씻은 후 어슷하게 썰어 가늘게 채 썬다. 길이로 반을 갈라 얇게 어슷하게 썰어도 된다.

2 팬에 우엉과 들기름을 넣고 우엉의 숨이 죽도록 중약불에서 7~8분 정도 달달 볶는다.

3 우엉이 부드럽게 볶아지면 분량의 조림양념을 넣고 중약불에서 양념이 거의 없어질 정도로 뒤적이며 졸인다.

4 반짝거리면서 양념이 거의 남지 않으면 통깨를 섞어 불을 끈다.

아삭하고 달콤쌉싸름한 뿌리 채소반찬으로 맛과 영양도 풍부합니다. 우엉은 써는 방법에 따라 식감과 맛이 달라지는데, 우리 집은 얇게 채 썰어 볶아 아삭하고 부드럽게 먹는 것을 좋아하지요. 한 번 만들어두면 며칠은 든든하게 먹을 수 있는 밑반찬으로, 물기가 없어 도시락 반찬으로도 좋고, 김밥 속으로도 활용할 수 있어 유용합니다.

엄마의 비법을 알려 주세요!

● **우엉은 왜 칼로 살살 긁어서 껍질을 벗기나요?**

우엉 껍질에는 리그닌, 사포닌 등 우리 몸에 좋은 영양 성분이 있어 껍질째 먹는 것이 영양적으로는 더 좋아. 우엉 특유의 향도 껍질에 있고 말야. 칼날을 세워서 살살 긁어주면 아주 얇고 부드럽게 벗겨지는데, 필러로 살살 벗겨 내는 방법도 있지.

● **우엉을 볶을 때 들기름을 넣는 이유는요?**

들기름을 넉넉히 넣고 볶아주는 조리법인데, 들기름 향이랑 우엉이 잘 어울려. 처음부터 들기름에 우엉의 숨이 죽을 때까지 볶으면 맛이 고소해지고, 완성됐을 때 물엿이나 올리고당을 넣지 않아도 반짝반짝 윤기가 돌지.

● **우엉은 연근처럼 데치지 않아도 되나요?**

우엉은 데쳐서 졸이기도 하는데, 이번에는 볶는 것으로 데치는 것을 대신했어. 데치지 않고 볶아서 조리하면 오래 졸이지 않기 때문에 아삭한 식감을 유지할 수 있지. 조리법은 매번 여러 방법으로 시도하면서 가장 잘 맞는 것을 찾아내는 것이 중요해. 볶은 다음 숨을 죽여 조림을 하기도 하고, 데쳐서 조림을 해보기도 하면서 최상의 방법을 찾아내는 거지.

{딸의 요령}

"우엉이 반쯤 익었을 때 채 썬 당근을 넣고 만들면 색도 예쁘고 당근도 함께 먹을 수 있어 좋아요. 약간 매콤한 맛을 더하고 싶으면 조림장이 거의 졸아질 때쯤 채 썬 청양고추를 넣고 살짝 숨이 죽도록 함께 볶으면 우엉 매운고추조림이 됩니다."

엄마의 훈수

"우엉은 보통 갈변 현상을 막기 위해 식촛물에 담가 두는데, 이 레시피는 간장에 볶을 거라 식초물에 담글 필요가 없어. 우엉을 데치지 않고 들기름에 볶으면 아삭아삭해서 맛있지. 더 아삭하기를 원하면 불을 약간 올려서 빠르게 졸이고, 부드러운 것이 좋으면 약불에서 천천히 졸이면 된단다."

소박하고 친근한 뿌리채소 반찬

연근조림

재료 | 3~4인분

- 연근 400g
- 검은깨 1/2큰술

조림장

- 간장 2~3큰술
- 식용유(또는 들기름) 3큰술
- 맛술 2큰술
- 설탕 2큰술
- 물(또는 다시마육수) 2컵

1 연근은 잘 씻어서 마디를 잘라내고 껍질을 필러로 살살 벗겨서 준비한다.

2 5mm 두께로 동그랗게 썰어 끓는 물에 2분 정도 삶아낸다.

3 냄비에 삶은 연근을 넣고 분량의 조림장 재료를 모두 넣고 뚜껑을 닫아 끓인다.

4 끓어오르면 조림뚜껑만 덮고 불을 중약불로 줄여 20~30분 정도 졸인다.

5 조림장이 약간 남았을 때 조림뚜껑을 꺼내고 아래 위로 뒤적여 준다. 조림뚜껑이 없으면 뚜껑을 살짝 열고 덮어서 가끔씩 뒤적여 가면서 졸인다.

6 윤기가 돌면서 조림장이 거의 없도록 뒤적인 후 불을 끄고 마지막으로 검은깨를 뿌린다.

2

4

5

엄마의 훈수

"뿌리채소인 연근은 껍질에도 영양분이 많아. 햇연근은 껍질이 연하고 깨끗하니 필러로 껍질을 벗기지 말고 수세미로 살살 문질러 이물질을 제거한 뒤 껍질째 조리해도 된단다."

더위가 한창인 8월부터 아삭한 햇연근이 나오기 시작해요. 연근에도 암, 수가 있는데, 통통하고 납작한 암컷으로 고르고, 연근 양끝에 마디가 있어 막혀 있는 것이 속이 깨끗하고 단단한 거예요. 제철 연근을 많이 달지 않으면서 아삭한 식감이 살아 있도록 졸이면 보약이 따로 없는 제철 반찬이 됩니다.

엄마의 비법을 알려 주세요!

● **연근은 언제 식초물에 삶아 쓰나요?**

연근을 썰면 연근 속의 철분과 타닌이 산화되어 금방 색이 검게 변할 수 있어. 그래서 연근 특유의 아린 맛도 없애주면서 뽀얀 연근 색을 유지하기 위해 식초를 약간 떨어뜨린 식초물에 삶거나 데쳐내는 거야. 그런데 연근조림은 어차피 간장양념에 졸일 거라 데치거나 삶는 과정이 필요 없지. 연근전, 연근피클, 연근튀김, 연근찜 등 하얀 연근색이 드러나는 요리는 식초물에 데쳐서 사용하는 것이 좋아.

● **꼭 조림뚜껑을 덮어야 하나요? 뚜껑이 없다면요?**

조림뚜껑은 구멍이 뚫린 뚜껑인데, 이 뚜껑만 잘 덮어 놓으면 조림이 아주 잘 돼. 뚜껑으로 조림장이 오르락내리락 하며 손수 뒤적이도 않아도 잘 섞이면서 졸여지거든. 조림뚜껑이 없으면 냄비 뚜껑을 살짝 열어 냄비에 걸쳐두고 가끔씩 뒤적여주며 양념이 골고루 배도록 졸이면 돼.

● **반짝반짝 윤이 나는 연근조림의 비법은 무엇인가요?**

연근조림을 반짝반짝 윤이 나게 졸이려면 설탕과 물엿을 넉넉히 넣고 은근한 불에서 오랫동안 끈적거리게 졸여야 해. 그렇지만 엄마는 달지 않고 아삭한 연근조림을 좋아해서 설탕은 적당한 단맛을 줄 정도만 넣고, 오히려 기름을 넉넉히 둘러 많이 달지 않으면서 고소하고 윤이 나게 졸인단다.

● **너무 아삭거리는 것보다는 부드러운 식감이 좋다면 어떻게 해야 하나요?**

연근을 부드럽게 졸이려면 뚜껑을 덮고 더 약한 불에서 뭉근하게 끓이면서 졸이면 돼. 기호에 맞게 시간을 조절해 주면 된단다.

{딸의 요령}

"연근은 아이들이 의외로 좋아하는 재료예요. 조림으로 만들어 줘도 잘 먹지만 튀김이나 전으로 만들어도 인기랍니다. 연근 1개를 슬라이서로 2~3mm 정도로 얇게 슬라이스하고 물에 담갔다가 2~3번 물을 갈아주면서 헹궈내고 물기를 제거하세요. 물 2/3컵, 튀김가루 1/2컵를 섞어 반죽을 만들어요. 연근을 반죽에 담갔다가 식용유를 약간 두른 팬에 노릇하게 부치면 연근전, 연근 위에 튀김가루를 살짝 묻혀 반죽에 담갔다가 식용유를 넉넉히 두른 팬에 노릇하게 튀겨내면 연근튀김이 됩니다."

딱딱하지 않게, 무르지 않게~

콩조림

재료 | 3~4인분

- 서리태 1컵
- 간장 3큰술
- 설탕 2큰술
- 물엿 1~2큰술
- 통깨 약간
- 물 2컵

1 서리태는 두세 번 씻어 내고 잠길 정도의 물에 2시간 불려 체에 밭친다.

2 팬에 불린 서리태, 물 2컵을 넣고 중불에서 뚜껑을 열어 물이 절반 정도로 남을 때까지 20~25분 정도 삶는다.

3 ②에 간장을 넣고 다시 중불에서 간장을 넣은 양만큼 줄도록 5분 정도 끓인다.

4 ③에 설탕을 넣고 약간 물이 남도록 5분 정도 더 졸인다.

5 마지막으로 물엿을 넣고 휘저어서 마무리하고 통깨를 넣어 섞는다.

2

4

엄마의 훈수

"너희들 도시락 반찬으로 많이 싸줬던 콩조림이야. 씹을수록 고소한 맛 때문에 너희들이 특히 좋아하던 추억의 반찬이란다. 콩을 먼저 익히고, 그다음 간을 하고, 단맛은 마지막으로 넣어주는 순서를 꼭 기억하렴. 콩조림은 바로 했을 때보다 약간 시간이 지나야 더 맛있어. 시간이 지나면서 콩이 살짝 오그라들어 단단해지고 윤기 나는 콩조림이 되거든."

콩을 불리는 정도에 따라 조금 단단한 콩장, 중간으로 먹기 좋은 콩장, 아주 부드러운 콩장으로 만들 수 있는데, 이 레시피는 적당하게 먹기 좋은 콩장으로 만든 거예요. 영양 만점 콩조림은 매 끼니 상에 올려 밥에 조금씩 곁들여 먹는 것이 좋아요. 가족 건강을 위해서요!

엄마의 비법을 알려 주세요!

- **서리태 말고 다른 콩으로 만들어도 되나요?**

흰콩, 쥐눈이콩도 가능한데, 콩조림은 가장 고소하고 맛이 좋은 서리태로 만드는 것이 좋을 것 같구나.

- **왜 뚜껑을 열고 삶나요?**

콩은 끓으면서 거품이 생기는데, 뚜껑을 닫고 삶으면 거품이 마냥 넘칠 수 있어. 그래서 꼭 뚜껑을 열고 삶아야 해.

- **간장, 설탕, 물엿을 시간차로 넣는 이유가 있어요?**

콩에 맛이 들어가는 순서대로 넣는 것인데, 한꺼번에 넣는 것보다 더 효율적이라 시간차로 넣는 거야. 우리가 순서대로 화장품을 바르듯이 말이야. 이것도 각각 다른 방법으로 요리한 뒤 비교해서 먹어보면 엄마의 의도를 알 수 있단다.

- **콩을 불리지 않고 조리하면 안 되나요?**

콩을 불리지 않고 같은 방법으로 조리하면 단단하게 씹히는 콩장이 돼. 오독오독 씹는 맛이 좋으면 그렇게 조리해도 된단다. 반대로 몰랑몰랑한 콩조림이 좋다면 하룻밤 정도는 불려서 익혀야 하지.

{딸의 요령}

"콩을 삶을 때 다시마 1조각을 넣어 삶으면 잡내가 사라지고 콩에서 더 고소한 맛이 나요. 이 다시마는 콩을 졸일 때 잘게 썰어서 함께 졸여 먹어도 좋아요."

우리 가족 뇌 건강을 위한

호두 땅콩조림

재료 | **2~3인분**

- 호두(반태) 200g
- 생땅콩 200g
- 올리고당 2큰술

양념

- 조림간장 1/2컵
- 다시마육수 2컵

* 조림간장 1/2컵 대신에 간장 4큰술, 설탕 1 ½큰술, 맛술 1큰술로 간을 보면서 대체해도 된다.
* 반태: 호두의 껍질을 까서 반으로 나눠둔 상태

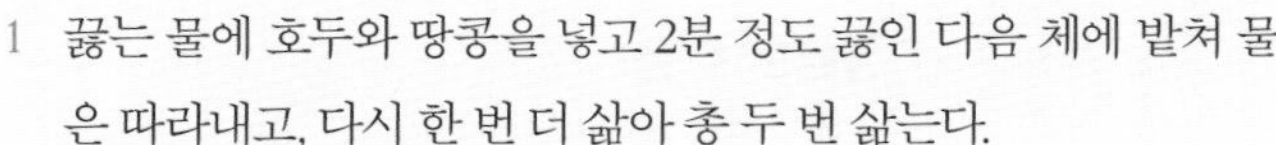

1 끓는 물에 호두와 땅콩을 넣고 2분 정도 끓인 다음 체에 밭쳐 물은 따라내고, 다시 한 번 더 삶아 총 두 번 삶는다.

2 팬에 다시마육수와 조림간장을 넣고 끓어오르면 삶은 호두와 땅콩을 넣는다.

3 양념이 거의 없어질 때까지 중약불에서 20분 정도 중간중간 섞어가며 끓인다.

4 전체적으로 윤기가 나면서 양념이 바닥에 약간 남도록 졸여지면 마지막으로 올리고당을 넣고 골고루 섞는다.

2

4

견과류의 대표 격인 호두와 땅콩을 달달하게 졸이면 오독오독 씹는 식감도 좋고, 씹을수록 입안 가득 퍼지는 고소함 때문에 자꾸 손이 가게 되지요. 불포화지방산이 풍부하게 함유된 견과류조림은 우리 가족 매일 집반찬이자 영양 가득한 도시락 반찬 1순위입니다.

엄마의 비법을 알려 주세요!

- **호두와 땅콩은 왜 두 번 삶아요?**

견과류의 껍질에는 약간 떫은 맛이 있거든. 이 떫은 맛을 없애기 위해 물에 삶고 헹구는 거야. 아무래도 한 번으로는 부족해서 한 번 더 삶는 거지.

- **다시마육수가 없으면 그냥 물을 넣어도 되나요?**

물론 물을 넣어도 돼. 다시마육수는 일종의 조미료 역할을 한다고 생각하면 되는데, 아무래도 넣으면 감칠맛이 더해지지.

- **올리고당은 왜 마지막에 넣나요?**

마지막에 올리고당을 넣어 단맛도 추가하고, 견과류 표면에 반짝반짝 윤기가 돌게 하기 위해서야.

- **군데군데 색이 진하게 난 것이 있어요.**

양념이 골고루 배도록 섞어가면서 졸여야 해. 그냥 두고 졸이면 양념이 잘 밴 부분과 아닌 부분이 얼룩덜룩해져 보기에도 맛있어 보이지 않는단다.

- **호두와 땅콩 말고 다른 견과류를 넣어도 되나요?**

아몬드, 호박씨, 해바라기씨 등 다른 견과류를 넣어도 맛있어.

{딸의 요령}

"껍질을 벗겨 반쯤 삶아낸 밤, 물에 4시간 정도 불린 검은콩, 잘게 자른 우엉 등도 추천해요. 주재료의 전체 양만 비슷하게 맞추면 들어가는 재료는 얼마든지 응용해서 다양하게 먹을 수 있어요."

볶음

아몬드 멸치볶음
꼬리고추 멸치볶음
고추장 멸치볶음
마늘종 새우볶음
오징어실채볶음
감자볶음
애호박볶음
느타리버섯볶음
고구마줄기볶음
미역줄기볶음
어묵볶음
소시지 채소볶음
부추 달걀볶음
묵은지볶음
죽순 들깨볶음
쇠고기 오이볶음
가지 돼지고기볶음
대패삼겹살 숙주볶음
제육볶음
돼지고기 김치두루치기
오징어볶음
낙지볶음
잡채

엄마의 내공이 담긴 황금 레시피

아몬드 멸치볶음

멸치반찬은 질리지 않고 두고두고 먹기 좋은 밑반찬입니다. 이젠 더 맛있게 할 수 없다는 마음으로 완성한 엄마표 최종 레시피를 공개합니다.

재료 | **3~4인분**

- 지리멸(세멸) 150g
- 아몬드 슬라이스 50g
- 통깨 1/2큰술
- 참기름 1작은술

양념장

- 올리고당 3큰술
- 설탕 2큰술
- 고추기름 1큰술
- 식용유 1큰술
- 청주 1큰술
- 간장 1작은술
- 생강즙 1/4작은술

* 멸치는 뽀얗고 깨끗한 지리멸(세멸)을 선택한다.
* 양을 많이 해서 볶을 때는 설탕과 기름의 양을 줄여야 한다.

1 달군 팬에 멸치를 넣고 중불에서 기름 없이 바삭하도록 3분 정도 볶는다. 볶는 도중 멸치를 손으로 만져보면 손에 습기가 느껴지는데, 습기가 느껴지지 않을 정도로 볶으면 된다.

2 멸치가 반쯤 살짝 볶아졌을 때 중간에 아몬드 슬라이스를 넣고 2분 정도 더 볶는다.

3 볶은 멸치는 체에 쳐서 볶으면서 나온 부스러기를 털어낸다. 꼭 털어내야 멸치볶음이 깔끔하다.

4 분량의 재료를 섞어 양념장을 만든다.

5 팬에 양념장을 넣고 중불에서 양념장의 설탕이 완전히 녹도록 50초 정도 바글바글 끓인다.

6 ⑤에 준비한 멸치와 아몬드를 넣는다. 주걱 2개로 양념이 멸치에 완전히 코팅이 되도록 잘 섞는다.

7 불을 끄고 마지막으로 참기름과 통깨를 넣고 섞는다.

엄마의 훈수

"너희들이 엄마가 만든 멸치볶음이 세상에서 제일 맛있다고 늘 말하잖아. 그 칭찬에 힘입어 이렇게 저렇게 만들어 보다가 완성한 최종 레시피야. 이보다 더 맛있을 수 없다고 감히 말해 본다. 견과류는 이것저것 다양하게 넣어봤는데, 엄마 입에는 아몬드 슬라이스가 제일 잘 어울려. 고추기름은 시판용을 썼는데, 직접 만들어서 넣으면 더 맛있겠지. 생강즙은 귀찮으면 생략해도 되지만, 강판에 곱게 갈아 넣으면 풍미가 정말 다르단다. 멸치볶음을 잘 못하면 냉장고에 넣어 놨을 때 서로 엉겨 붙는데, 엄마 레시피대로 하면 냉장고에 보관해도 강정처럼 되지 않을 거야."

엄마의 비법을 알려 주세요!

● **제가 한 멸치볶음은 식으면 너무 딱딱해져요.**

양념장의 비율, 양념장을 끓이는 시간, 볶아내는 방법이 중요해. 양념장이 많이 끈끈해지면 식었을 때 딱딱하게 과자처럼 될 수 있어. 정확한 양념장 배합으로 딱 알맞게 양념장을 끓여 빠르게 버무리면 딱딱하지 않고 맛있는 멸치볶음을 만들 수 있지. 이 레시피는 엄마가 오랫동안 애용하고 있는 황금 레시피이니 그대로 잘 활용하기 바란다.

● **설탕, 조청, 물엿, 요리당, 꿀, 올리고당 등 감미료들의 차이점을 알려주세요.**

설탕은 사탕수수에서 추출한 당을 정제해 만든 것인데, 가장 처음에 정제한 설탕이 백설탕, 여기에 열을 가해서 색깔이 생긴 것이 황설탕, 흑당을 첨가하여 만든 것이 흑설탕이야. 정제되지 않은 설탕을 원당, 사탕수수당이라고 하는데, 정제 설탕보다는 미네랄이나 영양분이 많아. 이러한 설탕류는 물을 빨아들이는 성질이 있어 빵과 과자 같은 것에 쓰면 촉촉하게 만들 수 있고, 향 없고 깔끔한 단맛을 더하면서, 요리의 윤기를 내어주는 가장 흔한 감미료지. 그 외의 것들은 이제 설탕을 대체하는 감미료인데, 약간씩 차이가 있어 용도에 맞게 쓰면 된단다.

쌀을 주원료로 한 천연감미료, 조청은 색이 진하고 점성이 강해서 조림이나 맛탕같이 뭉근히 졸이는 요리에 어울리고, 특유의 향과 맛이 있어 음식에 풍미를 더할 수 있어. 옥수수 전분이 주원료인 물엿은 색이 투명하고 묽어 조청의 단점을 보완하기 위해 만들어진 것인데, 요리에 윤기와 광택을 더해주고 향이 없어 깔끔한 단맛을 낼 수 있지. 볶음이나 구이, 무침요리를 할 때 마무리 단계에 넣는 게 좋아.

조청과 물엿의 단점을 보완한 요리당은 색이 진하고 조금만 넣어도 강한 단맛을 내기 때문에 조림 요리나 미숫가루, 스무디 등 음료를 만들 때 쓰기 좋아. 꿀의 경우 영양 성분은 많지만 열에 약해 요리 맨 마지막에 불을 끄고 넣는 것이 좋단다. 하지만 특유의 향과 맛이 강해 요리에 흔히 쓰는 감미료는 아니지. 엄마는 설탕과 비슷한 단맛을 내면서 상대적으로 열량이 낮은 올리고당을 가장 많이 쓴단다. 물엿보다 윤기나 촉촉함이 덜하고 고열에서는 단맛이 떨어지기 때문에 높은 온도에서 조리하거나 오래 가열하는 음식에는 피하는 게 좋아. 주로 장아찌나 무침 요리, 드레싱 같은 것에 어울리지. 하지만 엄마는 단맛이 강하지 않고 은은하게 감도는 것을 좋아해 대체로 올리고당을 두루 쓰는 편이란다.

● **멸치 양이 많아지면 양념의 양도 그만큼 늘리면 될까요?**

멸치와 아몬드의 양에 맞게 계량이 된 양념장이라 주재료 양이 늘어나면 양념장도 똑같이 늘려야 하는데, 양이 많아지면 오히려 설탕과 기름의 양은 약간씩 줄여야 해. 레시피의 주재료 양이 적지 않은 편이고 만드는 것이 그리 복잡하지 않으니, 웬만하면 멸치 양을 늘리지 말고 레시피대로 만들도록 하렴. 여러 번 반복해 만들어야 맛 보장이 확실하단다.

● **부스러기를 털어낼 때 체에 밭쳐야 하나요?**

멸치를 볶고 나면 잔 부스러기가 나오는데 체에 밭쳐 털어내야 멸치볶음이 깔끔하단다. 안 그러면 멸치를 볶으면서 나온 이물질들이 양념과 섞이면서 보기에도 좋지 않아.

● **고추기름을 직접 내리고 싶다면 어떻게 해야 하나요?**

고추기름 만드는 법은 047p를 참고하렴. 아무래도 사 먹는 것보다는 훨씬 향긋하고 깔끔한 홈메이드 고추기름을 만들 수 있어.

{딸의 요령}

"매운 것을 못먹는 아이들과 함께 먹는다면 고추기름을 식용유로 대체하면 돼요. 좀 더 고소하게 해바라기씨나 검은깨를 추가해도 좋고, 건크랜베리와 같은 건과일을 넣고 만들어도 아이들이 정말 좋아한답니다."

은은한 마늘 향이 솔솔 나는

꽈리고추 멸치볶음

요즘은 사시사철 꽈리고추를 구할 수 있어서 언제든 쉽게 만들 수 있는 든든한 밑반찬입니다. 고추는 오래 볶을수록 부드럽고, 덜 볶으면 아삭하기 때문에 원하는 취향대로 만들어 볼 수 있어요. 마늘 향이 어우러진 꽈리고추와 멸치에 젓가락이 자꾸 가는 친근한 반찬입니다.

1

2

4

6

7

8

재료 | 2~3인분

- 꽈리고추 250g
- 손질한 멸치(소멸, 중멸) 50g
- 마늘 100g
- 식용유 4큰술
- 올리고당 1큰술
- 통깨 1큰술
- 참기름 1/2큰술

양념장

- 조림간장 2큰술

* 조림간장 2큰술 대신에 간장 1 ½큰술, 설탕 1/2큰술, 맛술 1큰술로 간을 보면서 대체하면 된다.

1 꽈리고추는 깨끗하게 씻어 물기를 말끔히 제거한 후 꼭지를 따고 길이를 1/2로 자른다. 많이 길지 않은 것은 자르지 않고 포크로 군데군데를 찔러서 준비한다.

2 멸치는 기름을 두르지 않은 팬에 중불에서 고소한 맛이 나도록 바삭하게 2분 정도 볶은 다음 체에 밭쳐서 부스러기를 털어낸다.

3 마늘은 모양대로 도톰하게 5mm 정도로 슬라이스한다.

4 팬에 슬라이스한 마늘을 넣은 다음 식용유를 넉넉히 붓고 중불에 살짝 저어가면서 튀기듯이 노릇하게 구워낸다. 마늘은 달군 기름에 넣지 않고 처음부터 식용유와 함께 넣어야 마늘이 타지 않고 노릇하게 볶아진다.

5 마늘 향이 남아 있는 기름에 손질한 꽈리고추를 넣고 중불에서 부드럽게 볶는다.

6 꽈리고추가 말랑하게 볶아졌으면 조림간장을 넣고 간이 배도록 1분 정도 더 볶는다.

7 고추에 간이 배면 볶아놓은 멸치, 마늘을 넣고 골고루 섞이도록 살짝 볶는다.

8 ⑦에 올리고당, 참기름, 통깨를 넣고 다시 한 번 골고루 섞는다.

엄마의 훈수

"꽈리고추는 맵지 않은 것으로 고르는데, 너무 매우면 양념장의 맛보다 매운맛이 부각돼 입안이 얼얼해져. 꽈리고추는 취향에 따라 더 볶거나 덜 볶으면 되는데, 어른들은 꽈리고추를 푹 졸여서 말랑한 것을 좋아하지만 우리 가족들은 식감이 살아 있는 것을 좋아하지. 색이 파랗게 볶아진 상태를 좋아하기 때문에 살짝 숨이 죽고 간이 밸 정도로만 볶는 편이야."

엄마의 비법을 알려 주세요!

● **멸치는 어떤 크기를 사용하면 좋아요? 맛의 차이가 있나요?**

소멸(길이 3~4cm)이 적당해. 내장을 따로 손질할 필요가 없어 간편하게 요리할 수 있지. 중멸을 사용한다면 머리와 내장을 다듬어야 비린 맛이 안 나. 소멸이나 중멸이 사이즈가 작은 세멸보다 멸치 씹히는 맛이 좋아 조림에 적당하고 맛은 더 멸치다운 맛이 난단다.

● **꽈리고추는 어떤 것을 고르는 것이 좋을까요?**

꽈리고추는 세로로 주름이 많아 쭈글쭈글하고 육질이 연한 것이 맵지 않고 조림용으로 좋아.

● **길이로 자르지 않고 통으로 넣어도 되나요?**

길이가 길면 자르고, 길이가 적당하면 자르지 않고 통으로 넣어도 되는데, 통으로 넣을 땐 꽈리고추를 포크나 이쑤시개로 몇 군데를 찔러주거나 가위로 가위집을 내면 조릴 때 양념이 잘 스며들어 더 맛있지.

● **마늘 향을 내는 이유는 뭐예요?**

마늘을 다져서 넣는 것보다 슬라이스해서 기름에 향을 내면 고소한 마늘 향이 조림 전체에 퍼져서 풍미가 더욱 좋아지지. 또 볶은 마늘을 같이 먹으면 맛뿐 아니라 영양 면에서 좋기 때문에 색다른 조리법으로 그리 했단다.

{딸의 요령}

"멸치 대신 부드러운 어묵을 넣어 꽈리고추 어묵볶음을 만들 수 있어요. 멸치 대신 어묵 100g으로 대체하면 간단합니다. 어묵은 동그란 어묵이나 도톰한 어묵이 좋은데, 크기가 크다면 먹기 좋은 크기로 잘라주세요. 어묵은 끓는 물에 살짝 데쳐서 준비하세요. 멸치는 빼고, 그대로 조리하면서 데친 어묵을 조리과정 ⑥번에 넣고 만들면 됩니다."

매콤하게 감칠맛 도는 마성의 밑반찬

고추장 멸치볶음

재료 | 3~4인분

- 멸치(소멸) 150g
- 해바라기씨 50g
- 통깨 1큰술
- 참기름 1작은술

양념장

- 고추장 3큰술
- 올리고당 3큰술
- 고추기름 2큰술 (047p 참고)
- 설탕 1 ½큰술
- 식용유 1큰술
- 청주 1큰술
- 고춧가루 1/2큰술
- 간장 1/2큰술
- 다진 마늘 1/2큰술

1 달군 팬에 기름 없이 멸치를 넣고 중불에서 멸치가 바삭하도록 3분간 볶다가, 해바라기씨를 넣고 2분간 더 볶는다.
2 바삭하게 볶아진 멸치는 체에 밭쳐서 부스러기를 털어낸다.
3 팬에 양념장을 분량대로 넣고 중불에서 끓인다.
4 양념장이 보글보글 끓으면, 해바라기씨와 멸치를 넣어 골고루 섞듯이 잠깐 볶는다.
5 마지막으로 통깨와 참기름을 넣고 버무린다.

1

5

칼슘의 보고인 멸치는 항상 옆에 두고 먹어야 하는 식품으로 꼽히지요. 아무리 몸에 좋아도 맛있어야 자꾸 먹게 되는 법! 멸치를 가장 맛있게 많이 먹을 수 있는 방법이 바로 볶음인데, 입맛 없을 때 매콤하게 감칠맛 도는 고추장 멸치볶음만 있으면 밥이 술술 넘어간답니다.

엄마의 비법을 알려 주세요!

● 멸치 비린내 없애는 효과적인 방법 알려주세요!

멸치는 먼저 기름을 두르지 않은 프라이팬에 살짝, 그리고 바삭하도록 볶아! 수분을 술술 날리는 거지. 그러면 멸치 맛이 고소하고 비린내가 어느 정도 없어지거든. 멸치를 볶을 때도 그렇고, 육수를 우려낼 때도 이 방법을 사용해. 그런 다음 귀찮더라도 체에 밭쳐 부스러기를 털어내야 맛도 모양도 깔끔한 멸치볶음이 완성된단다.

● 멸치의 사이즈에 따라 요리 용도나 맛이 다른가요?

좋은 질문이야! 멸치는 크기에 따라 크게 세멸, 자멸, 소멸, 중멸, 대멸로 나뉘고, 더 정밀하게 사이즈에 따라 이름이 달라. 맛은 비슷하지만 크기에 따라 느껴지는 맛의 깊이가 다르고, 용도가 다르거든.

주로 세멸과 자멸은 1~1.5cm 크기의 잔멸치로 볶음용으로 활용해. 소멸은 3~4cm 크기의 멸치로 주로 간장양념이나 고추장양념으로 조림을 하거나 달달 볶아주면 맛있어. 엄마가 주로 꽈리고추 멸치볶음이나, 고추장 멸치볶음용으로 자주 애용하는 것이 소멸이란다. 멸치 씹히는 맛을 확실히 느낄 수 있게 해주는 사이즈지.

중멸은 4~6cm 크기의 멸치로 머리와 내장을 제거하지 않아도 쓴맛이 거의 없어 통째로 고추장에 찍어 먹기 좋단다. 아빠가 좋아하는 고추장에 찍어 먹는 멸치! 육수를 낼 때 그냥 통째로 사용해도 깔끔한 국물 맛이 나. 대멸은 7~8cm 정도의 큰 멸치인데 국물을 낼 때 가장 많이 사용해. 내장을 제거한 뒤 사용하는데 조금만 넣어도 국물맛이 진하게 우러난단다.

● 꼭 해바라기씨를 넣어야 하나요?

해바라기씨는 크기가 작아서 소멸이랑 어울리고, 구하기 쉬운 재료라 넣었어. 없으면 굳이 넣지 않고 볶아도 되고, 다른 구운 견과류를 넣어도 맛있어.

● 고추장으로 볶으면 타기 쉽고 대충 섞어버리면 양념이 잘 안 배는데, 엄마 비법이 궁금해요.

양념장이 보글보글 끓을 때 멸치를 넣고, 불을 줄인 다음 멸치에 양념이 잘 섞이도록 재빨리 볶으면 타지 않고 양념이 잘 밴단다. 멸치를 너무 많이 볶으면 식었을 때 자칫 딱딱해지기 때문에, 바삭하도록 빠르게 볶은 것이 중요해.

{딸의 요령}

"볼에 따뜻한 밥 한 공기와 고추장 멸치볶음 다진 것 1/2컵, 다진 청양고추 1~2개, 약간의 참기름을 넣고 조물조물 버무려서 김밥김으로 말면 초간단 멸치김밥이 돼요. 입맛 없을 때, 스트레스 받아 매운맛이 당길 때 먹으면 최고의 맛이랍니다. 너무 매운 게 싫다면 김밥 가운데 스트링치즈를 넣어 주면 진짜 별미예요."

5~6월에 먹어야 제맛 나는

마늘종 새우볶음

재료 | **2~3인분**

- 손질한 마늘종 150g
- 마른 새우 1컵(30g)
- 식용유 1큰술
- 통깨 1/2큰술

양념장

- 간장 1큰술
- 맛술 1큰술
- 올리고당 1큰술
- 물 2큰술

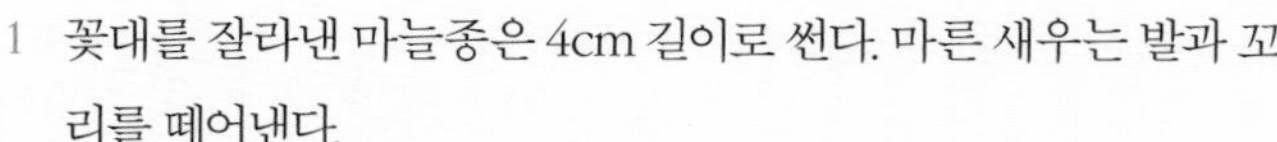

1 꽃대를 잘라낸 마늘종은 4cm 길이로 썬다. 마른 새우는 발과 꼬리를 떼어낸다.

2 분량의 재료를 섞어 양념장을 만든다.

3 달군 팬에 식용유 1큰술을 넣고 마늘종과 마른 새우를 넣어 중불에서 2분 정도 볶는다.

4 볶은 마늘종과 마른 새우에 양념장을 붓고, 중불보다 약간 센 불에서 국물이 약간 남도록 3분 정도 뒤적이면서 볶는다.

5 마지막으로 통깨를 뿌려 섞는다.

1

4

마늘종은 늦은 봄에만 맛볼 수 있는 신토불이 채소예요. 제일 맛있을 때 장아찌도 담고, 볶아서 먹고, 무쳐 먹기도 하는데, 마른 새우와 함께 볶으면 색도 예쁘고 짭조름한 맛이 잘 어우러져 한층 더 풍요로운 봄 반찬이 된답니다.

엄마의 비법을 알려 주세요!

● **마른 새우는 왜 발과 꼬리를 떼어내나요?**

그대로 넣으면 먹을 때 입안에서 까끌거리기 때문에 발과 꼬리를 떼어내는 것이 식감에 좋아.

● **처음부터 양념을 넣지 않고, 식용유에 볶은 다음에 양념으로 다시 볶네요?**

마늘종과 마른 새우를 처음부터 양념을 넣어 조리면 간은 깊이 배지만 식감이 너무 물러져. 식용유에 볶은 다음 양념에 재빠르게 볶아 마늘종과 마른 새우의 겉에만 양념을 묻게 하는 식이라 양념맛과 식재료 본래의 맛을 모두 느끼면서 맛있게 먹을 수 있단다. 바삭한 식감 때문에 더 먹을 만하지.

● **제철 마늘종, 오래 두고 먹을 방법을 알려주세요.**

보통 채소는 한 번 살짝 데친 다음에 냉동보관을 하는데, 마늘종은 냉동보관한 후에 해동을 하면 질겨져서 별로 추천하는 방법은 아니야. 아삭한 식감을 포기한다면, 냉동보관을 해도 상관없지. 굳이 필요하다면 소금물에 살짝 데쳐서 냉동보관하는 것이 좋을 것 같구나. 종종 얇게 썰어 볶음밥용으로, 4cm 길이로 썰어 마늘종볶음용으로 나눠 냉동보관을 하는 경우는 봤어.

{딸의 요령}

"마늘종은 은은하게 달달한 맛이 돌고 부드럽게 씹히는 맛이 있어 아이들이 의외로 좋아하는 재료 중 하나예요. 그래도 씹기 힘든 아이들을 위해 마늘종을 길이로 4등분해서 조금 더 얇거나 짧게 썰고, 크기가 큰 마른 새우 대신 밥새우나 어묵, 다진 쇠고기를 넣고 볶으면 색다른 라임맘표 아이 반찬이 되지요."

엄마의 훈수

"마늘종 새우볶음은 오래 보관하면 바삭함이 사라지니 조금씩 볶아 빨리 먹는 것이 가장 맛있어. 마른 새우 대신 멸치(세멸)를 넣고 같은 방법으로 만들면 마늘종 멸치볶음이 돼. 취향에 따라 양념에 고추장이나 고춧가루를 더해 매콤한 맛으로 응용할 수 있지."

타지 않게 골고루 빠르게 볶아내는

오징어실채볶음

재료 | **4~5인분**

- 오징어실채 200g
- 견과류 30~40g(아몬드 슬라이스, 해바라기씨, 호박씨 등)
- 식용유 5큰술
- 통깨 1큰술
- 참기름 1/2큰술

양념장

- 올리고당 2큰술
- 간장 1큰술
- 설탕 1큰술
- 물엿 1큰술
- 맛술 1큰술
- 다진 마늘 1큰술
- 고추장 1/2큰술

1. 분량의 재료를 섞어 양념장을 만든다.
2. 견과류는 달군 팬에 바삭하고 고소하게 살짝 볶는다.
3. 팬에 오징어실채와 식용유를 넣고 젓가락으로 골고루 버무려지게 섞는다. 중불에서 5분, 약불에서 5분 정도 오징어실채가 전체적으로 꼬불해지고 익혀지듯 색이 노릇해질 때까지 젓가락으로 아래 위 골고루 섞으면서 볶아낸다.
4. 같은 팬에 양념을 넣고 중불에서 끓어오르면 ③을 넣고 젓가락으로 골고루 섞으면서 덩어리지지 않고 바닥에 양념이 남지 않을 때까지 볶는다.
5. 마지막으로 뜨거울 때 볶은 견과류와 참기름, 통깨를 섞어낸다.

3

4

5

엄마의 훈수

"도시락 반찬으로 강추하는 오징어실채볶음은 한 번 만들어 놓으면 일주일 정도 냉장보관해 먹을 수 있는 저장반찬이야. 진미채와 비슷한 듯 또 다른 매력을 가지고 있는 오징어실채는 얇고 꼬들한 식감이 일품이지. 만들기가 어렵지는 않은데, 양념이 타지 않고 골고루 잘 배도록 볶는 것만 잘 한다면 성공이야."

가늘고 보드라운 오징어실채볶음은 누구나 좋아하는 밑반찬이죠. 알고 나면 만들기 쉬운데 불 조절이 어려워 실패하는 경우가 많습니다. 중불과 약불로 조절하면서 타지 않게 양념을 바짝 졸이는 것이 포인트! 고소한 통깨와 견과류까지 넣어 고소함이 폭발하는 맛입니다.

엄마의 비법을 알려 주세요!

- **실채를 볶아서 뺐다가 나중에 양념장에 다시 넣는 이유가 뭐예요? 볶은 실채에 바로 양념장을 넣고 볶으면 안 되요?**

처음에는 실채를 식용유에 노릇하게 볶는 것인데, 여기에 양념장을 그대로 넣으면 양념이 제대로 코팅되지 않아. 멸치볶음, 마른 새우볶음처럼 재료를 미리 볶은 다음 양념장을 따로 보글보글 끓여서 볶은 재료를 넣어줘야 양념이 골고루 코팅이 되면서 반짝거리는 효과가 생기지.

- **실채가 얇아서 금방 타버리더라고요.**

중불, 약불을 잘 조절하고 뭉치지 않도록 젓가락으로 계속 골고루 섞어가면서 저으면 타지 않게 볶을 수 있어. 볶는 동안 다른 일을 하지 말고 상태를 봐 가면서 타지 않게 잘 섞는 것이 좋아. 일부분만 타도 전체적으로 지저분해 보일 수 있거든.

- **고추장 대신에 고춧가루를 사용하면 안 되나요?**

고춧가루를 섞으면 매끈하고 가늘게 볶아진 실채볶음에 고춧가루 입자가 돌아다녀 보기에 좋지 않아. 가급적 고추장을 사용하는 것이 깔끔하지.

- **견과류는 생략해도 되나요?**

견과류는 기호에 따라 가감하는 것이니 생략해도 돼. 이것저것 다양하게 넣어보면서 우리 가족 입맛에 가장 잘 맞는 것을 찾아보렴.

{딸의 요령}

"오징어실채는 오징어채와 달리 식감이 부드럽고 바삭바삭하면서 짭조름하고 달콤해서 어른, 아이 할 것 없이 정말 좋아하는 반찬이죠. 빨갛게 만들기도 하지만, 간장양념으로 '단짠단짠'하게 만들어 먹기도 하는데요. 고추장을 빼고 양념을 만들어서 똑같이 조리하면 아이들이 좋아하는 간장양념 오징어실채볶음 완성입니다."

자꾸자꾸 손이 가는 국민반찬

감자볶음

재료 | **3~4인분**

- 감자(중) 2개
- 양파 1/4개
- 햄 100g
- 식용유 2큰술
- 소금 1/2작은술
- 파슬리가루 약간

1·2

3

7

1 감자는 껍질을 벗기고 4~5mm 정도의 두께로 슬라이스한 후 같은 두께로 일정하게 채를 썬다.

2 햄도 감자와 비슷한 사이즈로 썰고, 양파는 얇게 채 썬다.

3 채 썬 감자는 물에 5분 정도 잠시 담갔다가 여러 번 헹구면서 전분기를 뺀다.

4 체에 밭쳐 물기를 대충 털어 낸 후 키친타월 위에 올려 물기를 뺀다.

5 달군 팬에 식용유를 두르고 물기를 뺀 감자채와 소금을 넣고 중불에서 5분 정도 볶는다.

6 뚜껑을 덮고 약불에 5분 정도 두면서 중간에 한두 번 뒤적인다.

7 뚜껑을 열고 햄과 양파를 넣고 주걱으로 저어가며 감자가 다 익을 때까지 3분 정도 살살 더 볶는다.

8 얌전하게 볶아진 감자채 위에 파슬리가루를 뿌린다.

감자볶음 같은 요리가 쉬우면서도 참 어렵지요. 감자의 전분기를 빼주고, 볶기 전에 물기를 꼭 빼주는 과정이 별것 아닌 것 같지만 감자볶음의 성패를 좌우합니다. 감자는 들러붙기 쉬우니 코팅이 잘 된 프라이팬을 사용하는 것도 중요해요. 많이 볶아놓고 조금씩 덜어내어 먹기 직전 전자레인지에 따뜻하게 데워 먹으면 포슬포슬한 감자의 식감을 고스란히 느낄 수 있답니다.

엄마의 비법을 알려 주세요!

● **전분기를 꼭 빼야 해요?**

그렇고 말고! 감자는 전분이 많은 식품인데 바로 썰어서 볶으면 끈적한 전분기 때문에 들러붙어서 기름을 많이 사용하게 되고 깔끔한 감자볶음을 만들기 어렵단다. 물에 담가 물을 갈아가면서 잠시 두었다가 헹궈서 물기를 빼면 감자의 질감이 사각사각해져. 또 볶을 때 프라이팬에 들러붙지 않아 깔끔하게 볶을 수 있지. 그래서 전분기 제거는 필수야! 감자 양이 많아진다고 해도 전분을 빼는 시간은 차이가 없고, 감자가 잠길 정도로 물의 양을 늘려 담갔다가 여러 번 헹구면 돼.

● **불 조절이 참 어렵던데, 시간 말고 감자의 상태를 보고 할 수는 없어요?**

감자가 익으면 탁한 색에서 투명한 색으로 바뀌기 시작하니, 감자가 투명해지기 시작하면 불을 줄이고 조금만 더 볶아서 마무리하면 돼. 그리고 감자볶음은 약간 덜 익은 듯이 볶아야 부서지지 않고 쫀득한 감자의 맛을 느낄 수가 있단다. 여러 번 볶다 보면 눈으로만 봐도 맛이 가늠되지.

● **불 조절을 잘못해서 들러붙었어요. 어쩌죠?**

채를 썰어 볶다가 들러붙으면 그냥 팬에 다 엉긴 대로 잘 펼쳐서 감자채 전으로 앞뒤로 바삭하게 구워보는 건 어떨까? 케첩 등을 곁들이면 엄마의 또 다른 특별요리가 된단다.

● **볶기 전에 감자 물기를 꼭 없애야 해요?**

아무래도 감자볶음은 감자가 따로따로 바삭하게 익혀지면서 완성되는 것인데, 물기가 남아 있게 되면 물기 때문에 찌듯이 익혀져서 쉽게 부서지는 감자볶음이 돼. 조금 귀찮지만 음식점에서 맛볼 수 있는 아삭하면서 쫀득한 감자볶음을 만들려면 물기를 잘 제거해야 한단다.

{딸의 요령}

"저는 라임이에게 감자볶음을 만들 때 햄 대신에 감자와 비슷한 크기로 사과를 채 썰어서 함께 볶아줘요. 사과는 볶아도 모양이 으스러지지도 않고, 사과의 은은한 단맛이 감자와 잘 어우러져서 라임이가 정말 좋아해요."

선명하고 감칠맛 나게 볶은 여름 반찬

애호박볶음

재료 | 3~4인분

- 애호박(중) 2개(400g)
- 양파 1/4개
- 홍고추 1/2개
- 다진 파 1큰술
- 새우젓 1큰술
- 소금 1/2큰술
- 통깨 1/2큰술
- 다진 마늘 1작은술
- 들기름(또는 참기름) 1작은술
- 식용유 약간

1 애호박은 길이로 반 잘라 7~8mm 두께로 썰어 비닐봉지에 넣고 소금에 30분 정도 절인다. 중간에 한두 번 뒤적여준다.

2 양파는 채 썰고 홍고추는 길이로 반으로 갈라 씨를 빼고 가로로 짧고 가늘게 채 썬다. 새우젓도 곱게 다진다.

3 절인 애호박은 물에 헹군 뒤 면주머니에 넣고 부서지지 않도록 살짝 짠다.

4 달군 팬에 식용유를 두른 뒤 애호박을 넣어 중불에서 2분 정도 볶다가 반쯤 익으면 양파, 새우젓, 홍고추, 다진 파, 다진 마늘을 넣고 애호박이 익도록 3분 정도 더 볶는다.

5 애호박 색이 파랗게 되고, 양파가 어느 정도 익으면 들기름과 통깨를 넣고 한 번 더 버무린 후 넓은 접시에 애호박볶음을 재빨리 펼쳐 냉장고에 넣고 식힌다.

6 애호박볶음이 충분히 식으면 저장용기에 담는다.

1

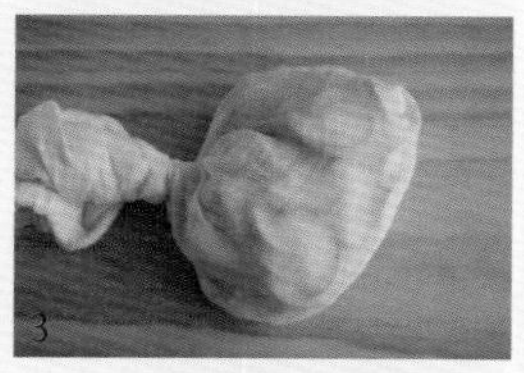
3

4

애호박이 맛있고 저렴해지는 여름철에 자주 해 먹는 반찬이에요. 비타민 A와 C가 풍부하고 소화 흡수도 잘 되는 애호박은 볶아 먹어도, 전으로 부쳐 먹어도, 찌개에 넣어 먹어도 맛있는 전천후 식재료입니다. 만드는 법도 간단하고 조리시간도 짧아 휘리릭 볶아서 바로 먹으면 정말 맛있어요.

엄마의 비법을 알려 주세요!

● **애호박을 왜 비닐봉지에 넣어 절여요?**

비닐봉지에 넣고 절이면 소금과 절이는 재료가 잘 밀착돼 적은 양의 소금으로도 골고루 빠르게 절일 수 있어. 중간에 뒤섞어주는 과정을 잊지 마.

● **애호박을 절이지 않고 볶으면 안 되나요?**

절이지 않으면 볶으면서 애호박에서 물이 생길 수 있단다. 또 애호박은 싱거운 채소라 소금 맛이 배면 적당히 짭짤한 볶음이 되지. 소금에 절여 볶아야 애호박의 파란색도 선명해진단다. 조금 번거롭더라도 엄마는 절여서 볶는 것을 권해.

● **새우젓으로만 간을 맞춰도 충분할까요?**

애호박을 이미 소금에 절인 상태라 새우젓으로만 간을 맞춰도 충분해.

{딸의 요령}

"다른 재료도 없고 아주 바쁠 때는 소금에 절여진 애호박의 물기를 짜내고, 달군 팬에 참기름이나 들기름을 둘러 애호박이 익도록 볶아 아주 심플하게 만들어요. 이것도 엄마가 알려주신 방법인데, 새우젓을 넣고 볶는 것에 비해 감칠맛은 덜하지만 좀 더 깔끔하고 고소한 맛이 있어요."

엄마의 훈수

"애호박의 식감을 살리려면 절인 후에 물기를 잘 짜주는 것이 중요해. 그래야 물기 없이 아삭하게 볶아지거든. 애호박은 볶은 다음에 재빠르게 펼쳐서 냉장고에 식히는데, 그래야 애호박이 더 물러지지 않고 아삭하면서 파란 애호박 색깔이 유지된단다."

물기 없이 쫄깃하고, 간도 딱 맞는

느타리버섯볶음

재료 | 2~3인분

- 느타리버섯 1팩(200g)
- 양파 50g
- 당근 20g
- 대파 1/4대(5cm)
- 식용유 1큰술
- 다진 마늘 1/2작은술

양념

- 통깨 1/2큰술
- 국간장 1작은술
- 참기름 1작은술
- 소금 1/8작은술
- 후춧가루 약간

1 느타리버섯은 흐르는 물에 살짝 씻는다.

2 물기를 털어 낸 느타리버섯은 밑동을 자른 후 전자레인지용 찜기에 넣어 뚜껑을 닫고 전자레인지에 2분 정도 돌려 숨을 죽인 다음 잠시 식힌다.

3 식은 느타리버섯은 굵은 것은 먹기 좋은 사이즈로 가늘게 찢어 물기를 꼭 짜는데, 150g 정도 나온다.

4 양파는 얇게 채 썰고, 당근과 대파는 3cm 길이로 채 썬다.

5 달군 팬에 식용유를 두르고 중불에서 양파, 당근, 마늘, 대파를 넣고 50초 정도 볶다가 느타리버섯을 넣고 1분간 더 볶는다.

6 국간장과 소금으로 간을 맞추고, 마지막으로 후춧가루, 참기름, 통깨를 넣고 버무린다.

2

5

6

엄마의 훈수

"버섯요리는 비법을 알면 매우 쉬운데, 그렇지 않으면 실패하기 딱 좋은 요리야. 버섯의 물기가 많으면 간 맞추기도 힘들고, 식감도 떨어지기 때문에 물기 없이 볶는 것이 중요하지. 일단 버섯이 물을 흡수하지 않게 흐르는 물에 빠르게 씻어 물기를 털고, 데치거나 전자레인지에 넣어 숨을 죽인 다음 또 물기를 꼭 짜야 해. 엄마가 먹었을 때는 물에 데치는 것보다 전자레인지를 사용하는 것이 만들기도 쉽고, 버섯의 향과 질감을 살리는 데도 효과적인 것 같아."

구하기 쉬운 느타리버섯으로 쉽고 간단하게 만드는 버섯요리입니다. 먹어도 질리지 않는 쫄깃한 버섯반찬은 식이섬유가 풍부해 다이어트에 좋은 건강한 음식으로 꼽히지요. 냉장고에 넣어 차가운 상태로 먹어도 맛있어서 도시락 반찬으로도 훌륭한 메뉴입니다.

엄마의 비법을 알려 주세요!

● **다른 버섯도 이렇게 볶으면 되나요?**

그냥 볶으면 잘 부서지고 모양이 흐트러지는 버섯 종류들은 이처럼 다듬어서 데친 다음 물기를 꼭 짠 후에 볶아야 해. 표고버섯, 새송이버섯, 팽이버섯 등은 굳이 데치지 않고도 알맞게 썰어서 소금, 후춧가루, 참기름 등을 넣고 다른 채소와 함께 볶아 주면 돼! 대체로 버섯 종류는 한 번 데쳐서 물기를 짠 후 볶으면 더 이상 수분이 나오지 않으면서 깔끔하게 볶을 수 있지.

● **느타리버섯은 어떻게 손질해야 하나요? 물에 씻지 말라는 얘기도 있던데요?**

대부분의 버섯은 물이 닿으면 물을 많이 흡수하기 때문에 되도록이면 물에 담가 씻지 말고 흐르는 물에 샤워를 시키듯이 빠르게 씻어낸 다음 체에 밭쳐 물기를 빼고 사용하는 편이 개운하지. 그리고 느타리버섯 같이 밑동이 같이 붙어 있는 버섯들은 지저분한 부분이 없는 데까지 밑동을 잘라내고, 버섯을 가닥가닥 알맞게 갈라내어 사용하는 것이 좋아. 전자레인지가 아닌 끓는 물에 데쳐 낼 경우엔 밑동만 다듬은 후 씻지 않고 데쳐 찬물에 여러 번 헹군 다음 물기를 꼭 짜도 된단다.

● **전자레인지를 사용하기 싫으면 어떻게 숨을 죽여야 하나요?**

끓는 물에 살짝 데쳐 숨을 죽인 후 꺼내어 찬물에 헹궈낸 후 꼭 짜서 사용하면 돼.

● **볶은 다음에 마지막에 양념을 넣어 간을 맞추나요?**

버섯은 처음부터 간을 해서 볶으면 수분이 더 나올 수도 있어, 간을 해서 볶는 것보다는 다 볶아낸 후 나물을 무치듯이 간을 맞추는 것이 정석이야. 국간장, 소금으로 간을 맞추고 참기름, 통깨를 넣으면 버섯의 맛과 풍미가 더해지지.

{딸의 요령}

"저는 간을 약간 다르게 해서 다양한 맛으로 볶아요. 소금으로만 간을 맞출 때도 있고, 굴소스를 넣어서 간을 해 볶는 것도 맛있어요. 들깨맛을 좋아하는 라임이를 위해 참기름이나 통깨 대신 들기름과 들깻가루를 넣어 느타리버섯 들깨볶음을 만들기도 해요."

엄마의 정성이 담긴 정겨운 맛

고구마줄기볶음

재료 | 2~3인분

- 고구마줄기(다듬어 삶은 양) 300g
- 국간장 1큰술
- 다진 마늘 1큰술
- 다진 파 1큰술
- 들기름 1큰술
- 식용유 1큰술
- 통깨 1큰술
- 소금 적당량
- 멸치 다시마육수 1/2컵

1

5

1 고구마줄기는 잎을 자른 후 연한 소금물에 담가 놓고 약간 보들보들거릴 때 껍질을 벗긴다. 껍질을 벗기면서 7~8cm 정도로 먹기 좋게 자른다. 소금물은 물 1.5L에 소금 3큰술 정도면 적당하다.

2 고구마줄기의 숨이 죽어 부드럽게 되도록 끓는 물에 3분 정도 삶은 후 찬물에 헹궈 물기를 뺀다.

3 달군 팬에 식용유와 들기름을 두르고 고구마줄기, 다진 마늘, 국간장을 넣은 다음 중불에서 1분 정도 볶는다.

4 멸치 다시마육수를 넣고 뚜껑을 덮은 후 중불에서 5분 정도 고구마줄기가 부드럽게 익도록 두었다가 뚜껑을 열어 촉촉한 볶음이 될 때까지 5분 정도 더 볶는다.

5 고구마줄기가 부드럽고 촉촉하게 볶아졌으면 다진 파와 통깨를 넣고 한 번 더 볶는다.

엄마의 훈수

"고구마줄기 손질이 어려우면 편하게 껍질을 벗긴 것이나 삶아진 것으로 구입해도 돼. 그런데 조금 번거롭기는 해도 껍질을 벗겨서 삶은 후 볶으면 좀 더 사각거리고 싱싱한 맛이 난단다. 엄마도 소금물에 담가 껍질을 벗기면 더 잘 된다는 채소 가게 아주머니의 조언을 듣고, 고구마줄기 손질이 한결 편해졌어."

살짝 아삭거리면서 달달하고 고소한 볶음 나물로, 여름철 식탁에 자주 올라오는 반찬입니다. 더운 날씨에 땀이 나고 지치는데, 기름에 볶아낸 나물을 먹으면 입맛이 살아나 밥이 술술 넘어가지요. 칼로리는 낮고 섬유질이 풍부한 고구마줄기는 맛과 영양이 풍부하고 가격도 저렴해 여름 제철 재료 중 으뜸입니다.

엄마의 비법을 알려 주세요!

● **고구마줄기는 다듬어 놓은 것을 사면 안 되나요?**

괜찮아~ 한창 고구마줄기가 나올 때 재래시장을 가면 껍질을 벗겨 파는 아주머니가 눈에 띈단다. 직접 사서 까는 것보다는 약간 양이 적겠지만 번거로움이 적어 엄마도 간혹 사와서 할 때가 있어.

● **고구마줄기는 어떻게 다듬어요?**

고구마줄기는 약한 소금물에 담가 숨을 살짝 죽인 후에 줄기 끝부분을 잡아 잡히는 껍질로 쭉 벗겨주고 다시 먹기 좋은 길이로 꺾어 따라 나오는 껍질을 당겨 쭉 벗겨 주기를 반복해야 해. 그냥 벗기는 것보다 약간 절인 다음 하는 것이 잘 벗겨지더라고! TV를 보면서 가족들이 함께 껍질을 벗기는 시간도 아주 정겹고 재미있지.

● **왜 들기름을 써요?**

꼭 들기름을 써야 하는 것은 아니고 참기름을 써도 돼. 하지만 볶음 나물 종류는 구수한 맛이 더 잘 어울리기 때문에 들기름을 추천한단다. 때로는 들기름과 참기름을 함께 사용하기도 해. 만약 들기름 특유의 향을 안 좋아하면 동량의 참기름으로 대체해도 돼.

● **왜 뚜껑을 덮고 끓여야 하나요?**

볶음 나물도 처음에는 뚜껑을 덮고 끓는 국물에 부드럽게 익혀 주는 과정이 필요해. 그 다음에 뚜껑을 열어 국물을 졸이면서 촉촉하게 볶으면 식감이 훨씬 좋거든. 고사리 같은 질긴 나물일 경우는 더 오래 뚜껑을 덮고 익혀야 해.

{딸의 요령}

"같은 양념에 멸치 다시마육수를 1컵을 붓고 끓이다가 마지막에 들깻가루 1~1½큰술을 넣으면 고소한 고구마줄기 들깨볶음이 완성돼요. 라임이는 고소한 맛 때문인지 들깻가루가 듬뿍 들어간 고구마줄기볶음을 더 좋아해요. 한 번 만들 때 두 가지 맛으로 만들어 먹는 방법도 추천합니다."

섬유질이 풍부한 저칼로리 반찬

미역줄기볶음

재료 | 2~3인분

- 염장 미역줄기 200g
- 다진 파 2큰술
- 식용유 2큰술
- 국간장 1큰술
- 다진 마늘 1/2큰술
- 참기름 1/2큰술
- 통깨 1/2큰술
- 멸치 다시마육수 4큰술

1

2

4

1 염장 미역줄기는 물에 3~4번 씻은 후 30분 정도 물에 담그는데, 중간에 두 번 정도 물을 갈아주면서 짠기를 뺀다. 맛을 보았을 때 짠맛이 심심하게 남아 있을 정도로 빼면 된다.
2 체에 밭쳐 물기를 뺀 후 먹기 좋은 길이로 자른다.
3 팬에 손질한 미역줄기를 넣고 국간장, 다진 마늘, 다진 파, 식용유를 넣고 조물조물 무친다. 이때 국간장은 간을 보아가면서 넣는다.
4 멸치 다시마육수를 붓고 육수가 거의 없어지도록 중불에서 5분 정도 볶는다.
5 마지막에 참기름과 통깨를 넣고 골고루 섞는다.

미역줄기볶음은 슴슴하게 볶아 놓으면 마냥 집어 먹게 되는 반찬입니다. 오독하고 꼬들꼬들한 식감이 매력이지요. 염장 미역 본래의 짠맛을 잘 잡아주는 게 포인트입니다.

엄마의 비법을 알려 주세요!

● **염장 미역줄기는 구하기 쉽나요?**

요즘 대형마트에 가면 염장 미역줄기를 항시 구입할 수 있어. 그래서 엄마는 주로 구하기 쉬운 염장 미역줄기만 사용한단다. 염장된 미역을 고를 때도 색이 짙고 광택이 있는 것이 맛있으니 잘 살펴보고 골라야 해. 미역줄기는 특유의 바다 내음이 비린내처럼 느껴지는데, 물에 잘 헹궈 짠맛을 없애고 각종 양념과 육수를 넣고 볶으면 향긋하고 고소한 반찬이 되지.

● **물을 갈아줬는데도 염분이 계속 남아 있어요.**

염분이 아주 없어도 맛이 없어. 직접 먹어 보았을 때 약간 싱거운 듯 염분이 남아 있을 정도까지 물에 불렸다 물을 갈아줬다를 반복하면서 맛을 체크하면 돼.

● **짜지 않게 볶으려면요?**

국간장을 넣을 때 맛을 보면서 조금씩 첨가하렴. 미역 자체의 짠맛이 있기 때문에 부족하다 싶게 간을 맞추면 질리지 않고 맛있게 먹을 수 있어.

● **식용유 대신 참기름이나 들기름을 넣고 무치면 안 되나요?**

마른 나물볶음에 주로 향을 내는 기름으로 참기름이나 들기름을 식용유와 같이 넣어 볶는데, 본래 참기름과 들기름은 발연점이 낮아서 볶는 기름으로 잘 사용하지 않아. 미역줄기볶음은 볶기 전에 무칠 때(조리과정 ③번) 식용유랑 같이 참기름이나 들기름을 넣어도 좋은데, 미역줄기 자체의 맛을 더 느끼려면 그냥 식용유에 볶고 마지막에 참기름을 둘러 섞는 조리법이 더 낫단다.

● **미역줄기가 너무 많아서 반찬을 만들고도 남았어요.**

보통 미역줄기는 장기 보관을 하기 위해서 염장을 해서 파는 거야. 염장된 상태로 소분하면 냉장고 또는 김치냉장고에서 1~2달 정도 보관이 가능하고, 냉동보관을 하면 6개월 정도 보관 가능하단다. 염분을 뺐다면, 냉장보관으로 1주일 안에 먹는 것이 좋아.

{딸의 요령}

"마지막에 참기름과 통깨 대신 들깻가루 2큰술, 들기름 1/2큰술을 넣고 골고루 섞으면 고소하고 맛있는 미역줄기 들깨볶음이 된답니다. 들깨볶음을 할 경우에 멸치 다시마육수를 조금 추가해서 약간 촉촉하게 볶아주면 좋아요."

매일 먹어도 질리지 않는 1순위 반찬

어묵볶음

재료 | **2~3인분**

○ 어묵 4장(200g)
○ 양파 1/4개
○ 당근 30g
○ 조림간장 2큰술
○ 다진 파 1큰술
○ 식용유 1큰술
○ 통깨 1/2큰술
○ 다진 마늘 1작은술
○ 후춧가루 약간

* 조림간장 2큰술 대신에 간장 1 ½큰술, 맛술 1큰술, 설탕 1/2큰술로 대체할 수 있다.

1·2

3

4

1 양파와 당근은 얇게 채 썬다.
2 어묵은 끓는 물에 살짝 데쳐 흐르는 물에 헹군 후 물기를 제거하고, 가로세로 1.5cm×5cm 크기로 썬다.
3 달군 팬에 식용유를 두르고 양파와 당근, 어묵, 다진 파, 다진 마늘을 넣어 중불보다 약간 센 불에서 3분 정도 볶는다.
4 조림간장을 넣고 1분 정도 더 볶은 다음 후춧가루와 통깨를 뿌려 섞는다.

도시락 반찬으로 인기 좋았던 어묵볶음은 짬조름하고 감칠맛 나는 대표적인 국민 반찬입니다. 간장소스로 달짝지근하게 볶아도 좋지만, 빨갛고 매콤하게 볶아 먹어도 밥 한 공기 금세 뚝딱 할 만큼 맛있지요.

엄마의 비법을 알려 주세요!

● **납작한 어묵 말고 다른 모양의 어묵을 사용하면 레시피 분량이 달라지나요?**

다른 모양의 어묵을 사용해도 돼. 모양이 다르더라도 중량을 맞춰 조리한 후 간을 맞추면 돼.

● **어묵을 꼭 데쳐야 해요?**

어묵은 튀긴 식품이라 볶기 전에 데쳐서 사용하면 겉에 묻어 있는 기름을 씻어낼 수 있어 개운하고, 맛도 깔끔해지지. 그리고 단시간 내에 부드러운 식감의 어묵볶음을 완성할 수 있어.

● **처음부터 간장과 재료를 함께 볶으면 안 되나요?**

재료를 먼저 볶고 양념을 나중에 넣으면 재료의 식감은 식감대로 살아 있고 간이 너무 깊이 배지 않아 짜지 않고 담백하게 먹을 수 있단다.

● **볶은 어묵이 너무 흐물흐물 거려요.**

너무 많이 데쳤거나 오래 볶아서 그런 것 같아. 어묵은 맛이 빠지지 않도록 살짝 데쳐내 볶고 채소의 식감이 살아 있을 정도로만 볶은 뒤 마지막에 양념을 해서 볶아내면 가장 맛있어.

{딸의 요령}

"아이들은 납작어묵을 길게 썰지 않고, 먹기 좋은 사이즈로 조그맣고 네모나게 썰어서 볶으면 좋아요. 요즘은 하트, 별 등 다양한 모양의 어묵도 많이 나오는데, 귀여운 모양에 먹는 재미가 더해져 아이들이 정말 좋아해요."

엄마의
버전-업
레시피

매콤한 어묵볶음

재료 | 2~3인분 어묵 4장(200g), 양파 1/4개, 당근 30g, 꽈리고추 10개, 다진 파 1큰술, 식용유 1큰술, 통깨 1/2큰술, 다진 마늘 1작은술, 후춧가루 약간

양념장 다시마육수(또는 물) 3큰술, 간장 1 ½큰술, 고춧가루·맛술·올리고당 1큰술씩, 고추장·통깨 1/2큰술씩, 설탕 1작은술, 참기름 1/2작은술

어묵볶음과 같은 조리법으로 요리를 하는데, 마지막에 꽈리고추를 넣고 한 번 더 볶아주세요. 그런 다음 참기름, 통깨를 넣고 섞어 마무리하면 됩니다.

인기 폭발하는 추억의 도시락 반찬

소시지 채소볶음

재료 | 2~3인분

- 소시지 200g
- 파프리카(빨강·노랑) 1/3개씩
- 피망 1/3개
- 양파 1/4개
- 마늘 5쪽
- 식용유 1 ½큰술
- 올리고당 1/2큰술

양념

- 토마토케첩 2큰술
- 우스터소스 1큰술

1 채소는 사방 2.5cm 정도로 먹기 좋게 썬다. 소시지는 양념이 잘 배어들도록 한쪽에 가로세로 칼집을 낸다. 마늘은 모양대로 슬라이스한다.

2 달군 팬에 식용유를 두르고 마늘을 넣어, 식용유에 마늘 향이 배도록 중불에서 1분 정도 볶는다.

3 ②에 소시지를 넣고 1분 정도 더 볶는다.

4 양파와 파프리카, 피망을 넣고 2분 정도 더 볶은 후 우스터소스와 토마토케첩을 넣고 볶다가 마지막으로 올리고당을 넣어 마무리한다.

1

2

4

엄마의 훈수

"소시지 채소볶음은 어른, 아이 할 것 없이 좋아하는 메뉴인데, 너희들 어릴 때 도시락 반찬으로 싸주면 그날 점심에 친구들에게 인기 폭발이었다고 늘 말하곤 했지. 엄마는 우스터소스의 맛이 소시지와 더 잘 어울려 쓰지만, 없다면 간장을 써도 돼. 마지막에 간을 보고 싱거우면 소금을 약간 뿌리도록 해라."

소시지와 채소를 함께 볶아 만든, 줄임말로 흔히 '소야'(소시지야채볶음)라고 부르지요. 아이들에게는 밥 반찬으로, 어른들에게는 안주로 제격인 음식입니다. 냉장고에 있는 다양한 채소로 응용해서 만들어 먹어도 맛있고, 삶은 메추리알을 함께 넣어도 든든하지요.

엄마의 비법을 알려 주세요!

● 소시지 칼집은 어떻게 내는 게 좋아요?

칼집은 소시지에 양념이 잘 배라고 넣는 것인데, 이왕이면 예쁘게 격자무늬를 넣어봐. 소시지 한쪽 면만 가로세로 5mm 정도 깊이로 칼집을 내주면 된단다. 힘들면 한쪽 방향으로 어슷하게 3~4줄만 칼집을 내도 돼.

● 소시지는 데치지 않아도 되나요?

기름이 많은 소시지일 경우에는 데쳐서 사용하면 더 좋지. 레시피에 사용한 소시지는 작은 소시지로 기름도 거의 없고, 채소와 양념을 어우러지게 볶기 때문에 그냥 데치지 않고 사용했단다.

● 파프리카, 피망, 양파 말고 또 어울리는 재료가 있나요?

양배추, 떡볶이떡, 당근, 방울양배추, 새송이버섯, 양송이버섯, 메추리알 등 다양한 재료를 얼마든지 활용할 수 있어.

● 우스터소스는 어떤 맛이에요?

서양 간장이라고 생각하면 돼. 여러 양식 요리에 사용되고 있는데, 우리는 스테이크소스, 돈가스소스 등에 쓰인 맛으로 익숙하단다. 아무래도 양식에 가까운 소시지 채소볶음에는 간장보다 우스터소스가 더 잘 어울리지.

{딸의 요령}

"소시지를 그냥 볶지 않고 문어 모양으로 칼집 내서 볶으면 아이들이 정말 좋아해요. 소시지의 끝 부분 한쪽을 소시지의 반 정도 깊이까지 세로로 6등분하여 칼집을 낸 다음에 볶거나 데치면 되는데, 익으면서 문어 다리들이 벌어지고 문어 모양 소시지가 돼 아이들이 재미있어 하면서 잘 먹어요."

고소하고 부드러워 술술~ 넘어가는

부추 달걀볶음

재료 | 2인분

- 부추 100g
- 달걀 2개
- 식용유 1큰술
- 소금 1/2작은술
- 통깨 약간

1

3

4

1 부추는 다듬어 5cm 길이로 썰고, 볼에 달걀을 푼 다음 소금 1/4작은술을 넣어 섞는다.

2 달군 팬에 식용유를 두르고 부추를 넣은 다음 소금 1/4작은술을 넣고, 중불에서 1분 정도 살짝 숨만 죽도록 볶는다.

3 부추가 살짝 숨이 죽으면 달걀물을 넣어 젓가락이나 주걱을 이용해 스크램블을 만들듯이 섞어 볶는다.

4 달걀을 부드럽게 익히고 통깨를 살짝 뿌린다.

부추 한 단을 사면 꼭 다 먹지 못하고 남게 됩니다. 그럴 때 자주 해 먹는 반찬 중 하나가 바로 이 부추 달걀볶음이에요. 재료와 조리법이 간단하고, 어떤 음식과도 잘 어울리는 맛으로 밥상 위 영양을 책임지는 데 한몫해요. 부드럽고 고소한 맛으로 듬뿍듬뿍 집어 먹게 되는 마성의 밥반찬입니다.

엄마의 비법을 알려 주세요!

● **부추 다듬는 방법 좀 알려주세요.**

부추는 이물질을 제거하고 시든 줄기나 잎이 있으면 다듬어서 사용하면 돼. 시간이 지나면 잎이 쉬이 무르게 되는데 물러진 잎이 눈에 띄면 깔끔하게 제거한 후 음식에 넣도록 해라.

● **달걀은 알끈을 제거하지 않아도 되나요?**

달걀을 풀어 사용할 때 알끈을 제거하고 사용하는 것이 기본이지. 부추 달걀볶음에 쓰이는 달걀도 풀어서 알끈을 제거하고 사용해야 한단다.

● **부추와 달걀을 같이 볶으면 서로 엉켜서 모양이 잘 나지 않는데, 따로 볶아서 합치면 안 되나요?**

부추 달걀볶음은 같이 볶아 서로 엉겨 있어야 먹어야 재료끼리 잘 어우러져 제맛을 내. 이 요리는 그 맛으로 먹는 거야.

{딸의 요령}

"부추 달걀볶음에 조갯살이나 깐 새우를 약간 넣고 함께 볶아도 맛있어요. 부추가 생각보다 좀 질긴 편이니, 아이에게 먹일 경우에는 좀 더 짧게 잘라서 만들어 주면 먹기가 편해요."

엄마의 훈수

"부추의 뻣뻣한 식감과 특유의 향을 싫어하는 사람도 달걀과 부드럽게 볶으면 군말 없이 먹게 된단다. 달걀과 부추가 만나 서로를 보완해주고, 매력적인 맛을 만들어내거든. 냉장고에 두고 먹는 것보다는 만들어서 따뜻할 때 먹어야 부드럽고 고소한 맛을 입안 가득 느낄 수 있지."

구수한 들기름의 향기가 솔솔 풍기는

묵은지볶음

재료 | 2인분

- 묵은 김치 1/4포기 (손질한 것 400g)
- 대파 1/2대(10cm)
- 들기름 2큰술
- 들깻가루 2큰술
- 다진 마늘 1큰술
- 된장 1/2큰술
- 멸치 다시마육수 1/2컵

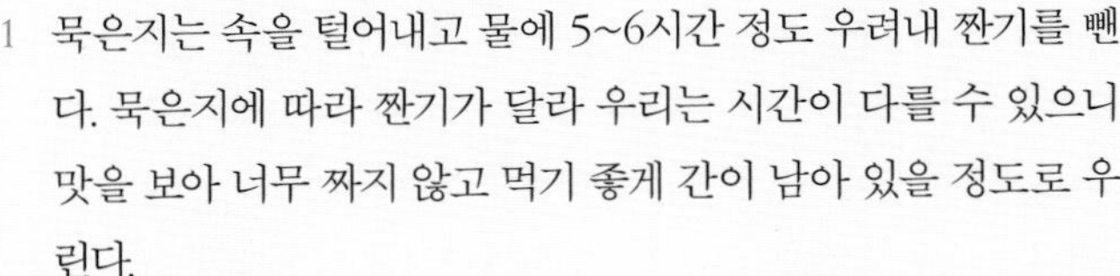

1 묵은지는 속을 털어내고 물에 5~6시간 정도 우려내 짠기를 뺀다. 묵은지에 따라 짠기가 달라 우리는 시간이 다를 수 있으니 맛을 보아 너무 짜지 않고 먹기 좋게 간이 남아 있을 정도로 우린다.

2 묵은지는 꾹 짜서 2~3cm 길이로 송송 썬다. 대파도 송송 썰어 준비한다.

3 팬에 묵은지, 들기름, 된장, 다진 마늘을 넣고 조물조물 무친다.

4 멸치 다시마육수를 넣고 중불에서 10분 정도 볶듯이 졸인다.

5 물기가 자작하게 졸아들면 송송 썬 대파와 들깻가루를 넣고 한 번 더 볶는다.

2

3

김치냉장고에 맛있게 폭 익는 묵은지를 꺼내어 구수하게 볶으면 자극적이지 않은 맛에 자꾸 손이 가는 반찬이 됩니다. 향긋한 들기름과 들깻가루가 묵은지의 은은한 새콤함과 어우러져 입맛 없을 때 먹기 '딱' 좋은 반찬이지요. 김밥에 넣어 먹어도 별미입니다.

엄마의 비법을 알려 주세요!

● 묵은지는 들기름과 들깻가루가 더 어울려요?

묵은지를 요리할 때는 참기름보다는 들기름을 많이 사용해. 아무래도 구수하고 은은한 맛을 내기에는 참기름보다 들기름과 들깻가루가 더 잘 어울리지.

● 된장은 어떤 역할을 하나요?

구수한 된장으로 간을 약간 추가하는 건데, 개운하고 깊은 맛까지 더해 준단다. 토속적인 우리의 맛을 느낄 수 있지.

● 짠기는 뺐는데 신맛이 너무 강하면 어떻게 해요?

대체로 묵은지를 물에 우려내면 짠맛과 신맛이 많이 빠지게 된단다. 씹히는 맛은 아삭하면서 발효된 독특한 맛만 남아 있게 되지. 그래도 신맛이 강하게 느껴진다면 신맛을 감해 주는 설탕을 활용해봐. 묵은지를 무칠 때 맛을 보면서 설탕을 약간 추가하면 신맛이 한결 덜해질 거야.

{딸의 요령}

"아이들은 묵은지가 아니고 딱 맛있게 익은 김치여도 발효된 신맛을 거부하는 경우가 많아요. 백김치도 마찬가지죠. 그렇다면 간단하게 들기름, 멸치 다시마육수, 설탕, 들깻가루를 약간씩 넣어서 레시피처럼 볶으면 신맛도 덜하고 고소한 맛이 나 김치 먹는 연습을 하기 좋아요. 한 번 맛있다 생각이 들면 머지않아 볶지 않은 익은 김치도 잘 먹게 될 거예요."

엄마의 훈수

"묵은지볶음이 어렵게 느껴지는 이유는 각 집마다 묵은지의 상태가 다르기 때문이야. 일단 엄마의 레시피를 고수하되 묵은지의 짠기를 봐가면서 간을 조절하도록 해. 5~6시간이 부족하면 1~2시간 더 늘려도 되고, 우렸는데도 짠맛이 강하면 된장을 빼고 볶아야 한단다."

제철에 먹으면 더욱 꿀맛!

죽순 들깨볶음

4~5월이 제철인 죽순은 '우후죽순(雨後竹筍)'이라는 말처럼 봄비가 내리고 나면 새순이 더 쑥쑥 자라납니다. 싱싱한 죽순은 그대로 삶아 초고추장에 찍어 먹거나, 가볍게 볶아 먹는 맛이 일품이지만 불고기와 함께 볶거나, 된장찌개에 넣어도 잘 어울리지요. 아삭아삭 씹히는 맛이 최고인 죽순을 고소한 들깻가루와 볶으면 나른한 봄날 가출한 입맛 되찾아주는 별미 반찬이 된답니다.

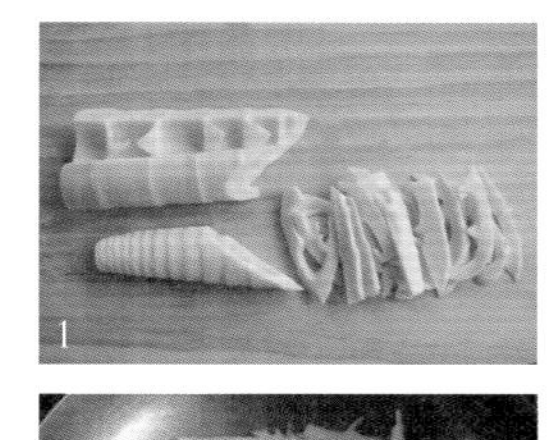
1

2

5

7

재료 | 2~3인분

- 삶은 죽순 300g
- 홍고추 1/2개
- 부추 20g
- 들깻가루 3큰술
- 국간장 1큰술
- 들기름 1큰술
- 다진 마늘 1큰술
- 소금 1/2작은술
- 다시마육수 1 ½컵

1 죽순은 길이로 반으로 잘라 3~5mm 두께로 어슷하게 썬다.

2 홍고추는 길이로 반을 갈라 씨를 뺀 다음 어슷하게 채 썰고, 부추는 3~4cm 길이로 썬다.

3 달군 팬에 죽순과 들기름, 마늘, 국간장을 넣고 양념이 섞이도록 중불에서 5분 정도 볶는다.

4 ③에 다시마육수를 붓고 끓인다.

5 보글보글 끓으면 들깻가루를 넣고 섞은 다음 국물이 걸쭉하도록 2분 정도 더 볶는다. 시간이 지날수록 더 걸쭉해지기 때문에 국물이 약간 자작하게 남아 있도록 끓인다.

6 간이 부족하면 소금으로 간을 더한다.

7 양념이 죽순과 잘 어우러지면 마지막으로 채 썬 홍고추와 부추를 넣어 살짝 섞는다.

엄마의 훈수

"제철에 나는 신선한 죽순은 고기나 버섯을 씹는 것처럼 식감이 좋아. 부드럽지만 쫀득한 식감이 매력적이지. 들깻가루와 들기름으로 구수하고 깊은 맛을 더한 죽순 들깨볶음은 봄철 입맛을 돋워주는 데 제격이야. 홍고추와 부추는 색을 더하기 위해 사용한 것이니 냉장고에 없으면 굳이 사러나가지 않아도 돼."

엄마의 비법을 알려 주세요!

● **죽순은 어떻게 손질해야 하나요?**

죽순은 4~5월이 제철인데, 그때 수확한 죽순은 껍질을 벗겨서 쌀뜨물에 삶아 아린 맛을 제거해. 양이 많으면 냉동보관하면 된단다. 죽순이 제철이 아닐 경우, 삶아서 급속 냉동한 제품을 사용해도 돼. 시중에 많이 판매하거든. 냉동 죽순은 그 상태로 끓는 물에 넣고 다시 물이 끓어오르면 꺼낸 다음 바로 찬물에 헹구면 생죽순과 거의 비슷한 식감으로 즐길 수 있어.

● **통조림 죽순을 사용해도 되나요?**

통조림 죽순은 중국요리에 자주 사용하는 식재료인데 부재료로 사용할 때는 통조림을 사용해도 되지만 제철 재료를 먹는 죽순볶음에 사용하기에는 맛과 향이 한참 떨어져 적합하지 않아. 죽순은 봄이 제철이니 그때 신선한 죽순을 듬뿍 사다 먹으면 맛도 건강에도 더 좋겠지.

● **들기름 대신 참기름을 넣어도 되나요?**

죽순을 볶을 때 들기름, 참기름 아무거나 사용해도 되지만 들깨볶음이라 맛이 섞이지 않도록 들기름을 넣었어. 참기름을 사용할 경우, 들깻가루 대신 통깨나 깨소금을 사용하면 돼.

{딸의 요령}

"말린 죽순이 있다면 불린 다음 삶아서 쓸 수 있어요. 그냥 죽순도 좋아하지만 쫄깃한 식감 때문에 전 마른 죽순을 더 좋아해요. 냄비에 말린 죽순을 넣고 물에 하룻밤(12시간 정도) 불렸다가 불에 올려서 물이 끓어오르면 10분 정도 삶고 불을 꺼서 그대로 식혀주세요. 덜 불었으면 물을 갈아 다시 끓여서 식혀주시고요. 굵은 부분은 좀 더 가늘게 찢고, 먹기 좋은 길이로 잘라 사용하면 됩니다."

쇠고기
죽순볶음

재료 | 2~3인분
- 죽순 200g
- 쇠고기(불고기감) 150g
- 브로콜리 100g
- 양파 80g
- 식용유 1큰술
- 굴소스 2/3큰술
- 참기름 1/2큰술
- 통깨 1/2큰술
- 소금 1/4작은술
- 후춧가루 약간

쇠고기양념
- 간장 1큰술
- 참기름 1/2큰술
- 설탕 1작은술
- 다진 마늘 1작은술
- 후춧가루 약간

죽순은 얇게 채 썰어 준비하세요. 양파도 채를 썰고요. 쇠고기는 키친타월에 말아 핏물을 빼고 분량의 재료를 섞어 만든 양념에 30분 정도 재웁니다. 혹시 냉동실에 배즙과 양파즙이 있다면 각각 2큰술씩 넣어 20분 이상 재운 다음 핏물을 빼서 꼭 짜주면 더 좋아요. 브로콜리는 깨끗하게 씻은 다음 잘게 잘라 전자레인지용 찜기에 넣고 뚜껑을 닫아 전자레인지에 1분 정도 돌려 익힌 후 냉장고에 넣어 식히세요.

달군 팬에 식용유를 두르고 중불에서 죽순과 양파를 넣어 충분히 볶다가 굴소스를 넣고 섞어주면서 볶아냅니다. 다시 그 팬에 양념한 쇠고기를 넣고 볶은 다음 죽순과 양파, 데쳐 놓은 브로콜리를 넣고 섞어주듯이 1분 정도 더 볶은 다음 소금과 후춧가루로 간을 하고 참기름과 통깨를 뿌려 섞어주세요.

냉장고에 넣어놓고 두고두고 먹는 고기반찬

쇠고기 오이볶음

오이를 파랗게 볶고, 맛있게 양념해 볶은 고기와 함께 무친 요리를 '오이뱃두리'라고 해요. 오이를 절여서 꼭 짠 다음 볶으면 꼬들꼬들 씹히는 맛이 식욕을 돋우죠. 쇠고기 부위 중에 살코기로 만들기 때문에 냉장고에 보관해도 깔끔하게 먹을 수 있는 고기반찬이에요.

2

3

4

6

7

8

재료 | 2~3인분

- 오이 2~3개(500g)
- 쇠고기(우둔살, 홍두깨살, 앞다리살 등) 100g
- 소금 1/2큰술
- 참기름 1/2큰술

쇠고기양념

- 간장 1큰술
- 다진 파 1큰술
- 설탕 1/2큰술
- 참기름 1/2큰술
- 다진 마늘 1작은술
- 후춧가루 약간

마무리 양념

- 통깨 1/2큰술
- 참기름 1작은술

1 오이는 4~5cm 길이로 토막 내고, 세로로 두께 1cm 정도로 6~8등분한 다음 씨 부분을 잘라낸다. 500g의 오이를 손질하면 350g 정도 나온다.

2 비닐봉지에 오이를 넣고 소금을 뿌려 30분 정도 나른해지도록 절인다.

3 쇠고기는 살코기로 준비해 5cm 길이로 가늘게 채 썰어 키친타월 위에서 핏물을 뺀 후 분량의 쇠고기양념에 15분 정도 재운다.

4 달군 팬에 중불에서 쇠고기를 국물이 남지 않게 고슬고슬하게 볶아 식힌다. 중간에 볶다가 물기가 많이 생기면 쇠고기를 팬 가장자리로 밀고 국물을 졸인 후에 버무린다.

5 절여진 오이는 헹구지 말고 그대로 체에 밭친 후 면포에 넣고 무거운 것으로 1시간 정도 눌러 물기를 뺀다. 이때 물기를 완전히 제거해야 오이가 꼬들꼬들하다.

6 꼭 짜낸 오이는 다시 키친타월로 감싸 눌러 마지막 물기를 제거한다.

7 달군 팬에 참기름을 두르고 센 불에서 오이를 1분 이내로 재빨리 볶아 넓은 접시에 펼치고, 냉장고에 식도록 잠시 둔다.

8 파랗게 볶아 식힌 오이와 볶아 놓은 쇠고기를 볼에 담고 통깨와 참기름을 넣고 버무린다.

엄마의 훈수

"쇠고기 오이볶음은 물기가 생기지 않는 음식이라 도시락 반찬으로 강력 추천해. 볶았을 때 오이의 색이 파랗고 꼬들꼬들한 식감으로 만드는 것이 포인트인데, 볶은 오이를 펼쳐서 냉장고 안에 식을 때까지 넣어두면 오이의 청청한 파란 빛깔이 눈에 띄게 예쁘단다. 무거운 것으로 눌러 물기를 완전히 짜야 씹을수록 꼬들꼬들한 오이가 되지. 다 버무린 후에 간이 너무 심심하면 소금을 더하도록 해."

엄마의 비법을 알려 주세요!

● **오이는 어떤 것을 골라요?**

청오이나 백오이 아무거나 사용해도 괜찮단다. 다만 청오이를 사용하면 볶았을 때 백오이보다는 더 진한 초록색을 띠겠지.

● **오이 씨 부분을 제거하는 이유는요?**

절여서 물기를 꼭 짜서 볶아주는 것이라 씨 부분이 있으면 오이가 뭉그러지고 볶았을 때 지저분해지기 때문에 씨 부분은 꼭 제거를 해야 해.

● **쇠고기를 살코기만 볶는 이유가 있나요?**

쇠고기 오이볶음은 냉장고에 넣고 보관하면서 먹어도 되는 반찬이라 기름이 있는 고기를 사용했을 때 식으면 기름이 하얗게 응고돼 다시 먹기에 좋지 않아. 그래서 살코기만 볶아서 사용하는 것이 색이 곱고 좋아.

● **쇠고기를 고슬고슬하게 볶는 비법이 있나요?**

대체로 양념한 쇠고기를 볶다 보면 고기국물이 생기게 마련인데, 다 졸이면 고기가 질길 수 있어. 쇠고기가 알맞게 익었을 때 익은 쇠고기를 불이 약한 가장자리로 밀고 가운데 모인 국물을 졸인 후 쇠고기와 다시 버무리면 질척거리지 않고 포슬포슬하게 볶을 수 있단다.

● **오이의 물기 빼는 시간이 꽤 기네요?**

오이는 절여서 물기를 잘 빼야 볶았을 때 꼬들꼬들하니 맛있어. 면포에 싼 오이에 납작한 돌이나, 물을 넣은 냄비 등을 올려 놓고 눌러 짜는 것이 효과적이지. 간단하게 물기를 짜 내는 짤순이라는 도구를 사용해도 된단다.

{딸의 요령}

"오이를 길게 반 갈라 씨를 제거하고 3mm 두께의 반달 모양으로 얇게 썰어서 만들어도 돼요. 오이 말고도 노각으로도 할 수 있는데, 물기를 꼭 짜서 같은 방법으로 해 먹을 수 있지요. 맛이 강하지도 않으면서 자꾸만 손이 가는 꼬들꼬들한 밥도둑 밑반찬입니다. 아이용으로도 제격이에요."

가지도 고기가 되는 마법의 볶음요리

가지 돼지고기볶음

돼지고기와 가지는 맛이 서로 잘 어울리는 재료로 가지를 돼지고기랑 볶으면 가지의 식감도 고기 같아져요. 돼지고기는 따로 양념을 해서 볶아내고, 가지와 양파, 꽈리고추도 알맞게 익혀 나중에 한데 양념하고 걸쭉하게 볶아내는 것이 비법!

1

3

4

5

6

7

재료 | 3~4인분

- 돼지고기(불고기감) 150g
- 가지 3개(450g 정도)
- 양파 1/2개
- 꽈리고추 7~10개(30g)
- 식용유 1 ½큰술
- 들기름 1큰술
- 통깨 1큰술
- 참기름 1/2큰술

돼지고기양념

- 간장 1/2큰술
- 설탕 1/2작은술
- 다진 생강 1/2작은술
- 맛술 1작은술
- 후춧가루 약간

조림양념

- 간장 2큰술
- 맛술 2큰술
- 고춧가루 1 ½큰술
- 다진 파 1큰술
- 국간장 1큰술
- 다진 마늘 2작은술
- 다시마육수 80ml

1 돼지고기는 먹기 좋게 썰어 분량의 돼지고기양념에 10분 정도 재운다.

2 양파는 1cm 두께로 채 썰고, 꽈리고추는 반으로 자르고, 가지는 반으로 잘라 1cm 두께로 어슷하게 썬다.

3 달군 팬에 들기름 1큰술과 식용유 1/2큰술을 두르고 밑간한 돼지고기를 중불에서 살짝 노릇하게 볶아낸다.

4 다시 팬에 식용유 1큰술을 두르고 양파와 가지를 넣고 약간 센 불에서 3분 정도 색이 나도록 볶는다.

5 꽈리고추를 넣고 1분 정도 더 볶아낸다.

6 팬에 분량의 조림양념 재료를 모두 넣고 바글바글 끓으면 돼지고기, 볶은 양파와 가지, 꽈리고추를 넣고 약간 센 불에서 1~2분 더 볶는다.

7 마지막으로 참기름과 통깨를 넣고 섞는다.

엄마의 훈수

"가지를 물컹거리지 않게 돼지고기와 가장 비슷한 식감으로 볶는 것이 중요해. 일단 가지를 도톰하게 썰고, 센 불에서 물기를 날리면서 볶아야 맛있단다. 또 재료마다 익는 시간이 달라 귀찮더라도 한 번에 볶지 말고 따로 볶는 것이 포인트야! 매운맛을 좋아하면 고춧가루를 더 첨가하고, 싫다면 줄이거나 생략해도 돼."

엄마의 비법을 알려 주세요!

● 가지를 볶으면 물이 많이 생기고 물컹거려요. 엄마가 하는 것처럼 식감 좋게 볶으려면요?

가지를 무르지 않고 쫀득하게, 고기처럼 볶아 먹으려면 일단 가지를 도톰하게 썰어야 해. 그런 다음 하룻밤 정도 바람이 통하는 창가에 두어 살짝 꾸덕꾸덕하게 말려서 사용하면 좋단다. 엄마만의 비법이지~.

● 가지 같은 채소를 볶을 때 불 조절은 어떻게 해야 돼요?

가지는 수분이 많은 채소이기 때문에 센 불에서 물기를 날리면서 볶아주는 것이 좋아. 그래야 물컹거리지 않고 쫄깃한 식감이 되어 맛있거든.

● 고기양념은 꼭 따로 해야 돼요? 왜 재료들은 각각 볶아 섞나요?

고기 자체의 잡내를 잡아주고 고기의 풍미를 살리기 위해 따로 양념을 해준단다. 또 각각 볶는 것은 재료가 맛있게 익는 시간이 다르기 때문이지. 따로 볶아 섞어주면 재료 고유의 맛을 최대한 살릴 수 있거든. 막상 해보면 그리 번거롭거나 오래 걸리지 않아.

● 꽈리고추 대신에 다른 채소를 넣는다면요?

색감이나 맛이 비슷한 피망이나 파프리카가 어울릴 것 같네.

{딸의 요령}

"맵지 않게 하려면 조림양념의 고춧가루를 빼고 볶아보세요. 매운 것을 못 먹는 아이도 함께 먹을 수 있어요. 다진 돼지고기를 사용해서 만들면 덩어리 고기를 못 먹는 아이들도 먹을 수 있고, 약간 변형해서 덮밥으로도 먹을 수 있어요. 조림양념에 다시마육수 80ml를 300ml로 변경하고, 참기름과 통깨를 넣기 전 전분물(물 2큰술+감자전분 1큰술)을 풀어 살짝 걸쭉하도록 농도를 맞춰 조리하면 가지 돼지고기볶음 덮밥으로 색다르게 즐길 수 있어요."

바삭한 대패삼겹살과 아삭한 숙주의 조화

대패삼겹살 숙주볶음

재료 | 2인분

- 대패삼겹살 300g
- 숙주 200g
- 대파 1/2대(10cm)
- 양파 1/4개
- 마늘 3쪽
- 식용유 1큰술
- 통깨 1/2큰술

양념장

- 간장 1큰술
- 굴소스 1큰술
- 맛술 1큰술
- 후춧가루 약간

1 숙주는 깨끗하게 씻어 체에 밭쳐 물기를 뺀다.

2 대파는 어슷 썰고, 양파는 곱게 채 썬다. 마늘은 모양대로 슬라이스한다.

3 분량의 재료를 섞어 양념장을 만든다.

4 달군 팬에 식용유를 두르고 중불에서 슬라이스한 마늘을 넣어 마늘이 노르스름해지도록 1~2분 정도 볶아 기름에 마늘 향을 낸다.

5 볶은 마늘에 해동하지 않은 대패삼겹살을 그대로 넣고 삼겹살이 어느 정도 핏기가 없이 익을 때까지 센 불에서 5분 정도 볶는다.

6 ⑤에 준비한 양념장과 채 썬 양파를 넣고 양념이 거의 졸아들 때까지 센 불에서 1~2분간 볶는다.

7 숙주와 대파를 넣고, 숙주의 숨이 살짝 죽을 때까지 뒤적이면서 센 불에서 빠르게 볶는다.

8 마지막으로 통깨를 넣고 섞어 낸다.

4

5

7

숙주는 저렴하면서도 구하기 쉽고, 고기나 해산물과도 잘 어울리는 만능 채소지요. 고기 중에는 특히 우삼겹이나 차돌박이와 잘 어울리지만, 야들야들한 대패삼겹살과도 환상궁합을 이룹니다. 마늘기름에 해동하지 않은 채로 넣고 볶아 바삭해진 대패삼겹살과 아삭함이 살아 있는 숙주가 어우러진 대패삼겹살 숙주볶음은 반찬은 물론 간단한 안주로도 최고입니다.

엄마의 비법을 알려 주세요!

- **대패삼겹살 말고 그냥 삼겹살을 쓰면 안 돼요?**

얇은 대패삼겹살을 해동하지 않고 그대로 빠르게 볶아내는 조리법인데, 두툼한 삼겹살을 그대로 쓰면 익히기도 힘들고 숙주와의 식감도 어울리지 않아 적합하지 않을 것 같구나. 만약 삼겹살을 쓰려면 얇게 채 썰어 쓰면 될 것 같아. 통삼겹살보다 베이컨도 채 썰어 넣으면 잘 어울리겠다.

- **숙주는 어떤 것을 골라요? 손질은 어떻게 해요?**

보통 유기농이나 무농약 숙주는 굵기가 얇은 것이 많아. 볶음요리를 할 때는 통통한 숙주를 골라야 쉽게 숨이 죽지 않으면서 시간이 지나도 아삭한 식감을 유지할 수 있지. 숙주는 잘 씻어서 체에 밭쳐 물기를 빼고 사용하면 되는데, 뿌리 부분이 많이 지저분하다면 살짝 다듬어 사용해도 된단다.

{딸의 요령}

"따끈하게 지은 밥 위에 대패삼겹살 숙주볶음을 얹고, 달걀프라이를 곁들여 참기름을 또르르 둘러주면 근사하고 맛있는 한 그릇 덮밥이 됩니다. 삼겹살 숙주볶음에 양념이 되어 있기 때문에 별다른 소스 없이도 딱 맞는 간으로 먹을 수 있어요."

엄마의 훈수

"물이 없게 깔끔하게 볶는 것이 포인트인데, 시간이 지나면서 숙주에서 물이 생길 수 있으니 먹기 직전에 볶는 것이 좋단다. 또 너무 많이 볶으면 숙주의 숨이 죽어 아삭함이 사라지니 센 불에서 빠르게 볶는 것이 중요해."

수년간 연구해서 탄생한
엄마의 보물 레시피

제육볶음

제육볶음 싫어하는 사람이 있을까요? 저렴한 돼지고기를 후다닥 볶아 푸짐하게 먹을 수 있는 메뉴지요. 쌈채소를 곁들여 온 가족 함께 먹는 주말 밥상에 올려도 좋고, 캠핑 요리나 안주 요리로도 인기 만점 메뉴입니다. 이 레시피 속 황금 비율 양념장만 미리 준비해 놓으면 쉽고 빠르게, 그리고 그 어떤 맛집보다 맛있게 만들 수 있어요.

재료 | 2~3인분

- 돼지고기 불고기감 (앞다리살 또는 뒷다리살) 300g
- 양파 1/2개
- 대파 1대(20cm)
- 풋고추 1개
- 식용유 1큰술
- 참기름 1/2큰술
- 통깨 1/2큰술

양념장

- 고추장 2 ½큰술
- 조림간장 2큰술
- 고춧가루 1 ½큰술
- 올리고당 1큰술
- 다진 마늘 1큰술
- 다진 생강 1/2작은술
- 후춧가루 약간

* 조림간장 2큰술 대신에 간장 1 ½큰술, 맛술 1큰술, 설탕 1/2큰술로 대체해도 된다.

1 양파는 채 썰고, 대파와 풋고추는 어슷하게 썬다. 돼지고기는 먹기 좋은 크기로 썬다.

2 분량의 재료를 섞어 양념장을 만든다.

3 돼지고기를 양념장에 고루 버무린다.

4 달군 팬에 식용유를 두른 다음 돼지고기를 넣고 중불보다 약간 센 불에서 고기가 살짝 익도록 볶다가 채 썬 양파를 넣고, 양파가 아삭하게 익도록 2분 정도 더 볶는다.

5 마지막에 대파와 풋고추를 넣고 섞어주면서 참기름, 통깨를 넣고 한 번 더 가볍게 볶는다.

엄마의 훈수

"제육볶음은 누구나 잘 아는 요리로 만드는 과정이 어렵지는 않지만 맛있게 만드는 것은 쉽지 않아. 일단 양념장이 맛있어야 하고, 고기가 타지 않게 잘 구워져야 하고, 채소의 숨이 죽지 않고 아삭하게 씹는 맛이 있어야 제맛이거든. 여러가지 레시피로 만들어보고 양념을 가감해 엄마만의 황금 비율 양념장을 만들었단다. 이 양념장만 있으면 여행 가서도 쉽게 제육볶음을 만들 수 있고, 손님이 와도 후다닥 만들어 낼 수 있어 유용하지."

엄마의 비법을 알려 주세요!

● **왜 돼지고기만 양념장에 버무리나요?**

돼지고기만 양념장에 미리 버무리고 다른 채소는 그냥 썰어서 준비만 해둬. 채소까지 미리 양념장에 재우면 숨이 다 죽고 무르게 되거든. 돼지고기를 먼저 볶다가 중간에 썰어놓은 채소를 넣고 양념장에 버무려지도록 볶으면 채소의 아삭한 식감이 정말 좋단다.

● **돼지고기에서도 기름이 나오는데 굳이 식용유를 둘러야 하나요?**

앞다리살이나 뒷다리살을 사용할 경우 지방이 적고 살코기 부분이 많아 팬에 기름을 두른 뒤 볶는 것이 좋아. 삼겹살이나 목살을 사용할 경우엔 기름 없이 그냥 볶아도 충분할 것 같구나.

● **왜 채소를 먼저 볶지 않고 고기부터 볶나요?**

제육볶음을 할 때 채소를 먼저 볶기도 하는데, 엄마가 수도 없이 해보니 고기를 먼저 볶고 중간에 채소를 넣어 볶아야 채소가 아삭하고 알맞게 익어 고기랑 함께 먹기 딱 좋은 식감이 되더라고. 아삭하게 씹는 맛을 좋아한다면 채소는 나중에 볶는 것이 좋아.

● **타지 않게 볶는 노하우가 있나요?**

달군 팬에 재운 고기를 넣고 볶을 때 고기의 양을 팬의 1/2 정도만 넣고 볶는 것이 좋아. 고기도 골고루 익고, 열 전달이 좋아 굽듯이 노릇하게 익혀진단다. 팬에 꽉 차게 볶으면 다시 열이 오르는 데 시간이 걸려 제육볶음에 수분이 생기면서 질척한 볶음이 되기 쉽고, 또 팬에 비해 고기 양이 너무 적으면 고기보다는 팬 주변에 묻은 양념이 먼저 타기 시작하지. 팬은 코팅이 잘 된 것을 사용하고 중불보다 약간 센 불로 조절해 타지 않게 빠르게 볶는 것이 중요해.

{딸의 요령}

"아이들이 좋아하는 간장양념 제육볶음을 소개할게요. 앞의 레시피와 동일한 방법으로 만들면 되는데요. 당근이나 파프리카 같은 채소를 추가하면 색감도 예쁘고, 영양도 챙길 수 있어요. 돼지고기 불고기감 400g(앞다리살 또는 목등심), 대파 1/2대(10cm), 양파 1/2개, 식용유·참기름 1큰술씩, 통깨 1/2큰술을 준비하고, 양념장은 간장 2½큰술, 설탕 1/2큰술, 맛술·다진 마늘 1큰술씩, 다진 생강 1작은술, 후춧가루 약간을 섞어 만드세요. 조림간장이 있다면 간장 2½큰술 대신에 조림간장 4큰술을 넣고, 설탕 대신에 올리고당을 마지막에 1~2큰술 넣으면 됩니다."

마늘
된장 제육볶음

재료 | 2인분

- 돼지고기 불고기감
  (앞다리살, 뒷다리살, 목살) 400g
- 통마늘 5~6개
- 양파 1/4개
- 새송이버섯 1개
- 대파 1/2대(10cm)
- 식용유 1~2큰술
- 참기름 1큰술
- 통깨 1/2큰술

된장양념

- 된장 1 ½큰술
- 맛술 1큰술
- 청주 1큰술
- 올리고당 1큰술
- 다진 마늘 1큰술
- 국간장 1/2큰술
- 설탕 1/2큰술
- 다진 생강 1작은술
- 물 2큰술

* 된장은 시판용 된장을 사용했는데, 집된장을 사용할 경우 1~1 ½큰술으로 조절한다.

마늘은 길이대로 반으로 썰고, 새송이버섯은 납작하게 먹기 좋게 썰고, 양파는 채 썰고, 대파는 어슷하게 썰어 주세요. 돼지고기는 분량의 된장양념에 버무려 30분 정도 재웁니다.

팬에 식용유 1~2큰술 정도 두르고 중불에서 마늘을 볶아 향을 냅니다. 돼지고기를 넣고 중불보다 약간 센 불에서 돼지고기가 거의 다 익도록 볶은 다음 양파와 새송이버섯을 넣고 살짝 숨이 죽도록 볶습니다.

제육볶음이 촉촉하게 익으면 대파를 넣고 살짝 더 볶다가 참기름과 통깨를 넣고 한 번 더 섞어 마무리하세요. 통깨 대신 볶은 들깨 또는 생들깨를 넣어도 맛있어요. 맥적처럼 국물 없이 바짝 구우려면 양파와 새송이버섯을 빼고 요리하면 됩니다.

말이 필요 없는 환상의 조합

돼지고기 김치두루치기

돼지고기 김치두루치기는 반찬으로 먹어도 좋지만 안주로도 손색없는 한 그릇 요리입니다. 잘 익은 김치에 돼지고기와 채소를 넣고 볶은 다음 보드랍고 뜨끈한 두부를 곁들이면 푸짐한 한 상이 금세 차려지지요. 국물이 약간 있는 상태라 두부와 먹어도 촉촉하니 맛있고, 흰 쌀밥에 얹어 먹어도 더할나위 없어요.

재료 | 2~3인분

- 돼지고기(불고기감) 300g
- 김치 1/4포기(약 300g)
- 두부 1모(300g)
- 양파 1/2개
- 풋고추 1개
- 홍고추 1개
- 참기름 1큰술
- 식용유 1큰술
- 통깨 1큰술
- 멸치 다시마육수 1/2컵
- 소금 약간

양념장

- 고추장 2큰술
- 고춧가루 1큰술
- 간장 1큰술
- 청주 1큰술
- 다진 마늘 1큰술
- 설탕 1/2큰술
- 다진 생강 1/2작은술

1. 돼지고기는 불고기감으로 준비해 한 입 크기로 썬다.
2. 김치는 속을 털어 내고 4cm 길이로 썬다. 양파는 굵게 채 썰고, 고추는 어슷하게 썬다.
3. 분량의 재료를 섞어 양념장을 만든 후, 돼지고기에 조물조물 버무린다.
4. 소금을 넣은 끓는 물에 두부를 넣고 살짝 데친 다음 두께 1.5cm, 사방 5cm 정도의 크기로 썬다. 끓는 물 3컵에 소금 2작은술 정도가 적당하다.
5. 달군 팬에 식용유를 둘러 재워 놓은 돼지고기를 넣고 거의 익을 때까지 중불에서 5분 정도 볶는다.
6. 잘 볶아진 돼지고기에 김치를 넣고 부드러워지도록 5분 정도 볶는다.
7. ⑥에 양파와 풋고추를 넣고 버무린 다음 멸치 다시마육수를 넣고 센 불에서 국물이 약간 있는 걸쭉한 상태까지 3분 정도 볶는다.
8. 마지막으로 참기름, 통깨를 넣고 버무린다.
9. 접시에 따뜻한 두부를 담고 돼지고기 김치두루치기를 곁들인다.

엄마의 훈수

"두루치기용 돼지고기는 목등심, 삼겹살, 앞다리살 등 불고기감이 적당해. 살코기와 지방이 적절하게 섞여 있어 양념을 했을 때 더 맛있거든. 두루치기는 물기 없는 볶음과 다르게 걸쭉한 국물이 자작하게 있어야 해. 그 졸인 국물에 순백의 두부를 묻혀서 먹으면 꿀맛이지."

엄마의 비법을 알려 주세요!

● **너무 익거나 혹은 안 익은 김치밖에 없을 땐 어쩌죠?**

안 익은 김치는 풋풋해서 기대한 김치볶음맛이 안 날 거야. 많이 익은 김치는 같은 방법으로 조리하되 신맛이 너무 강하면 설탕이나 올리고당 등 단맛을 살짝 더 추가하면 될 것 같구나.

● **김칫소는 왜 털어내요?**

그냥 볶아도 되지만 김칫소가 들어가면 김치볶음이 지저분해질 수 있어. 엄마는 꼭 속을 털어내고 깔끔하게 볶아. 김칫소가 너저분하게 보이면 식감이 떨어질 것 같아. 다 넣고 볶아도 맛에는 지장 없으니 김치 양이 부족하면 그리 하렴.

● **두부는 데치는 방법 말고 다르게 조리하면 안 되나요?**

두부를 고소하게 부치는 방법도 좋을 것 같아. 예전엔 갓 만들어 낸 따끈한 손두부를 사다가 그대로 곁들여 먹었는데, 요즘은 손두부를 구하기 힘드니 취향에 따라 고소하게 부쳐서 곁들여도 근사할 거야.

● **돼지고기는 어느 정도 재우나요?**

아무래도 양념해서 10분 정도 재웠다 볶는 것이 맛있단다. 이렇게 하면 돼지고기 누린내가 덜 나거든. 양념이 적당히 맛있게 밴 다음 김치와 함께 볶는 조리법이라 굳이 돼지고기에 양념이 깊이 배지 않아도 된단다.

{딸의 요령}

"돼지고기두루치기와 제육볶음은 언뜻 보면 그 차이를 잘 모르겠어요. 제육볶음은 재료의 대부분을 고기가 차지하고, 두루치기는 다른 재료들을 제법 넣고 만드는 것이 다른 점이죠. 제육볶음은 물기가 거의 없게 볶지만, 두루치기는 육수를 붓고 국물이 좀 있는 상태로 자박하게 볶아요. 제육볶음에 주꾸미나 오징어를 넣고 함께 볶으면 제육볶음이라 칭하지 않지만, 두루치기는 다른 재료를 넣고 볶아도 주꾸미 돼지고기두루치지, 오징어 돼지고기두루치기라고 말하는 것도 다른 점이죠. 요리의 이름따라 어떤 특징이 있는지 알아두면 요리 초보일 때 도움이 많이 돼요."

입맛 살리는 눈물나게 매콤한 맛

오징어볶음

여름철이면 생물 오징어가 한창입니다. 살이 통통하게 오른 오징어는 바로 데치거나 볶아서 먹기도 하지만, 손질한 후 차곡차곡 냉동실에 넣어 두었다가 반찬이 아쉬울 때 조금씩 꺼내 찌개도 끓이고, 졸여서 밑반찬을 만들면 좋아요. 오징어에 칼집을 내 먹기 좋게 썬 다음 양파만 듬뿍 넣고 매콤하게 볶고, 풋고추와 깻잎은 따로 곱게 썰어 싱싱하게 곁들였어요. 따뜻한 밥에 비벼 먹기도 좋고, 매콤한 밥반찬으로도 제격입니다.

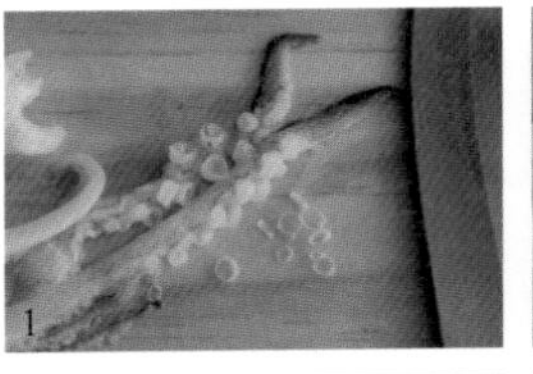
1

2·3

4

6

재료 | 2~3인분
- 오징어 2마리(손질 후 400g)
- 양파 1개
- 깻잎 10장
- 풋고추 3~4개
- 참기름 1큰술
- 식용유 1큰술
- 통깨 1큰술

양념장
- 고춧가루 2큰술
- 고추장 1큰술
- 다진 마늘 1큰술
- 설탕 1큰술
- 간장 1큰술
- 청주 1큰술
- 다진 생강 1작은술
- 굴소스 1작은술
- 후춧가루 약간

* 굴소스 대신에 소금 1/4작은술 정도로 대체 가능하다.

1 오징어는 머리 아래쪽으로 칼집을 내 껍질을 키친타월로 잡아당겨 벗기고, 머리도 껍질을 벗긴다. 다리는 칼로 빨판을 긁어 제거한다.

2 오징어 몸통은 길이로 반 잘라 껍질이 없는 안쪽에 가로세로로 칼집을 낸 다음 가로 1.5cm 두께로 자른다.

3 오징어 머리도 같은 두께로 썰고, 다리는 눈과 끝 부분을 자른 다음 오징어 몸통과 비슷한 크기로 자른다. 오징어 몸통에 칼집을 내면 양념이 잘 밴다.

4 양파는 반으로 갈라 1cm 두께로 채 썬다. 깻잎은 반으로 잘라 줄기를 제거한 후 채 썰고, 물에 헹군 후 물기를 제거한다. 풋고추는 얇게 송송 썬 다음 물에 한 번 헹궈서 씨를 털어낸다.

5 분량의 재료를 섞어 양념장을 만든다.

6 달군 팬에 식용유를 두르고 양파를 넣어 중불에서 2분 정도 볶는다. 양파가 반쯤 익으면 오징어와 양념을 넣고, 센 불에서 양념이 잘 어우러지도록 2분 정도 볶는다.

7 양파와 오징어가 잘 익었으면 마지막으로 참기름과 통깨를 넣고 섞는다.

엄마의 비법을 알려 주세요!

● **오징어 칼집은 왜 안쪽에 내야 하나요?**

오징어는 익으면서 안쪽으로 말리기 때문에 안쪽에 칼집을 내야 모양이 말리지 않고 예뻐. 또 칼집이 들어가면 양념장이 그 사이사이에 잘 배게 되어 훨씬 맛있지.

● **물기가 없게 오징어를 볶는 노하우가 있을까요?**

오징어는 낙지나 주꾸미처럼 물이 많이 나오는 편은 아니지만, 물기 없이 볶고 싶다면 오징어와 채소를 각각 알맞게 익혀 꺼내 놓고 팬에 남은 양념장을 좀 더 걸쭉하게 졸였다가 나중에 한 번 더 오징어와 채소를 넣고 버무리면 돼. 아니면 웍에 한데 볶으면서 알맞게 익은 오징어와 채소를 불이 약한 팬 가장자리로 보내고, 가운데 모인 양념만 바글바글 졸여서 마지막에 합쳐서 버무리는 방법이 있단다.

● **오징어 비린 맛에 예민하다면 어떻게 해야 할까요?**

비린 맛에 예민하면 되도록이면 싱싱한 생물 오징어를 사용해야 해. 양념의 반을 덜어 오징어를 잠시 재웠다 볶아보렴. 매콤한 양념이 깊이 배면 비린 맛이 덜할 거야.

{딸의 요령}

"양념장에서 고추장과 고춧가루를 빼고, 굴소스 1~2작은술 정도 더 넣으면 아이들이 좋아하는 오징어 간장볶음을 만들 수 있어요. 맛을 보고 부족하다면 소금으로 간을 하세요. 조청이나 물엿을 살짝 넣으면 오징어볶음에 윤기가 돌고 먹음직스러워 보여요. 양파 말고도 파프리카나 당근, 감자 등 아이들이 좋아하는 재료를 추가하는 것도 방법이에요."

엄마의 훈수

"오징어볶음도 바로 먹는 것이 제일 맛있지만, 볶아 놓고 시간이 지나 물이 생기면 국물만 따라서 팬에 다시 졸이고, 건더기는 마지막에 넣어 살짝 섞어주면 돼. 엄마는 가끔 삼겹살을 넣어서 오삼불고기를 만들기도 하는데, 삼겹살을 통후추, 파, 생강, 마늘을 넣은 끓인 물에 데치고 먹기 좋은 크기로 썰어 오징어와 함께 볶으면 돼. 양념장은 재료의 양에 따라 같은 비율로 늘리면 된단다."

물기 없이 탱글탱글한

낙지볶음

낙지는 가을이 제철이지만 요즘 시장에 나가면 싱싱한 낙지를 일 년 열두 달 구할 수 있어요. 고단백 영양 식품으로 스태미나에 좋은 낙지를 쫄깃하고 매콤하게 볶으면 맛깔스러운 일품 요리 완성! 탱글탱글한 식감의 낙지와 칼칼하면서 감칠맛 도는 양념장이 어우러져 입안에 축제가 열린답니다.

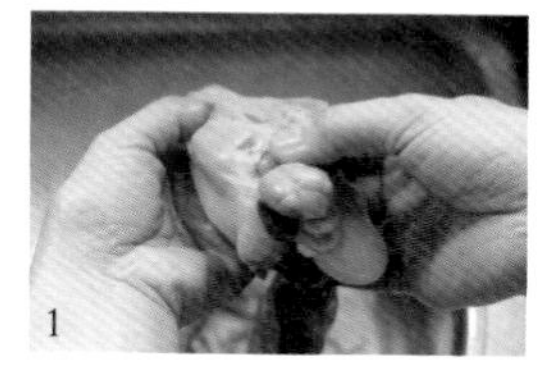
1

2

3·4

6

7

9

재료 | 2~3인분

- 낙지 3마리(손질한 것 500~550g 정도)
- 양파 1/2개
- 풋고추 1개
- 홍고추 1개
- 대파 1대(20cm)
- 당근 30g
- 식용유 2큰술
- 참기름 1큰술
- 통깨 1큰술
- 밀가루 1큰술

양념장

- 고춧가루 2큰술
- 고추장 1큰술
- 다진 마늘 1큰술
- 설탕 1큰술
- 간장 1큰술
- 청주 1큰술
- 다진 생강 1작은술
- 굴소스 1작은술
- 후춧가루 약간

* 굴소스 대신 소금 1/4작은술로 대체 가능하다.

1 먼저 낙지 머리 속을 밖으로 뒤집어 내장과 먹통을 떼어낸 뒤 다시 뒤집는다. 다리 양 옆에 붙어 있는 눈알(2개)과 다리 사이에 있는 눈같이 생긴 이빨도 떼어낸다.

2 손질한 낙지를 볼에 밀가루와 함께 넣고 조물조물 주물러준 후 흐르는 물에 말끔하게 씻어 빨판에 있는 뻘을 제거한다.

3 낙지는 7~8cm 길이로 자른다. 양파는 1cm 두께로 채 썰고, 당근은 길이로 반으로 잘라 어슷하고 얄팍하게 썬다.

4 고추는 어슷하게 썰어 씨를 빼고, 대파는 흰 부분만 어슷하게 썬다.

5 분량의 재료를 섞어 양념장을 만든다.

6 달군 팬에 식용유 1큰술을 두르고 중불보다 약간 센 불에서 양파를 넣고 1분 정도 볶다가 나머지 채소를 넣고 1분 정도 살짝 볶아 체에 밭친다.

7 채소를 볶은 팬에 식용유를 1큰술 두르고 낙지를 두 번에 나눠 1분 정도 살짝 볶아 체에 밭친다. 이때 체에 밭쳐진 낙지와 채소 국물은 버리지 않는다. * 미리 준비할 때는 여기까지 준비하면 된다. 낙지 볶음은 먹기 직전에 볶아 먹어야 맛있다.

8 달군 팬에 밭쳐둔 낙지와 채소국물에 양념장을 넣고 본래의 양념장만큼 되직하게 될 때까지 센 불에서 졸인다.

9 졸여진 양념 위에 볶은 채소와 낙지를 넣고 센 불에서 1분 정도 빠르게 볶은 다음 마지막에 참기름과 통깨를 넣고 섞는다.

엄마의 훈수

"낙지를 고를 때는 일단 색이 하얗고 투명하면서, 빨판을 만져봤을 때 손끝에 빨판이 딸려올 정도면 싱싱한 거야. 살아 있는 생물 낙지면 금상첨화지. 낙지는 물이 많이 생기는 해산물이기 때문에 번거롭더라도 두 번에 걸쳐 볶아주는 것이 키 포인트야. 또 낙지는 많이 볶으면 쪼그라들고 질겨지므로 빠르게 볶아내는 것이 좋아."

엄마의 비법을 알려 주세요!

● **냉동 낙지로 해도 돼요?**

냉동 낙지는 실온에서 해동하면서 체에 밭쳐서 물기를 잘 뺀 후 같은 방법으로 조리하면 돼. 반나절 정도 밭쳐 두면 어느 정도 물기가 빠지거든.

● **낙지를 어떻게 씻어야 할지 모르겠어요.**

낙지는 뻘에서 잡아온 것이라 빨판에 진흙이 들어 있어 깨끗하게 씻어야 해. 밀가루를 뿌린 다음 조물조물 치대며 여러 번 헹궈주면 빨판의 진흙도 빠지면서 낙지가 뽀얗고 말끔해져.

● **낙지를 볶을 때 두 번 나누어 넣는 이유가 있나요?**

적은 양으로 볶아야 낙지가 질겨지지 않고, 빠르게 볶아지기 때문이야. 두 번에 나눠 볶은 낙지는 체에 밭쳐 물기를 뺀 다음 먹기 전에 한 번 더 볶는데, 먼저 볶는 것은 너무 많이 익지 않도록 빠르게 볶아내도록 해. 그래야 낙지가 질기지 않고 연하단다.

● **낙지를 볶으면 물이 많이 생기는데, 물기 없이 볶는 노하우가 있나요?**

재료만 준비했다가 바로 볶아 먹어도 되지만, 그러면 낙지와 채소에서 물이 나와 양념이 금방 흥건해질 수 있어. 그래서 물기 없이 볶기 위해 두 번에 나누는 거지. 먼저 낙지와 채소를 살짝 볶아 물기를 빼는데, 이 국물(물기 뺀 것)을 양념장과 함께 미리 졸인 후에 낙지와 채소를 넣어 볶아 내는 거지. 엄마가 여러 가지 방법으로 볶아본 후 가장 추천하는 방법이란다.

● **제가 하는 낙지볶음은 많이 질긴데, 뭐가 문제인가요?**

재료에 따라 익는 시간이 다르기 때문에 볶음 요리가 어려운 거야. 낙지는 얼마큼 볶아야 연하고 맛있는지 생각하고, 채소가 익는 시간도 생각해서 볶는 시간을 잘 조절해서 요리해야 해. 위 조리법으로 보면 이미 채소와 낙지를 비슷한 정도로 익혔기 때문에 먹기 전에 볶아 낼 때에는 졸인 양념장과 함께 빠르게 버무리듯 익히기만 하면 질기지 않고 국물도 적은 낙지볶음을 완성할 수 있어. '요리도 과학이다'라는 말 들어 봤지? 재료의 성질을 잘 이해해서 조리시간과 조리법을 맞춰주는 것이 중요해.

● **주꾸미나 오징어도 같은 방법으로 볶으면 되나요?**

오징어는 물이 그리 많이 나오는 편이 아니니 재료를 준비해서 익는 시간에 맞춰 양념장과 함께 볶으면 되고, 주꾸미는 낙지와 성질이 비슷하니 같은 방법으로 두 번에 걸쳐 볶아주는 것이 좋아.

{딸의 요령}

"라임이도 먹을 수 있는, 맵지 않은 낙지볶음 레시피를 알려드릴게요. 조리과정은 그대로인데, 양념장만 조금 바꾸면 돼요. 간장·다진 마늘·설탕·청주 1큰술씩, 다진 생강 1작은술, 후춧가루 약간에 굴소스 2작은술을 추가하는 거예요. 색깔을 내고 싶다면 요즘 나오는 파프리카장을 고추장 대신 사용하면 맛은 맵지 않지만 빨갛게 맛있는 낙지볶음을 만들 수 있어요."

시간은 줄이고, 건강을 생각한 엄마표 레시피

잡채

남녀노소 참 좋아하는 음식인 잡채는 '손이 많이 간다', '기름지고 달다', '칼로리가 많이 나간다'는 오명을 쓰고 있죠. 이 잡채 레시피는 전자레인지로 재료를 익혀서 만드는데, '잡채를 덜 기름지고, 더 간편하게 만들 수 없을까?'라는 생각으로 만들었어요. 각 재료의 맛을 느끼면서 담백하게 먹을 수 있는 건강 잡채랍니다.

재료 | 3~4인분
- 당면(건면) 200g
- 버섯(느타리버섯, 표고버섯) 150g
- 쇠고기(설도, 홍두깨살, 꾸릿살 등) 100g
- 시금치100g
- 당근 50g
- 양파 1/2개
- 빨강 파프리카 1/2개

쇠고기양념
- 다진 파 1큰술
- 간장 2작은술
- 설탕 1작은술
- 참기름 1작은술
- 통깨 1작은술
- 다진 마늘 1/2작은술
- 후춧가루 약간

당면양념
- 간장 3큰술
- 참기름 2큰술
- 설탕 1큰술
- 식용유 1큰술
- 맛술 1큰술

잡채양념
- 참기름 1/2~1큰술
- 통깨 1큰술
- 다진 마늘 1작은술
- 소금 1/2작은술
- 후춧가루 약간

* 잡채에 들어가는 채소는 색을 맞춰 다른 재료로 응용해도 된다.

2·3

4

5

6

1 당면은 찬물에 담가 1시간 정도 불린 다음 건져서 물기를 빼고 먹기 좋게 자른다.

2 시금치는 씻어서 물기를 뺀다. 느타리버섯은 밑동을 잘라내고 살짝 씻어 물기를 빼고 먹기 좋게 찢는다. 표고버섯은 기둥을 떼고 모양대로 얇게 슬라이스한다.

3 양파는 얇게 채 썰고, 당근과 파프리카는 5cm 길이로 가늘게 채 썬다.

4 쇠고기는 6cm 길이로 채 썰어 분량의 쇠고기양념에 10분 이상 재운다.

5 준비한 채소는 전자레인지용 찜기에 넣어 뚜껑을 닫고 전자레인지에 돌려서 찐 다음 그대로 물이 빠질 수 있는 용기에 펼쳐서 냉장고에서 잠시 식힌다. 시금치는 1분 정도 돌려서 찐 다음 식혀서 살짝 물기를 짜고, 양파, 당근, 파프리카는 2분 정도 돌려서 찐 다음 식힌다. 전자레인지에 따라 세기가 다르므로 찌는 시간은 약간씩 달라질 수 있다. 1분씩 돌려보면서 시간을 가늠해야 한다.

6 표고버섯과 느타리버섯은 내열접시에 담고 랩을 씌워 전자레인지에 1분 30초 정도 돌려서 찐 후 식혀서 물기를 살짝 짠다. * 전자레인지용 찜기가 없다면 집에 있는 내열용기에 랩을 씌우는 방법으로 찌면 된다. 두 가지 방법 중에 편한 것을 골라서 사용하면 된다. 안에 스팀이 빠져나올 수 있게 완전 밀봉하면 안 되고, 살짝 열거나 구멍을 내어서 스팀이 나갈 수 있게 해줘야 한다.

7 달군 팬에 재운 쇠고기를 넣고 중불에서 볶는다.

8 불린 당면은 끓는 물에 넣어 다시 끓어오르면 1분 정도 삶아 체에 건진다.

9 팬에 분량의 당면양념을 넣고 중불에서 바글바글 끓기 시작하면 당면을 넣어 양념이 스며들도록 볶는다.

10 물기 없이 볶아지면 커다란 볼에 당면을 넣고 준비한 채소와 볶은 쇠고기를 넣고, 잡채양념으로 잘 버무려 간을 맞춘다.

엄마의 훈수

"엄마의 잡채 레시피는 짜지 않고, 각 재료의 식감이 잘 살아 있게 만드는 것이 포인트야. 전자레인지를 이용하면 조리가 간단해져 누구나 언제든 손쉽게 만들 수 있지. 당면은 삶아서 헹구지 말고 준비하는데, 양념을 넣고 볶을 때 어느 정도 간간하게 간을 맞춰야 해. 반면 채소는 간이 하나도 없는 상태로 넣는데, 그래야 채소의 식감은 살아 있으면서 간간한 당면과 어우러져 간이 딱 맞게 되는 거란다."

엄마의 비법을 알려 주세요!

● **잡채에 어울리는 다른 채소들은 어떤 것들이 있나요?**

부추, 목이버섯, 피망, 죽순, 오이, 우엉 등 다양한 재료를 얼마든지 응용할 수 있단다.

● **요즘 유행하는 납작당면으로 해도 되나요?**

납작당면으로 만들어도 되는데, 납작당면은 더 충분히 불려 삶고, 간을 잘 맞춰 볶아서 섞으면 돼. 당면 50g당 간장 1큰술의 비율이면 간이 괜찮을 거야. 이런 오리지널 스타일의 잡채일 경우엔 일반 당면이 제일 잘 어울리고, 납작당면은 양장피 스타일의 냉잡채나 국물이 있는 찜요리, 떡볶이, 제육볶음, 오징어볶음, 중국식 볶음요리에 더 잘 어울리지.

● **당면을 불리지 않고 바로 삶아도 되지 않나요?**

당면은 일단 불려서 익혀야 골고루 익고, 익는 속도도 빨라. 불리지 않고 삶을 경우에는 당면이 잘 무르도록 더 오래 삶아야 되고. 당면을 삶는 것도 다양한 비법이 많으니 이런저런 방법을 시도해보고 자신에게 잘 맞는 방법을 정하면 돼.

● **불 위에서 당면과 재료를 섞지 않고 따로 볶아 섞는 것이 더 좋나요?**

그렇지. 다른 재료는 이미 각각 알맞게 익힌 거라 뜨거운 당면과 불 위에서 섞어 주는 것보다 볼에 담아 섞어야 오버쿠킹이 되지 않아. 볶은 당면과 준비한 재료를 섞어 부족한 맛만 잡채양념을 더하면 된단다.

{딸의 요령}

"잡채가 남으면 여러 가지로 활용이 가능해요. 김밥김을 길게 잘라 잡채를 넣고 돌돌 만 다음에 튀김가루, 튀김반죽 순서로 묻혀 기름에 튀기면 홈메이드 김말이튀김이 되고요. 잡채를 잘게 잘라 만두피 속에 넣고 납작하게 만두를 빚으면 잡채 만두, 잘게 자른 잡채에 달걀을 풀어 넣고 달군 팬에 기름 둘러 손바닥만 한 동그란 크기로 굽다가 반으로 접어 앞뒤로 노릇하게 지지면 달걀 잡채만두가 됩니다. 떡볶이랑 먹으면 정말 맛있어요."

엄마의
버전-업
레시피

콩나물잡채

재료 | 3~4인분 콩나물 300g, 당면 200g, 통깨 1큰술
콩나물양념 참기름 1큰술, 식용유 1큰술, 국간장 2작은술, 소금 1/2작은술
당면양념 간장 3큰술, 참기름 2큰술, 식용유 1큰술, 설탕 1큰술, 맛술 1큰술

콩나물은 저수분요리법(콩나물무침 288p 참고)으로 소금 1/2작은술, 식용유 1큰술을 켜켜이 넣고 익힌 다음 국간장, 참기름으로 양념하세요. 당면은 위 레시피에 있는 조리법(①, ⑧, ⑨)으로 준비해 양념에 볶아요. 콩나물무침과 양념된 당면, 통깨를 볼에 넣고 골고루 섞는데, 맛을 보고 소금으로 간을 맞추거나 참기름을 더 추가해 기호에 맞게 맛을 조절합니다.

해물잡채

재료 | 3~4인분
- ○ 당면 200g
- ○ 낙지 100g
- ○ 새우살 100g
- ○ 그린 홍합살 100g
- ○ 표고버섯 2~3개
- ○ 피망 1/2개
- ○ 노랑 파프리카 1/2개
- ○ 빨강 파프리카 1/2개
- ○ 양파 1/2개
- ○ 실부추 30g
- ○ 식용유 1큰술
- ○ 통깨 1큰술

당면양념
- ○ 간장 3큰술
- ○ 참기름 2큰술
- ○ 식용유 1큰술
- ○ 설탕 1큰술
- ○ 맛술 1큰술

잡채양념
- ○ 간장 1큰술
- ○ 참기름 1큰술
- ○ 맛술 1/2큰술
- ○ 다진 마늘 1/2큰술
- ○ 소금 약간
- ○ 후춧가루 약간

그린 홍합은 해동한 후 살을 바르고, 새우살은 반으로 저미고, 낙지도 손질을 해서(손질하기 낙지볶음 278p 참고) 6~7cm 길이로 잘라 준비하세요. 양파는 얇게 채 썰고, 파프리카와 피망은 5~6cm 길이로 채 썰어요. 표고버섯은 기둥을 잘라내고 모양대로 얇게 슬라이스하고, 실부추는 5cm 길이로 썹니다.

끓는 물에 식용유 1큰술을 넣고 썰어 놓은 양파, 파프리카, 피망, 표고버섯을 넣어 알맞게 데친 다음 체에 밭쳐 그대로 식혀요. 데친 표고버섯만 식으면 물기를 꼭 짭니다. 채소를 데친 물에 그린 홍합, 새우, 낙지를 각각 알맞게 데친 다음 체에 밭쳐서 식혀요. 채소나 해물을 볶지 않고 기름을 약간 넣은 끓는 물에 알맞게 익혀 식히는데, 너무 많이 익히면 질기니 익을 정도로만 데쳐요.

당면은 위 레시피에 있는 조리법(①, ⑧, ⑨)으로 준비하고 당면양념에 볶아 준비하세요. 물기 없이 볶은 뒤 커다란 볼에 당면과 채소, 해물을 넣고 골고루 섞은 다음 잡채양념으로 잘 버무려 간을 맞춰요. 당면에 간이 잘 배면 다른 채소와 해물은 간하지 않아도 맛이 어우러져 먹기 좋아요. 해물도 알맞게 익힌 다음 양념을 했기 때문에 질기지 않고 연하고 맛있어요. 마지막으로 실부추와 통깨를 넣고 잘 섞어주세요.

Chapter 7

나물&무침

콩나물무침
숙주 미나리무침
무생채
무나물볶음
시금치 고추장무침
고사리나물볶음
도라지나물볶음
마른 취나물볶음
가지무침
오이지무침
노각무침
풋고추 된장무침
새송이버섯 된장무침
냉이무침
마늘종무침
곰취 된장무침
방풍나물무침
두릅나물무침
김무침
톳나물 두부무침
고추장 진미채무침
진미채 간장볶음
오징어무침
황태채무침
굴무침
도토리묵무침
청포묵무침

언제 먹어도 맛있는 엄마표 밑반찬

콩나물무침

재료 | 3~4인분

- 콩나물 1봉지(300g)
- 식용유 1큰술
- 소금 1/2작은술
- 물 2큰술

양념장

- 다진 파 2큰술
- 통깨 1큰술
- 참기름 1큰술
- 국간장 2작은술
- 다진 마늘 1/2작은술

1 콩나물을 물에 살살 씻어 준비한 다음 체에 밭쳐 흐르는 물에 가볍게 헹군 후 체에 그대로 밭쳐둔다.

2 약간 두꺼운 냄비에 콩나물 1/2 양과 물 2큰술을 넣고, 식용유 1/2큰술과 소금 1/4작은술을 고루 뿌린 다음 나머지 콩나물을 위에 얹고 남은 식용유와 소금을 고루 뿌린다.

3 뚜껑을 덮고 중불에서 6분 정도 가열해 김이 오르면 아주 약한 불로 줄여서 8분 정도 둔다. 뚜껑을 열면 수분이 돌면서 콩나물이 깔끔하게 익혀지는데, 냄비를 기울였을 때 약간의 수분이 있을 정도가 좋다.

4 분량의 재료를 섞어 양념장을 만든다.

5 콩나물이 알맞게 익었으면 살짝 김이 나간 후 바로 냄비 안에 양념장을 넣고 조물조물 무친다.

엄마의 훈수

"엄마도 콩나물무침은 외할머니 방식 그대로 하고 있기 때문에, 너도 쭉 이대로 이어갔으면 좋겠다. 일단 콩나물이 길지 않고 잔가시가 없고, 줄기가 통통한 것을 골라. 손질할 때도 자꾸 손으로 헹구면 부서지기 쉬우니까 물에 가볍게 헹구도록 해. 그런 다음 콩나물을 물에 삶는 것이 아니라 콩나물에 있는 수분과 약간의 물을 이용해 저수분으로 익혀내는데, 약간의 소금과 식용유로 밑간을 하기 때문에 콩나물 자체에 윤기가 돌아 먹음직스럽지. 매콤하게 먹고 싶다면 위 양념장에 고춧가루 1큰술만 추가해서 골고루 무치면 돼."

콩나물무침은 얼핏 쉬워 보이지만 맛있게 무쳐지긴 쉽지 않지요. 유난히 나물무침을 맛깔스럽게 잘 하시는 친정어머니의 레시피 그대로 만드는 콩나물무침. 어머니는 그래도 콩나물이 고소하고 맛있어야 무쳤을 때 맛있다고 말씀하셨어요.

엄마의 비법을 알려 주세요!

● **콩나물무침에 물이 흥건하고 간도 심심해요.**

콩나물을 삶아서 아삭하라고 찬물에 헹궜다면 체에 밭쳐두더라도 물이 완전히 빠지지 않아. 게다가 식은 다음 양념하면 간이 잘 배지 않고 양념이 겉돌게 돼 맛도 심심하고 물이 흥건해질 수 있지.

● **비린 맛은 어떻게 잡아요?**

비린 맛이 나는 것은 일단 콩나물이 알맞게 익지 않았다는 것이니 알맞게 익는 시간과 맛 손실이 없는 조리법을 알아야 해. 고로, 엄마처럼 조리하면 된단다.

● **콩나물을 하나하나 일일이 손질할 필요 없나요?**

예전에는 콩나물 손질한다고 하면 꼬리 자르고, 머리 자르고 했는데, 요즘은 씻어 나오는 콩나물도 있고, 콩나물은 뿌리까지 영양분이 있다고 하니 굳이 일일이 다듬을 필요 없어. 살살 씻어내면서 떨어져 나가는 머리 부분 정도만 골라내면 될 것 같다.

● **저수분으로 익히다가 콩나물이 타면 어쩌죠?**

뚜껑을 덮고 중불에서 김이 날 정도만 가열하고 그 다음엔 약한 불에서 콩나물을 익히면 냄비 안에서 콩나물이 익으면서 수분이 나오는데 물의 양은 줄지 않고 오히려 약간 늘어날 수 있어. 불의 세기만 타이밍에 맞게 조절하면 절대 콩나물이 타지 않고 촉촉하고 아삭하게 익혀진단다.

● **냄비 안에 바로 양념장을 넣어 무치는 이유가 있나요?**

뜨거운 콩나물이 한 김 식어 따뜻할 때 콩나물을 무치면 양념이 잘 배면서 골고루 무쳐지거든. 조리과정 ②번을 거치면서 이미 콩나물에는 약간의 간과 윤기가 돌고 있으니 물에 헹구지 않고 무치는 거지. 콩나물의 맛은 그대로 간직하면서 양념이 잘 밴 부드럽고 아삭한 콩나물무침을 만들 수 있어. 냄비 바닥에 남아 있는 콩나물국물도 간간하니 참 맛있단다. 그리고 사용한 냄비를 그대로 쓰는 것이니 설거지도 줄어서 편하지. 콩나물을 접시에 담고 나서 국물을 약간 끼얹어 내면 더 맛있단다.

● **국간장을 빼고 소금으로 간을 하면 안 되나요?**

콩나물에 소금 간이 이미 되어 있으니 마지막 간은 국간장으로 맞추면 짠맛의 조화가 잘 이루어져 훨씬 맛있어. 국물은 촉촉하게 남아 있는 것이 더 맛있지. 국간장은 미리 제시한 혼합장(041p 참고)으로 사용하면 더 맛있는 무침이 된단다. 국간장 2: 멸치액젓 1: 참치액 1의 비율로 섞어서 사용해 봐.

{딸의 요령}

"저는 간단한 방법으로 전자레인지를 이용해 콩나물을 저수분으로 쪄서 콩나물무침을 자주 만들어요. 전자레인지용 찜기에 조리과정 ②번대로 콩나물을 넣고 뚜껑을 닫은 뒤 전자레인지에 5분 정도 돌려 익히면 됩니다. 뚜껑을 열어 한 김 나가고 따뜻할 때 양념을 무치면 돼요. 전자레인지마다 세기가 다르니 익히는 시간은 약간씩 조절하세요."

식탁 위 봄의 전령

숙주 미나리무침

재료 | 2~3인분

- 숙주 1봉지(250g)
- 미나리 200g

양념

- 국간장 1 1/2큰술
- 다진 파 1큰술
- 참기름 1큰술
- 통깨 1큰술
- 다진 마늘 1작은술

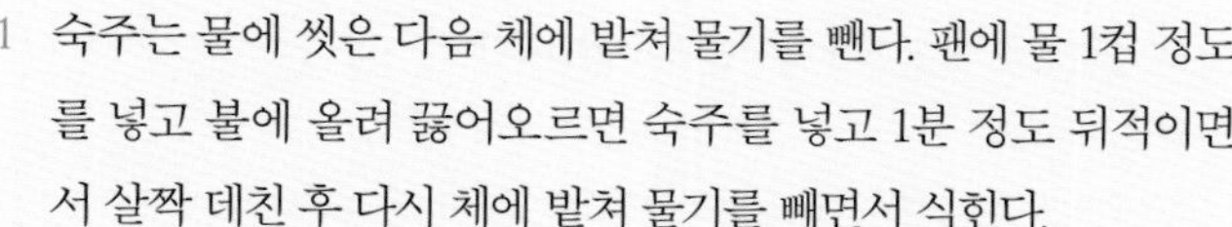

1 숙주는 물에 씻은 다음 체에 밭쳐 물기를 뺀다. 팬에 물 1컵 정도를 넣고 불에 올려 끓어오르면 숙주를 넣고 1분 정도 뒤적이면서 살짝 데친 후 다시 체에 밭쳐 물기를 빼면서 식힌다.

2 미나리는 질긴 줄기와 지저분한 잎만 다듬고 물에 깨끗이 씻는다. 팬에 미나리가 잠길 정도의 물만 넣고 끓어오르면 줄기 쪽을 먼저 넣고 30초 정도 있다가 나머지 잎 쪽을 넣고 숨이 죽으면 찬물에 헹군다. 4cm 길이로 자른 다음 물기를 꼭 짠다. 미나리를 데친 다음 그대로 펼쳐 냉장고에 넣고 식혀 사용해도 되지만 시간을 빠르게 하려면 얼른 찬물에 헹궈 짜는 것도 방법이다.

3 볼에 준비한 숙주와 미나리를 넣고 분량의 양념을 넣고 조물조물 무친다.

1

3

아삭하고 향긋한 봄나물 중 단연 손꼽히는 것이 미나리입니다. 미나리만 데쳐서 무치면 살짝 질긴 느낌일 날 수 있어 아삭한 숙주와 함께 무치면 궁합이 잘 맞지요. 봄의 향기가 물씬 나는 숙주 미나리무침은 먹기 직전에 듬뿍 무쳐서 바로 먹으면 제맛이랍니다.

엄마의 비법을 알려 주세요!

● **숙주는 데친 후 다시 찬물에 헹구지 않아도 되나요?**

굳이 찬물에 헹구지 않아도 뜨거운 상태로 그대로 체에 밭쳐서 냉장고에서 식혀주면 물기가 빨리 없어진단다.

● **숙주의 식감이 살아 있지 않아요.**

숙주는 살짝 데쳐 체에서 식힌 후 짜지 않고 그대로 사용해야 해. 그래야 식감이 살아 있어서 더 맛있지. 물기를 짜내면 숙주에서 물이 빠지면서 질겨지고 덜 아삭해져. 또 마냥 가늘어지기만 하지. 뜨거운 상태로 식혀도 금세 물기가 사라진단다.

● **물이 생기지 않게 무치려면 어떻게 해야 하나요?**

숙주와 미나리는 미리 무쳐 놓으면 금방 물이 생기면서 가늘어지고 아삭한 맛이 줄어들어. 재료들을 미리 준비해 놓고 최대한 먹기 전에, 먹을 만큼만 무쳐서 다 먹는 것이 좋아. 남아서 냉장고에 넣으면 물이 많이 생겨 간도 밍밍해지고 식감도 떨어지거든.

{딸의 요령}

"미나리 대신 납작 사각어묵 4장을 채 썰어서 살짝 데친 다음 숙주와 함께 무치면 아이들도 정말 좋아하는 숙주 어묵무침이 됩니다. 올리고당으로 단맛을 살짝 첨가해도 좋아요."

엄마의
버전-업
레시피

숙주 오이무침

재료 2~3인분

- 숙주 1봉지(250g)
- 오이 1개
- 소금 1/2작은술

양념

- 국간장 1 ½큰술
- 다진 파 1큰술
- 참기름 1큰술
- 통깨 1큰술
- 다진 마늘 1작은술

숙주는 물에 씻은 다음 체에 밭쳐 물기를 빼요. 팬에 물 1컵 정도를 넣고 불에 올려 끓어오르면 숙주를 넣고 1분 정도 뒤적이면서 살짝 데친 후 다시 체에 밭쳐 물기를 빼면서 식혀줍니다. 오이는 길이로 반 잘라 2~3mm 두께의 반달 모양으로 얇게 썰어서 소금에 절였다가 꼭 짜세요. 볼에 준비한 숙주와 오이를 넣고 분량의 양념에 조물조물 무치면 됩니다. 미나리 대신에 절인 오이를 넣고 무쳐도 아삭하니 맛있어요.

봄·여름의 무는 싱겁고 물러서 맛이 떨어지지만, 가을과 겨울에 나는 무는 맛도 좋고 약효도 뛰어납니다. 생채이기 때문에 무 본래의 맛이 아주 중요한데, 제철의 단단하고 달달한 무를 사용하고 감칠맛 나는 새우젓으로 간을 맞추면 금상첨화! 어떤 나물 못지않게 맛있는 우리 집 단골 반찬 무생채 레시피를 소개합니다.

재료 | 3~4인분

- 무 500g
- 통깨 1/2큰술
- 참기름 1작은술

절임양념

- 식초 1큰술
- 설탕 1/2큰술
- 소금 1작은술

무침양념

- 고춧가루 1 ½~2큰술
- 다진 파 2큰술
- 다진 마늘 1큰술
- 다진 새우젓 1큰술
- 올리고당 1/2큰술
- 간장 1작은술

1 무는 길이로 7cm 길이로 자른 다음 5mm 두께로 채를 썬다.

2 채 썬 무는 절임양념에 20분 정도 절인 후 체에 밭쳐 절임물이 빠지도록 10분 정도 둔다. 손으로 살짝 짜도 된다.

3 고춧가루를 넣고 먼저 훌훌 무친다.

4 무채가 고춧가루에 잘 버무려지면 나머지 무침양념을 넣고 조물조물 무친다.

5 통깨와 참기름을 넣고 한 번 더 버무린다.

"무생채 만드는 것이 사실 어렵진 않지만, 무 써는 것은 쉽지 않을 거야. 무생채가 맛있으려면 무를 잘 썰어야 하는데, 결 방향으로 살짝 도톰하게 채를 썰면 무가 뭉치지 않고 아삭한 맛이 나지. 정 칼로 썰기 힘들면, 채칼을 이용해 김장용 무채 크기로 썰면 돼. 엄마의 무생채 레시피가 특별한 것은 새우젓으로 간을 맞추는 건데, 새우젓에 따라 간이 다를 수 있으니 먹어보면서 가감하도록 해. 쪽파가 맛있는 철에는 다진 파 대신 쪽파를 3cm 길이 정도로 잘라 넣어도 맛있어."

엄마의 비법을 알려 주세요!

● **무생채에 왜 새우젓을 넣어요?**

무생채를 새우젓으로 간하면 깊은 감칠맛이 나. 곱게 다져서 넣으면 새우젓을 넣은지도 모르거든. 무생채를 시원하게 만드는 엄마만의 비법이지.

● **무의 결 방향을 어떻게 찾아요?**

무를 길이로 채 써는 것이 결대로 써는 것이고, 무를 동그랗게 슬라이스하고 채를 써는 것은 결 반대로 써는 거야. 통나무와 같은 원리라고 생각하면 쉬워. 통나무를 길이로 잘라 쪼개진 것을 보면 결이 보이듯이 무도 같은 원리야.

● **절인 무의 물이 남아 있으면 양념이 겉돌아서 맛이 없고, 너무 꼭 짜면 무 모양이 상하던데… 물기 없이 식감이 살아 있는 무생채를 만드는 비법을 알려주세요.**

엄마는 간편하게 사용하는 채소 짤순이가 있어. 그 짤순이에 눌러 짜거나 손으로 짠 후 키친타월에 말아 마지막 수분을 제거하지. 이도저도 힘들면 체에 밭쳐 어느 정도 물기를 뺀 다음 양념에 무쳐도 된단다. 그리고 또 하나의 팁은 절인 무를 체에 밭쳐 물기를 뺄 때 아래에 키친타월을 받치면 체 아래쪽 물기가 훨씬 잘 빠져.

{딸의 요령}

"무생채에 배를 조금 넣고 배 무생채를 만들어 먹으면 별미예요. 아삭아삭하고 달달한 맛이 무생채와 굉장히 잘 어울리거든요. 무와 같은 크기로 썰어서 조리과정 ④번에 넣고 같이 살살 버무려 주면 돼요."

콩나물 무생채

재료 | 3~4인분

- 콩나물 300g(+소금 1작은술)
- 무 400g(+소금 1/2큰술)
- 쪽파 30g

양념 1

- 고춧가루 2큰술
- 다진 파 2큰술
- 다진 마늘 1큰술
- 멸치액젓 1큰술
- 참치액 1/2큰술
- 다진 생강 1작은술

양념 2

- 통깨 1큰술
- 참기름 1작은술
- 설탕 1작은술

콩나물은 씻어서 물기가 있는 채로 전자레인지용 찜기에 넣은 다음, 소금 1작은술 정도를 뿌려 고루 버무려서 전자레인지에 4~5분 정도 뒤적여가면서 돌려 익히거나, 냄비에 앉혀서(콩나물무침 288p 참고) 아삭하게 삶아주세요. 아삭하게 삶아진 콩나물은 헹구지 말고 채반에 펴서 식히세요. 무는 결대로 5mm 두께로 채 썰어 소금 1/2큰술 넣고 버무려서 30분 정도 절인 후 체에 밭쳐 놓습니다. 이때는 짜지 않아도 돼요.
볼에 무를 담고 고춧가루를 넣어 먼저 훌훌 무친 다음 양념 1의 나머지 양념을 넣고 섞어주세요. 쪽파는 4cm 길이로 썰어요. 양념이 골고루 버무려졌으면 쪽파와 콩나물을 넣고 버무리면서 양념 2를 넣고 마지막으로 섞어요. 설탕과 참기름의 양은 버무리면서 입맛에 맞춰서 조절해도 됩니다.

무의 참맛을 느낄 수 있는

무나물볶음

재료 | 3~4인분

○ 무 500g(무 7cm)

○ 멸치 다시마육수 1/4컵

양념장

○ 식용유 1큰술

○ 들기름 1큰술

○ 청주 1큰술

○ 국간장 1작은술

○ 다진 마늘 1작은술

○ 생강즙 1/2작은술

○ 소금 1/2작은술

1

3

4

1 무는 7cm 길이 정도로 자른 다음 5mm 두께로 채를 썬다.

2 분량의 재료를 섞어 양념장을 만든다.

3 팬에 무채와 양념장을 넣고 골고루 버무린 다음 멸치 다시마육수를 붓는다. 중불에서 끓어오르면 뒤적인 다음 뚜껑을 덮고 중약불에서 3분 정도 끓이는데, 무가 살짝 숨이 죽게 익을 정도까지 익힌다.

4 뚜껑을 열어 무나물을 뒤적거리며 2분 정도 더 볶는다.

가을과 겨울, 무가 한창 맛있을 때 무 한 다발 사면 뭇국도 끓이고, 깍두기도 담고, 무나물·무생채 등 다양한 요리를 만들 수 있어요. 달고 시원한 제철 무로 식탁은 풍성해지고, 냉장고에 겨우내 먹거리가 채워지는 거죠. 가장 쉬운 것 같지만 막상 만들면 맛이 잘 안 나는 요리가 바로 무나물입니다. 볶아 놓으면 달달하면서 부드러운 맛이 입을 사로잡는데, 너무 무르지 않게 알맞게 볶는 것이 포인트예요.

엄마의 비법을 알려 주세요!

● **무도 잘 써는 방법이 있다고요?**

결은 고기에만 있는 것이 아니고 채소에도 있어. 무는 결 반대로 썰면 연하면서 부드럽고, 결대로 썰면 좀 더 식감이 단단하고 아삭거릴 수 있어. 결대로 채를 써는 것은 무를 길이로 토막을 내 길이대로 써는 것인데, 무채의 길이도 일정하고 볶았을 때 쉽게 무르지 않는단다. 무나물을 볶을 땐 꼭 결대로 썰어보렴.

● **무나물을 볶으니 물이 너무 많이 생겨요.**

무는 볶아서 보관할 때보다 볶을 때 물이 많이 생기는데, 물이 너무 많으면 간이 심심해질 수 있어. 무르지 않게 알맞게 볶아 국물이 약간 촉촉할 정도로 남아 있는 게 맛있단다.

● **엄마 무나물은 아삭한데, 내가 한 건 너무 흐물거려요.**

무에 양념을 한 다음 멸치 다시마육수를 붓고 익히는데, 먼저 뚜껑을 덮고 무가 숨이 죽을 정도만 살짝 익힌 다음 뚜껑을 열어 무채 모양이 살아 있고 씹는 느낌이 날 정도만 볶아야 해. 볶을 때 지켜보면서 체크를 하는 것이 좋겠다. 만약에 국물이 많이 남아 있는데 무는 알맞게 익었다면 무를 가장자리로 밀어 두거나 꺼내서 국물만 약간 더 졸인 다음 마지막에 다시 합치는 것도 아삭한 무나물볶음을 만드는 방법이지.

{딸의 요령}

라임이는 아주 어릴 때부터 들깨 무나물반찬을 좋아했어요. 국물이 어느 정도 남아 있을 때 들깻가루만 추가하면 된답니다! 아이용은 다진 마늘, 생강즙, 청주는 빼고 간단하게 만들어도 돼요. 고소한 맛이 나 아이들이 정말 좋아해요."

엄마의 훈수

"무나물은 국물이 없는 것보다 있는 것이 맛있어. 무에서 나온 달달한 국물맛이 양념과 어우러져 먹을수록 군침이 돌거든. 무나물 만들기가 어려운 이유 중 하나가 국물이 너무 많거나, 무를 너무 익히기 때문인데, 무는 씹는 느낌이 살아 있고 무의 모양이 부서지지 않을 정도가 좋아. 보통 나물요리 할 때 마지막에 통깨를 뿌리는데, 엄마는 흰색 무나물 위에 떠다니는 것이 보기 싫어서 깨는 넣지 않는단다."

고추장 넣고 조물조물 맛깔나게

시금치 고추장무침

재료 | 2~3인분

- 시금치(다듬은 것) 300g
- 참기름 1/2큰술
- 통깨 1/2큰술

양념장

- 고추장 2큰술
- 올리고당 1큰술
- 고춧가루 1/2큰술
- 다진 마늘 1/2큰술
- 식초 1/2큰술
- 간장 1/2작은술

1 시금치는 밑동을 잘라내고 먹기 좋게 가른 후 깨끗하게 씻는다.
2 냄비에 물 1/4컵 정도와 시금치를 넣어 뚜껑을 덮고 중불에서 3분 정도 가열한다. 뚜껑을 열고 냄비 바닥에서부터 가열된 열로 시금치가 숨이 죽기 시작하면 2분 정도 주걱으로 골고루 익도록 뒤적인다.
3 시금치가 진한 색으로 숨이 죽으면 빠르게 꺼내 접시에 펼쳐서 냉장고에서 식힌다.
4 어느 정도 식었으면 손으로 시금치를 꼭 짜는데, 200g 정도 나온다.
5 꼭 짠 시금치를 대충 길이로 2~3등분한다.
6 분량의 재료를 섞어 양념장을 만든다.
7 먹기 직전에 양념장에 조물조물 무치고, 마지막에 참기름과 통깨를 넣어 섞는다.

2

7

엄마의 훈수

"엄마가 시금치를 데치는 방법은 영양 손실이 적은 저수분조리법이야. 적은 수분의 열만으로도 시금치의 숨이 금방 죽으면서 데쳐지는 거지. 시금치는 전자레인지용 찜기에 담아 뚜껑을 닫고 전자레인지에서 2~3분 정도 돌려 데쳐도 되고, 끓는 물에 살짝 데쳐 찬물에 헹궈도 돼. 하지만 레시피대로 하는 것이 시금치의 맛도 좋고 영양 손실이 적단다."

겨울이 제철인 시금치는 노지에서 바람을 이겨내며 자라 단맛이 강하고 영양도 풍부합니다. 달달한 집간장으로 살짝 간해 담백하게 무쳐도 맛있지만, 고추장양념으로 무치면 살짝 매콤한 맛이 입맛을 당기지요.

엄마의 비법을 알려 주세요!

● **시금치 잘 고르는 법과 다듬는 법을 알려주세요.**

시금치가 가장 맛있는 시기는 11~2월이야. 겨울 시금치는 노지에서 서리와 찬바람을 이겨내고 자라 단맛이 좋고 영양이 풍부하지. 섬초 또는 포항초라 불리는 걸 사면 되는데 길이가 짧고 뿌리가 붉은 것이 특징이야. 여름 시금치는 아무래도 연하고 맛과 영양이 떨어지기 때문에 시금치는 제철인 겨울에 부지런히 먹는 것이 좋아. 시금치는 붉은 밑동을 살짝 남겨 놓고 뿌리 부분만 자르고, 먹기 좋게 가른 다음 줄기 사이사이에 흙이 남지 않도록 잘 씻어내면 돼.

● **시금치는 그냥 물에 데치면 안 될까요?**

잎이 연한 나물 종류는 물에 데치지 않아도 약간의 수분만 있다면 냄비 안에서 발생한 열과 수분만으로도 숨이 죽는단다. 냄비 안에서 뒤적여 데친 후 건져 물에 헹구지 않고 접시에 펼쳐서 냉장고에서 식힌 다음 물기를 꼭 짜서 사용하면 돼. 이렇게 하면 아무래도 물로 데치고 씻는 것보다 맛과 영양을 지킬 수 있고, 조리도 간편해지지. 아니면 내열용기에 넣고 전자레인지에 2~3분 정도 익혀서 같은 방법으로 식혀서 조리를 해도 된단다.

● **참기름과 통깨는 양념장에 넣지 않고 왜 따로 버무려요?**

양념장에 섞어 한꺼번에 무쳐도 되는데, 엄밀히 구분하자면 양념장에 먼저 무친 후 참기름, 통깨를 마지막으로 넣으면 양념은 양념대로의 역할을 하고, 참기름과 통깨는 고소한 풍미를 더하는 역할을 충실하게 할 수 있겠지? 바로 무쳐 먹을 거면 한데 섞어도 되지만, 원리적으로 볼 때 따로 나눠 넣는 것이 더 효과적이란다. 어떨 땐 요리도 과학 실험처럼 원리를 따져서 조리를 해야 해. 요리도 심오한 과학이거든.

{딸의 요령}

"일반 시금치나물무침은 양념만 다르게 해서 같은 조리법으로 만들 수 있어요. 국간장 1큰술, 통깨·참기름1/2큰술씩을 섞은 양념에 조물조물 무쳐주세요. 아이가 나물을 기피한다면 치즈를 넣고 전을 만들면 인기 만점이에요. 시금치나물뿐만 아니라 다른 나물으로도 만들 수 있답니다. 다진 시금치나물무침 30g, 피자치즈 20g, 부침가루·물 1/2큰술씩으로 반죽을 만들어 달군 팬에 식용유를 두르고 중불에서 노릇하게 구우면 됩니다. 스트링치즈, 콜비잭치즈, 체다치즈 등 다른 치즈로도 대체 가능해요."

고기만큼 쫄깃하고 씹을수록 고소한

고사리나물볶음

고사리는 '산에서 나는 쇠고기'라고 불릴 만큼 영양소가 풍부한 대표적인 산나물로 단백질과 섬유소는 물론 칼슘과 칼륨 등 각종 무기질이 풍부합니다. 고사리와 궁합이 잘 맞는 재료는 마늘과 대파로, 함께 볶으면 건강에 매우 이롭지요. 고사리의 비타민 B1, 마늘과 파의 알리신이 영양적으로 균형이 잘 맞고, 고사리 특유의 비릿한 냄새도 제거하기 때문에 환상 궁합을 이룹니다.

재료 | 3~4인분

- 삶은 고사리 300g

양념

- 들기름 1큰술
- 국간장 1큰술
- 다진 파 1큰술
- 참기름 1큰술
- 식용유 1큰술
- 다진 마늘 1/2큰술
- 통깨 1/2큰술
- 멸치 다시마육수 1컵

1 부드럽게 삶은 고사리는 끝부분인 고사리 손과 단단한 줄기 부분을 잘라 다듬고, 먹기 좋게 길이 8cm 정도로 자른다.

2 넓은 팬에 고사리, 국간장, 다진 마늘, 들기름, 식용유를 넣고 손으로 조물조물 무친다.

3 중불에 올려 팬이 달아오르기 시작하면 2분 정도 고사리에 양념이 배도록 잘 볶는다. 부족한 간은 소금으로 맞춘다.

4 ③에 멸치 다시마육수를 붓고 끓어오르면 중불에서 8분 정도 볶다가 다진 파를 넣고 2분 정도 더 볶는다.

5 국물이 약간 남을 정도로 볶은 후 마지막으로 참기름과 통깨를 넣고 골고루 섞는다.

엄마의 훈수

"나물을 맛있게 볶으려면 먼저 식용유, 들기름을 듬뿍 넣고 무쳐서 볶은 다음, 마지막에 통깨, 참기름을 약간 넣으면 고소한 맛이 극대화돼. 고소한 맛 한데 모여라~ 하는 거지. 취향에 따라 마지막에 통깨 대신에 들깻가루를 넣어도 별미야. 시장이나 마트에서 포장된 고사리를 샀다면, 집에 와서 끓는 물에 한 번 살짝 데쳐내 사용하는 것이 아무래도 개운하지."

엄마의 비법을 알려 주세요!

● **고사리는 어떤 것을 골라야 하나요?**

줄기는 너무 길지 않고, 굵기가 통통한 것이 좋아. 잎이 크게 피지 않고 주먹처럼 감겨 있는 것이 어린 순이라 부드럽고 맛이 좋지. 말린 것이나 불린 것을 사는 것이 좋은데, 아무래도 국산 고사리가 향이 좋고 불려도 쫄깃하고 맛있단다. 엄마는 말린 고사리로는 제주도 고사리나 지리산 고사리를 주로 애용하지.

● **그냥 고사리랑 말린 고사리랑 많이 달라요?**

식감에서 많은 차이가 나는데, 생고사리는 부드럽고 약간 미끌미끌한 느낌도 있고 맛이 약간 씁쓸한 편이라 연한 소금물에 고사리를 넣고 한 번 삶아낸 다음 찬물에 반나절 이상 담가 쓴맛을 우려낸 뒤 요리해야 해. 그래서 엄마는 보통 생고사리는 거의 사용하지 않는 편이야. 제철에 특별히 구할 수는 있겠지만 평소에 구하기는 쉽지 않은 편이거든.

마른 고사리는 생고사리를 끓는 물에 데쳐내어 말린 것인데, 말리면서 향도 진해지고 식감도 고기처럼 쫄깃해지지. 사람들이 그 향과 식감이 좋아 고사리나물을 좋아하는 거거든. 마른 고사리는 고기와 생선을 우려낸 탕국에 건더기로 활용하기도 좋아.

● **고사리 삶을 때 유의해야 할 점은요?**

마른 고사리는 물에 하룻밤 정도 불렸다가 냄비에 넣고 고사리가 완전히 잠길 정도의 물을 부어야 해. 불에 올려서 끓어오르면 10분 정도 삶은 뒤 불을 끄고 그대로 식히며 마저 불려. 그래야 고사리가 더 부드러워지고 굵어진단다. 어느 정도 부드럽긴 하지만 볶아 먹어야 하는 것이니 너무 무르지는 않을 정도로, 손으로 눌러 약간 탄력이 있는 질감이 딱 알맞지. 식혔을 때 질긴 느낌이 있다면 다시 한 번 더 끓인 후 식혀주면 돼. 말린 고사리는 삶아서 식힌 후의 알맞은 상태를 잘 알아야 해. 한 번 삶아보면 알 수 있으니 역시 경험이 최고지. 불린 국산 고사리는 값이 저렴한 편이 아니라서 마른 고사리를 삶아서 사용하는 것이 경제적이야.

● **볶음요리할 때 고소한 맛을 극대화시키기 위한 비법이 있나요?**

먼저 준비된 나물에 양념과 기름을 넣고 조물조물 무쳐서 처음부터 간을 맞춘 후 불을 올려서 한 번 볶은 다음에 육수를 붓고 끓이는 거야. 그래야 나물에 간이 제대로 배면서 고소한 맛이 나거든.

● **육수를 넣는 이유가 있나요?**

나물도 국물요리와 마찬가지로 어느 정도 뒷받침해 주는 맛이 채워져야 깊은 맛이 나. 안 그러면 밍밍해서 조미료를 자꾸 사용하게 되지. 엄마가 사용하는 국간장(혼합장 041p 참고)과 멸치 다시마육수를 사용하면 그냥 물을 넣어 볶는 나물보다는 더 감칠맛 나는 볶음나물을 만들 수 있어. 마른 나물이나 생나물이나 나물 볶는 법은 거의 같으니 한 번 터득하면 나물 볶는 것에 자신감이 생길 거야.

{딸의 요령}

"고사리나물볶음이 남아 있다면 나물찌개(309p)를 만들어 먹는 것도 방법이지만, 김밥 속으로 넣어서 만들어도 별미예요. 김밥 속으로 고사리나물볶음, 당근채볶음, 달걀지단 이 세 가지만 넣어도 충분히 맛있어요."

쓴맛 없이 깔끔하게 볶아낸

도라지나물볶음

명절이나 제사에 빠지지 않는 음식인 도라지나물볶음은 도라지의 쓴맛을 없애고 아삭아삭한 식감이 살아 있도록 볶는 것이 포인트지요. 따뜻한 물로 주물러 쓴맛을 없애고, 멸치 다시마육수를 넣고 볶아 감칠맛을 더하면 어른, 아이 할 것 없이 좋아하는 볶음 반찬이 완성됩니다.

재료 | 3~4인분

- 도라지 300g
- 소금 1큰술
- 따뜻한 물 약간

양념

- 식용유 1큰술
- 들기름 1큰술
- 다진 파 1큰술
- 다진 마늘 1/2큰술
- 소금 1/4작은술
- 멸치 다시마육수 1/4컵

1 도라지는 소금과 따뜻한 물을 넣고 조물조물 주물러 10분 정도 두어 쓴맛을 제거한 다음 찬물에 재빨리 헹궈서 꼭 짠다.

2 냄비에 도라지, 다진 마늘, 들기름과 식용유를 넣고 조물조물 무친 다음 중불에서 멸치 다시마육수를 넣고 1분 정도 볶는다.

3 약불로 줄이고 뚜껑을 연 채로 2분 정도 더 볶고, 마지막에 다진 파와 소금을 넣어 살짝 볶는다. 취향에 따라 들기름을 약간 더 추가한다.

엄마의 훈수

"도라지는 이미 껍질을 벗겨 손질된 것도 있지만, 국산 피도라지를 사서 직접 손질해 먹으면 맛도 좋고 가격도 훨씬 저렴해. 쓴맛이 있는 도라지는 특히 손질이 중요해. 쓴맛이 몸에 좋은 사포닌 성분이기 때문에 다 제거하는 대신 살짝만 우려내면, 남아 있는 아린 맛은 볶으면서 자연스럽게 없어진단다."

엄마의 비법을 알려 주세요!

● **도라지 쓴맛을 제거할 때 왜 따뜻한 물을 넣어요?**

따뜻한 물이 쓴맛을 더 잘 우러나게 하거든. 아주 뜨겁지 않은 목욕물 정도의 온도라고 생각하면 돼.

● **물에 헹군 후 짤 때 어느 정도 짜야 하나요?**

굳이 모양이 흐트러질 정도로 꽉 짜주지 않아도 되고, 손으로 대강 짜준 후에 키친타월로 말아 나머지 물기를 제거하면 돼.

● **왜 식용유랑 들기름으로 무치나요? 식용유를 빼고 들기름 양을 늘리면 더 맛있지 않나요?**

나물을 볶을 때 보통 기름이 넉넉히 들어가야 하는데, 나물에 따라 들기름, 참기름을 식용유랑 섞어서 사용하면 맛있어. 참기름, 들기름만을 사용하면 향이 너무 강하고 발연점이 낮아져 볶는 기름으로는 적합하지 않아. 반면 식용유랑 함께 쓰면 발연점이 올라가고, 참기름과 들기름은 향을 내는 역할을 하기 때문에 섞어서 쓰는 거야.

엄마의
버전-업
레시피

도라지 오이무침

재료 | 3~4인분

○ 도라지 300g
○ 오이 1개(+소금 1작은술)
○ 소금 1큰술
○ 설탕 1큰술
○ 통깨 1큰술
○ 참기름 1/2큰술
○ 따뜻한 물 약간

양념장

○ 식초 2~3큰술
○ 고춧가루 2~2 ½큰술
○ 올리고당 2큰술
○ 다진 파 2큰술
○ 간장 1큰술
○ 국간장 1/2큰술
○ 다진 마늘 1/2큰술

껍질 벗긴 도라지는 가늘게 갈라 먹기 좋은 길이로 자르세요. 도라지는 볼에 소금과 따뜻한 물을 넣고 조물조물 주물러 10분 정도 두어 쓴맛을 제거한 다음 찬물에 재빨리 헹궈서 꼭 짭니다. 도라지에 설탕을 넣고 15~20분 정도 재우세요. 오이는 반으로 갈라 얇게 어슷 썰고, 소금을 뿌려 잠시 재웠다가 물기를 꼭 짭니다. 분량의 재료를 섞어 양념장을 만들고, 볼에 도라지와 오이를 넣고 양념장에 조물조물 무치세요. 마지막에 참기름과 통깨를 넣고 한 번 더 버무립니다.

미각을 자극하는 고소하고 향긋한 반찬

마른 취나물볶음

독특한 향과 씹히는 맛이 좋은 취나물은 봄에 뜯어 무치거나 쌈을 싸 먹기도 하고, 주로 말려서 일 년 내내 향긋하게 볶아 먹습니다. 구수한 맛의 들깨와 궁합이 잘 맞아 같이 조리하면 맛과 영양을 고루 챙길 수 있지요.

재료 | 3~4인분

- 삶은 취나물 300g

양념

- 국간장 1큰술
- 다진 마늘 1큰술
- 들기름 1큰술
- 다진 파 1큰술
- 식용유 1큰술
- 통깨 1큰술
- 멸치 다시마육수 1컵

1 냄비에 마른 취나물을 물과 함께 넣고 하룻밤(12시간 정도) 불렸다가, 불에 올려서 물이 끓어오르면 10분 정도 삶은 뒤 불을 끄고 그대로 식힌다. 불린 취나물 잎과 줄기를 씹어 보았을 때 무르지 않고 먹기 좋게 씹히는 정도로 잎이 퍼지고 줄기가 부들부들해지면 된다.

2 취나물을 여러 번 씻어서 꼭 짠 후 먹기 좋게 6~7cm 길이로 자른다.

3 넓은 팬에 손질한 취나물, 국간장, 다진 마늘, 들기름, 식용유를 넣고 먼저 손으로 조물조물 무쳐 간을 맞춘 다음 중불에서 팬이 달아오르기 시작하면 2분 정도 양념이 배도록 잘 볶는다. 간이 더 필요하다면 소금으로 간을 더 맞춘다.

4 ③에 멸치 다시마육수를 붓고 센 불에서 끓어오르면 중불로 줄여 8분 정도 볶다가 다진 파를 넣고 2분 정도 더 볶는다. 부드러운 취나물을 원하면 멸치 다시마육수를 붓고 끓어오르면 중약불로 뚜껑은 덮어 5분 정도 끓이다가, 뚜껑을 열고 중불에서 8분 정도 볶아도 된다.

5 국물이 약간 남을 정도로 볶아지면 마지막으로 통깨를 넣고 골고루 섞는다.

엄마의 훈수

"대부분 마른 나물은 동일한 방법으로 불리는데, 만약 덜 불었으면 물을 갈아 다시 끓여서 식히면 돼. 이렇게 말려서 보관하면 사계절 먹을 수 있지만 아무래도 봄철 취나물이 맛과 향이 가장 뛰어나지. 부드럽고 연한 녹색을 띠는 것이 맛있어. 제철에 구입해서 데친 다음 물기를 꼭 짜서 냉동보관해도 된단다."

엄마의 비법을 알려 주세요!

● 취나물이 들깨와 잘 어울리는지 몰랐어요.

칼륨 함량이 높은 취나물을 볶을 때 들깨를 갈아서 넣거나 들기름을 첨가하면 단백질과 지방 합성에 도움이 돼 영양 면에서 뛰어난 나물요리가 돼. 참기름에 볶아도 맛있지만 이왕이면 영양적으로 더 좋은 들기름을 사용하는 게 더 낫겠지.

● 국간장 대신 진간장을 쓰면 안 되나요?

마른 나물을 볶을 때는 단맛이 도는 진간장보다는 깔끔한 짠맛의 국간장이 잘 어울리는 법이지. 엄마가 사용하는 혼합장 비율을 앞에 설명해 놓았으니(041p 참고) 레시피대로 만들어 사용하면 국간장의 감칠맛이 더해져 나물볶음 맛이 확실히 좋아진단다.

● 취나물의 물기를 꼭 짤 때는 어느 정도로 짜야 해요?

마른 나물을 꼭 짤 때는 모양이 흐트러질 정도로 짜는 것이 아니라 물기가 질척거리지 않을 정도로만 양손으로 눌러 짜면 된단다.

● 들기름은 참기름처럼 나중에 넣지 않고 먼저 넣어도 되는 건가요?

대부분 요리에서 향기름은 나중에 넣지만 나물을 볶을 경우에는 기름에 볶아야 하는데 그냥 식용유에만 볶기에는 풍미가 덜하니 들기름을 같이 넣어 조물조물 무쳐서 맛을 들인 후에 볶는 거야. 볶는 기름의 역할을 하면서 향을 더해 주거든. 참기름도 마찬가지야.

● 조물조물 무친다는 느낌을 더 자세히 설명하자면요?

나물은 볶으면서 양념을 추가하는 것보다 미리 양념이 잘 배게 한 후 볶아주는 것이 맛을 내는 데 효과적인 조리법이야. 볶기 전에 나물을 무치듯이 손으로 조물조물 하는데, 재료와 양념을 골고루 섞이도록 무치는 과정이라고 할 수 있지.

{딸의 요령}

"마른 나물로 볶음을 하는 것은 대부분 동일한 방법으로 만들면 돼요. 충분히 불린 나물을 알맞게 잘라 다듬어서 양념들과 볶는 것이죠. 주로 마른 나물볶음은 정월 대보름날에 꼭 챙겨 먹는데, 남은 나물로 찌개를 만들면 정말 맛있답니다. 고사리나물볶음, 시래기나물볶음, 고구마줄기나물볶음, 곤드레나물볶음, 토란대나물볶음, 호박고지나물볶음, 무나물볶음, 취나물볶음 등 있는 모두를 넣어 끓이면 돼요."

나물찌개

재료 | 4인분

- 대보름나물 2컵
- 다듬은 느타리버섯 한줌
- 먹기 좋게 자른 두부 1/4모
- 어슷 썬 대파 1/2대(10cm)
- 들깻가루 3큰술
- 멸치 다시마육수 1 ½컵~2컵

냄비나 뚝배기에 준비한 나물, 버섯, 두부를 보기 좋게 담고, 멸치 다시마육수를 부어주세요. 중불에서 바글바글 10분 정도 끓이고, 들깻가루와 대파를 넣어 한소끔 더 끓이면 완성입니다.

살캉살캉 감칠맛 나는 여름나물무침

가지무침

재료 | **2~3인분**

○ 가지 2개 (300g)
○ 통깨 1/2큰술
○ 참기름 1작은술

양념장

○ 조림간장 1큰술
○ 다진 파 1큰술
○ 국간장 1/2큰술
○ 식초 1/2큰술
○ 다진 마늘 1/2큰술
○ 설탕 1/2작은술
○ 고춧가루 1/2작은술
○ 소금 1/2작은술

* 조림간장 1큰술 대신에 간장 2작은술, 맛술 1작은술로 대체해도 된다.

1 가지는 7cm 길이로 자른 뒤 세로로 2등분한다.
2 김 오른 찜기에 넣어 흰 부분을 아래로 넣고 6~7분 정도 찐 뒤 한 김 나가게 식힌다. 너무 무르지 않게 약간 살캉거리게 익히는 정도로 찐다.
3 식은 가지를 손으로 먹기 좋게 쭉쭉 찢은 뒤 물기를 살짝 짠다.
4 분량의 재료를 섞어 양념장을 만든다.
5 가지를 양념장에 골고루 버무리고 참기름과 통깨를 넣어 한 번 더 버무린다.

2

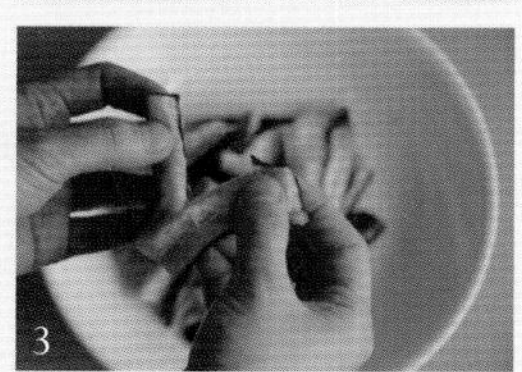
3

5

전자레인지에 찌기

가지는 길이로 7cm 정도로 잘라 다시 세로로 4등분한다. 접시에 가지를 흰 부분이 위로 오도록 펼쳐놓고 뚜껑을 씌우지 말고 그대로 전자레인지에 넣고 3분 30초 정도 돌려 찐다. 식혀서 먹기 좋게 가른다.

엄마의 훈수

"여름철에 가지만큼 영양가 높고 저렴한 재료가 없는데, 조리방법을 잘 몰라 장 볼 때 쉽게 손이 안 가지. 가지의 식감만 잘 살려서 조리하면 이만큼 입맛 살리는 여름 반찬이 없단다. 찜기에 찌는 과정이 어렵다면 고민하지 말고 전자레인지를 이용해도 돼. 양념장은 미리 만들어놓고 먹기 직전에 무쳐서 먹도록 하렴."

입맛 없는 여름철에 만들어 먹기 좋은 가지무침은 약간 새콤달콤하면서 산뜻한 맛이 입맛을 돋워줘요. 조직이 스펀지 같아서 쪄서 양념에 무치면 부드럽게 씹히는 맛이 일품이지요. 가지무침은 가지를 알맞게 쪄서 식힌 다음 물기를 짜고 무치는 과정인데, 쉬워 보이지만 어느 과정 하나라도 소홀히 해서는 제맛이 안 나는 어려운 요리입니다.

엄마의 비법을 알려 주세요!

● **가지에서 물이 많이 나와 간 맞추기가 쉽지 않아요.**

가지는 조직이 스펀지 같아 익혀 놓으면 식감이 부드러운데 물이 좀 많이 생기는 편이야. 레시피대로 찜기에 쪄서 식혀 물기를 더 짜내고 무치기도 하고, 또 하나의 방법은 전자레인지에 익히는 것이야. 전자레인지를 이용하면 그 속에서 수분이 날아가 약간 꼬들꼬들하면서 수분 적은 가지무침을 만들 수 있단다.

● **가지는 어떤 것을 골라야 맛있어요?**

가지는 짙은 보라색에 윤기가 나고 탄력이 있으며 흠집이 없는 것이 좋아. 그리고 꼭지 부분에서 영양을 흡수하면서 자라기 때문에 꼭지가 과육을 깊이 덮고 있는 실한 것이 맛있어.

● **가지요리는 어떤 계절, 어떤 시기에 먹어야 좋아요?**

가지는 찬 성질을 지니고 있어 여름에 더위 때문에 기운이 없거나 몸에 열이 날 때 먹으면 좋다고 해. 그리고 기름을 이용해 요리하면 콜레스테롤을 낮춰주는 리놀레산과 비타민 E를 효과적으로 섭취할 수 있어. 특히 입맛 없는 여름철에 저렴한 가지요리를 많이 해 먹으면 좋겠지. 가지가 가장 맛있는 시기는 5~10월이란다.

{딸의 요령}

"갈증이 날 정도로 더운 한여름에는 가지냉국을 만들어 보세요. 양념장을 두 배로 만들어 두고 가지무침에 얼음과 물을 넣고 양념장으로 간을 맞추면 보는 것만으로도 군침이 도는 가지냉국을 만들 수 있어요. 아이용은 고춧가루를 조절해주세요. 새콤달콤한 맛이 아이 입맛에도 제격이랍니다."

오독오독 씹히는 국민 밥반찬

오이지무침

꼬들하게 담근 오이지를 송송 썬 다음 꼭 짜서 조물조물 양념에 무친 오이지무침은 장마철의 비상 반찬이기도 하고, 더운 여름철 더위에 지친 입맛을 살려주는 기특한 밑반찬이기도 합니다. 오이지는 너무 짜지 않게, 꼬들꼬들하게 무치는 것이 포인트예요.

재료 | 2~3인분

- 오이지 3개(250g)

무침양념

- 고춧가루 1큰술
- 다진 파 1큰술
- 물엿(또는 올리고당) 1/2큰술
- 참기름 1/2큰술
- 통깨 1/2큰술
- 다진 마늘 1작은술
- 식초 1/2작은술

1 오이지는 3~5mm 두께로 동글동글하게 슬라이스한다.

2 ①을 물에 담근 다음 15~20분간 그대로 둬 짠기를 우린다. 중간에 한 번 더 물을 갈아준다.

3 수동으로 눌러 물기를 짜내는 채소 짤순이에 오이지를 넣고 눌러서 오이지가 꼬들꼬들하게 되도록 물기를 짜내는데, 세 번 정도 반복을 한다. 오이지를 면포에 싸서 무거운 것으로 하룻밤 정도 눌러 꼬들꼬들하게 물기를 짜도 된다. 납작한 돌이나 물을 넣은 냄비 등을 올려 놓아도 된다.

4 오이지는 다시 한 번 더 키친타월로 감싸 눌러서 완전히 물기를 제거한다.

5 볼에 오이지와 분량의 무침양념을 넣고 조물조물 무친다.

엄마의 훈수

"오이지는 먹기 좋은 짠맛이 남아있도록 우려야 맛있어. 너무 많이 우려서 너무 싱거워지면 오이지 본연의 맛이 떨어진단다. 그리고 물기를 완전히 제거해야 꼬들꼬들 씹히는 맛이 좋아. 기호에 따라 단맛을 조절해도 되고, 다소 싱겁다면 약간의 국간장으로 간을 조절하면 돼. 참기름과 통깨는 넉넉히 넣어서 무쳐도 돼."

엄마의 비법을 알려 주세요!

● 오이지는 어떻게 담가요?

엄마는 두 가지 방법으로 오이지를 담그는데, 하나는 달지 않는 오리지널 맛이고, 하나는 새콤달콤한 피클 같은 오이지야. 다 먹을 때까지 꼬들꼬들한 기본 오이지, 물 없이 담는 새콤달콤한 오이지 두 가지 버전을 알려줄게.

오리지널 버전의 오이지 담기

재료
- 오이 25개
- 굵은 소금 2 ½컵
- 물 3L

* 오이 50개일 경우 굵은 소금 4컵, 물 5L

오이는 하나씩 깨끗하게 씻어 체에 밭쳐 물기를 빼고, 냄비에 분량의 물을 넣고 팔팔 끓인 다음 끓는 물에 오이를 30초 정도 넣었다가 건져서 커다란 스텐볼에 차곡차곡 담아. 하나씩 넣었다 건져도 좋고, 3~5개 정도 넣고 30초를 세고 빠르게 건져내도 된단다. 오이를 데친 끓는 물에 굵은 소금을 넣고 다시 팔팔 끓이고, 차곡차곡 담아진 오이 위에 팔팔 끓인 소금물을 부어주면 돼. 끓는 물에 데치고, 다시 팔팔 끓는 물을 부었다고 오이가 절대로 익지 않아.
소금물을 어느 정도 식힌 후에 누름판이 있는 통에 오이와 함께 옮겨 담는데, 처음엔 소금물에 잠기지 않지만 하룻밤만 지나고 나면 오이가 소금물에 푹 잠기게 되지. 김장용 비닐봉지에 담아 꼭 묶어서 익혀도 돼. 하루 정도 지난 후 소금물을 따라내어 다시 한 번 팔팔 끓여 식힌 다음 다시 붓고 누름판으로 눌러 서늘한 곳에서 7~10일 정도 두면 오이지의 색이 노랗게 변하고 맛있게 익는데 국물도 함께 김치냉장고에 보관하면 돼. 기온에 따라 숙성기간은 달라진단다.

물 없이 오이지 담기

재료
- 오이 25개
- 설탕 2컵
- 식초 2컵
- 굵은 소금 1컵
- 소주 1/2병
- 청양고추 7~8개

오이를 하나씩 깨끗하게 씻어 체에 밭쳐 물기를 빼고, 청양고추는 맛이 스며들 수 있도록 꼭지를 잘라 준비를 해. 넉넉한 양의 끓는 물에 오이를 30초 정도 넣었다가 건져서 김장용 비닐봉지에 차곡차곡 담아. 그리고 청양고추와 나머지 양념을 모두 김장용 비닐봉지에 넣고 공기가 통하지 않도록 밀봉한 다음 이틀 간격으로 뒤집으면서 7~10일 정도 절여 국물 없이 김치냉장고에 보관하면 돼. 김장용 비닐봉지를 이용해 오이지를 담으면 누름판이 없어도 골고루 절여진단다.

● 오이지는 어떤 게 맛있어요?

잘 익은 오이지를 골라야 해. 천일염으로 담근 오이지가 골마지가 끼지 않고 진하고 누렇게 잘 익은 거란다. 무른 부분이 없고 오이의 수분이 빠져 꼬들꼬들한 것이 좋지. 아무래도 소금에 절여서 만든 음식이니 무치기 전에 물에 담가 먹기 좋을 정도의 짠맛만 남기고 꼬들꼬들하게 물기를 짜는 것이 포인트란다.

● 참기름과 통깨는 마지막에 따로 넣어 버무리나요?

참기름과 통깨를 함께 섞어서 무쳐도 되고, 마지막에 따로 넣어 무쳐도 된단다. 따로 무치면 참기름과 통깨 맛이 더 고소하게 살아나지.

● 잘 익은 오이지, 짜지 않고 물기를 빼는 방법이 있나요?

위 레시피처럼 잘 익은 오이지는 눌러서 물기를 빼지 않고 올리고당을 부으면, 물기가 쪽 빠지고 아주 꼬들꼬들하고 달콤한 오이지를 만들 수 있어. 짠맛이 좀 빠지고, 단맛이 약간 배어 있어 물엿과 식초는 조절해가면서 양념을 만들어 무치면 돼. 오이 4개, 올리고당(또는 물엿) 1컵을 준비하면 되고, 잘 익은 오이지의 물기를 닦고, 밀폐용기에 담은 후 올리고당을 붓고 실온에서 5일 숙성시켜줘. 중간에 2~3회 위 아래로 뒤적이고, 오이에서 나온 물 1/2 분량을 버린 후 다른 반찬통에 옮겨 담아 냉장보관하면 된단다.

{딸의 요령}

"오이지무침은 아이들도 맛있게 먹을 수 있어요. 요즘은 새콤달콤한 오이지도 있으니 기호에 맞게 짠기를 우려내세요. 물엿이나 올리고당(또는 매실청), 참기름, 통깨를 맛을 봐가면서 넣고 버무리면 아이들도 좋아하는 아삭한 인기 반찬이 됩니다."

엄마의
버전-업
레시피

오이지냉국

재료 | 2~3인분

- 오이지 3개
- 파 1/4대(5cm)
- 식초 1/2큰술
- 고춧가루 1/2작은술
- 물 2½컵

알맞게 익은 오이지를 송송 썰어 생수를 부은 다음, 파 송송 썰어 넣고, 약간의 고춧가루를 넣어 잠시 그대로 두세요. 오이지의 짠기가 국물에 먹기 좋게 우러나면 얼음을 띄워 내면 됩니다. 약간의 식초를 첨가해도 산뜻하고 맛있어요.

자꾸 생각나는 매력적인 여름 반찬

노각무침

재료 | 3~4인분

- 노각(손질한 것) 700g
- 참기름 1/2큰술
- 통깨 1/2큰술

재움양념

- 식초 1 ½큰술
- 소금 1큰술
- 설탕 1큰술

양념장

- 고춧가루 1 ½큰술
- 고추장 1큰술
- 다진 파 1큰술
- 설탕 1/2큰술
- 다진 마늘 1작은술
- 소금 1/2작은술

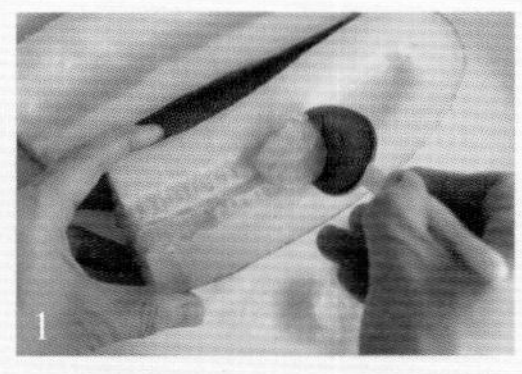

1

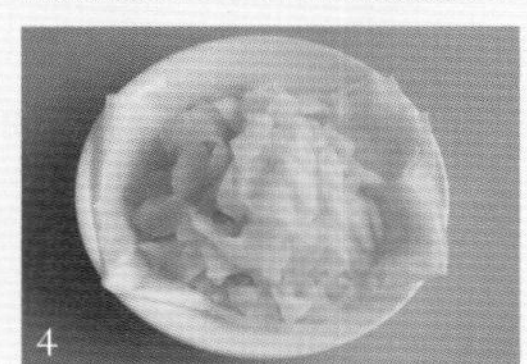

4

6

1 노각은 반으로 갈라 속을 파내고 필러로 껍질을 벗긴다.

2 노각을 세로로 넙적하게 3mm 정도의 두께로 얇게 썬다.

3 비닐봉지에 분량의 재움양념과 노각을 함께 넣고 20분 정도 재운 다음 체에 밭쳐 10분 정도 둔다.

4 물이 어느 정도 빠진 후에 다시 짜고, 2~3분 정도 잠시 두었다가 한 번 더 짠다. 마지막으로 키친타월로 감싸 살짝 눌러서 마지막 물기를 제거한다.

5 분량의 재료를 섞어 양념장을 만든다.

6 노각을 양념장에 골고루 무친 다음 참기름, 통깨를 넣고 한 번 더 무친다.

보통 장아찌나 무침으로 많이 먹는 노각은 늦여름이 제철인데, 칼슘과 섬유질이 많고 특히 수분이 많아 더위 먹었을 때 먹으면 이만한 보약이 없지요. 살짝 절여 매콤새콤하게 무쳐 먹으면 속을 시원하게 해주고, 아삭거리는 식감과 개운한 맛으로 입맛을 돋우는 대표적인 여름 반찬입니다.

엄마의 비법을 알려 주세요!

● 노각은 어떤 것을 골라요?

오이는 따지 않고 두면 크기가 커지고 노랗게 익어 노각이 된단다. 노각을 고를 때는 겉껍질이 노랗고 들어보았을 때 무거우면서 꼭지가 마르지 않은 것을 고르도록 해.

● 노각을 세로로 써는 이유가 있어요?

노각은 90% 이상 수분으로 이뤄져 있어 요리를 하면 물이 많이 생기지. 그래서 길쭉하게 결 반대로, 넙적하게 썰면 길이대로 채를 써는 것보다 물이 덜 생겨.

● 노각을 왜 미리 재워야 해요?

노각을 생채로 무치는 것이라 미리 재워 노각에 간을 더하는 거지. 재우면 물이 많이 생기기 때문에 미리 재워서 물기를 짜줄 수도 있고.

● 물기를 짜고 조리해도 흥건한 무침이 돼요.

노각은 절여서 짜내도 수분이 계속 나와. 절여서 짜고 다시 2~3분 후에 한 번 더 짜고, 무치기 전에 다시 키친타월로 감싸 물기를 닦은 후 양념을 하면 어느 정도 수분을 잡아주면서 촉촉한 무침이 된단다. 배보자기나 면포에 조금씩 넣고 꼭 짜거나, 채소 짤순이로 눌러 짜는 것도 방법이지. 양념 후에 나오는 물은 양념과 노각이 어우러져서 나오는 맛있는 국물이니 그냥 떠 먹어도, 밥에 비벼 먹어도 맛있단다.

{딸의 요령}

"노각의 양쪽 끝은 보통 쓴맛이 나므로 맛을 봐서 쓴맛이 나는 부분까지 3~4cm 정도 제거하는 것이 좋아요. 노각은 무쳐 먹어야 제맛이지만, 볶아 먹어도 의외로 맛있어요. 소금 1큰술에 재워서 물기를 꼭 짜 낸 노각을 볶으면 됩니다.
달군 팬에 식용유를 두르고 다진 파 1큰술, 다진 마늘 1/2큰술을 넣고 먼저 살짝 볶다가 노각을 넣어 충분히 볶는데, 부족한 간은 소금으로 더하세요. 아삭한 맛을 원하면 센 불에서 빠르게 볶고, 무른 맛을 원하면 조금 더 오래 볶으면 됩니다. 마지막으로 참기름과 통깨를 살짝 둘러 버무리면 고소하면서 깔끔해요."

엄마의 훈수

"노각은 물이 많은 대표적인 채소이기 때문에 최대한 물기를 짠 후에 무쳐야 맛이 밍밍하지 않아. 양념장도 다른 무침에 비해 되직한데, 물이 많이 나오는 노각을 고려한 분량이야. 시간이 지나면 약간의 국물의 더 생기는데, 엄마는 이 국물도 맛있어 밥이나 소면 삶을 것을 비벼 먹기도 한단다."

그냥 무치기만 하면 뚝딱

풋고추 된장무침

재료 | **2~3인분**

- 풋고추 6~7개(100~120g)
- 대추 3~4개
- 참기름 1/2큰술
- 통깨 1/2큰술

된장양념

- 된장 2 ½큰술
- 올리고당 1큰술
- 다진 마늘 1/2큰술
- 고춧가루 1작은술

1·2

3

4

1 풋고추는 1cm 정도 두께로 일정하게 송송 썬다.
2 대추는 돌려 깎아 씨를 빼내고 곱게 채 썬다.
3 분량의 재료를 섞어 된장양념을 만든다. 집된장일 경우 약간 양을 줄이거나 슴슴한 된장으로 사용해야 한다.
4 볼에 풋고추와 대추, 분량의 된장양념을 넣고 골고루 섞는다.
5 마지막에 참기름과 통깨를 넣고 한 번 더 섞는다.

여름에 고추가 맛있을 때 만들면 정말 맛깔나는 반찬으로, 미리 양념을 만들어 놓고 먹기 직전에 무치는 것이 제일 좋아요. 대추채가 들어가 풋고추와 함께 씹히는 맛이 좋고, 기분 좋은 은은한 단맛이 나면서 고추와 어우러진 식감도 좋지요.

엄마의 비법을 알려 주세요!

- **풋고추와 대추가 잘 어울리나요?**

아삭한 풋고추와 달달한 대추채가 은근 잘 어울린단다. 풋고추만 무쳐도 되는데, 대추가 들어가도 된다는 것을 알려주려고 넣었어.

- **풋고추는 어떤 것을 골라요?**

풋고추는 깨끗하고 광택이 나면서 짙은 녹색을 띠는 게 좋아. 꼭지 부분이 마르지 않은 것이어야 하고. 아삭하고 맵지 않은 것을 골라야 하는데 일반적으로 만져봤을 때 단단한 것은 좀 맵고, 부드러운 것은 맵지 않은 편이지. 아삭이고추, 롱그린고추, 풋고추 등 어떤 걸 사용해도 괜찮단다.

- **된장양념은 어느 정도 보관이 가능한가요?**

짠 된장에 양념이 된 거라 한 달 정도는 거뜬하게 보관이 될 것 같아. 이 반찬을 좋아하면 양념을 미리 넉넉히 만들어 두고 그때그때 버무려 먹으면 되겠지.

{딸의 요령}

"캐슈너트, 호두, 아몬드, 해바라기씨 등 견과류를 기름 없이 달군 팬에 살짝 볶아 함께 섞어서 버무려도 고소하니 맛있어요."

엄마의 훈수

"고추는 통째로 무쳐 먹어도 되고, 너무 맵지 않은 다른 종류의 고추를 사용해도 좋아. 대추채는 생략해도 되지만 함께 넣으면 달달한 맛을 보충해주고, 더욱 고급스러운 느낌이 나지. 만들어놓은 된장양념만 있으면 5분 안에 후다닥 만들 수 있는 반찬이야."

쫄깃쫄깃 부드러운 반찬이 생각날 때

새송이버섯 된장무침

재료 | 2~3인분

- 새송이버섯 3개(200g)
- 참기름 1큰술
- 통깨 1/2큰술

된장양념

- 다진 파(파란 부분) 1큰술
- 된장 1/2큰술
- 다진 마늘 1/2작은술

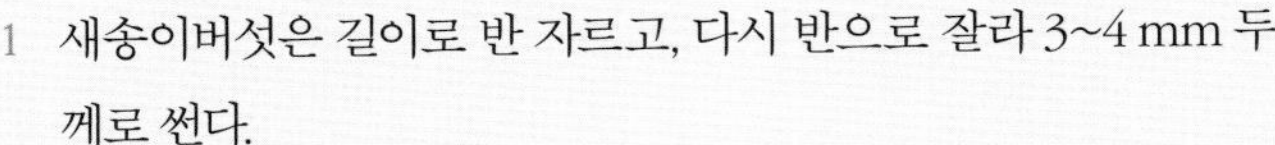

1 새송이버섯은 길이로 반 자르고, 다시 반으로 잘라 3~4 mm 두께로 썬다.
2 전자레인지용 찜기에 넣어 뚜껑을 닫고 전자레인지에 2분 정도 익혀서 숨을 죽인다.
3 ②는 체에 밭쳐 물기를 뺀 후 손으로 한 번 더 살짝 물기를 짠다.
4 볼에 새송이버섯을 담고 분량의 된장양념을 넣어 골고루 섞어 버무린다.
5 마지막에 참기름과 통깨를 넣고 한 번 더 섞는다.

1

4

새송이버섯은 자연산 송이버섯의 대용품으로 재배되어 나온 버섯이라 육질이 부드럽고 탄력이 있어 씹을수록 고소하고 쫄깃하지요. 새송이버섯을 전자레인지에 돌려 숨을 죽인 뒤 된장에 무치면 쉽고 간단한 최고의 버섯 반찬이 됩니다. 쫄깃하게 씹히는 새송이버섯과 고소한 된장양념이 아주 잘 어우러지지요.

엄마의 비법을 알려 주세요!

- **새송이버섯이 질척거려 된장양념이 잘 안 묻어요.**

데쳐서 물기를 짠 새송이버섯에 된장양념을 넣은 다음 조리용 장갑을 끼고 손으로 조물조물 묻히면 새송이버섯에 물기가 약간 남아 있어도 된장양념이 따로 돌지 않고 잘 버무려져.

- **다진 파의 파란 부분만 쓰는 이유는요?**

보통 나물에는 파란 부분보다 흰 부분을 다져서 사용해야 확 튀지 않으면서 얌전하게 무쳐지거든. 이번 새송이버섯 된장무침에 파란 부분을 약간 다져 넣은 것은 색감이 좋으라고 그리 했어. 파의 파란 부분은 흰 부분이랑 함께 조림, 볶음, 찌개, 탕 등에 어슷 썰어 넣거나 듬성듬성 썰어 넣기도 하고, 반으로 갈라서 파 특유의 향이 나도록 사용하기도 하지. 흰 부분은 주로 무침 양념장을 만들 때 돋보이지 않게 양념 재료로 쓰여.

- **새송이버섯도 제철이 있나요? 어떤 것을 골라야 하나요?**

새송이버섯은 사시사철 마트나 시장에서 쉽게 구할 수 있어. 갓과 줄기가 흠 없이 단단하고 탄력있어 보이면서 줄기가 매끈하면서 뽀얀 것이 익혀도 쫄깃하고 맛있지.

{딸의 요령}

"아이들용으로 만든다면 올리고당을 약간 더 추가하세요. 소위 '단짠단짠' 맛이라 아이들이도 거부감 없이 잘 먹을 거예요."

봄! 봄! 식탁 위에 봄이 왔어요~

냉이무침

재료 | **2~3인분**

- 손질한 냉이 200g
- 굵은 소금 1큰술
- 참기름(또는 들기름) 1큰술
- 통깨 1큰술

양념장

- 고추장 1큰술
- 다진 파 1큰술
- 된장 1/2큰술
- 국간장 1작은술
- 다진 마늘 1작은술

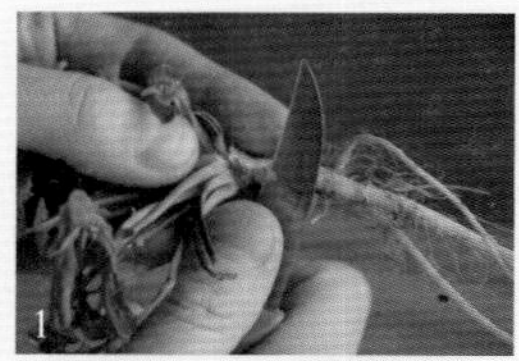

1

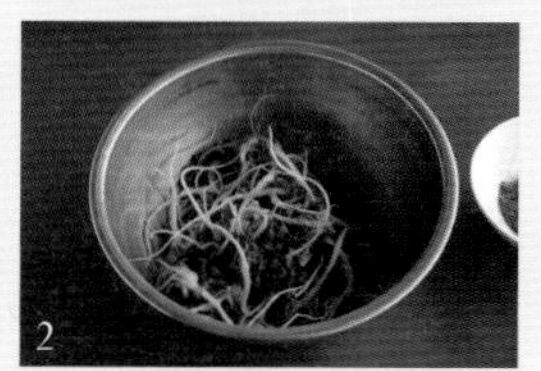

2

4

1 냉이는 뿌리가 굵고 잎이 싱싱한 것을 골라 잎과 뿌리 사이의 검은 것을 칼로 긁은 뒤 잔털을 다듬고, 굵은 것은 뿌리가 잘 익도록 반으로 자른다. 흐르는 물에 흙물이 나오지 않도록 씻는다.

2 끓는 물에 소금 1큰술을 넣고 냉이 뿌리가 익을 정도로 데친 다음 찬물에 헹궈 물기를 꼭 짠다.

3 분량의 재료를 섞어 양념장을 만든다.

4 데쳐서 꼭 짠 냉이를 볼에 넣어 양념장에 조물조물 버무리고, 참기름과 통깨를 넣고 한 번 더 버무린다.

겨울의 끝무렵이면 냉이의 향긋한 냄새를 맡을 수 있어요. 비타민, 단백질 등이 풍부한 냉이는 새 계절을 알리는 신호탄 역할을 하는 식재료입니다. 이른 봄날에 나오는 냉이는 국에 넣어도 좋지만, 반찬으로 만들면 향긋한 봄 식탁이 완성됩니다.

엄마의 비법을 알려 주세요!

- **냉이 잘 고르는 방법을 알려주세요!**

냉이는 잎이 톱날처럼 갈라져 있고 뿌리가 굵고 곧은 것이 좋아. 봤을 때 촉촉하게 수분이 있고 잎이 시들지 않고 싱싱해 보이는 것을 골라야 한단다.

- **냉이 손질이 어렵던데, 엄마는 어떻게 해요?**

먼저 시든 잎을 잘라내고 잎과 뿌리 사이에 있는 검은 부분을 작은 칼로 다듬어. 그런 다음 칼로 살살 뿌리를 긁어주면서 잔털을 정리하면 돼.

- **냉이 데치는 게 어려워요.**

냉이는 잘못 데치면 너무 억세거나 식감이 떨어질 수 있어. 데칠 때 냉이 이파리를 보지 말고, 뿌리를 살펴야 해. 뿌리가 부드러울 정도로 익히면 되는데, 잘 모르겠으면 중간에 꺼내 먹어보는 방법이 있지. 너무 단단하고 큰 뿌리는 잘 안 익을 수 있으므로 먹기 좋게 한두 번 잘라서 데치는 것도 방법이야.

- **참기름과 들기름은 어떻게 구분해 사용하나요?**

나물과 무침, 국물요리, 볶음 등 채소를 사용하는 음식에는 참기름, 들기름을 기호에 따라 둘 다 사용할 수 있어. 근데 고기요리, 생선요리, 중국요리에 들기름을 넣으면 비릿하면서 맛이 덜해지기 때문에 주로 고소한 참기름을 많이 쓰지. 또 재료에 따라 더 어울리는 맛이 있기 때문에 엄마는 직접 요리하면서 더 어울리는 맛을 찾는 편이야.

{딸의 요령}

"냉이는 씁쓰름한 맛이 있어 아이들은 안 좋아할 수도 있어요. 그래서 달달한 애호박을 넣고 전을 만들면 고소한 맛에 맛있게 먹기도 하지요. 초간장을 곁들여 먹으면 더 맛있어요. 우선 손질한 냉이 50g, 애호박 1/2개, 표고버섯 2개를 잘게 채 썰고, 부침가루와 물을 재료가 엉길 정도로만 넣고 섞어서 반죽을 만들어요. 식용유를 넉넉히 두른 달군 팬에 반죽을 한 숟가락씩 떠서 올리고, 중불에서 노릇하게 부치면 완성입니다."

나른한 봄날, 미각을 깨워주는 맛

마늘종무침

재료 | 3~4인분

- 마늘종 250g
- 굵은 소금 1큰술
- 통깨 1큰술
- 참기름 1/2큰술

양념장

- 고춧가루 2큰술
- 간장 1큰술
- 멸치액젓 1큰술
- 올리고당 1큰술
- 다진 마늘 1작은술
- 매실청 1작은술
- 설탕 1작은술

1·2

3

4

1 꽃대를 잘라낸 마늘종은 3~4cm 길이로 잘라 다듬는다.

2 분량의 재료를 섞어 양념장을 만든다.

3 끓는 물에 소금을 넣고 마늘종을 넣은 다음 2분 정도 파랗게 데치고, 찬물에 헹궈서 체에 밭쳐 물기를 뺀다.

4 마늘종에 양념장을 넣고 골고루 버무린 후 마지막에 통깨와 참기름을 섞는다.

마늘종은 알리신이 풍부하여 춘곤증과 식욕 부진을 이겨내는 데 많은 도움이 되는 식재료예요. 마늘종이 제철인 봄이 오면 장아찌 대신 자주 만들어 먹는 무침 반찬입니다. 잃어버린 입맛이 금세 돌아올 수밖에 없을 만큼 맛깔스럽지요.

엄마의 비법을 알려 주세요!

- **마늘종의 꽃대는 어떤 것을 말하나요?**

마늘이 자라면서 마늘 잎 사이로 올라오는 속대, 마늘의 꽃줄기가 마늘종인데 마늘종 끝부분에 꽃봉오리처럼 가늘게 생긴 부분이 꽃대야. 이것이 계속 자라면 마늘꽃이 피기도 하지. 꽃대가 막 올라올 때 마늘종을 뽑아 주어야 연한 마늘종을 먹을 수 있고 땅속의 마늘이 실하게 자랄 수 있다고 해. 대부분 꽃대는 먹지 않고 잘라내고 요리하지.

- **데치는 과정 없이 바로 무쳐서 먹으면 안 되나요?**

살짝 데치면 맵지 않고 오히려 달달한데, 생으로 먹으면 마늘처럼 맵고 아린 맛이 남아 있어 그대로 먹기는 좀 힘들 수 있지.

- **통깨와 참기름은 왜 마지막에 따로 넣어요?**

요리를 많이 하다 보면 어느 조리법이 나은지, 어떤 순서가 더 맛을 낼 수 있을지 늘 고민하게 돼. 대부분 참기름이나 통깨가 들어가는 음식은 처음부터 넣는 것보다는 조리가 다 된 마지막에 넣는 것이 고소한 맛과 향이 더 살아나는 법이야.

{딸의 요령}

"라임이용은 된장을 넣어서 무쳐요. 매운 고춧가루를 빼고 된장 2큰술, 올리고당 1큰술, 매실청 1작은술을 섞은 양념장에 살짝 데친 마늘종을 무치고 마지막에 통깨와 참기름을 넣고 버무리면 됩니다. 된장의 구수한 맛이 마늘종과 꽤 잘 어울려요."

봄이 왔음을 알리는 계절 반찬

곰취 된장무침

재료 | 2~3인분

- 손질한 곰취 200g
- 굵은 소금 1큰술
- 참기름(또는 들기름) 1큰술
- 통깨 1큰술

양념

- 고추장 1큰술
- 다진 파 1큰술
- 된장 1/2큰술
- 국간장 1작은술
- 다진 마늘 1작은술

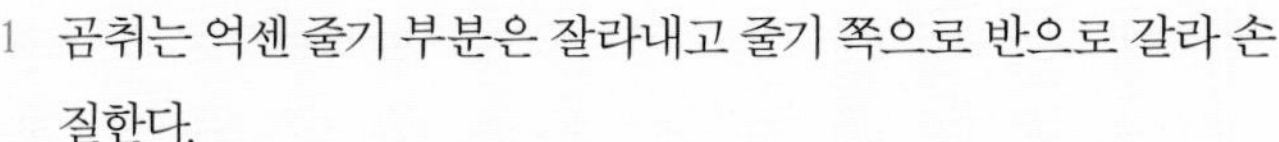

1. 곰취는 억센 줄기 부분은 잘라내고 줄기 쪽으로 반으로 갈라 손질한다.
2. 끓는 물에 소금 1큰술을 넣고 손질한 곰취를 1분 이내로 살짝 데친다.
3. 찬물에 재빠르게 헹궈 물기를 꼭 짠다.
4. 물기를 꼭 짠 곰취를 볼에 넣고 양념으로 골고루 조물조물 무친다.
5. 마지막으로 참기름과 통깨를 넣고 살짝 버무린다.

1

4

'봄나물의 제왕'이라고 불리는 곰취는 얼핏 취나물과 비슷해 보이지만 풍미가 더 독특하지요. 깊은 산속의 곰이 겨울잠을 자고 일어나 먹는다고 해서 '곰취'라고 불립니다. 초봄에 나오는 곰취는 나른한 봄철 입맛을 돋우고 피로 해소에 좋지요. 쌉싸름한 맛과 은은하게 상큼한 향을 풍기는 곰취는 생으로 쌈을 싸 먹어도 맛있지만, 무침으로 먹어도 좋아요. 다른 계절에도 이 맛을 보고 싶다면 데치거나 말린 다음 냉동보관하세요.

엄마의 비법을 알려 주세요!

곰취 손질은 어떻게 해요?

나물로 사용하는 곰취는 초봄에 나오는 연한 어린잎이기에 손질할 것이 거의 없어. 간혹 질긴 줄기가 있으면 잘라내고, 큰 잎은 반으로 갈라 데치면 돼. 연한 어린잎은 나물과 쌈으로 주로 먹고 어느 정도 자라 질겨진 곰취는 나물보다는 주로 장아찌로 담가 먹는 것이 맛있지.

잘 데치는 방법도 알려주세요.

곰취는 대체로 연하지만 간혹 질긴 부분이 있기 때문에, 살짝 데친 다음 줄기 부분을 살펴서 부드럽게 씹히면 잘 데쳐진 거야. 너무 많이 데치면 물컹해져 곰취 특유의 향과 씹는 맛이 사라질 수 있으니 꼭 살짝 데쳐야 해.

된장과 국간장을 함께 쓰는 이유가 있어요?

나물을 무칠 때 된장, 고추장을 사용해도 약간의 국간장을 더해야 간이 조화롭게 맞아진단다. 간을 맞추는 양념은 여러 가지가 있지만, 각 양념의 맛이 달라 함께 쓰면 더 맛있어지거든. 나물 무칠 때 국간장을 약간 넣어야 맛이 겉돌지 않고 제자리를 잡는 느낌이 들어. 또 각 집마다 사용하는 된장이 다르니 분량의 된장을 넣고 국간장으로 간을 조절해야 실패할 확률이 작단다.

국간장이 없으면 일반 간장을 써도 되나요?

곰취나물에는 국간장이 잘 어울리니 부득이한 경우를 빼고는 국간장으로 준비하는 것이 좋아. 다른 간장을 넣으면 맛을 잡아주는 느낌보다 간장의 짠맛이 더 부각될 수 있거든.

{딸의 요령}

"라임이한테는 맵지 않고 고소한 양념장을 만들어 무쳐요. 들깨를 넣어 고소하고 구수한 곰취 된장들깨무침의 양념장은 들깻가루 2큰술, 된장·다진 파 1큰술씩, 들기름 1/2큰술, 다진 마늘·국간장 1/2작은술씩을 섞어 만들면 됩니다. 된장이나 국간장의 양은 종류에 따라 간이 약간 다를 수 있으니 기호에 맞게 넣고 무쳐주세요.
곰취나물 쌈밥에 어울리는 쌈장 레시피도 알려드릴게요. 고추장 2큰술, 된장·다진 견과류(호두, 호박씨 등) 3큰술, 올리고당 1큰술, 참기름 1/2큰술, 다진 마늘 2작은술을 섞으면 쌈밥과 환상 궁합을 이루는 쌈장이 완성돼요. 곰취뿐 아니라 머위잎, 호박잎, 양배추찜으로 쌈밥을 먹을 때도 이 쌈장 하나면 밥 한 그릇 뚝딱입니다."

나긋나긋 부드럽고 향이 진한

방풍나물무침

재료 | 2~3인분

- 방풍나물 200g
- 굵은 소금 1큰술
- 들기름(또는 참기름) 1큰술
- 통깨 1큰술

양념장

- 고추장 1큰술
- 다진 파 1큰술
- 된장 1/2큰술
- 국간장 1/2작은술
- 다진 마늘 1작은술

1

3

5

1 방풍나물은 거친 밑줄기를 잘라내어 다듬는다. 끓는 물에 소금을 넣고 3분 정도 데친 다음 찬물에 헹궈 물기를 꼭 짠다. 줄기가 먹기 좋게 말랑할 정도로 데친다.

2 분량의 재료를 섞어 양념장을 만든다.

3 방풍나물은 먹기 좋게 자른다.

4 볼에 방풍나물을 넣고 양념장으로 조물조물 버무린다.

5 마지막으로 들기름과 통깨를 넣고 한 번 더 버무린다.

방풍나물은 이름처럼 풍을 예방하고 자양강장 효능이 있고, 비염이나 천식 같은 호흡기 질환에 좋은 식물이에요. 요즘은 황사나 미세먼지를 씻어낸다고도 하죠. 본래 바닷가 모래사장에서 잘 자라는 약용식물로 병풀나물, 갯방풍, 갯기름나물이라는 이름으로도 불리지요. 특유의 향과 쌉사름하면서 달콤한 맛을 가지고 있는 방풍나물은 주로 데쳐서 볶거나 장아찌를 담가 먹는데, 무쳐 먹으면 달고 고소한 맛을 온전히 맛볼 수 있습니다.

엄마의 비법을 알려 주세요!

- **방풍나물은 언제가 제철인가요? 어디서 구입할 수 있나요?**

방풍나물은 4월에 나는 새순을 채취해서 먹는 것이 가장 좋다고 하는데, 마트에 가면 거의 철에 관계없이 방풍나물을 볼 수 있어. 요즘은 그리 어렵지 않게 구할 수 있다는 얘기지. 봄에는 시장에도 자주 보이는데 잎이 싱싱하고 줄기가 길지 않으면서 향기가 좋은 것, 그리고 잎이 연한 녹색을 띠는 것을 골라야 한단다. 어린잎이 아무래도 색이 연하고 질기지 않겠지. 마트에서 아예 '방풍나물 어린잎'이라는 이름으로 패킹돼서 파는 것도 본 적이 있어.

- **어린 순은 어떻게 데쳐요?**

어린 새순이 많다면 데칠 때 레시피보다 시간을 좀 짧게 잡는 것도 노하우야.

- **방풍나물 손질법도 알려주세요.**

어린 순은 손질할 것도 거의 없을 정도로 깔끔해. 보통의 방풍나물이라면 흐르는 물에 깨끗이 씻고 굵은 줄기는 먹기 질기므로 떼어 내. 끓는 물에 소금 약간을 넣고 줄기가 말랑해질 정도로 데쳐 찬물에 헹군 다음 물기를 꼭 짜서 무치면 된단다. 사용하고 남았을 때는 물에 적신 키친타월에 감싼 후 비닐팩에 넣어 냉장보관하면 돼. 삶은 뒤 물기를 꼭 짜서 냉동보관해도 된다.

{딸의 요령}

"방풍나물로 무침을 하거나 장아찌를 많이 담가 먹지만, 전으로 만들어도 맛있어요. 방풍나물을 연한 것으로 골라 줄기를 짧게 자르고, 부침가루를 골고루 앞뒤로 묻히세요. 부침가루·밀가루 1/2컵씩, 물 250ml를 섞어서 묽은 부침반죽을 만든 다음, 방풍나물에 반죽을 고루 묻혀요. 식용유를 넉넉히 두른 팬에 노릇하게 부치면 돼요. 마른 새우가 있다면 다져서 반죽에 넣으면 더욱 감칠맛이 나고 맛있답니다. 간장·식초·물 1큰술씩을 섞어 초간장을 만들어 곁들이세요."

피로 해소에 좋은 봄날의 보약

두릅나물무침

재료 | **2~3인분**

- 손질한 두릅 200g
- 굵은 소금 1큰술
- 참기름 1/2큰술
- 통깨 1/2큰술

양념

- 다진 파 1큰술
- 국간장 2작은술
- 다진 마늘 1작은술
- 소금 1/8작은술

1 끓는 물에 소금 1큰술을 넣고 두릅을 넣어 2~3분 정도 부드럽게 데친다.
2 찬물에 헹궈 물기를 꼭 짠다. 한두 개 꺼내어 손으로 줄기가 부드러운지 눌러 보거나 먹어보면서 체크한다.
3 볼에 두릅을 넣고 양념으로 골고루 조물조물 버무린다.
4 마지막에 참기름과 통깨를 넣고 한 번 더 버무린다.

1

4

엄마의 훈수

"나물은 데치기 전이나 후나 무게가 비슷해. 레시피를 볼 때는 보통 다듬은 양을 기준으로 준비하면 된단다. 두릅은 그 특유의 향과 맛으로 먹기 때문에 보통 데쳐서 초고추장을 곁들이는데, 두릅의 비타민이 파괴되지 않는 궁합이란다. 두릅을 오래 두고 먹으려면 데쳐서 물기를 제거한 뒤 소분해서 냉동보관하는데, 방금 채취해서 먹는 맛은 찾을 수 없기 때문에 바로 먹는 것이 제일 좋아."

두릅은 땅에서 바로 올라오는 두릅의 새순인 땅두릅, 나무에 달린 나무두릅 두 가지 종류가 있어요. 봄철에 나오는 연하고 짧은 두릅은 데쳐서 초고추장을 곁들이거나, 조금 자란 잎은 다듬어서 주로 나물무침, 장아찌로 만들어 먹습니다.

엄마의 비법을 알려 주세요!

- **어떤 두릅을 골라야 해요?**

두릅은 땅두릅, 나무두릅(참두릅) 두 종류가 있는데 어린 순으로 연하고 짧은 것을 골라. 나물무침은 피어진 잎과 줄기를 사용해도 된단다.

- **두릅은 어떻게 손질해야 해요?**

나무두릅인 참두릅은 밑동을 잘라내고 비늘 모양의 껍질도 떼어내. 잎은 그대로 두고 줄기는 길이로 약간 칼집을 내어 알맞게 데쳐내 숙회로 먹거나 무쳐내면 된다. 땅두릅은 밑동이 길거나 굵은 편이라 밑동을 잘라 다듬어 데치거나 볶아서 먹고, 위쪽 잎과 줄기는 먹기 좋게 가른 후 데쳐내 나물무침을 하면 맛있어.

- **두릅이 유난히 쓰다면 어떻게 조리하면 좋을까요?**

두릅의 쓴맛이 강하다면 차가운 물에 30분 정도 담가 둬. 두릅의 쓴맛이 우러나와 숙회로 먹을 때 적당하게 쌉싸름하면서 특유의 향을 즐길 수 있단다. 엄마는 쌉싸름한 맛과 두릅 고유의 향이 좋아서 두릅을 먹는 편이라 그냥 먹는 편이지만, 쓴맛을 싫어한다면 먹어보고 유난히 쓴 경우만 물에 우려내어 먹도록 해라.

{딸의 요령}

"두릅은 라임이가 애정하는 나물이에요. 나물무침으로 만들어 얇고 보들보들한 부분으로 골라 줘도 잘 먹고, 튀김으로 만들어주면 제일 좋아하죠. 두릅 10개, 튀김가루 2큰술, 튀김옷(튀김가루 3/4컵, 물 3/4컵), 튀김유 적당량을 준비하세요. 두릅은 깨끗하게 씻어서 밑동을 잘라낸 다음 키친타월로 물기를 잘 제거하세요. 분량의 재료를 섞어 튀김옷을 만드세요. 두릅에 튀김가루를 고루 묻힌 다음 두릅을 하나씩 꺼내어 줄기 부분을 잡고 튀김옷에 담갔다가 꺼내어 170℃의 튀김유에 바삭하게 튀겨내세요. 간장·식초·물(생수) 1큰술을 섞어 초간장을 만들어 곁들이면 아주 맛있답니다."

견과류 듬뿍 넣어 환골탈태한

김무침

재료 | **2~3인분**

- 생김 15장(35g)
- 견과류(슬라이스 아몬드, 호박씨, 해바라기씨 등) 30~40g
- 통깨 1큰술
- 참기름 1큰술
- 송송 썬 파 1큰술

양념

- 간장 2큰술
- 올리고당 1~2큰술
- 맛술 1큰술
- 설탕 1작은술
- 물(또는 멸치 다시마육수) 3큰술

1 김은 달군 팬에 바삭하게 구워 비닐봉지 안에 넣고 잘게 부순다.
2 견과류는 달군 팬에 살짝 바삭하게 굽는다.
3 냄비에 분량의 양념을 넣고 약불에서 30초 정도 끓인 다음 식힌다.
4 ③에 참기름과 통깨를 넣고 섞는다.
5 ④에 부숴 놓은 김, 견과류, 송송 썬 실파를 넣고 젓가락이나 주걱으로 골고루 섞는다.

1

2

3

엄마의 훈수

"김무침의 김은 소금에 재운 김이 아니라 생김을 구워서 하는 거야. 그 정도는 알고 있지? 견과류는 팬에 살짝 구워야 고소한 맛이 극대화된단다. 매콤하게 먹고 싶으면 양념에 고춧가루나 고추장을 약간 추가하면 돼. 양념에 김을 넣으면 김의 부피가 확 줄어들면서 물기가 도는데, 시간이 조금 지나면 김이 촉촉하게 부드러워져서 먹기 좋은 식감이 되지."

묵은 김 없애는 방법으로는 견과류 듬뿍 넣은 김무침이 최고지요. 색도 곱고, 맛도 좋은 견과류 김무침은 많이 짜지 않아 마냥 집어 먹기 좋고, 아이들 반찬으로도 인기 만점입니다.

엄마의 비법을 알려 주세요!

● **김무침와 견과류의 조합, 어울리나요?**

김과 견과류가 어우러지면 보기에도 좋을 뿐 아니라 씹는 맛도 고소하니 맛있어. 꽤 잘 어울리는 조합이야.

● **김을 타지 않고 바삭하게 굽는 비법이 있나요?**

달군 팬에 두 장씩 넣고 앞뒤로 타지 않게 살짝 구워도 되고, 에어프라이어에 여러 장을 넣고 160℃에서 3~4분 정도 돌려도 된단다. 단, 너무 빼곡하게 담으면 잘 구워지지 않으니, 중간에 한 번 뒤집어서 골고루 굽는 게 좋아.

● **양념을 약불에서 끓이는 이유가 있나요?**

양념의 양이 그리 많지 않으니 졸지 않도록 약불에서 끓이는 거야. 또 재료에 물이나 육수가 들어가니 양념장의 다른 재료들과 잘 섞이도록 한 번 끓여서 식히는 거지.

● **양념장을 얼마나 식힌 다음에 김과 섞어야 하나요?**

끓여서 뜨겁지 않게 한 김 식으면 된단다.

{딸의 요령}

"쪽파가 있으면 재료에서 견과류를 빼고 쪽파를 살짝 데쳐 2~3cm 길이로 자른 다음 김과 함께 버무려도 맛있어요. 쪽파는 굵은 뿌리는 반으로 가르고, 약간의 소금을 넣은 끓는 물에 하얀 뿌리 쪽부터 넣고 데치다가 마지막에 파란 잎을 넣고 살짝 데쳐서 물기를 꼭 짠 다음 사용하면 됩니다."

우리 집 겨울 단골 영양반찬

톳나물 두부무침

톳과 두부를 이용해서 만든 나물무침으로 오독오독 씹히는 식감이 예술입니다. 칼슘, 인 철분 등 각종 미네랄이 풍부한 톳과 단백질이 가득한 두부가 만났으니 영양도 으뜸이지요. 맛이 강하지 않고 담백하면서 씹는 식감 덕분에 밥맛을 좋게 해줍니다.

재료 | 3~4인분

- 톳 200g
- 두부 1/2모(150g)
- 통깨 1큰술
- 참기름 1/2큰술

양념

- 다진 파 1큰술
- 국간장 1/2큰술
- 소금 1/4작은술

1 톳은 파랗게 되도록 끓는 물에 짧게 데쳐 찬물에 여러 번 헹군 다음 체에 밭쳐 털면서 물기를 뺀다. 접시에 키친타월 위에 데친 톳을 깔고 다시 키친타월로 덮어 물기를 뺀 후 먹기 좋게 한 입 길이로 자른다.

2 두부는 도마 위에 놓고 칼로 으깨어 접시에 담아 전자레인지에 1분~1분 30초 정도 익힌 다음 체에 밭쳐 수저로 살짝 눌러가면서 물기를 짠 후 체 아래에 키친타월을 10분 정도 밭쳐 놓으면 두부의 물기가 어느 정도 빠진다.

3 큰 볼에 톳과 두부를 넣고 분량의 양념에 조물조물 골고루 무친다.

4 마지막에 참기름과 통깨를 넣고 한 번 더 섞는다.

엄마의 훈수

"톳이라는 재료가 많이 생소하지? 먹어는 봤어도 자주 요리하게 되는 재료는 아니라 더욱 그럴 거야. 생톳은 제철에만 구할 수 있기 때문에 철이 아닐 때는 마른 톳을 불려서 사용하면 돼. 두부는 물기 없이 잘 짜야 톳과 어우러져 질척거리지 않고 고슬고슬한 무침요리가 완성된단다."

엄마의 비법을 알려 주세요!

● **톳은 언제가 제철이에요? 어떤 톳을 골라야 해요? 톳 손질법은요?**

톳은 3~5월이 제철로 이 기간에만 생물을 먹을 수 있고, 다른 시기에는 주로 마른 톳을 불려 조리한단다. 마른 톳이 생톳보다 해조류 특유의 비린 맛이 적고 영양가도 높으니 생톳이 나오는 철에는 오독오독 씹히는 싱싱한 맛을 즐기고, 그 외의 철에는 마른 톳을 사용하면 돼. 요즘 인터넷에서 염장 톳도 구매할 수 있는데, 짠맛을 우려내고 쓰면 자주 애용할 수 있을 거 같아.

톳은 줄기가 깨끗하고 잡티가 많지 않은 것이 좋아. 무르지 않고 광택이 나면서 굵기가 일정한 것을 고르도록 해. 생톳의 경우 잘 씻어서 잡티를 털어내고 끓는 물에 파랗게 데친 다음 찬물에 헹궈 물기를 빼고 사용하면 돼. 염장 톳은 물에 담가 짠기를 우려낸 후 살짝 데쳐서 사용하고, 마른 톳은 지저분한 것들을 털어낸 다음 찬물에 담가 2시간 정도 부드럽게 불린 후에 끓는 물에 데쳐서 사용하며 된단다.

● **두부의 경우 전자레인지를 사용하지 않으면 어떻게 으깨요?**

전자레인지를 이용하면 두부가 익으면서 물기가 빠지고 포실해져. 전자레인지를 사용하지 않으면 두부를 으깨어 면포에 싼 다음 물기를 어느 정도 짜내고 사용하면 돼.

● **두부는 어느 정도로 으깨서 먹을 때 식감이 좋아요?**

으깨지는 대로 으깨어 물기를 짜 내도 돼. 어차피 톳나물과 섞어서 주물러 무치다 보면 두부는 거의 뭉그러지게 되니 두부의 으깬 정도는 크게 신경 쓰지 않아도 된단다.

{딸의 요령}

"톳을 자를 때 칼로 한 번에 많은 양을 자르는 것보다 한 마디씩 손으로 직접 잘라야 깔끔하게 돼요."

톳조림

재료 | 3~4인분
- 마른 톳 60g(불린 톳 300g)
- 채 썬 당근 30g

양념
- 맛술 2큰술
- 간장 1큰술
- 쯔유 1큰술
- 청주 1큰술
- 다시마육수 2컵

* 쯔유 1큰술 대신에 간장 1큰술, 올리고당 1/2큰술로 대체 가능하다.

마른 톳은 2시간 이상 물에 불려서 깨끗하게 헹군 다음 물기를 제거하세요. 줄기에 붙어 있는 톳을 훑어내고, 줄기도 톳의 길이로 짧게 잘라 준비합니다. 팬에 톳과 분량의 양념을 넣고 끓어오르면 은근한 불로 줄여 부드럽게 뒤적이면서 졸여요. 양념이 약간 남았을 때 당근을 넣고 국물이 약간 남도록 촉촉하게 한 번 더 졸이면 됩니다. 달콤한 맛 덕분에 아이들이 참 좋아하는 반찬이에요.

딱딱하지 않고 부드럽게 즐기는

진미채무침

고추장 진미채무침

재료 | **2~3인분**

- 진미채 150g
- 쪽파 약간
- 참기름 1/2큰술
- 통깨 1/2큰술
- 물(생수) 3큰술

양념 1

- 식용유 2큰술
- 고춧가루 1큰술
- 다진 마늘 1큰술

양념 2

- 고추장 2큰술
- 올리고당 2큰술
- 국간장 1작은술
- 식초 1작은술

1 진미채는 많이 긴 것은 손으로 잘라주면서 먹기 좋게 손질한다.

2 볼에 진미채와 생수를 넣고 골고루 조물조물 무친 다음 손으로 꼭 짠 후 키친타월 위에 올려서 남은 물기를 없애고 보슬보슬하게 준비한다.

3 팬에 분량의 양념 1을 넣고 중약불에서 자글자글 1분 정도 끓여 식힌다.

4 ③이 식으면 분량의 양념 2를 넣고 잘 섞은 다음 ②의 진미채를 넣고 골고루 버무린다.

5 통깨, 참기름을 넣고 버무려 접시에 담고 송송 썬 쪽파를 올린다.

2

3

밑반찬으로 인기 좋은 진미채무침은 감칠맛 나게 무쳐 놓으면 마냥 손이 갑니다. 냉장고에 넣어두고 먹어도 딱딱해지지 않고 부드러우면서 쫀득한 식감이 포인트! 식구들 취향에 맞춰 살짝 매운맛, 간장맛 두 가지로 만들었습니다.

진미채 간장볶음

재료 | 3~4인분

- 진미채 200g
- 물엿 1큰술
- 통깨 1큰술
- 참기름 1큰술
- 생수 4큰술

양념

- 간장 2큰술
- 올리고당 1큰술
- 다진 마늘 1큰술
- 물 1큰술
- 식용유 1큰술
- 설탕 1/2큰술

1 진미채는 많이 긴 것은 손으로 잘라주면서 먹기 좋게 손질한다.
2 볼에 진미채와 생수를 넣고 골고루 조물조물 무친 다음 손으로 꼭 짠 후 키친타월 위에 올려서 남은 물기를 없애고 보슬보슬하게 준비한다.
3 팬에 분량의 양념을 넣고 중불에서 바글바글 끓으면 진미채를 넣고 약불로 줄인다. 천천히 양념이 완전히 진미채에 스며들도록 젓가락으로 4~5분 정도 비비듯이 골고루 버무리듯 볶는다.
4 양념이 진미채에 거의 다 스며들면 마지막으로 물엿을 넣고 윤기 나게 섞은 다음 통깨와 참기름을 넣어 골고루 버무린다.

3

4

엄마의 비법을 알려 주세요!

● 진미채무침을 냉장고에 넣고 보관하면 딱딱해져요.

오징어를 굽고 나면 더 단단해지듯이, 진미채도 열을 가한 다음 식히면 질감이 좀 딱딱해져. 진미채를 불에서 볶거나 뜨거운 양념에 넣고 무치는 조리법은 식고 나면 딱딱해지기 쉽거든. 진미채를 물에 살짝 불리듯 씻어서 무치거나, 양념에 물을 넣고 볶으면서 불 조절이나 볶는 시간을 잘 맞춰 조리하면 딱딱해지지 않는단다.

● 진미채는 어떤 것을 구입하는 것이 좋나요?

진미채는 밀봉이 잘 되어 있고, 색이 일정하며 마르지 않고 보드랍고 촉촉한 것으로 구입하는 것이 좋아. 진미채의 첨가물이 걱정된다면 성분표를 보고 첨가물이 좀 적은 것으로 고르면 되겠지. 맛을 볼 수 있는 경우라면 비린 맛이 없고 달짝지근한 맛이 도는 것을 고르렴.

● 사놓은 진미채가 너무 오래되었어요.

진미채는 말린 거지만 오래된 것은 아무래도 딱딱하고 맛이 없지. 어떤 요리든 주재료가 맛있어야 요리의 완성도가 높아진단다. 간혹 너무 짜거나 비린 맛이 강하면 끓는 물에 데치는 것도 방법이야.

● 생수에 헹구는 이유가 있나요?

생수에 한 번 헹구면 진미채가 물을 머금어 부드럽고 촉촉하고, 살짝 씻어낸 느낌이 들어서 개운해.

● 고추장무침 양념을 따로 만드는 이유가 있나요?

양념 1을 기름에 먼저 볶으면 기름에 마늘 향이 배면서, 고추기름의 역할을 하게 돼. 고추기름을 따로 넣지 않는 대신 이 방법을 쓰는 거지. 마늘향 고추기름을 만들고 난 다음 양념 2를 넣으면 양념에 그 향이 맛있게 배서 감칠맛이 나.

● 어떨 때 올리고당, 어떨 때 물엿을 쓰는 건가요?

예전에는 물엿을 주로 사용했는데, 물엿은 칼로리가 높아 요즘은 칼로리가 적은 올리고당을 많이 사용하는 편이야. 거의 두 가지를 구분없이 사용해도 되는데, 정확히 구분하자면 올리고당은 물엿보다 윤기나 촉촉함이 덜하고 열을 가하면 단맛이 줄기 때문에 장시간 열을 가하는 요리에는 넣지 않는 것이 좋아. 장아찌나 무침요리, 드레싱 같은 것에 적당해.
물엿은 올리고당보다는 단맛이 적지만, 깊은 맛이 나고 설탕보다는 점성이 높아 윤기를 내는 데 많이 사용한단다. 조림이나 볶음요리, 구이 같은 단맛을 유지하면서 윤기를 내고 싶은 요리에 쓰면 좋지. 하지만 엄마는 단맛이 지나치지 않고 은은하게 남는 것을 선호하기 때문에 올리고당을 더 많이 쓰는 편이란다.

● 비비듯이 골고루 버무려주는 느낌이 어떤 것인가요?

팬에 진미채를 문질러가면서 양념이 고루 묻도록 뒤적이면서 볶아주는 스킬이지.

{딸의 요령}

"진미채는 아이들이 씹기에 딱딱하거나 첨가물이 많아서 짜기 때문에 한 번 데쳐서 사용하는 것이 좋아요. 끓는 물에 30~40초 정도 데쳐 찬물에 한 번 헹구고 물기를 꼭 짜서 준비하세요. 진미채의 첨가물도 좀 빠지고 식감도 훨씬 보들보들하답니다. 저는 양념을 만들 때 땅콩버터 1/2큰술 정도 넣어서 만들기도 하는데, 부드럽고 고소한 맛이 배가돼 더 맛있어요."

쫄깃한 오징어와 아삭한 채소의 하모니

오징어무침

싱싱하고 쫄깃한 오징어는 데쳐서 초고추장에 찍어 먹어도 맛있지만, 아삭아삭한 채소를 섞어 무침을 하면 별미지요. 손질해서 데친 오징어에 양파, 오이, 아삭한 밤 등을 넣어 조물조물 무치면 새콤달콤하니 입맛을 업~시켜줍니다.

1

2

3

4·5

6

7

재료 | 3~4인분

- 오징어 2마리(손질 후 400g)
- 오이 2개
- 양파 1개
- 깐 밤 10개
- 통깨 1큰술
- 참기름 1/2큰술
- 물 1/2컵

양념장

- 간장 2큰술
- 고추장 2큰술
- 고춧가루 2큰술
- 식초 2큰술
- 다진 파 2큰술
- 설탕 1큰술
- 올리고당 1큰술
- 다진 마늘 1큰술

1 오징어는 껍질을 벗겨 몸통 안쪽에 격자로 칼집을 낸 다음 2cm 두께로 썬다. 다리와 머리도 먹기 좋게 썬다.

2 도톰한 냄비에 물을 1/2컵 정도 넣고 중불에서 끓어오르면 오징어 몸통 부분을 넣고 주걱으로 뒤적이면서 오징어가 하얗게 오그라질 정도로 1분 정도 익힌 다음 바로 체에 밭쳐 식힌다.

3 같은 냄비에 머리와 다리를 넣고 ②와 같은 방법으로 데쳐 체에 밭쳐 식힌다.

4 밤은 모양대로 5mm 두께로 납작하게 썰고, 오이는 길이로 반을 잘라 5mm 두께로 도톰하게 어슷 썬다.

5 양파는 5mm 두께로 채 썰어 10분 정도 물에 담가 매운기를 뺀 후 체에 밭쳐 물기를 뺀다. 아삭한 햇양파일 경우 그냥 썰어 넣어도 된다.

6 분량의 재료를 섞어 양념장을 만드는데, 양념장은 미리 만들어 두는 것이 좋다.

7 볼에 손질한 오징어와 채소를 담아 양념장에 골고루 무치고 참기름과 통깨를 넣어 버무린다.

엄마의 훈수

"집에서 적은 양을 데칠 때는 저수분 조리법으로 하면 영양 손실도 적고, 오징어 본연의 맛이 유지돼 더 맛있어. 손질한 오징어와 채소는 냉장고에 차게 보관해 놓고 원하는 만큼 조금씩 무쳐야 신선하게 먹을 수 있단다."

● **몸통 안쪽에 칼집을 넣는 이유가 있나요? 오징어 칼집 잘 내는 비법을 알려주세요!**

오징어는 익으면 안쪽으로 돌돌 말리기 때문에 안쪽에 칼집을 내야 말리지 않고 예쁜 모양으로 익어. 또 모양도 예쁘지만 양념이 잘 배어 무침양념이 따로 돌지 않고 맛있게 무쳐진다는 장점도 있단다. 오징어 머리를 자르고 몸통 껍질을 벗겨낸 다음 몸통을 세로로 2등분한 후에 보통 가로×세로로 격자무늬 칼집을 내. 잘 드는 칼로 비스듬히 눕히듯이 약간 어슷하게 오징어 몸통의 반 정도의 깊이로 칼집을 넣되 오징어가 잘리지 않게 하는 것이 중요해. 집에 파채칼이 있으면 파채칼을 이용해서 간단하게 칼집을 낼 수도 있어.

● **오징어 몸통, 머리와 다리를 따로 데치는 이유가 있나요?**

오징어 몸통은 껍질을 벗기면 하얀색인데, 껍질을 벗기기 힘든 머리와 다리를 함께 데치면 머리와 다리에서 붉은색이 하얀 몸통에도 묻어나게 돼 따로 데치는 거야. 물론 오징어무침은 숙회가 아니고, 매운 양념에 무치는 거라 같이 데쳐도 큰 지장은 없단다.

● **양념장은 미리 준비해서 숙성시켜야 하는 건가요?**

고춧가루가 들어가는 양념장은 바로 만들어 무치는 것보다는 양념장을 미리 만드는 것이 좋아. 고춧가루가 다른 양념이랑 잘 어우러지면서 걸쭉해지고 한층 맛있어져.

{딸의 요령}

"밤 대신 돌나물, 미나리, 데친 어묵 등을 넣고 무쳐 먹어도 맛있어요. 비빔면이나 비빔냉면에 올려 먹으면 든든하고 맛있는 한 끼 식사가 되지요."

엄마의
버전 – 업
레시피

밤무침

재료 | 2~3인분

- 밤 200g
- 오이 1/2개
- 양파 100g

양념장

- 송송 썬 실파 2큰술
- 설탕 1 ½큰술
- 식초 1 ½큰술
- 통깨 1큰술
- 고춧가루 2작은술
- 소금 1작은술

햇밤이 나오는 가을철에 만들면 좋은 달달하고 아삭한 반찬 겸 샐러드예요. 밤을 5mm 정도로 도톰하게 슬라이스하고, 오이는 길이로 반으로 잘라 밤과 같은 두께로 반달로 썰고, 양파도 같은 두께로 채 썰어요. 분량의 양념장에 먹기 전에 무치면 됩니다. 밤도 물에 한 번 헹궈 물기를 제거하면 전분기가 빠지면서 맛도 깔끔하고 식감도 아삭해요.

지방과 콜레스테롤이 낮은 다이어트용 반찬

황태채무침

재료 | 2~3인분

- 황태포 50g
- 참기름 1/2큰술
- 통깨 1/2큰술
- 물(생수) 3큰술

양념장

- 고추장 2큰술
- 올리고당 2큰술
- 다진 마늘 1/2큰술
- 간장 1작은술
- 고춧가루 1작은술
- 마요네즈 1작은술

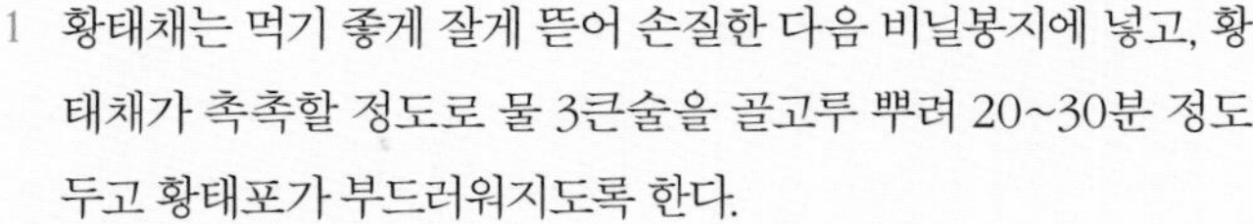

1 황태채는 먹기 좋게 잘게 뜯어 손질한 다음 비닐봉지에 넣고, 황태채가 촉촉할 정도로 물 3큰술을 골고루 뿌려 20~30분 정도 두고 황태포가 부드러워지도록 한다.

2 분량의 재료를 섞어 양념장을 만든다.

3 부드러워진 황태포에 양념장을 넣고 골고루 양념이 배도록 무친 다음 마지막으로 참기름과 통깨를 넣고 골고루 섞는다.

1

3

"만들어 놓으면 자꾸만 젓가락이 가게 되는 마성의 밑반찬이야. 황태채를 잘게 뜯어서 매콤하게 무쳤는데, 많은 양보다는 조금씩 무쳐 먹는 것이 가장 맛있지."

황태는 명태살이 얼었다 마르는 과정을 반복하면서 비로소 황태가 되는데 단백질 양이 2배로 늘어나 대표적인 고단백·저칼로리 식품으로 꼽힙니다. 칼슘, 비타민도 풍부해서 간을 보호하고 뇌 발달에도 도움을 주며, 다이어트 식품으로도 손꼽히지요.

엄마의 비법을 알려 주세요!

● 불로 조리할 필요가 없나요?

황태채는 생으로도 먹을 수 있는 것이라 먹기 좋게 손질한 후 생수로 황태채를 포실포실하고 촉촉하게 만들어야 양념이 황태채에 잘 스며들면서 진하게 밴단다. 불에 볶으면 약간 쪼그라들기도 하고 황태채가 마르고 뻣뻣해져서 반찬으로 적당치 않아.

● 황태채가 유난히 뻣뻣해요.

황태채가 뻣뻣하다면 좀 더 잘게 찢어 레시피대로 손질해서 무치면 될 것 같다. 물을 더 첨가할 필요는 없어.

● 마요네즈 양을 늘리면 더욱 부드러운 맛이 나나요?

너무 많이 넣게 되면 오히려 느끼해지고 황태채무침도 엉키면서 제맛이 나지 않아. 마요네즈를 조금만 넣어 맛에 포인트를 주는 역할을 하는 거란다.

{딸의 요령}

"황태채는 길이도, 굵기도 제각각인 경우가 많고, 가시가 박혀 있는 것들도 있어서 손질을 잘 해야 해요. 길이가 긴 것은 짧게 자르고, 두꺼운 것은 손으로 살살 풀어서 갈라주고, 가시가 있으면 제거하세요. 조금 번거로워도 손질을 말끔하게 하고 나면 식감도 부드럽고 양념도 더 잘 밴답니다."

엄마의
버전 – 업
레시피

황태장아찌

재료 | **10인분** 황태채 150g, 참기름·통깨 약간씩
양념장 고추장 1컵, 올리고당·매실청 1/2컵씩, 간장 1/4컵, 고운 고춧가루 2큰술, 다진 마늘·청주 1큰술씩, 다진 생강 1/2큰술

황태채를 분량의 양념장에 무쳐서 일주일 정도 냉장보관해 두었다가 조금씩 꺼내어 잘게 찢고 참기름, 통깨를 넣고 무치면 집어 먹기 좋은 밑반찬이 돼요.

한겨울 싱싱한 굴로 무쳐 먹으면 최고!

굴무침

재료 | 3~4인분

- 굴 400g
- 무 50g
- 배 50g
- 대파 1/4대(5cm)
- 통깨 약간
- 참기름 약간

재움양념

- 무즙 2큰술
- 굵은 소금 1큰술

무침양념

- 고운 고춧가루 4큰술
- 멸치액젓 1큰술
- 다진 마늘 1/2큰술
- 생강즙 1/2큰술

1 굴은 손으로 만져보면서 껍질이 있으면 떼어내고 연한 소금물(생수 5컵+소금 1 ½큰술)에 체에 담긴 굴을 넣고 흔들어 가면서 1~2번 씻어 체에 10분 정도 밭쳐 물기를 충분히 뺀다.

2 물기를 쪽 뺀 굴에 소금과 무즙을 넣고 30분 정도 절인다. 무즙은 무를 강판에 갈아 고운 체에 내린다.

3 파는 2~3cm 정도 길이로 굵은 채를 썰고, 무와 배는 사방 1.5cm로 납작하게 썬다. 생강을 갈아 생강즙을 준비한다. * 생강즙은 생강을 강판에 갈아 물 1작은술 정도를 넣고 고운체에 내려 즙을 짜는데, 약간 희석이 된 생강즙이다.

4 절인 굴은 체에 밭쳐 10분 정도 둔다.

5 볼에 무, 배, 액젓, 다진 마늘, 생강즙을 넣고 먼저 고추가루 양의 2/3 정도를 넣고 버무려 잠시 10분 정도 둔다. 고운 고춧가루가 없으면 고춧가루를 커터기에 곱게 갈아주거나 고운체로 밭쳐서 사용한다.

6 무와 배에 버무린 고춧가루가 촉촉해지면 체에 밭쳐 놨던 굴과 채 썬 파, 남은 고춧가루를 넣고 골고루 무친다.

7 먹기 직전에 통깨와 참기름을 넣고 버무린다.

2

4

6

날씨가 추워지고 김장철이 찾아오면 굴은 고소하고 단맛이 나면서 무척 맛있어집니다. 특히 굴로 무침을 만들면 특유의 향이 살아나면서 딱 먹기 좋은데, 탱글탱글 신선한 자연산 굴로 만들면 그 맛이 일품이지요. 겨울철 별미인 굴무침, 우리 집 단골 레시피를 소개합니다.

엄마의 비법을 알려 주세요!

- **싱싱한 굴을 어떻게 골라요?**

좋은 굴은 전체적으로 유백색을 띠며 리본처럼 주름진 부분이 짙은 색을 띤단다. 또 통통하면서 미끈미끈하고 탄력이 있는 것이 싱싱한 굴이야. 11월에서 1월이 가장 맛있는 시기지. 굴은 씻을 때 반드시 연한 소금물에 씻어야 맛과 영양분이 빠져 나가지 않는다.

- **소금은 꼭 천일염이어야 하나요?**

천일염을 사용하면 좋고, 꽃소금 등을 사용해도 된다.

- **굴의 물기를 빼려면 어떻게 해야 하나요?**

체에 밭쳐 어느 정도 물을 빼주고 마지막에 체 아래에 키친타월을 깔아주면 체 아래쪽 수분을 키친타월이 빨아들여 물기가 쪽 빠질 수 있단다.

- **숙성해서 먹는 굴은 얼마나 먹을 수 있나요?**

짠맛이 있기 때문에 김치냉장고에 보관하면 2주 정도까지 가능하지.

{딸의 요령}

"저는 굴무침을 할 때 꼭 밤을 넣어서 먹어요. 제철을 맞아 통통한 생밤을 까서 슬라이스한 후 ⑥단계에 넣고 같이 버무리면 고소하고 씹는 맛이 일품입니다."

엄마의 훈수

"굴무침은 바로 무쳐서 먹어도 좋지만, 하루 정도 실온에 두면서 익히면 재료에 양념맛이 배서 훨씬 맛있단다. 따뜻한 흰밥에 올려 먹어도 맛있지만, 수육 같은 고기요리를 할 때 곁들이면 궁합이 잘 맞지. 제철 굴은 맛도 좋고 영양가도 높으니 매해 겨울이 오면 꼭 한 번은 담가 먹도록 해라."

채소 듬뿍 곁들인 저칼로리 한 접시

도토리묵무침

재료 | 2~3인분

- 도토리묵 1모(400g)
- 오이 1/2개
- 양파 1/2개
- 깻잎 10장
- 쑥갓 반 줌(20g)
- 참기름 2큰술
- 통깨 1큰술

양념장

- 간장 2 ½큰술
- 고춧가루 2 ½큰술
- 다진 파 2큰술
- 식초 1 ½큰술
- 설탕 1큰술
- 다진 마늘 1큰술
- 올리고당 1큰술
- 멸치액젓 1작은술

1 오이는 길게 반 잘라 어슷하게 썰고, 깻잎은 1cm x 5cm 길이로 자른다. 양파는 곱게 채 썬다. 도토리묵은 길이로 반으로 잘라 1cm 정도 두께로 썬다. 묵은 먹기 좋게 막대 모양으로 도톰하게 썰어도 된다.

2 분량의 재료를 섞어 양념장을 만든다.

3 볼에 썰어 놓은 채소를 담고 양념장과 참기름, 통깨를 넣고 버무린다.

4 접시에 도토리묵을 가지런히 담고 ③을 곁들인다.

1

3

엄마의 훈수

"도토리묵에 채소를 곁들여도 되지만, 묵과 채소를 양념장에 한꺼번에 버무린 후 마지막에 참기름과 통깨 혹은 들기름과 들깻가루를 넣고 버무려 먹어도 맛있어. 미리 만들면 채소의 숨이 죽으니 양념장을 미리 만들어 놓고 먹기 직전에 버무려 먹거라."

쌉싸름한 맛과 찰랑거리는 식감의 도토리묵을 양념장에 쓱쓱 버무린 채소와 곁들이면 환상 조합의 한 접시가 됩니다. 한국식 샐러드라고 칭해도 부족함이 없는 도토리묵무침은 양념장의 비율이 매우 중요한데, 멸치액젓을 넣은 양념장은 슴슴한 도토리묵과 어울려 감칠맛이 폭발하지요.

엄마의 비법을 알려 주세요!

- **묵을 예쁘게 써는 게 어려워요.**

찰랑찰랑한 묵을 예쁘게 썰려면 먼저 칼이 잘 들어야 해. 칼을 잘 갈아주고, 칼에 기름을 발라 썰면 묵이 매끈하게 잘 썰어지지. 이왕이면 참기름, 들기름을 약간 발라주면 양념이랑도 잘 어울린단다.

- **채소는 어떤 것을 더 넣어주면 좋아요?**

상추, 당근, 알배추, 부추, 풋고추 등 쌈채소 종류를 더해도 잘 어울려.

- **양념장에 멸치액젓을 넣는 이유는요?**

간장으로만 간을 하는 것보다는 멸치액젓를 넣어주면 감칠맛이 더해져 더 맛있지. 이 양념장은 맛이 좋아 다른 묵무침 요리에도 사용하길 권한다.

- **도토리묵은 데치지 않고 그냥 썰어서 쓰면 되나요?**

도토리묵은 집에서 바로 쑤어서 사용하면 며칠이 지나도 찰랑거리는 편인데, 시중에서 산 도토리묵은 이미 노화가 되고 있는 상태라 탄력이 많이 떨어져 있고, 냉장고에 넣어두면 더 단단해질 수 있어. 탄력이 약간 남아 있다면 통째로 끓는 물에 30초 정도 데쳤다가 찬물 또는 얼음물에 담그면 본래 탄력이 다시 돌아와. 너무 많이 단단해졌다면 아예 먹기 좋은 크기로 썰어 같은 방법으로 데쳐서 찬물에 담갔다가 사용하면 다시 찰랑거리는 상태가 된단다.

{딸의 요령}

"어린아이들은 도로리묵을 안 먹을 것 같지만, 젤리 같은 식감에 의외로 잘 먹어요! 도토리묵 1/2모를 먹기 좋게 깍둑썰기한 다음에, 간장·올리고당 1큰술씩, 참기름·통깨 1/2큰술씩 그리고 조미김을 원하는 만큼 넣고 버무리면 아이도 잘 먹는 묵무침을 쉽고 간단하게 만들 수 있어요. 청포묵무침도 이렇게 무쳐주면 잘 먹는 답니다."

말랑말랑 부드러운 다이어트 반찬

청포묵무침

재료 | **2~3인분**

- 청포묵 400g
- 쇠고기(우둔살, 홍두깨살, 앞다리살 등) 50g
- 오이 1/2개
- 조미김 1장분
- 참기름 1큰술
- 통깨 1큰술
- 식용유 1작은술
- 소금 3/4작은술

쇠고기양념

- 간장 1작은술
- 다진 마늘 1작은술
- 참기름 1작은술
- 설탕 1/2작은술
- 후춧가루 약간

1 청포묵은 모양대로 3mm 두께로 슬라이스한 다음 3~5mm 두께로 채 썬다. 오이는 6~7cm 길이로 잘라 파란 부분만 돌려 깎아 채 썬다. 쇠고기는 살코기로 준비해 7cm 길이로 채 썬다. 조미김은 3cm 길이로 채 썬다.

2 청포묵은 끓는 물에 투명하도록 데친 다음 체에 밭쳐 물기를 뺀다. 데친 청포묵은 찬물에 헹구지 않는다. 체에 밭칠 때 체 아랫부분을 키친타월을 깔고 톡톡 털면 체 아랫부분의 물기까지 잘 빠진다.

3 청포묵은 소금 1/2작은술과 참기름에 버무린다.

4 달군 팬에 식용유를 두른 다음 오이와 소금 1/4작은술을 넣고 중불에서 오이가 파랗게 살짝 볶은 다음 접시에 펼쳐 식힌다.

5 쇠고기는 키친타월로 감싸 핏물을 뺀 후 분량의 쇠고기양념에 재운다.

6 달군 팬에 쇠고기를 넣고 중불에서 물기가 없도록 고슬고슬하게 볶는다.

7 볼에 데친 청포묵, 볶은 오이와 쇠고기, 채 썬 조미김, 통깨를 넣고 골고루 섞는다.

2

6

녹두전분으로 만든 청포묵은 주로 고소하게 무치거나, 새콤달콤한 나물로 만드는 우리의 전통 음식입니다. 한정식집에 가면 단골 반찬으로 자주 등장하는데, 식감이 부드러워 특히 아이들이 좋아하지요. 야들야들하게 데쳐 오이와 볶은 쇠고기, 구운 김 등을 넣어 무치면 호로록~ 마냥 먹게 되는 중독성 있는 맛이랍니다.

엄마의 비법을 알려 주세요!

● **청포묵은 꼭 데쳐야 해요?**

바로 만든 것을 사와서 야들야들한 상태이면 그대로 사용해도 되는데, 시간이 지나서 묵이 좀 단단해졌다면 살짝 데쳐야 부드럽고 간도 잘 배지.

● **재료를 따로 볶아서 섞는 이유는요? 한꺼번에 볶으면 안 되나요?**

각각 볶아야 오이는 오이대로 산뜻하게 볶을 수 있고, 쇠고기는 물기 없이 고슬고슬하게 볶을 수 있어. 한꺼번에 볶으면 불 조절도 어렵고, 서로 섞여서 각 재료의 맛과 색, 질감이 엉망이 될 수 있거든. 따로 알맞게 볶아서 섞어야 깔끔하고 조화로운 맛을 낼 수 있지.

{딸의 요령}

"아이들이 청포묵무침을 정말 좋아하는데, 바쁠 때는 초스피드로 간단하게 만들 수 있어요. 청포묵 150g, 간장 1/2큰술, 참기름 1/2큰술, 통깨 1/2큰술, 도시락 조미김 1통을 준비하세요. 청포묵을 먹기 좋게 깍둑썰기를 해서 끓는 물에 부드럽게 데친 다음 간장이나 소금, 참기름, 통깨, 부순 조미김으로 조물조물 무치면 완성입니다."

엄마의 훈수

"청포묵무침은 '탕평채'라고 불리는 전통 음식으로 조선 영조 때 여러 당파가 잘 협력하자는 탕평책을 논하는 자리에 처음 등장한 데서 유래한 거야. 청포묵을 어떻게 써느냐에 따라 식감이 달라지는데, 큐브 모양으로 썰어도 되지만 엄마는 가늘게 채 써는 것이 양념도 잘 배고 다른 재료랑도 잘 어우러져 맛있더라고. 청포묵, 오이, 쇠고기는 각각 간이 돼 있어서 간을 더하지 않아도 되지만 싱겁다면 소금으로 살짝 간을 하거나 조미김을 넉넉히 넣으면 돼."

김치&겉절이

깍두기
총각무김치
무물김치
부추 오이김치
파김치
깻잎김치
나박김치
배추겉절이
상추겉절이

붉은색 곱게 입혀 아삭하게 먹는

깍두기

재료

- 무 2kg
- 굵은 소금 5큰술
- 쪽파 한 줌(70g)

양념장

- 고춧가루 1/2컵
- 배즙 3큰술
- 새우젓 3큰술
- 다진 마늘 2큰술
- 간 양파 2큰술
- 올리고당 2큰술
- 멸치액젓 1큰술
- 다진 생강 2작은술

1 무는 깨끗하게 씻어 사방 2cm 크기로 깍둑썰기한다. 쪽파는 다듬어 2~3cm 길이로 썬다.

2 무에 굵은 소금을 뿌려 1시간 절인다.

3 고춧가루 2큰술을 따로 빼 놓고 분량의 재료를 섞어 양념장을 만든다. 새우젓은 다져서 넣는다.

4 무가 절여지면 한 번 물에 헹군 후 건지고, 체에 밭쳐 물기를 뺀다.

5 물기를 뺀 무에 고춧가루 2큰술을 넣고 버무려 먼저 곱게 물을 들인 후 준비한 쪽파와 양념장을 넣고 버무린다.

6 ⑤는 상온에 두었다가 국물이 익은 듯하면 냉장고에 두고 숙성시켜 먹는다.

1

5

엄마의 훈수

"가을 무는 달아서 그냥 소금에만 절여도 되는데, 다른 계절의 무는 단맛이 덜할 때가 있어. 그때는 소금에 절여 물에 헹군 다음 그린스위트(아스파탐) 1작은술을 뿌려 30분 정도 두었다가 헹구지 말고 그대로 물기를 빼고 양념에 버무리면 된단다. 배즙은 고기 재울 때뿐 아니라 김치 담글 때도 사용하니 배가 넉넉할 때 즙을 내서 소분한 다음 냉동실에 넣어 놓고 활용해보렴."

무는 가을부터 겨울이 제철인데, 제철 무로 담근 깍두기는 설렁설렁 담아도 시원하면서 달큰한 맛이 그만입니다. 잘 익은 깍두기는 아삭한 무도 맛있지만, 시원한 국물이 속을 뻥 뚫어주지요. 생각보다 만들기 어렵지 않고, 밥과 국만 있으면 다른 반찬 없이도 맛있게 먹을 수 있는 것이 바로 깍두기입니다.

엄마의 비법을 알려 주세요!

● 무 썰 때 크기가 늘 고민돼요.

보통 우리가 먹는 깍두기는 사방 2cm 사이즈가 한 입 크기로 최적이야. 설렁탕집 깍두기처럼 크게 담가도 되지만, 설렁탕집처럼 맛있게 담그려면 절임시간이나 방법이 약간 다를 수 있어. 집에서 깍두기를 담는다면 레시피 사이즈를 권장한다.

● 왜 고춧가루는 따로 버무려요?

절인 무에 그대로 촉촉한 양념을 섞으면 양념이 겉돌기 쉬우니 미리 무에 마른 고춧가루를 무쳐 색을 들인 다음 나머지 깍두기양념을 넣고 무치면 양념이 무랑 잘 엉긴단다. 우리가 부침을 할 때 밀가루를 묻히는 조리법과 비슷하다고 보면 된다.

● 배를 구할 수가 없어요.

배(생과)로 즙을 내기가 어려우면 시중에 판매하는 배즙 음료(순수 배즙)를 사용해도 된단다. 어차피 깍두기에 시원한 단맛을 내기 위해서니까 맛에 큰 지장은 없을 것 같구나.

● 국물이 익은 듯한 정도가 어떤 느낌이에요?

국물맛을 보았을 때 막 담은 날김치 맛이 아니라 약간 새콤하게 발효된 맛이 도는 정도를 말해. 하루 정도 서늘하고 빛이 들지 않는 곳에서 숙성시키면 무는 채 익지 않아도 국물만 살짝 익은 맛이 나거든. 그때 냉장고에 넣어 익혀야 무가 서서히 맛있게 익게 된단다.

{딸의 요령}

"저는 어른용 따로, 짜지도 맵지도 않은 어린이 깍두기 두 가지를 만들어요. 파프리카로 약간 빨갛게 색을 내 김치를 처음 접하는 아이도 거부감 없이 먹을 수 있어요. 무 1kg, 굵은 소금 1큰술, 쪽파 반 줌(30g)과 양념장을 위한 빨간 파프리카 1/2개(70g), 마늘 1쪽, 매실청(또는 올리고당)·다진 새우젓 1큰술씩, 다진 생강 1/2작은술, 다시마육수(또는 생수) 4큰술, 밥 2큰술을 준비하세요. 무는 깨끗하게 씻어 사방 1cm 크기로 깍둑썰기하고 굵은 소금을 뿌려 1시간 절인 다음 헹구지 않고 체에 밭쳐서 물기를 뺍니다. 쪽파는 다듬어 1.5cm 길이로 자르세요. 파프리카와 마늘을 잘게 자르고 분량의 재료를 믹서에 모두 넣고 갈아 양념장을 만드세요. 맵지 않은 고춧가루가 있다면 2작은술 정도 함께 갈아도 좋습니다. 양념장과 절여진 무, 쪽파를 섞어서 상온에 두었다가 국물이 익은 듯하면 냉장고에 두고 숙성시켜 먹으면 됩니다. 맛을 봐서 단맛이 부족하다 느껴지면 기호에 맞게 단맛을 첨가해주세요."

어리고 단단한 무로 맛깔나게 버무린

총각무김치

아작아작 씹히는 맛이 좋고 시원한 맛의 총각무김치. 무가 마치 총각의 머리 모양과 비슷하다고 해서 이름 붙여진 총각무는 '알타리무'라고도 하는데, 이파리가 달린 작은 무는 김장철을 앞두고 시장이나 마트에서 많이 볼 수 있어요. 주로 김장 담그기 전이나 김장 김치가 익기 전까지 즐겨 먹는데, 제철 만난 총각무는 설탕처럼 달고 배처럼 아삭하지요.

1

3

5·6·7

8

9-1

9-2

재료

- 총각무 2단(3.5kg 정도)
- 쪽파 100g
- 굵은 소금 1컵

양념장

- 찹쌀풀 1컵
  (물 1컵+젖은 찹쌀가루 2큰술)
- 양파 1/2개
- 배 1/4개(150g)
- 생강 1쪽(15g)
- 고춧가루 2/3컵~1컵
- 새우젓 1/2컵
- 멸치액젓 4큰술
- 다진 마늘 4큰술
- 매실청 3큰술
- 멸치 다시마육수 1 ½컵

1 총각무는 시든 잎을 떼어 내고 무와 무청 사이의 껍질을 다듬어 잔털을 제거하고, 겉을 칼로 살살 긁은 다음 물에 1~2번 씻는다.

2 무에 굵은 소금을 골고루 뿌려 1시간 반~2시간 정도 절이는데, 중간에 몇 번 뒤적인다.

3 무가 휘어질 정도로 절여지면 2번 정도 물에 씻고 체에 20분 정도 밭쳐 놓는다. 크기가 크면 무를 반으로 자른다.

4 쪽파는 다듬어 5cm 길이로 자른다.

5 냄비에 젖은 찹쌀가루와 물을 넣고 섞어 중불에서 바글바글 잠깐 끓여 찹쌀풀을 쑨 뒤 식힌다. * 젖은 찹쌀가루는 불려서 빻은 찹쌀가루로 시장 방앗간이나 떡집에서 구할 수 있다. 마른 찹쌀가루를 쓸 경우 양을 반으로 줄여야 한다.

6 새우젓은 분량대로 다진다.

7 멸치 다시마육수 1컵과 배, 양파, 생강을 함께 믹서에 넣고 곱게 간다.

8 ⑦에 고춧가루를 섞어 20분 정도 불렸다가 나머지 분량의 재료를 섞어 양념장을 만든다. 양념이 잘 어울리도록 미리 만들어 놓는 것이 좋다.

9 큰 볼에 총각무와 쪽파를 넣고 준비한 양념장을 넣어 골고루 버무린다. 마지막에 남은 멸치 다시마육수 1/2컵으로 볼에 남은 양념을 헹궈서 김치 위에 붓는다.

10 하루 정도 실온에 두었다가 국물을 먹어보고 맛이 들었을 때 김치냉장고나 냉장고에 넣는다.

엄마의 비법을 알려 주세요!

● **총각무의 제철은 언제예요? 어떤 것을 골라야 해요?**

총각무는 가을이 제철이야. 무가 작고 단단하면서 모양이 일자로 된 것이 맛있어. 표면이 매끈하고 싱싱한지 꼭 체크해 봐.

● **양념에 멸치 다시마육수를 넣는 이유는요?**

김치양념에 물 대신 멸치 다시마육수를 넣으면 김치국물 맛이 구수해지고 감칠맛이 나. 엄마는 멸치 다시마육수 마니아인 것 같아. 여기저기 자주, 그리고 많이 사용하지?

● **타래를 짓는 게 뭐예요? 총각무김치를 밀폐용기에 잘 담는 비법이 있나요?**

총각무김치는 무청이 있어 그냥 막 섞어서 담으면 무청끼리 서로 엉기기 쉬워. 한 번에 먹을 만큼씩 총각무를 잡아 무청을 이용해 타래처럼 돌돌 말아 차곡차곡 김치 통에 담아 놓으면 꺼내 먹기 좋단다. 김장용으로 담는 총각무김치는 갓과 쪽파를 자르지 않고 절인 다음 양념에 버무려 무, 갓, 쪽파를 함께 조금씩 타래 지어 차곡차곡 담아 넣으면 된단다.

{딸의 요령}

"보통 김치를 절일 때 많이 쓰이는 굵은 소금은 천일염인데, 바닷물을 염전으로 끌어들여 바람과 햇빛으로 수분을 증발시켜 만든 소금이에요. 천연 미네랄이 많이 함유돼 있어 발효가 잘 되는 덕에 된장, 고추장, 간장, 김치, 젓갈 등을 담글 때 많이 쓰이죠. 쓴맛이 나는 간수를 뺀 질 좋은 천일염을 쓰는 것이 좋아요. 양질의 천일염은 단맛이 돌아 음식맛을 좋게 하고 감칠맛이 나며 재료가 무르지 않게 해요."

엄마의 훈수

"총각무는 뿌리가 잔 무로, 무청까지 함께 먹게 돼 영양상 매우 좋아. 김장하기 전에 꼭 총각무김치를 담그는데, 양념이 많이 들어간 총각무김치는 흰밥이랑 먹으면 금상첨화지. 끼니때마다 타래 지은 총각무김치를 꺼내서 먹으면 김장 김치가 채 익기도 전에 어느새 바닥을 드러낸단다."

고기요리에 곁들이는 히든 카드

무물김치

느끼한 고기를 먹은 뒤 한 사발 시원하게 들이켜는 고깃집 동치미를 재현한 즉석 동치미예요. 무와 속배추로 담아 담백하고 시원한 맛이 으뜸이지요. 죽에 곁들여 먹어도 좋고, 소면을 삶아 국수로 먹어도 제맛이지만, 고기요리를 먹을 때 곁들이면 이보다 더 잘 어울릴 수는 없답니다.

재료 | 10인분

- 무 1/2개(800g)
- 속배추 3~4잎(250g)
- 홍고추 2개
- 쪽파 반줌(70g)
- 천일염 2큰술
- 설탕 1 ½큰술
- 국물 10컵(생수+국물 재료 즙)

국물 재료

- 배 1/4개(150g)
- 양파 1/4개(70g)
- 마늘 5쪽(25g)
- 생강 1쪽(15g)

  * 즙으로 2컵 정도 나온다.

국물 간

- 소금 2큰술

찹쌀풀

- 젖은 찹쌀가루 2큰술
- 물 1컵

2·3·4

5

6

9

1 무와 배추는 깨끗하게 씻어 물기를 털어준다.

2 무는 4cm×1cm×1cm 크기로 반듯하게 썬다. 무를 자르면서 생기는 자투리는 국물 재료와 함께 갈아 즙을 내어 사용해도 된다.

3 배추는 큰 것은 길이로 반 자르고, 작은 것은 그대로 2~3cm 길이로 썬다.

4 홍고추는 씨를 빼고 가로로 어슷하게 썰고, 쪽파는 4cm 길이로 썬다.

5 무와 배추는 소금과 설탕을 뿌려 1시간 절인다. 단맛은 설탕 대신에 그린스위트(아스파탐) 1/2 작은술로 대체해도 된다.

6 분량의 국물 재료를 믹서로 곱게 갈아 체에 거르거나 면포로 짜서 즙을 낸다. 이렇게 하면 즙이 2컵 정도 나온다. 주서를 사용해도 된다.

7 냄비에 젖은 찹쌀가루와 물을 넣고 섞어 중불에서 바글바글 잠깐 끓여 찹쌀풀을 쑨 뒤 식혀 놓는다. * 젖은 찹쌀가루는 불려서 빻은 찹쌀가루로 시장 방앗간이나 떡집에서 구할 수 있다. 마른 찹쌀가루를 쓸 경우 양을 반으로 줄여야 한다.

8 생수와 ⑥, ⑦을 섞어 국물 10컵을 만든다.

9 큰 볼에 1시간 정도 절인 배추와 무, 썰어 놓은 홍고추와 쪽파를 담고 준비한 국물을 붓는다.

10 배추와 무가 국물과 잘 어우러지면 소금으로 국물 간을 한다. 김치 통에 넣고 상온에 하루나 하루 반나절 정도 국물이 살짝 새콤한 맛이 들도록 두었다가 김치냉장고에 넣어 보관한다.

엄마의 비법을 알려 주세요!

● **무물김치란 건 처음 들어봐요.**

동치미도 아니고, 나박김치도 아니고 속배추와 무로 시원하게 담은 물김치라 무물김치라고 하는데, 즉석 동치미라고 해도 돼.

● **다른 재료를 추가해도 되나요?**

미나리, 오이 등 나박김치처럼 다른 재료를 추가해도 되지만 무와 속배추만 넣고 시원하게 담는 것이 가장 깔끔해.

● **찹쌀풀은 어떤 역할을 해요?**

찹쌀풀이 김치국물에 들어가면 당분으로 변하면서 발효를 돕는 역할을 해 김치의 숙성을 도와준단다. 국물에 찹쌀의 구수한 단맛과 약간의 농도를 더하는 역할도 하는데, 많이 넣으면 김치가 너무 빨리 익어 버릴 수 있으니 알맞은 양을 넣어주는 것이 좋겠지.

● **무와 배추를 절일 때 설탕을 넣는 이유는요?**

무물김치는 나박김치와 달리 국물이 뽀얗고 약간 달달하며 새콤한 물김치라 설탕을 무와 배추를 절일 때 넣어 헹구지 않고 바로 국물과 섞이게 했단다. 배와 함께 다른 국물 재료도 즙으로 짜 넣으면 약간 농도가 있는 국물이 되면서 새콤달콤한 맛이나지.

{딸의 요령}

"무물김치는 매운 것을 못 먹는 아이들도 함께 먹을 수 있어요. 비트를 강판에 갈아 면포에 걸러서 낸 비트즙을 1큰술 넣어주면 예쁜 핑크색 국물이 된답니다."

엄마의 훈수

"어느 정도 간을 맞춘 레시피 분량인데, 사용하는 재료의 양과 상태에 따라 조금씩 달라질 수 있으니 마지막에 소금을 넣어 살짝 짠 듯하게 간을 맞춰. 국물이 익고 나면 약간 싱거워질 수 있거든. 기호에 따라 멸치액젓을 약간 넣어 간을 맞춰도 돼. 무가 들어간 물김치라 약간 국물이 새콤해야 시원하고, 고깃집 물김치 느낌이 나면서 맛있어."

요리 초보도 쉽게 만드는 여름 김치

부추 오이김치

재료 | 5~6인분

- 백다대기 오이 5개(850~900g)
- 부추 100g
- 양파 1/2개
- 굵은 소금 1 ½큰술
- 물 2큰술

양념

- 고춧가루 3큰술
- 새우젓 1 ½큰술
- 멸치액젓 1큰술
- 매실청(또는 올리고당) 1큰술
- 다진 마늘 1큰술
- 설탕 1/2큰술
- 다진 생강 1/2작은술

1 오이는 굵은 소금으로 문질러 씻어 1/2등분한다. 다시 세로로 4등분한 후 씨 부분을 잘라내고, 다시 가로로 3~4cm 길이로 자른다.

2 비닐봉지에 자른 오이, 소금과 물을 넣고 섞이도록 봉지째 흔들다가 공기를 조금 빼고 위를 묶어 30분간 둔다. 이때 중간에 한두 번 뒤적이면 간이 골고루 배고 아주 잘 절여진다.

3 절여진 오이는 그대로 체에 밭친 후에 끓는 물 1L를 준비해 오이에 끼얹는다. 오이를 위아래로 뒤적여 가면서 끼얹었다가 그대로 잠시 둬 식힌다.

4 양파는 곱게 채 썰고, 부추는 3cm 길이로 썬다.

5 새우젓은 곱게 다진다.

6 절인 오이에 고춧가루를 넣고 고루 버무린 다음 나머지 분량의 양념 재료, 부추와 양파를 넣고 버무린다.

2

3

엄마의 훈수

"맛있게 버무린 부추 오이김치는 따뜻한 흰밥과 함께 바로 먹으면 정말 맛있어. 맛있게 익히려면 하룻밤 정도 밖에 두었다가 익은 냄새가 나면 얼른 냉장고에 집어 넣거라."

특히 여름에 자주 먹게 되는 오이김치는 보통 오이에 십(+)자 칼집을 넣어 절인 다음 양념에 버무린 소를 박아서 담그는 것이 일반적이지만, 오이에 칼집을 내지 않고 잘라서 부추를 듬뿍 넣은 양념에 버무려 간편하게 만드는 방법도 있어요. 아삭하게 씹히는 오이김치는 갓 버무려 먹어도 좋고, 익혀 먹어도 맛있어 여름철 식탁에 든든한 지원군이 됩니다.

엄마의 비법을 알려 주세요!

● **제가 담근 오이김치는 익을수록 맛이 없고 물러져요.**

절인 오이에 끓는 물을 골고루 끼얹어 살짝 데친 다음 오이김치를 담그면 무르지 않고 아삭하게 먹을 수 있어. 조금 번거롭겠지만 이 과정은 필수야! 아니면 절인 오이를 체에 담아 끓는 물에 넣었다 빼면서 살짝 데쳐내어도 돼.

● **오이 잘 고르기가 어려워요.**

6~8월에 나는 제철 오이는 수분이 많고 씨도 적고 씹었을 때 아삭아삭해. 오이는 꼭지가 싱싱하고 만져 보아 단단한 것이 바람이 들지 않은 것이고, 모양이 휘거나 곧은 것은 상관없어. 많이 굵지 않고 위 아래가 대칭인 것이 좋은 오이란다.

● **오이를 비닐봉지를 이용해서 절이는 이유가 뭐예요?**

비닐봉지에 넣으면 잘라 놓은 오이가 서로 밀착되면서 적은 양의 소금으로도 고루 잘 절여지거든. 그리고 중간에 뒤적일 때도 손으로 직접 오이를 만지지 않아도 되니 편하지.

● **왜 고춧가루를 먼저 넣고 버무려요?**

오이에 양념이 잘 묻도록 먼저 마른 고춧가루를 묻혀 주는 거란다. 튀김이나 부침을 할 때 재료를 마른 밀가루에 버무려 넣는 원리와 비슷하지.

{딸의 요령}

"오이를 칼집 내 속을 채워서 만들면 우리가 흔히 아는 오이소박이 모양으로 만들 수 있어요. 4cm 정도의 길이로 썬 오이를 준비하세요. 한쪽 부분의 아래를 1cm 남기고, 가운데 칼집을 낸 다음 뒤집어서 아까 냈던 칼집의 십자 방향으로 아래 1cm를 남기고 다시 칼집을 넣어요. 이 방법으로 칼집을 내면 속을 넣기도 쉽고, 아래 위로 속이 골고루 들어가 위에만 십자 모양을 낼 때보다 맛과 모양이 고르답니다. 오이를 절이고, 물기를 짜고, 살짝 데치는 과정은 좌측 레시피와 동일하게 하면 돼요. 양파와 부추는 다져서 양념과 합친 다음 오이 속에 넣어주고, 나머지 양념에 버무리면 됩니다."

알맞게 익으면 감칠맛이 폭발한다

파김치

재료 | 5~6인분

○ 쪽파 500g

양념 1

○ 찹쌀풀 1/2컵
(물 1/2컵+젖은 찹쌀가루 1큰술)

○ 고춧가루 1/2컵

○ 배즙 4큰술

양념 2

○ 멸치액젓 80ml

○ 설탕 1큰술

1 파는 뿌리를 잘라내고 흰 줄기 부분을 한 겹 벗긴 다음 잎 끝쪽의 누런 부분은 잘라내고 손질한다.

2 손질한 파는 씻어서 물기를 쪽 뺀다.

3 냄비에 젖은 찹쌀가루와 물을 넣고 섞어 중불에서 바글바글 잠깐 끓여 찹쌀풀을 쑨 뒤 식혀 놓는다. * 젖은 찹쌀가루는 불려서 빻은 찹쌀가루다. 시장 방앗간이나 떡집에서 구할 수 있다. 마른 찹쌀가루를 쓸 경우 양을 반으로 줄여야 한다.

4 양념 1은 미리 만들어 2시간 동안 불린다.

5 양념 1에 분량의 양념 2를 넣고 섞는다.

6 파를 가지런히 놓고 위에 양념을 뿌려 골고루 버무린다.

7 숨이 죽으면 먹을 만큼씩 묶어서 보관한다.

1

5

6

엄마의 훈수

"파김치는 배추김치처럼 많이 먹지는 않아도 만들지 않고 해를 넘기면 아쉬워지는 맛이지. 신선한 곳에서 2~3일 익힌 다음 냉장보관하는데, 날씨에 따라 익히는 기간은 달라질 수 있어. 파김치는 한 번에 많이 담그지 말고, 1kg 정도 담가 익힌 다음에 오래 보관하면서 먹는 것이 제일 맛있단다."

길이가 짧고 통통한 재래종 쪽파로 담가 푹 익혀서 먹는 별미 김치입니다. 김치임에도 비교적 어렵지 않아 초보 주부도 쉽게 도전할 수 있어요. 특히 가을 쪽파는 향이 진하고 아삭하면서 질기지도 않아서 김치로 만들어 먹으면 정말 맛있어요. 뿌리 쪽의 흰 부분이 많으면서 전체 길이는 짧고 굵은 것, 억세지 않고 윤기가 도는 쪽파로 준비해서 손수 담가보세요.

엄마의 비법을 알려 주세요!

● **양념을 불리는 이유는요?**

고춧가루를 불리는 과정인데, 그래야 양념 재료들이 서로 엉기면서 맛이 어우러지고 주재료인 파가 먹음직스러운 색깔로 버무려진단다. 불리지 않고 넣으면 고춧가루가 겉돌아 양념이 파에 골고루 묻어나지 않아.

● **양념 1과 2를 나누는 이유는요?**

김치양념에서 양념을 긴 시간 불릴 경우에는 보통 간 없이 먼저 고춧가루를 불리고 그다음에 액젓, 소금 등으로 간을 맞추면 돼. 고춧가루를 불릴 때는 간 없이 하는 것이 효과적이야.

● **파를 하나하나 양념에 묻히는 것이 아니라 뿌려서 버무리는 건가요?**

큰 볼에 파를 가지런히 담고 그 위에 양념을 부은 다음 손으로 조물조물 골고루 버무려 주면 된단다.

● **파는 어떻게 묶어야 하나요?**

먹을 만큼씩 파 몇 줄기를 잡아 머리와 줄기 쪽을 파의 파란 줄기 부분으로 돌돌 말아주면 돼. 총각무김치처럼 파김치도 그냥 버무려 넣으면 서로 엉기기 쉬운데 이렇게 돌돌 말아 담아놓으면 꺼내 먹기 편하단다.

{딸의 요령}

"파김치를 이용해 김치전을 만들 수 있어요. 달큰하고 아삭하게 씹히는 맛이 배추김치로 만드는 전과는 다른 매력이 있죠. 파김치를 먹기 좋은 크기로 잘라서 김치전(420p) 레시피를 참고해서 전을 만들어 먹기도 하고, 해물파전(417p)의 쪽파 대신 파김치로 응용해서 만들어도 맛있어요."

맛과 향이 좋은 늦여름 김치

깻잎김치

재료 | 5~6인분

- 깻잎 80장(160g)
- 당근 30g
- 쪽파 3줄기
- 청고추 2개
- 홍고추 1개
- 양파 1/8개

양념

- 고춧가루 5큰술
- 멸치액젓 2큰술
- 다진 마늘 1 ½큰술
- 매실청(또는 올리고당) 1큰술
- 통깨 1큰술
- 다진 생강 1작은술
- 소금 1/2작은술
- 멸치 다시마육수 1/4컵

1 깻잎은 꼭지를 1cm 정도 남기고 가위로 자른 후 흐르는 물에 깻잎을 가지런히 붙잡고 한 장 한 장 사이마다 흐르는 물을 흘려버리면서 깨끗하게 씻은 다음 체에 밭쳐 물기를 뺀다.

2 당근은 3cm 길이로 가늘게 채 썬다. 고추는 반으로 갈라 씨를 빼고 가로로 가늘게 채 썬다. 양파는 잘게 다지고 쪽파는 송송 썬다.

3 볼에 멸치 다시마육수와 고춧가루를 넣고 20분 정도 고춧가루를 불린다.

4 여기에 나머지 양념 재료를 넣고 골고루 섞은 다음 당근, 고추, 양파를 넣고 섞는다.

5 물기를 뺀 깻잎에 2장씩 켜켜이 양념을 발라 차곡차곡 통에 담는다.

6 4시간 정도 상온에 두었다가 냉장고에 넣어 보관한다.

4

5-1

5-2

절이지 않은 깻잎으로 담는 깻잎김치는 즉석에서 먹을 수도 있고, 밑반찬처럼 두고 먹어도 정말 맛있어요. 장마가 긴 여름날 김칫거리가 마땅치 않을 때 조금씩 담가 먹기 좋지요. 젓갈과 고춧가루를 넉넉히 넣은 덕에 편육이나 데친 두부 같은 음식과도 잘 어울린답니다.

엄마의 비법을 알려 주세요!

● 멸치 다시마육수에 고춧가루를 불리는 이유는요?

고춧가루를 충분히 불려야 다른 부재료와 잘 섞이면서 깻잎에 양념이 고루 잘 발라진단다.

● 한 장씩 바르지 않고 왜 두 장씩 양념을 발라요?

양념이 그리 싱거운 편은 아니야. 한 장씩 바르면 깻잎 양쪽에 양념이 묻어 맛이 너무 강할 수 있어. 짜고 맵게 먹는 것이 건강에 이로울 리 없으니 두 장씩 양념을 바르는 거야. 양념이 한쪽씩 묻게 되어 좀 더 알맞은 간의 김치를 맛볼 수 있단다.

● 4시간 정도 상온에 두었다가 냉장고에 두는 이유는요?

생김치로 먹어도 되지만 상온에서 약간 숙성을 시켜서 냉장고에 넣으면 더 맛있어.

{딸의 요령}

"깻잎김치를 만들면서 깻잎을 넉넉히 준비해 아이도 좋아하는 깻잎들깨찜을 만들어요. 제가 가장 좋아하는 깻잎찜인데, 구수한 들기름 향이 솔솔 나는 슴슴하고 부드러운 찜요리가 아이들이 먹기에 딱 좋아요. 깻잎 80장, 소금 약간, 들기름 적당량과 절임장(매실청 2큰술, 간장 1/2컵, 멸치 다시마육수 1컵)을 준비하세요. 깻잎은 깨끗하게 물에 씻은 다음에 물기를 제거하고, 절임장은 한소끔 끓여 식혀서 준비합니다. 집게로 깻잎을 10장씩 집어 소금을 약간 넣은 끓는 물에 부드럽게 데친 다음 채반에 밭쳐 물기를 빼고, 내열용기에 서로 엇갈리게 차곡차곡 담아주세요. 절임장을 깻잎 위에 붓고 냉장보관하는데, 먹을 만큼만 꺼내서 들기름을 넉넉히 두르고 전자레인지에 30초~1분 정도 살짝 데워 먹으면 돼요."

엄마의 훈수

"입맛 없을 때 종종 생각나는 깻잎김치는 대표적인 저장 반찬이라 만들어 놓고 끼니때마다 먹기에 좋아. 양념을 발라 차곡차곡 통에 담아두면 처음에는 물기가 없지만, 시간이 지나면 깻잎의 숨이 죽으면서 물기가 생겨. 익기 전에 바로 먹으면 생깻잎의 향과 질감을 맛볼 수 있고, 숙성시켜서 먹으면 칼칼한 양념과 잘 어우러진 깻잎의 깊은 맛을 볼 수 있지."

시원하고 칼칼하게, 아삭하고 삼삼하게

나박김치

무를 네모지고 얄팍하게 나박나박 썰어 담갔다고 해서 '나박김치'라 불러요. 주로 봄에 먹지만 재료를 구하기 쉬워 사계절 내내 담가 먹을 수 있지요. 무와 속배추를 한 입 크기로 썰어 고춧가루 빨갛게 물들인 국물을 부어 맛을 내는데, 건더기와 함께 먹는 시원하고 칼칼한 국물맛이 일품입니다.

재료

재료 1

- 무 500g
- 속배추 500g
- 굵은 소금 2큰술

재료 2

- 오이 2/3개(150g)
- 쪽파 50g
- 미나리 50g
- 청고추 2개
- 홍고추 2개
- 마늘 3쪽
- 생강 1쪽

국물 1

- 물(생수) 2컵
- 고춧가루 2큰술

국물 2

- 물(생수) 9컵
- 그린스위트 1/2큰술
- 소금 30g

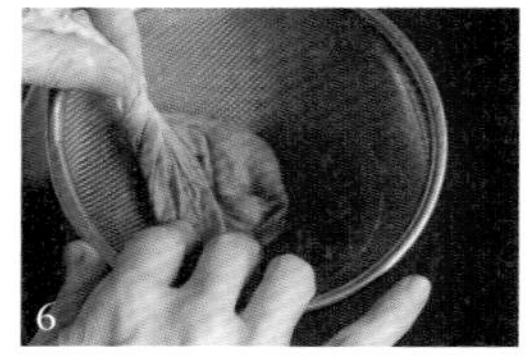

1 무는 가로 3cm, 세로 2.5cm, 두께 3mm 정도의 크기로 나박썰기로 썬다. 배추는 길이로 2등분하여 3cm로 썬다.

2 무와 배추에 굵은 소금을 뿌려서 30분 재운다. 무와 배추는 헹구지 말고 그대로 체에 건져 준비한다.

3 실파와 미나리는 5cm 길이로 썬다. 마늘과 생강, 청·홍고추는 얇게 채 썬다. 오이는 무와 같은 사이즈로 나박썰기한다.

4 물 2컵에 고춧가루를 섞어서 30분 정도 불린다.

5 분량대로 생수를 9컵 준비한다. 배, 무, 양파를 함께 갈아 즙을 내 1컵 정도 준비해 생수 대신에 넣어도 된다(즙 1컵+생수 8컵).

6 ④를 체에 밭친 거즈에 걸러서 나온 국물을 ⑤에 넣는다. 거즈로 거른 고춧가루를 그대로 거즈로 감싸 뭉친다. 거즈째 그대로 국물에 담가 국물 속에서 손으로 조물조물해서 빨간 고춧가루 물을 더 우러나오게 한 다음에 꺼내서 국물을 꼭 짠다.

7 ⑥에 소금, 그린스위트를 넣고 간을 맞춘다. 국물 간은 기호에 맞게 조절하는데, 멸치액젓을 약간 추가해서 간을 조절해도 된다.

8 미리 준비해둔 나박김치 재료에 국물을 붓는다.

9 실온에 두고 국물이 익은 듯하면 냉장고에서 숙성시킨다.

엄마의 훈수

"신선하게 담가 먹는 나박김치는 살림이 넉넉한 집안에서는 하루 걸러 한 번씩 담갔다고 전해질 만큼 밥상 위에 늘 올라가던 물김치야. 반찬으로도 먹지만 떡이나 약식 같은 간식에 곁들이기도 하고, 소면 등을 넣어 국수로도 먹을 수 있어 활용도가 높지. 물김치는 달달한 맛이 백미인데, 채소 자체에서 나오는 단맛도 있지만 그린스위트(아스파탐)를 넣기 때문이야. 설탕으로 단맛을 내면 채소가 쉬이 물러질 수 있기 때문에 그린스위트를 사용하는 거지. 엄마의 나박김치 레시피는 오랜 세월 맛을 검증 받은거라 그대로 따라 하면 맛은 보장된단다."

엄마의 비법을 알려 주세요!

● **무와 배추는 절인 후에 헹구지 않아요?**

나박김치는 국물도 함께 먹는 물김치라 절여서 물로 헹구지 않고 절인 물까지 국물로 사용해도 돼.

● **그린스위트가 없는데… 단맛을 내는 다른 재료는 없나요?**

배즙, 설탕, 매실청을 사용해도 되는데 설탕은 자칫 채소를 무르게 할 수 있으니 주의해서 넣어야 한다. 그린스위트는 당류 섭취를 줄이고자 하는 이들을 위한 아미노산계 감미료로 설탕보다 단맛은 높고 칼로리는 낮은 편이지.

● **국물이 익은 듯한 정도가 어떤 거예요?**

김치는 발효가 되면서 익는 것인데, 국물이 약간 새콤한 맛이 돌면 익기 시작하는 것이니 그때 냉장고에 넣어야 한다. 냉장고에서도 조금씩 발효가 진행되면서 익거든.

● **거즈를 사용하는 대신 다른 방법으로 국물을 낼 수는 없나요?**

물에 불린 고춧가루를 거즈나 고운 면포에 거르는 대신에 그냥 고운체에 받쳐 그 상태로 물에 살짝 담가 숟가락으로 저으면서 고춧물을 더 우려내고 꾹 눌러 짜도 된단다. 아무래도 거즈에 싸서 국물에 넣고 조물조물 하는 것보다는 못하지만, 거즈가 없다면 그리해도 돼. 요즘은 순면으로 만든 거즈롤도 시중에서 파니, 한 번 구비해 두면 유용하게 사용할 수 있어.

{딸의 요령}

"고춧가루를 넣지 않고 맑게 국물을 만들어 배와 사과를 넣은 백나박김치를 만들면 아이들도 굉장히 좋아해요. 재료들은 더 작게 써는 것이 좋고, 양은 앞 레시피의 절반입니다. 재료 1은 무·속배추 250g씩, 굵은 소금 1큰술을, 재료 2는 오이 70g(1/4개), 쪽파·미나리 20g씩, 마늘 1쪽, 사과·배 1/3개씩, 생강 1/3쪽을 준비하세요. 국물은 물(생수) 5컵, 매실청 1큰술, 소금 5~10g을 준비하세요. 아이 것은 어른 레시피와 동일하게 하되, 고춧가루를 불려주는 과정인 ④, ⑥을 제외하고 만들면 돼요. 사과와 배를 무와 비슷한 크기로 잘라 마지막에 함께 넣어주면 됩니다. 맛을 봐서 단맛이 부족하면 기호에 맞게 단맛을 첨가해주세요. 서늘한 실온에 하루 정도 두어 적당히 익으면 아이들도 맛있게 먹을 수 있어요."

배추겉절이는 배추를 잠시 절였다가 즉석에서 양념에 버무려 먹는 김치예요. 익히지 않고 냉장고에 넣어 샐러드처럼 먹으면 맛있는데, 그러려면 조금씩 담그는 것이 좋겠지요.

재료
- 배추 1통(속배추 1.5kg)
- 굵은 소금 2/3컵
- 쪽파 120g
- 통깨 3큰술

양념장
- 고춧가루 2/3컵
- 찹쌀풀 5큰술
  (물 1/2컵+젖은 찹쌀가루 1큰술)
- 멸치액젓 4큰술
- 다진 마늘 3큰술
- 올리고당(매실청 또는 설탕) 3~4 큰술
- 다진 새우젓 1큰술
- 다진 생강 1/2큰술

1 배추는 파란 겉잎을 떼어내고 속잎만 하나씩 떼어 준비한다.
2 배추 속잎은 길이로 반 잘라 어슷하게 먹기 좋은 크기로 썬다. 한 번 살짝 물에 씻은 다음 켜켜이 소금을 뿌려 1시간 30분 정도 재운다. 중간에 한 번 뒤집어 준다.
3 배추가 부드럽게 절여지면 물에 2~3번 헹궈 체에 20분 정도 밭쳐 놓는다.
4 쪽파는 다듬어 3cm 길이로 자른다.
5 냄비에 젖은 찹쌀가루와 물을 넣고 섞어 중불에서 바글바글 잠깐 끓여 찹쌀풀을 쑨 뒤 식힌다.
6 식힌 찹쌀풀에 고춧가루를 넣고 20분 정도 불렸다가 나머지 분량의 재료를 섞어 양념장을 만든다.
7 큰 볼에 물기 빠진 절인 배추와 쪽파, 양념장을 넣고 골고루 버무린 후 마지막으로 통깨를 넣어 버무린다.

엄마의 훈수

"비타민과 무기질이 풍부한 배추겉절이를 엄마는 샐러드처럼 먹어. 배추의 아삭하고 단맛 때문에 젓가락을 멈출 수가 없지. 고기 요리와도 잘 어울리고, 그냥 흰밥에 착 올려 먹어도 꿀맛이란다. 양념을 미리 만들어 놓고, 먹기 직전에 바로 버무려야 더 맛있어."

- **배추가 너무 두꺼워 잘 안 절여져요.**

그래서 겉절이를 할 때는 속배추를 사야 해. 잎이 많이 두껍지 않은 노란 배추지. 줄기 쪽이 많이 두껍다면 그 부분만 약간씩 어슷하게 저며 썰어서 두께를 얇게 만든 다음 절이면 될 것 같구나.

- **젖은 찹쌀가루가 없으면 마른 찹쌀가루로 대체하나요?**

마른 찹쌀가루는 양을 반으로 줄여서 사용하면 된단다. 물 1컵에 젖은 찹쌀가루 2큰술 또는 마른 찹쌀가루 1큰술이 적당해. 찹쌀풀은 양념이 더 잘 어우러지고 발효를 돕기 위해 넣는 것인데, 풀에서 중요한 것은 전분이라 찹쌀가루가 없다면 밀가루로 대신해도 되고, 찰쌀밥, 찬밥, 삶은 감자를 생수에 넣고 갈아서 걸쭉하게 만들어 사용해도 된단다.

- **겉절이를 익혀도 되나요?**

겉절이는 익혔다 먹어도 되지만, 보통 김치보다는 양념도 적고 슴슴하게 버무려 바로 먹을 수 있게 만든 거야. 즉석 김치로 먹는 것이 제일 맛있어.

{딸의 요령}

"배추가 많이 남았다면 샐러드를 해 먹어도 맛있어요. 먹기 좋게 자른 배추잎 4~5장과 샐러드 채소를 넉넉하게 준비하세요. 간장·식초 2큰술씩, 설탕 1½큰술, 참기름 1큰술, 고춧가루·다진 마늘·통깨 1/2큰술씩을 넣고 드레싱을 만들어 먹기 전에 버무리면 아삭아삭한 배추샐러드가 됩니다."

엄마의
버전-업
레시피

속배추 피클

재료 | **2~3인분** 속배추(알배추) 400g
절임양념 설탕 4큰술, 굵은 소금·맛술 1큰술씩, 연겨자 1작은술, 식초 40ml

속배추는 분량대로 깨끗하게 씻어 물기를 뺀 후 5cm 길이로 잘라 결대로 약간 굵게 채 썰어요. 절임양념은 설탕과 연겨자를 먼저 섞고 식초, 맛술 소금을 순서대로 넣어서 섞어요. 재료를 한꺼번에 넣으면 연겨자가 잘 풀어지지 않아요. 배추에 절임양념을 버무려 냉장고에 차게 보관하는데, 반나절 정도 지나면 배추에서 물이 나오면서 먹기 좋게 절여지면 먹으면 돼요. 냉장고에서 일주일정도 보관이 가능하지만, 가능한 한 조금씩 버무려 빨리 먹는 것이 가장 맛있답니다.

신선한 채소가 한가득~ 한국식 샐러드

상추겉절이

재료 | **2~3인분**

- 상추+부추+깻잎+적양파+쑥갓 200g
- 콩나물 150g
- 통깨 1큰술
- 참기름 1큰술

양념장

- 올리고당 2큰술
- 국간장 1큰술
- 고춧가루 1큰술
- 식초 1큰술
- 간장 1/2큰술
- 다진 마늘 1작은술

* 채소는 오이, 풋고추, 치커리, 참나물, 쌈채소 등으로 다양하게 응용 가능하다.
* 국간장은 혼합장(041p 참고)으로 사용한다.

1

5

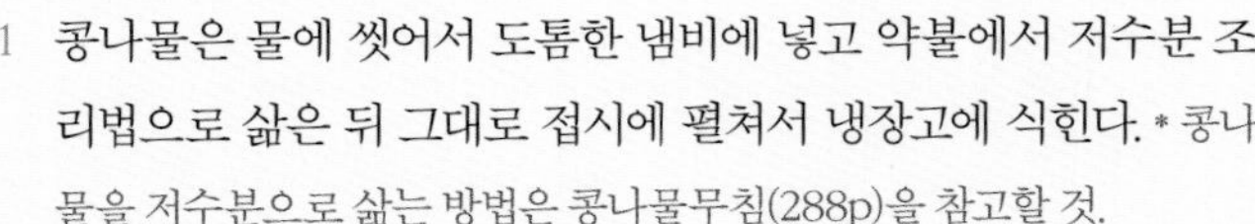

1 콩나물은 물에 씻어서 도톰한 냄비에 넣고 약불에서 저수분 조리법으로 삶은 뒤 그대로 접시에 펼쳐서 냉장고에 식힌다. * 콩나물을 저수분으로 삶는 방법은 콩나물무침(288p)을 참고할 것.

2 부추는 3cm 길이 정도로 자르고, 양파는 곱게 채 썰고, 상추는 한 입 크기로 자른다. 쑥갓은 잎만 떼어내어 먹기 좋게 자르고, 깻잎은 1.5cm 너비로 너무 길지 않게 썬다.

3 각종 채소는 콩나물과 함께 볼에 담아 냉장고에 넣어 차게 준비한다.

4 분량의 재료를 섞어 양념장을 만든다.

5 차갑게 준비한 채소에 양념장을 넣고 골고루 버무린 다음, 참기름과 통깨를 넣어 가볍게 한 번 더 버무린다.

여름이면 많은 양의 양념장을 미리 만들어 놓고, 밭에서 나오는 쌈채소 이것저것을 사다가 바로 버무려 먹는 겉절이 겸 샐러드입니다. 밭에서 나는 녹색 채소가 주인공이긴 하지만, 가끔은 삶은 콩나물을 함께 버무려 먹기도 하고, 노릇하게 구운 두부나 고기를 곁들여도 더할 나위 없지요.

엄마의 비법을 알려 주세요!

● **콩나물은 그냥 물에 데치면 안 되나요?**

그냥 끓는 물에 알맞게 데친 다음 찬물에 헹궈 물기를 빼고 사용해도 돼. 다만 저수분으로 삶는 것은 맛과 영양이 물에 씻겨나가지 않아 엄마는 주로 이 방법으로 요리한단다.

● **무치고 나면 숨이 금방 죽어서 볼품 없어져요.**

겉절이 재료와 양념장을 따로 만들어 냉장고에 넣어 두었다가 먹을 만큼만 바로 버무려 먹으면 보다 생생한 겉절이를 만들 수 있지. 미리 무치면 채소에서 물이 나와 간도 심심해지고, 채소의 생생함이 사라져.

● **오이나 양파 등은 따로 절이지 않아도 될까요?**

샐러드처럼 즉석에서 무쳐 먹는 겉절이라 콩나물을 제외한 재료들은 절이지 말고 생으로 넣는 것이 좋아.

{딸의 요령}

"저는 마지막에 참기름과 통깨 대신에 들기름과 통들깨를 넣고 버무리는 겉절이를 더 선호해요. 중간중간에 통통 씹히는 통들깨가 고소하고, 입맛을 더욱 북돋아주거든요."

엄마의 훈수

"실하고 맛도 좋은 여름 채소로 만든 겉절이는 맛도 있지만 건강에도 좋아. 매콤새콤달콤한 양념장만 미리 만들어 놓으면, 싱싱한 채소 사다가 바로 버무려 먹기 좋은 메뉴란다. 식성에 맞게 양념장을 가감해 버무리고, 채소도 다양하게 응용하면 더욱 풍성한 맛을 느낄 수 있지."

냉채 & 샐러드

근사한 손님 초대 요리에 제격!

콩나물냉채

만만한 콩나물이 이렇게 푸짐하고 근사해질 수 있어요! 다소 느끼하고 무거운 메뉴와 어우러졌을 때 콩나물 냉채의 아삭하고 상큼한 맛이 전체적인 맛이 밸런스를 맞춰줍니다. 명절 때나 손님 초대 요리로 이만한 것이 없지요.

2

3

4

5

6

7

재료 | 3~4인분

- 콩나물 1봉지(300g)
- 맛살 3줄
- 오이 2개
- 물 2큰술
- 굵은 소금 약간

소스

- 올리브오일 4큰술
- 식초 4큰술
- 설탕 2큰술
- 다진 마늘 1큰술
- 소금 1작은술
- 간장 1작은술

1 콩나물을 물에 살살 씻으면서 떨어지는 머리 등을 골라내고 준비한 다음 체에 밭쳐 흐르는 물에 가볍게 헹군 후 체에 그대로 밭쳐 둔다.
2 약간 두꺼운 냄비에 콩나물과 물 2큰술을 넣고 뚜껑을 덮어 중불에서 6분 정도 가열해 김이 오르면 아주 약한 불로 줄여서 8분 정도 둔다. 뚜껑을 열면 수분이 돌면서 콩나물이 깔끔하게 익는데, 냄비를 기울였을 때 약간의 수분이 있을 정도가 좋다.
3 콩나물이 알맞게 익으면 체에 건져서 국물은 따라내고, 접시에 펼쳐서 담아 냉장고에 넣어 식힌다.
4 오이는 굵은 소금 약간으로 껍질을 문질러 씻은 다음 6cm 정도가 되도록 길이로 3등분하고 돌려 깎아서 채 썬다. 색이 선명한 청오이를 사용하는 것이 좋고, 칼로 돌려 깎아 채 썰기 힘들면 길이대로 채칼에 돌려가면서 채를 썰고 씨 부분은 남긴다.
5 맛살도 오이와 같은 길이로 얇게 찢는다.
6 분량의 재료를 섞어 소스를 만든다. 다진 마늘은 통마늘로 바로 칼로 다져서 쓰는 것이 좋다.
7 콩나물, 오이, 맛살과 소스를 준비해 차갑게 냉장고에 넣어둔 후 먹기 직전에 버무려 낸다.

엄마의 훈수

"저수분으로 콩나물을 찌듯이 삶아 익히면 영양분은 그대로 보존되면서 맛은 고소하고 식감은 아삭해지지. 콩나물은 너무 삶으면 물컹하고 맛도 밋밋해지기 때문에, 저수분 조리법으로 아삭하게 만들어주는 것이 포인트야. 콩나물냉채는 재료를 미리 준비해놓고 상에 내기 직전에 버무려야 신선하고 맛있어."

엄마의 비법을 알려 주세요!

● **물이 생겨서 샐러드 맛이 연해졌어요.**

준비한 재료는 되도록이면 물기가 없어야 해. 물기가 있다면 키친타월 위에 올려 물기를 충분히 제거해 줘. 또 냉채 재료는 미리 준비해 두었다가 먹기 바로 전에 무쳐야 물기가 덜 생긴단다.

● **삶은 콩나물에 따로 간을 해두면 더 맛있지 않을까요?**

콩나물도 간이 더해지면 시간이 갈수록 아삭함이 덜하니 그냥 삶아서 식혀만 두면 돼.

{딸의 요령}

"소스의 양을 넉넉하게 준비하세요. 큰 접시 가운데에 삶은 콩나물을, 그리고 그 주위에 얇게 찢은 맛살, 채 썬 오이와 파프리카, 양파, 얇게 찢은 닭가슴살을 둘러 담고, 소스를 부어가면서 푸짐하게 샐러드처럼 먹어도 근사하답니다. 엄마와는 다른 저만의 플레이팅 방법이죠."

엄마의 버전-업 레시피

겨자소스 콩나물무침

재료 | 3~4인분

겨자소스

- 식초 4큰술
- 설탕 2~3큰술
- 다진 마늘 1큰술
- 연겨자 2작은술
- 소금 1작은술

연겨자, 설탕, 소금을 넣고 식초를 조금씩 넣어가면서 섞은 다음 다진 마늘을 넣어 주세요. 다진 마늘을 통마늘로 직접 칼로 다져서 쓰는 것이 맛있어요. 연겨자에 식초를 한꺼번에 부으면 겨자가 덩어리지기 때문에 조금씩 넣어주세요. 미리 준비해놓은 재료(분량은 콩나물냉채와 동일)에 겨자소스를 넣고 버무리면 완성입니다.

새콤달콤함을 입은 고단백 샐러드

닭가슴살냉채

우리 집 명절 상차림에 자주 올라가는 샐러드 겸 냉채요리예요. 갈비찜, 각종 전 등 느끼할 수 있는 명절 상차림에 산뜻함을 더해주죠. 냉채로 만들기 간단하면서 맛도 좋아 단연 인기가 좋습니다. 퍽퍽함 없이 부드러운 닭가슴살과 새콤한 겨자 마요네즈소스가 어우러져 고소하면서도 개운한 맛이 나지요.

재료 | **3~4인분**

- 닭가슴살 250g(2개 정도)
- 대파 잎 1대
- 오이 1개
- 파프리카(빨강, 노랑) 1/2개
- 어린잎 채소 약간
- 맛술 1큰술
- 소금 1/3작은술

겨자 마요네즈소스

- 마요네즈 3큰술
- 무가당 플레인요구르트 3큰술
- 설탕 1큰술
- 식초 1큰술
- 연겨자 2작은술
- 다진 마늘 2작은술
- 소금 1/2작은술
- 후춧가루 약간

1 닭가슴살은 두꺼운 부분을 같은 두께로 저민다.

2 전자레인지용 찜기에 길게 자른 대파 잎을 깔고 닭가슴살을 올린 다음 맛술과 소금을 고루 뿌린다. 뚜껑을 덮고 전자레인지에 3분 정도 돌려 익힌 다음 식힌다. 중간에 한 번 뒤적여주면서 익힌다. 저수분조리법으로 두터운 냄비에 똑같이 넣고 뚜껑을 덮어 약불로 익혀도 된다.

3 닭가슴살이 식으면 결대로 찢는다. 파프리카는 5cm 길이로 잘라 얇게 채 써는데, 파프리카가 많이 두꺼우면 포 뜨듯이 저며서 썬다. 오이는 파프리카 길이로 잘라 돌려 깎아 얇게 채 썬다.

4 분량의 재료를 섞어 소스를 만든다. 냉채에 들어가는 마늘은 직접 칼로 곱게 다져 넣는 것이 향이 좋다.

5 준비한 재료와 소스는 냉장고에 차게 넣어두었다가 먹기 직전에 소스를 넣고 골고루 버무리고, 어린잎 채소를 곁들인다.

2

5

엄마의 비법을 알려 주세요!

● **닭가슴살 대신 다른 부위를 사용해도 되나요?**

냉채는 닭가슴살이 잘 어울려. 구하기도 쉽고 손질도 간단한 닭가슴살로 했으면 좋겠어. 삶기가 번거로우면 향 없이 익혀서 파는 닭가슴살이 있으니 그것으로 대체해도 돼.

● **닭가슴살의 결은 어떤 건가요?**

닭가슴살을 찢어보면 마치 스트링치즈처럼 쭉쭉 길게 찢어지는 방향이 있는데, 그것이 '결'이야. 결을 잘 이용해 찢으면 닭가슴살이 연하면서 살짝 쫀득한 맛을 느낄 수 있지.

● **다른 채소를 추가하자면 어떤 것이 어울릴까요?**

이 요리는 딱 레시피대로 하는 것이 좋아. 다른 재료가 더 들어가면 맛도 덜 하고 지저분해 보일 수 있거든. 좀 더 푸짐하고 건강하게 먹고 싶다면 양배추, 양파, 당근 중에 한두 가지 정도만 추가하는 것이 좋을 것 같구나.

● **저수분조리법은 찌는 건가요?**

저수분조리법은 찌는 것과 비슷한 효과를 내. 찜기를 따로 이용하지 않고 약간 도톰한 냄비 안에 씻은 후 물기가 약간 있는 재료를 넣고 약한 불로 가열하면, 재료 자체의 수분이 나오게 되는데 그 수분이 밖으로 나가지 않고 냄비 안에서 돌면서 재료가 익는 거야. 재료에 따라 눌어붙지 않도록 약간의 수분을 추가하기도 해. 재료 자체의 수분으로 익히기 때문에 맛과 영양 손실이 적은 조리법이지. 자꾸 해보며 경험치를 쌓으렴.

{딸의 요령}

"라임이가 먹기에 연겨자는 매울 수 있어서 소스 재료에서 연겨자만 빼고 나머지 소스를 섞은 다음 아이 것을 약간 덜어 놓아요. 어른용은 연겨자를 섞어서 만들면 레시피 변형 없이 아이와 함께 먹을 수 있어요."

엄마의 훈수

"단백질이 풍부하고 다이어트식으로 좋은 닭가슴살을 퍽퍽함 때문에 안 먹는 사람이 많아. 다만 많이 익혔을 때 퍽퍽해지는 것이니, 중간에 체크하면서 알맞게 익혀주는 것이 포인트야. 전자레인지를 이용하거나 저수분 조리법으로 닭가슴살을 익히면 부드럽고 담백하지. 영양 손실도 적고."

우유의 진하고 고소한 맛을 품은

감자샐러드

여름철에 포근포근한 제철 감자와 오이로 감자샐러드를 만들어 놓으면 다양하게 먹기 좋은 별미식이 됩니다. 그냥 먹어도 좋지만, 비스킷이나 식빵과 함께 먹으면 포만감이 있어 한 끼 식사로 손색이 없지요.

1

2

4

5

6

7

재료 | 2~3인분

- 감자 400g(2~3개)
- 우유 2/3컵 (감자가 약간 잠길 정도의 양)
- 오이 1개(200g)
- 양파 1/2개(100g)
- 삶은 달걀 2개
- 소금 1 ½작은술

소스

- 마요네즈 4~5큰술
- 설탕 1작은술
- 식초 1작은술
- 소금 1/4작은술
- 후춧가루 약간

1 오이는 2~3mm 두께로 모양대로 얇게 슬라이스한다. 양파는 세로로 2등분한 후 얇게 채 썬다. 삶은 달걀은 잘게 다진다.

2 비닐봉지에 ①과 소금 1작은술을 함께 꽉 밀봉해 넣고 한두 번 섞어주면서 20분 정도 재운 다음 꼭 짠다.

3 분량의 재료를 섞어 소스를 만든다.

4 감자는 껍질을 벗기고 부채꼴 모양으로 5mm 정도 얇게 썰어 물에 5분 정도 담갔다가 두세 번 정도 물에 헹궈 전분기를 뺀 후 체에 밭친다.

5 팬에 감자, 우유, 소금 1/2작은술을 넣고 중불에서 끓어오르면 뚜껑을 덮고 약한 불에서 자글자글 10분 정도 끓인다. 뚜껑을 열고 5분 정도 우유가 조금 남고 감자가 바닥에 눌어붙지 않고 잘 으깨질 정도까지 졸인다.

6 불에서 내려 주걱이나 매셔로 감자를 으깨는데, 덩어리가 약간 남아 있어도 된다.

7 볼에 감자를 담고 한 김 식은 후에 준비한 오이와 양파, 소스를 넣고 버무린다.

엄마의 훈수

"감자샐러드는 그대로 샐러드로도 먹고, 카나페나 샌드위치의 재료로도 활용할 수 있으면서, 돈가스 등 일품요리의 곁들임용으로도 제격이지. 우유에 삶아 고소한 맛이 은근히 밴 감자의 풍미가 일품이란다. 기호에 따라 소금 간을 조절하고, 맛살이나 햄, 사과, 당근, 셀러리, 견과류 같은 부재료를 추가해도 좋아!"

- **감자 잘 고르는 법을 알려주세요.**

제철(5~7월) 햇감자가 가장 실해. 우리나라에는 포실한 수미감자가 많이 나는 편인데 보통 쪄 먹기도 하지만, 요리하기에도 적합한 품종이야. 감자는 볼록하고 껍질이 얇으면서 주름이나 상처가 없고 크기에 맞게 묵직한 감자를 고르렴. 어쨌든 예쁘고 튼실한 감자를 고르면 돼.

- **감자샐러드를 만들어 놓고 냉장보관하면 물이 많이 생기던데….**

감자샐러드는 오래 보관해두고 먹기에는 적합하지 않아. 오래 보관하면 물이 생기게 되어 좀 질척거릴 수 있거든. 한꺼번에 많이 만들고 싶으면 감자와 부재료, 소스를 각각 마련하고, 먹기 직전에 먹을 만큼만 꺼내어 버무려 먹으면 좋을 것 같아. 그러면 좀 더 신선하게 먹을 수 있지 않을까? 그렇게 준비해 놓은 것도 일주일 이내로 먹는 것이 좋겠지.

- **감자를 물에 담갔다가 두세 번 정도 다시 물에 헹구는 이유가 뭐예요?**

감자는 전분이 많은 식품이야. 전분기를 제거 안 하면 삶을 때 감자가 익기도 전에 질척거리며 죽처럼 될 수 있어서 우유맛이 부드럽게 배면서, 포슬포슬하게 조려지지 않는단다. 감자를 크게 잘라 껍질째 찌거나 전자레인지에 익힌 다음 껍질을 벗겨서 사용할 수도 있는데 이 경우는 굳이 전분 제거를 안 해도 돼. 이번 샐러드에 사용하는 감자는 더 고소하게 우유맛이 배게 하려고 전분을 빼서 조리했단다.

- **물기를 제거해주는 과정을 안 하면 어떻게 돼요?**

양파와 오이를 절인 다음 꼭 짜서 물기를 제거해야 샐러드를 만들었을 때 식감도 꼬들꼬들하고, 샐러드를 버무렸을 때 질척한 느낌이 덜 해. 면포 속에 넣고 꼭 짜거나 채소 짤순이 등을 이용하면 수월할 거야.

- **감자가 한 김 식었을 때 다른 재료를 섞어야 하나요?**

삶은 감자는 뜨거울 때 잘 으깨지지만 다른 재료와 버무릴 때는 주로 채소인 다른 재료가 같은 온도일 때 섞어야 서로 영향을 주지 않고 각 재료 본연의 식감으로 섞일 수 있어. 감자가 뜨거우면 오이나 양파가 흐물거릴 수 있거든.

{딸의 요령}

"저는 식단 조절을 할 때 두부로 채식용 마요네즈를 만들어서 먹었어요. 마요네즈가 많이 들어가는 샐러드에 활용하기 좋아요. 일반 마요네즈와 섞어 쓰면 칼로리도 낮추면서 고소한 맛도 거의 비슷하게 유지할 수 있어요. 데친 두부 180g, 통깨·식용유 1큰술씩, 조청 2작은술, 소금·레몬즙 1/2작은술씩을 믹서에 모두 넣고 곱게 갈면 두부마요네즈가 완성돼요. 간단하죠? 냉장고에 보관해 5일 내로 먹는 것이 좋아요."

고소함을 품은 영양 간식

단호박 고구마샐러드

재료 | 2~3인분

- 단호박 1/4개(손질한 것 200g)
- 고구마 1~2개(250g)
- 견과류(아몬드, 호박씨, 해바라기씨) 1/4컵

소스

- 무가당 플레인요구르트 5큰술
- 크림치즈 3큰술
- 레몬즙 1/2큰술
- 꿀 1/2~1큰술
- 소금 1/4작은술

1 단호박은 속을 파내고 고구마와 함께 껍질째 먹기 좋게 찐다. 김 오른 찜기에 넣고 10~15분 이내로 많이 무르지 않게 찌는데, 잘 익었는지 젓가락으로 부서지지 않도록 찔러보면서 익은 것부터 꺼낸다.

2 단호박과 고구마는 식혀서 사방 1.5~2cm 크기로 자른다.

3 견과류는 달군 팬에 중약불에서 1분 정도 타지 않게 굽는다. 견과류는 원하는 종류로 얼마든지 응용 가능하다.

4 크림치즈는 미리 상온에 꺼내 부드럽게 만든 다음 분량의 재료와 잘 섞어주면서 소스를 만든다. 기호대로 꿀을 첨가한다.

5 견과류 절반 정도의 양과 단호박, 고구마, 소스를 살살 골고루 섞는다.

6 사용하고 남은 플레인요구르트와 남은 견과류는 위에 넉넉히 뿌린다.

2

3

6

엄마의 훈수

"샐러드가 달면 쉽게 물리니 담백하고 상큼하게 만드는 것이 좋아. 플레인요구르트는 단맛이 없는 것을 넣어야 하지. 크림치즈와 레몬즙이 들어가면 상큼한 맛이 더해지는데, 크림치즈가 없다면 플레인요구르트의 양을 늘려 크림치즈 대신 사용해도 돼."

바삭한 토스트 사이에 넣어 먹거나, 그린 샐러드를 곁들여 먹거나, 아니면 그냥 이대로 먹어도 좋은 식사 대용 샐러드입니다. 단호박과 고구마를 쪄서 단조롭게 먹는 것이 아니라 크림치즈와 요구르트를 섞은 특제소스에 버무리고 견과류까지 곁들여 맛과 영양을 배가시켰지요.

엄마의 비법을 알려 주세요!

- **단호박을 더 쉽게 찌는 방법은 없나요?**

단호박은 속을 파낸 다음 적당한 사이즈로 토막을 내고 전자레인지용 찜기에 넣어 뚜껑을 닫고 전자레인지에 3~5분 정도 돌려 익혀도 돼. 재료의 양, 전자레인지 화력이 다 다를 수 있으니 상태를 봐가면서 찌면 되겠지.

- **단호박이 너무 단단해서 자르기가 힘들어요.**

단호박을 통째로 깨끗하게 씻은 후 그대로 전자레인지에 2~3분 익히면 칼이 잘 들어가서 자르기가 쉬워진단다. 이때 반으로 갈라 속을 파내면 돼. 통째로 완전히 익힌 후 속을 파내면 자칫 으스러지면서 껍질과 속이 다 섞일 수 있으니 주의하렴.

- **견과류는 꼭 구워서 준비해야 하나요?**

견과류를 살짝 구우면 고소함이 배가되고, 좀 더 바삭한 식감이 돼. 고소한 맛과 재미난 식감을 더하려면 살짝 굽는 것이 좋아.

- **꿀 대신 다른 것으로 대체할 수 있나요?**

꿀 대신에 요즘 많이 사용하는 올리고당으로 대체 가능하단다. 기호에 따라 메이플시럽 같은 향이 가미된 시럽도 괜찮아.

- **단맛이 가미된 플레인요구르트를 사용할 경우 꿀 양을 조절해야 하나요?**

그렇지, 단맛은 기호에 따라 조절하면 된단다. 가당 플레인요구르트를 넣었을 경우, 맛을 봐가면서 꿀을 생략하거나 적게 넣는 것이 좋아.

{딸의 요령}

"고구마나 단호박을 으깨서 부드러운 매시샐러드를 만들어도 맛있어요. 너무 질척거리는 질감이 싫으면 크림치즈와 요구르트의 양을 좀 줄이면 돼요. 건크랜베리를 살짝 다져서 넣으면 중간중간에 씹히는 단맛이 있어 아이들이 정말 좋아한답니다."

아삭아삭 건강한 맛

검은깨 연근샐러드

재료 | 2인분

- 연근 200g
- 아몬드 슬라이스 1큰술
- 소금 1작은술
- 식초 1/2작은술

소스

- 검은깨가루 3큰술
- 올리고당 2큰술
- 마요네즈 2큰술
- 소금 1/8작은술

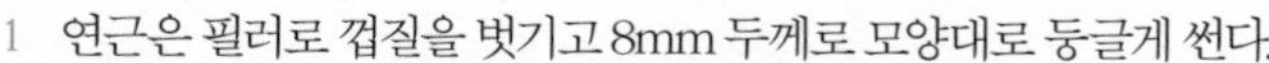

1 연근은 필러로 껍질을 벗기고 8mm 두께로 모양대로 둥글게 썬다.
2 냄비에 연근과 잠길 정도의 물, 식초, 소금을 넣고 중불에서 끓어오르면 5분 정도 데치고, 그대로 체에 밭쳐 냉장고에 넣고 식힌다.
3 볶은 검은깨를 커터기에 곱게 갈아 검은깨가루를 준비한다.
4 분량의 재료를 섞어 소스를 만든 후 볼에 연근을 넣고 소스에 골고루 버무린다.
5 접시에 연근샐러드를 담고 아몬드 슬라이스를 뿌려 낸다.

2

4

특유의 단맛과 아삭아삭한 식감을 가진 연근은 조림으로 먹어도 좋고, 튀겨 먹어도 맛있지요. 철분, 비타민 등 영양소도 풍부하고요. 검은깨가루와 마요네즈를 섞은 소스로 버무려 고소하고 부드러운 맛이 일품인 영양 샐러드랍니다.

엄마의 비법을 알려 주세요!

● **연근은 어떤 것을 골라야 하나요?**

연근도 암수가 있는데 통통하고 납작한 암컷으로 골라라. 양쪽에 마디가 있어 막혀 있는 것을 고르도록 해. 이렇게 골라야 연근 속이 깨끗하고 아주 단단해 씹는 맛이 좋아.

● **연근을 손질할 때 주의할 점이 있나요?**

연근은 대부분의 뿌리채소들이 그렇듯이 껍질에 영양분이 많아. 되도록이면 수세미로 깨끗하게 살살 문지른 후 지저분한 부분만 필러로 얇게 벗기고, 그대로 껍질을 살려서 요리하는 것이 영양 면에서는 더 낫지. 균일한 색으로 만들고 싶으면 필러로 껍질을 얇게 다 벗겨내어 사용해도 돼. 연근은 식초나 소금을 약간 섞은 물에 데치면 떫은 맛이 사라지고 갈변현상도 막을 수 있어.

● **시중에서 검은깨가루를 따로 파나요? 커터기가 없다면 어떻게 갈아야 하나요?**

시중에서 검은깨가루를 팔기도 하니 구입해서 사용해도 되고, 깨소금을 만들 듯이 검은깨를 분마기 등에 살살 빻아서 사용해도 돼. 아무래도 바로 빻아서 사용한 검은깨가루가 향도 좋고 더 맛있겠지.

● **고명으로 아몬드 슬라이스 대신 대체할 만한 재료가 있나요?**

호두나 다른 견과류 등을 약간 굵게 다져서 올려도 좋아.

{딸의 요령}

"연근샐러드에 쪄서 물기를 잘 제거한 브로콜리를 넣고 함께 버무려도 맛있어요. 검은깨가 없으면 통깨로 대체할 수 있어요."

엄마의 훈수

"연근은 따로 데쳤다가 먹기 전에 바로 무쳐 먹어야 맛있어. 미리 버무리면 절여진 것처럼 아삭한 맛이 덜하고 물이 약간 생기거든. 연근의 생명은 아삭함이니 데친 다음에도 손으로 짜지 말고 체에 밭쳐 식히면서 물기를 빼주면 돼."

언제 먹어도 맛있고, 어디에나 잘 어울리는

참치샐러드

재료 | 2인분

○ 참치 통조림 1개(150g)
○ 다진 양파 3큰술
○ 마요네즈 3/4컵
○ 레몬즙 1/2~1큰술
○ 소금 1/8작은술
○ 후춧가루 약간

1 참치 통조림은 체에 밭쳐서 숟가락으로 골고루 눌러 기름기를 쪽 뺀다.
2 볼에 준비한 참치, 다진 양파, 레몬즙, 마요네즈를 넣고 골고루 버무린 후 소금, 후춧가루로 간한다.

1

2

쉽게 구할 수 있는 참치 통조림으로 간단하게 만드는 샐러드로, 그냥 먹어도 맛있지만 김밥이나 주먹밥에도 넣고, 샌드위치에 넣고, 크래커 위에 올려 다양한 형태로 즐길 수 있답니다. 형형색색 다양한 채소를 곱게 다져 함께 섞으면 맛도 있고 영양도 풍부해지지요.

엄마의 비법을 알려 주세요!

● **통조림의 기름기를 잘 빼지 않으면 완성도에 차이가 있나요?**

참치샐러드에는 양파와 레몬즙이 들어가기 때문에 기름기를 잘 빼지 않으면 농도가 질척해질 수 있어. 물론 맛도 느끼해질 수 있으니 기름을 쭉 빼서 사용하는 것이 좋겠다.

● **레몬 1큰술을 얻으려면 레몬 몇 개 정도를 짜야 하나요?**

레몬 크기와 레몬 껍질의 두께에 따라 차이가 있겠지만 보통 레몬 1개에 2큰술 정도의 레몬즙이 나와. 주서가 있다면 레몬이 저렴할 때 넉넉하게 구입해서 겉껍질을 벗겨내고 한꺼번에 즙을 짜낸 다음 작은 병에 소분해서 냉동보관해두면 필요할 때마다 꺼내쓰기 좋지.

● **마요네즈 대신 머스터드나 대체할 만한 소스가 있나요?**

보통 그릭요구르트와 같이 마요네즈와 농도가 비슷하고 맛이 진한 요구르트로 대체하거나, 섞어서 사용하면 맛도 고소하고 칼로리도 줄일 수 있어 좋단다. 직접 만든 두부마요네즈(385p 딸의 요령 참고)가 있다면 그것을 사용해도 좋아.

● **다른 채소를 넣어도 되나요?**

옥수수 통조림, 다진 셀러리, 곱게 채 썬 당근 등 샐러드를 만들었을 때 물이 덜 생기는 채소를 같이 넣어도 맛있단다.

{딸의 요령}

"다진 양파를 그냥 넣으면 아이들이 먹기에 좀 매울 수 있어요. 다진 양파는 넉넉한 물에 한참 담갔다가 체에 밭친 다음 물기를 제거하고 넣도록 하세요. 김밥김이나 곱창김, 참기름 버무린 밥(또는 초밥), 참치샐러드, 채 썬 오이, 잘게 찢은 맛살을 준비해서 라임이랑 자주 셀프 김밥을 해 먹어요. 놀이인 것처럼 느껴서인지 작은 손으로 흐트러지지 않게 김밥을 야무지게 싸 먹는 모습이 매우 귀엽답니다."

엄마의 훈수

"레몬즙이 참치샐러드의 느끼한 맛을 잡아주고, 샐러드에 상큼한 맛을 더해주는 역할을 하기 때문에 싱싱한 레몬으로 직접 짜서 쓰는 것이 맛있어. 마요네즈 양은 기호에 따라 조절해도 된단다. 참치샐러드는 활용도가 정말 높은 메뉴인데, 담백한 크래커 위에 오이슬라이스를 깔고 참치샐러드를 올리거나 참치샐러드샌드위치, 참치주먹밥, 김말이초밥(데마키스시), 참치김밥 등에 속재료나 곁들임 재료 등으로 활용하면 된다."

차갑게 먹는 양배추샐러드

코울슬로

재료 | 2~3인분

- 양배추 150g
- 오이 1/2개
- 양파 1/4개
- 옥수수 통조림 1/2컵(100g)

소스

- 무가당 플레인요구르트 120g
- 마요네즈 3큰술
- 레몬즙 1 ½큰술
- 설탕 1/2큰술
- 소금 1/2작은술
- 후춧가루 약간

1·2

3

4

1 양배추, 양파, 오이는 사방 5mm 크기로 잘게 다진다. 오이는 씨 부분을 도려내고 썬다.
2 통조림 옥수수는 체에 밭쳐서 물기를 충분히 뺀다.
3 분량의 재료를 섞어 소스를 만든다.
4 큰 볼에 양배추, 양파, 오이, 옥수수를 넣고 소스에 골고루 버무린다.
5 냉장고에 1시간 정도 보관했다가 차게 먹는다.

아삭아삭 상큼한 양배추샐러드로 그냥 반찬으로 먹어도 좋고 튀김요리, 피자, 파스타 등 양식 요리에 곁들이면 잘 어울립니다. 빵을 곁들여 간단한 아침식사 메뉴로도 제격이지요. 미리 만들어 놓고 촉촉한 상태로 먹으면 더욱 맛있어요.

엄마의 비법을 알려 주세요!

- **오이의 씨 부분은 넣으면 안 되나요?**

씨 부분이 들어가면 뭉그러지기 쉽고, 물이 나와 소스가 흥건해질 수 있어. 씨를 제거해야 아삭하게 다른 재료들과 잘 어울린단다.

- **단맛이 가미된 플레인요구르트를 쓰면 안 되나요?**

요구르트의 단맛은 설탕의 단맛과 미세하게 달라서 같이 쓰면 묘하게 겉도는 느낌이 있어. 단맛이 없는 무가당 요구르트를 사용하고, 단맛은 설탕으로 조절하는 것이 좋아.

- **추가할 만한 다른 재료들은 뭐가 있나요?**

삶은 마카로니, 맛살, 당근, 파프리카 등을 추가해도 맛있어. 기호에 따라 소스에 머스터드 2작은술 정도를 추가하면 뒷맛이 깔끔해진단다.

- **차게 보관했다가 먹는 이유는요?**

코울슬로는 만든 다음 시간이 약간 지나 양배추에 소스맛이 배고 촉촉해졌을 때 먹는 것이 제일 맛있어. 미지근하게 먹는 것보다는 시원하게 먹어야 상큼함이 배가된단다.

{딸의 요령}

"코울슬로를 빵 사이에 껴서 샌드위치로 먹어도 맛있어요. 빵 사이에 넣으려면 좀 되직하게 만드는 것이 좋은데, 소스에서 플레인요구르트를 빼면 됩니다. 채소를 굵게 다지지 않고 얇게 채 썰어서 만들어도 괜찮아요. 재료는 원하는 것으로 얼마든지 응용 가능해요. 양배추, 당근, 양파, 슬라이스 햄, 맛살 등을 얇게 채 썰어 소스에 버무린 다음 차게 보관했다가 롤빵 사이에 넣어서 먹으면 정말 맛있어요. 아이들 간식으로도 딱이고요."

전

애호박전
두부전
동태전
굴전
새우 버섯전
미나리 새우전
육전
동그랑땡
녹두빈대떡
해물파전
김치전
달걀말이

보름달처럼 속이 꽉 차고 둥근

애호박전

재료 | 2~3인분

- 애호박 1개(300g 정도)
- 달걀 2개
- 홍고추 1/2개
- 밀가루(또는 부침가루) 3큰술
- 소금 1작은술
- 식용유 적당량

초간장

- 간장 1큰술
- 식초 1큰술
- 물 1큰술
- 설탕 한 꼬집

1 애호박은 씻어서 꼭지를 자른 뒤 5mm 두께로 동그랗게 썬다.

2 비닐봉지에 애호박과 소금을 넣고 뒤적여 주면서 30분 정도 밑간을 한다.

3 애호박은 키친타월에 얹어 물기를 닦는다.

4 볼에 달걀을 넣고 골고루 저어 멍울을 푼다.

5 홍고추는 씨를 털어내고 송송 썰어 준비한다.

6 애호박에 밀가루를 골고루 입혀준다. 밀가루가 많이 묻으면 전이 뻣뻣할 수 있으니 골고루 묻히고 여분의 가루를 털어낸다.

7 달걀물에 애호박을 담가 달걀물을 앞뒤로 고루 묻힌다.

8 중불에서 달군 팬에 식용유를 두른 뒤 애호박을 얹고, 그 위에 홍고추를 하나씩 얹는다.

9 약불로 줄여 밑면이 노릇하게 익으면 뒤집어 다시 노릇하게 지진 뒤 초간장을 곁들인다.

"절이는 과정 없이 애호박전을 부치면 처음에는 괜찮아도 나중에는 애호박에서 물이 빠져나와 부침옷이 분리되기 쉬워. 애호박을 절인 다음 수분을 제거하고 부치면 부침옷과 애호박이 잘 밀착돼 벗겨지지 않고 깔끔한 전이 완성돼. 애호박은 한 번 절이기도 했고, 덜 익은 듯 익혀야 살강살강 씹히는 맛이 좋아. 너무 오래 부치지 말고, 겉면만 노릇하게 지지면 되거든."

명절상에 올라가는 전 퍼레이드 중 난이도가 가장 낮아 보이지만, 새색시처럼 곱고 얌전하게 부치는 것은 결코 쉬운 일이 아닙니다. 평소에도 자주 만들어 먹게 되는 애호박전은 고소하면서 은은하게 감도는 단맛이 일품이지요.

엄마의 비법을 알려 주세요!

- **쉬우면서도 어려운 애호박전, 부침옷이 자꾸 벗겨져요.**

애호박은 생으로 부치는 것보다 살짝 절여서 부치는 것이 맛있어. 절인 후에는 물기를 잘 닦고 밀가루를 골고루 묻혀야 부침옷이 벗겨지지 않고 얌전한 모양으로 부칠 수 있지.

- **달걀의 멍울은 꼭 풀어줘야 하나요?**

부침용 달걀물을 만들 때는 달걀의 멍울을 잘 풀어줘야 달걀물이 재료에 고르게 묻게 된단다. 젓가락으로 알끈을 빼고 잘 풀어도 되지만, 체에 내리는 것이 가장 확실한 방법이지.

- **부쳤을 때 달걀물이 삐져나와 모양이 예쁘지 않아요. 어떻게 해야 하나요?**

먼저 애호박에 밀가루를 '과하지 않게' 얇게 고루 묻히고, 멍울지지 않은 달걀물을 골고루 입혀줘야 해. 그리고 애호박을 달걀물에 푹 담갔다가 들어올려 달걀물을 얇게 코팅해서 부치면 겉으로 달걀물이 삐져나오는 것이 적어 모양이 깔끔하지.

- **약불에서 구우면 기름을 많이 먹는 것 같고, 센 불에서는 금방 타요!**

먼저 팬을 중불에서 충분히 달군 후에 애호박을 올리고 지글지글 소리가 나면 바로 불을 약하게 줄여서 부쳐주면 돼. 그러면 팬 온도가 유지되면서 타지 않고 노릇한 전을 부칠 수 있어. 급하다고 해서 달궈지지 않은 팬에 애호박을 넣고 불을 올리거나 내리면 예쁜 애호박전이 나오기 힘들어. 전은 특히 불 조절이 중요하단다.

- **홍고추 대신 다른 고명을 올려도 되나요?**

쑥갓 잎, 송송 썬 대파, 송송 썬 부추 등을 추천할게.

{딸의 요령}

"애호박과 새우는 궁합이 잘 맞는 식재료예요. 감칠맛 나는 새우살과 달큰한 애호박이 어우러진 애호박새우전을 만들어 보세요. 다진 새우살 100g을 약간의 소금, 후춧가루, 참기름으로 밑간해 준비하세요. 절인 애호박의 가운데 부분을 동그란 모양틀로 찍어 낸 다음 가운데 부분을 다진 새우살로 채웁니다. 밀가루, 달걀물 순으로 묻혀 식용유를 둘러 달군 팬에 중불에서 노릇하게 구워주세요."

고소하고 담백한 맛에 집중하다

두부전

재료 | **2~3인분**

- 부침두부 1모(300~400g)
- 식용유 1큰술
- 들기름 1큰술
- 소금 1/2작은술

1 두부는 1.5cm 두께로 썰어 키친타월 위에 올리고, 소금을 골고루 뿌려 30분 이상 절인 다음 물기를 뺀다.

2 달군 팬에 식용유와 들기름을 두른 다음 두부를 올리고, 중불에서 앞뒤로 약간 단단하고 노릇하게 굽는다. 앞뒤로 5~6분씩 정도 구워야 제법 노릇해지는데, 상태를 봐 가면서 뒤집는다.

1

2

엄마의 훈수

"두부전은 먹기 직전에 바로 부쳐서 먹어야 제일 맛있어. 한 번에 다 요리하지 말고, 넉넉한 양의 두부를 보관 용기에 담은 후 소금을 켜켜이 뿌려 냉장고에 보관했다가 먹고 싶은 만큼만 꺼내 키친타월로 물기를 제거하고 부쳐 먹으면 편하거든. 보관한 두부는 그래도 일주일 안에 다 먹는 것이 좋아."

들기름으로 바삭하고 노릇하게 부친 두부! 고소함이 배가돼 마냥 먹게 되지요. 흐물거리는 것보다 좀 단단하게 부쳐야 겉은 고소하니 쫄깃하고, 속은 부드럽고 촉촉한 두 가지 식감으로 즐길 수 있어요. 식탁 위에 두부전이 올라가면 구수한 들기름 향이 퍼지면서 입도 코도 호강을 합니다.

엄마의 비법을 알려 주세요!

● 들기름 대신 참기름을 쓰거나, 식용유만 쓰면 안 되나요?

물론 가능하지. 식용유로 부치는 것이 일반적인데, 고소함을 더하고 싶어서 들기름을 사용한 거야.

● 꼭 부침용 두부로만 해야 하나요?

부들부들한 두부는 부쳐 놓으면 수분도 나오고 모양도 단단하게 잡히지 않아 흐물흐물해. 부침용 두부를 노릇하게 부치면 겉은 고소하니 쫄깃하고, 속은 부드럽고 촉촉하기 때문에 두부전은 꼭 부침용 두부를 사용하는 것이 맞아.

● 물기는 키친타월을 계속 닦아주면서 빼야 하는 건가요?

두부의 물기를 뺄 때는 소금을 살짝 뿌려 채반에 올려 놓으면 단단해지면서 수분이 채반 아래로 떨어져. 잠시 그렇게 뒀다가 부치기 전에 키친타월 위에 올려서 남은 물기를 마저 제거하면 된단다.

{딸의 요령}

"두부를 레시피처럼 그냥 구워도 맛있지만, 더 작은 막대 모양으로 자른 후 베이컨으로 돌돌 말아서 굽는 방법으로도 응용해 보세요. 베이컨의 끝 이음새가 두부가 구워지는 면에 가도록 해서, 그 면부터 구워 베이컨끼리 붙여주면 잘 풀어지지 않아요. 아이들이 정말 좋아하는 인기 밥반찬이랍니다."

엄마의
버전－업
레시피

두부조림

재료 | 4인분 부침두부 1모(300~400g), 식용유·들기름 1큰술씩, 소금 1/2작은술
양념 다진 파 3큰술, 간장 2큰술, 맛술·올리고당·다진 마늘 1/2큰술씩, 고춧가루·통깨 1작은술씩

왼쪽의 레시피대로 노릇하게 부친 두부전 위에 분량의 재료로 섞은 양념장을 골고루 얹어주세요. 아래로 흘러내린 양념이 타지 않게 중약불에서 1분 정도 자글자글 끓이면서 졸이면 됩니다.

곱고 단정하게 부친
동태전

재료 | **2~3인분**
- 동태포 400g
- 밀가루(또는 부침가루) 3큰술
- 달걀 2개
- 부추 3~4줄기
- 소금 1/2큰술
- 후춧가루 약간
- 식용유 적당량

초간장
- 간장 1큰술
- 식초 1큰술
- 물(생수) 1큰술
- 설탕 한 꼬집

1

3

4

5

1 해동한 동태포를 키친타월 위에 올리고 토닥토닥 눌러서 물기를 잘 뺀 후 소금과 후춧가루를 골고루 뿌려 밑간한다.
2 달걀은 볼에 깨뜨려 넣고 골고루 저어 멍울을 풀고, 5mm 정도로 썬 부추를 달걀물에 넣어 섞는다.
3 밑간한 동태포에 밀가루를 골고루 입힌다. 밀가루가 많이 묻으면 전이 뻣뻣할 수 있으니 골고루 묻히고 여분의 가루를 털어낸다.
4 ②에 동태포를 담가 달걀물을 묻힌다.
5 중불에서 달군 팬에 식용유를 두른 뒤 동태포를 올린다.
6 약불로 줄여 밑면이 노릇하게 익으면 뒤집어 노릇하게 지진 뒤 초간장을 곁들인다.

엄마의 훈수

"동태전은 두 가지 포인트만 잘 지켜도 실패할 확률이 줄어. 해동 후 물기를 잘 닦아내야 전 모양이 깔끔하고, 달걀물을 체에 한 번 내려 멍울 없게 잘 풀어주면 재료에 골고루 묻고 전을 곱게 부칠 수 있지."

명절이면 삼삼오오 모여 기름 냄새 풍기면서 만들어 먹었던 동태전. 비린 맛이 적고 담백한 맛 때문에 생선전 중에서도 가장 인기가 많지요. 갓 부쳤을 때의 고소하고 부드러운 맛이 특히 일품입니다.

엄마의 비법을 알려 주세요!

● **동태포는 어떤 것을 사는 것이 좋아요?**

요즘은 냉동 진공포장으로 된 것도 괜찮아. 겨울철에 시장에 가면 직접 떠서 파는 동태포가 있는데, 그걸 먹을 만큼씩만 구입해서 사용해도 좋지.

● **동태포 물기는 어떻게 제거해요?**

꽝꽝 언 동태포로 전을 부치려면 해동을 한 후 물기를 잘 제거해야 한단다. 해동 후 동태포를 체에 밭쳐 20분 정도 물기가 빠지도록 둬야 해. 양이 많으면 체에 차곡차곡 얹어야 물기가 잘 빠지지. 그런 다음 동태포를 꺼내서 키친타월 위에 켜켜이 얹고 다시 키친타월을 덮어 살짝 눌러 물기를 뺀 후 밑간을 해야 물기 없이 도톰하고 깔끔한 동태전을 만들 수 있어.

● **동태포도 밀가루를 넣은 비닐봉지에 넣고 골고루 묻혀 터는 방법은 안 되나요?**

동태포는 사이즈가 넙적하고 흐물거리기 때문에 비닐봉지에 넣어 흔들면 부서질 수도 있고 들러붙을 수 있어. 조금 번거롭더라도 손으로 하나씩 밀가루를 묻혀 한 번 털어서 달걀물을 묻히렴. 이렇게 해야 달걀도 고루 잘 묻는단다.

● **달걀물은 어느 정도 묻혀야 하는 건가요?**

일단 밀가루를 묻힌 동태를 달걀물에 퐁당 담근 다음 꺼내서 달걀물이 쭉~ 흐르도록 들어준 다음, 달걀물을 흘려버리고 달걀 코팅이 골고루 된 상태에서 팬에 놓고 부치면 돼. 이렇게 하기 위해서는 밀가루를 골고루 얇게 묻혀주면 비교적 쉽게 달걀물 코팅도 할 수 있어. 그러니까 밀가루 묻히는 것부터 잘해야 된다는 얘기야.

● **부추 대신 다른 재료로 대체할 만한 것이 있나요?**

송송 썬 대파나 쪽파 또는 어슷 썬 홍고추를 얹어도 좋아.

● **식용유는 어느 정도 둘러 전을 부치는 것이 좋은가요?**

전을 부칠 때는 팬 전체적으로 식용유 코팅이 될 정도로만 둘러주면 돼. 엄마는 한꺼번에 두르는 것보다 자주 살피면서 부치면서 부족하다 싶으면 기름을 살짝 더 둘러줘.

{딸의 요령}

"조리과정 ②번에서 달걀에 부추 대신 파르메산치즈가루 1큰술과 다진 파슬리(또는 파슬리가루) 1작은술을 넣고 섞어서 동태전을 부치면 맛이 훨씬 풍부해져요. 엄마는 제가 어렸을 때 생선전을 이렇게 많이 해줬는데, 그 기억 살려서 저도 라임이에게 똑같이 해주고 있어요. 연어나 다른 흰살 생선전도 많이 해주는데, 그 중에 연어전은 라임이가 최고로 사랑하는 메뉴예요."

바다의 영양이 듬뿍 담긴

굴전

재료 | 2~3인분

- 봉지굴 150g
- 달걀 2개
- 쪽파 2뿌리
- 밀가루(또는 부침가루) 3큰술
- 소금 1/8작은술
- 후춧가루 약간
- 식용유 적당량

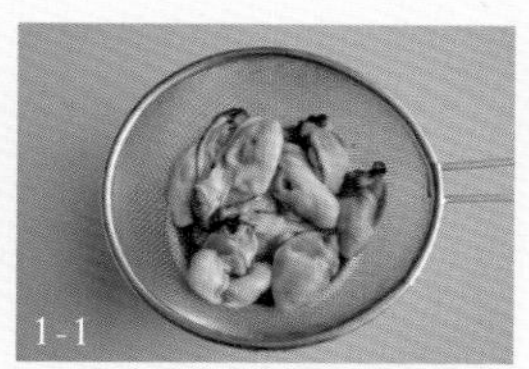
1-1

1-2

2

3

1 봉지굴은 체에 밭쳐 물기를 빼고 소금과 후춧가루로 밑간을 한 다음 밀가루를 골고루 묻힌다.

2 달걀은 풀어서 체에 내린다. 달걀물을 내릴 때는 체에 내려주면서 체 아래를 알뜰주걱으로 긁어주면 수월하게 내려간다. 쪽파는 5mm 길이로 송송 썰어 달걀에 섞는다.

3 달군 팬에 식용유를 골고루 두르고, 쪽파를 섞은 달걀물에 굴을 담갔다가 보기 좋게 얹는다. 중약불에서 앞뒤로 뒤집어 타지 않게 노릇하게 부친다.

김장철이 다가오면 통통하게 살 오른 굴이 제맛이지요. 주로 날것으로 먹지만 큼직하고 도톰하게 부친 굴전도 별미입니다. 파릇파릇한 부추나 쪽파를 송송 썰어 넣으면 맛도 맛이지만 보기에도 더 먹음직스럽지요.

엄마의 비법을 알려 주세요!

● **봉지굴도 손질은 해야 하죠?**

봉지굴은 이미 씻어 손질된 굴이기 때문에 엄마는 그냥 체에 밭쳐서 물기를 빼고 바로 사용해. 정 찝찝하면 체에 밭친 다음 연한 소금물에 넣고 한 번 흔들어 씻어서 물기를 빼고 사용해도 돼.

● **봉지굴 대신 생굴로 해도 되나요?**

그럼 더 맛있지. 굴이 싱싱한 겨울철에는 생굴을 사용하면 더 좋아. 전 만들기 좋은 굴은 자연산보다는 크기가 약간 큼직한 양식 굴이야. 양식 굴은 굴깍지를 골라내고 체에 밭쳐서 연한 소금물에 넣어 살살 흔든 다음 씻어서 물기를 빼고 사용하면 돼.

● **굴의 비린내를 싫어한다면, 어떻게 요리해야 할까요?**

먼저 굴이 싱싱해야 하고, 밑간을 잘 해주면 돼. 엄마도 사이즈가 큰 굴전을 먹을 땐 좀 망설여지는데, 약간의 소금과 후춧가루, 참기름 1~2 방울 떨어뜨려 재웠다 요리하면 괜찮아. 송송 썬 파나 부추 등 향이 있는 채소를 함께 넣고 부치면 비린 맛이 훨씬 덜 느껴지는데, 이것도 비법이라면 비법이지.

● **달걀을 꼭 체에 내려야 할까요?**

전은 무엇보다 정성이야. 보기에도 좋고, 먹음직스러운 전을 부치려면 달걀물부터 달라야 해. 전을 부칠 때 달걀물은 꼭 체에 한 번 내리는데, 그래야 달걀물이 재료에 고르고 매끈하게 묻어. 대강 달걀을 푼 다음 입혀 부치면 전 표면에 흰자와 노른자가 얼룩덜룩하고, 달걀물이 딸려 나와 한쪽에 뭉쳐서 부쳐질 수도 있거든. 먹는 데 지장은 없지만 기왕이면 색깔이 고르고 뭉침이 없는 전이 보기에도 좋으니까.

● **전을 태우지 않고 노릇하게 부치는 노하우를 알려주세요!**

전을 깔끔하게 부치려면 불 조절이 키포인트야. 팬을 중불에서 충분히 달군 다음 식용유를 넉넉히 붓고 달걀물을 입힌 재료를 살포시 올려 중간불보다 약한 불로 줄여서 은근하게 부치면 돼. 때로는 약불로 줄이고, 위치를 바꾸면서 겉이 타지 않도록 느긋하게 부쳐야 깔끔하단다. 절대 급하게 부치면 안 되고 정성으로 부쳐야 한다는 걸 잊지 마.

맛과 영양이 풍부한 한 입 전

새우 버섯전

재료 | **18~20개분**

- 냉동 새우살 150g
- 버섯류(새송이버섯, 표고버섯, 느타리버섯, 팽이버섯 등) 200g
- 부추 1줌(40g)
- 달걀 2개
- 부침가루 3큰술
- 소금 적당량
- 후춧가루 약간
- 식용유 약간

초간장

- 간장 1큰술
- 식초 1큰술
- 물(생수) 1큰술
- 설탕 약간

1

5

6

1 새우살은 체에 밭친 후 키친타월 위에서 물기를 제거하고 입자 있게 다진다. 다진 새우에 약간의 소금과 후춧가루를 뿌려 밑간을 한다.

2 표고버섯은 기둥을 자르고 모양대로 얇게 슬라이스한 후 잘게 채 썬다. 새송이버섯은 그대로 얇게 슬라이스한 후 1cm 길이로 잘게 채썬다.

3 팽이버섯은 밑동의 지저분한 것은 잘라내고 1cm 길이로 썰고, 부추도 같은 길이로 썬다.

4 볼에 준비한 재료를 모두 넣고 부침가루, 소금 1/2작은술을 넣고 젓가락으로 골고루 무친다.

5 달걀을 깨뜨려 넣고 다시 골고루 버무린다.

6 달군 팬에 식용유를 넉넉히 두르고, 반죽을 한 수저씩 떠서 지름 6cm 정도의 크기로 도톰하고 동그랗게 올린 후 중불보다 약간 약한 불에서 앞뒤로 노릇하게 부친다.

7 초간장을 곁들인다.

몸에 좋은 여러 버섯과 채소, 다진 새우살을 넣고 전을 부치면 맛도 좋고 보기에도 먹음직스러운 전이 완성됩니다. 의외로 만들기 어렵지 않고, 폼 나는 비주얼이라 명절상에도 잘 어울리죠. 향긋한 버섯 향이 일품이고, 쫀득하면서 탱탱한 식감도 겸비해 어른과 아이 할 것 모두 좋아한답니다.

엄마의 비법을 알려 주세요!

- **새우살을 '입자 있게' 다지라는 게 무슨 말이에요?**

새우를 칼로 너무 잘게 다지지 말고 굵게 다지라는 뜻이란다. 그래야 전을 먹을 때 중간중간 새우가 톡톡 씹히면서 맛있어.

- **반죽이 따로 놀고 예쁘게 부쳐지지 않아요.**

새우살과 썰어 놓은 채소에 부침가루를 골고루 묻힌 다음 달걀물을 묻혀야 재료가 따로 놀지 않고 잘 엉겨서 예쁘게 부쳐져.

- **반죽을 좀 남겼다가 나중에 부쳐도 돼요?**

전의 경우에는 일단 반죽을 섞었으면 바로 다 부치는 것이 좋아. 반죽 상태로 냉장고에 보관하면 물이 생기고 영 이상해지거든. 다 부친 다음엔 냉장보관을 해서 먹을 만큼 꺼내 데워 먹는 것을 권한다.

{딸의 요령}

"새우살 대신에 맛살을 사용해도 맛있어요. 또 물기를 제거한 스위트콘을 첨가하면 달달한 옥수수가 씹혀서 아이들이 정말 좋아하는 전이 완성된답니다."

엄마의 훈수

"채소나 버섯류는 제철에 나는 신선한 것으로 얼마든지 응용해도 좋아. 밥반찬으로도 좋지만, 매콤한 청양고추를 더하면 술안주로도 손색없는 전이란다. 한 입에 쏙 들어가는 사이즈라 냉장고에 보관해 놓고 꺼내 먹기에도 좋지."

향긋한 미나리와 고소한 새우를 한 입에

미나리 새우전

재료 | 12개 정도

- 미나리 100g
- 새우살(홍새우살) 100g
- 부침가루 1컵+2큰술
- 달걀 1개
- 물 3/4컵(150ml)
- 식용유 적당량
- 소금 약간
- 후춧가루 약간

초간장

- 간장 1큰술
- 식초 1큰술
- 물(생수) 1큰술
- 설탕 한 꼬집

1 미나리는 3cm 길이로 썬다. 미나리에 질긴 줄기가 있다면 다듬어 잎까지 사용한다. 새우살은 체에 밭친 후 키친타월로 위에서 물기를 제거하고 소금, 후춧가루로 밑간을 한다.

2 부침가루 1컵에 달걀과 물을 넣고 살짝 걸죽하게 반죽을 한다.

3 미나리와 새우살에 부침가루 2큰술을 고루 묻힌 다음에 반죽에 넣고 살살 섞는다.

4 달군 팬에 식용유를 넉넉히 두르고 중약불에서 수저로 미나리 위에 새우살이 오도록 모양을 잡아 팬에 놓고 아래가 노릇하게 익으면 뒤집어서 다시 새우가 잘 익도록 노릇하게 부친다.

5 초간장을 곁들인다.

2

3

4

엄마의 훈수

"초보 주부들이 전을 부칠 때 가장 어려워하는 부분이 반죽이 재료와 분리되고 따로 논다는 거야. 반죽과 재료가 한 몸이 되어 잘 부쳐지려면 일단 재료에 물기가 없어야 해. 물기가 없는 상태에서 부침가루를 살짝 입혀준다 생각하고 코팅을 해주면 된단다. 미나리와 새우살에 먼저 부침가루를 입히는 이유도 반죽과 재료가 잘 접착되게 하기 위함이야."

봄철에는 생으로 먹을 수 있는 싱싱한 미나리가 풍부하지요. 쌈으로도 먹고, 나물로도 먹고, 감칠맛 나는 새우랑 전을 부쳐 먹기도 합니다. 미나리 향에는 신경을 안정시키고, 식욕을 촉진시켜주는 성분이 있고, 잎에는 비타민 C가 많아 바이러스에 대한 저항력을 높여주기 때문에 감기 예방에 좋은 식품이랍니다. 봄의 향기를 가득 품고 있는 영양 만점 미나리가 있어 봄철 식탁이 풍성하기만 하네요.

엄마의 비법을 알려 주세요!

- **새우는 어떤 것을 사용하는 것이 좋나요?**

냉동 새우살도 좋고 깐 새우살이면 어느 것이라도 가능하단다. 엄마는 색감 예쁘라고 홍새우살을 사용했어.

- **미나리는 어떻게 손질해야 하나요?**

우선 미나리는 잎의 길이가 일정하고, 줄기는 너무 굵지 않은 것을 골라야 해. 미나리를 물에 잘 씻어서 줄기 끝에 있는 질긴 부분은 다듬고, 시든 잎이나 누런 잎을 다듬어 사용하면 된단다. 미나리 잎을 제거하고 줄기만 먹는 경우가 많은데, 미나리 잎에는 항산화 성분이 줄기보다 6배가량 많이 함유돼 있기 때문에 함께 섭취하는 것이 좋아.

- **반죽이 자꾸 겉돌아요.**

보통 전을 할 때는 주재료의 물기를 잘 제거하고 마른 가루를 묻힌 다음 반죽에 넣는 것이 좋아. 새우도 체에 밭쳐 키친타월 위에서 물기를 제거하고 마른 가루를 묻혀주면 반죽과 잘 접착되어 재료들이 겉돌지 않고 예쁘게 잘 부쳐진단다.

- **부침가루 대신 밀가루를 사용하면 안 되나요?**

부침가루는 간도 약간 되어 있고 바삭하게 부쳐진다는 장점이 있지. 부침가루 대신에 밀가루를 사용하고 따로 간을 맞춰줘도 돼.

{딸의 요령}

"아이들이 먹기에는 미나리가 살짝 질길 수 있어요. 미나리와 새우를 조금 더 잘게 썰어 동그랗게 전을 부쳐주는 것도 방법입니다."

부쳐내기 무섭게 입으로 쏙쏙~ 들어가는

육전

재료 | 2~3인분

- 쇠고기(육전감) 200g
- 배 1/2개
- 어린잎 채소 30g
- 달걀 2개
- 젖은 찹쌀가루 1/2컵
- 소금 1/2작은술
- 후춧가루 약간
- 식용유 적당량

겨자초장

- 설탕 1큰술
- 식초 1큰술
- 간장 1큰술
- 배즙 1큰술
- 연겨자 1작은술

1 2~2.5mm 두께의 육전용 쇠고기는 키친타월 위에 얹어서 핏물을 뺀다. 소금과 후춧가루를 뿌려 잠시 재운다.

2 배는 껍질을 벗겨 5cm 길이로 채 썬다. 어린잎 채소는 깨끗하게 씻어 물기를 뺀다. 달걀은 볼에 담아 고루 푼 다음 체에 내려 달걀물을 만든다.

3 분량의 재료를 섞어 겨자초장을 만든다.

4 재워둔 쇠고기에 찹쌀가루를 얇게 골고루 묻힌다.

5 달군 팬에 식용유를 두르고, 쇠고기에 달걀물을 묻힌 다음 중불에서 앞뒤로 노릇하게 빠르게 부친다.

6 식으면 접시에 먹기 좋게 담고, 배와 어린잎 채소, 겨자초장을 곁들인다.

1

5

엄마의 훈수

"육전은 쇠고기의 핏물을 깔끔하게 빼내야 담백하고 고소한 맛이 나. 육전만 초간장에 곁들여 먹어도 맛있지만 치커리, 상추, 무순 등 다양한 샐러드 채소를 곁들이면 금상첨화지. 육전이 너무 크면 먹기 좋게 잘라서 내도 좋아. 좀 더 고급스럽게 차리려면 잣 다진 것을 살포시 얹어내는 것도 방법이지."

신선한 쇠고기감만 있으면 만드는 것이 그리 까다롭지 않아 가끔 별미식으로 만들어 먹는 육전. 요즘은 인터넷 마트에서 육전거리를 소량으로도 준비할 수 있어 더 자주 해 먹게 됩니다. 겨자초장을 만들고, 형형색색 채소를 곁들이면 근사한 한 접시 요리가 완성돼요.

엄마의 비법을 알려 주세요!

- **쇠고기 육전감은 어떤 부위를 말하나요?**

마블링이 거의 없으면서 식감이 좋고 모양이 잘 나오는 부위인 홍두깨살을 많이 이용해. 홍두깨살과 비슷한 우둔살, 꾸리살, 부채살 등도 육전감으로 많이 사용한단다. 육전에 쓰이는 고기는 2~2.5mm 두께로 준비하는 것이 좋아.

- **쇠고기는 상온에서 재우나요? 얼마나 재워요?**

쇠고기는 핏물을 뺀 다음 소금과 후춧가루를 뿌리고 10분 정도 재우면 되는데, 상온에 두어도 되고 냉장고에 잠시 넣어둬도 돼.

- **젖은 찹쌀가루가 없는데 어쩌죠?**

방앗간에서 빻은 젖은 찹쌀가루를 사용하면 육전을 부쳤을 때 살짝 쫄깃하고 부드러운 맛을 더해주지. 구하기 어렵다면 마른 찹쌀가루나 밀가루, 부침가루 등으로 대체해도 돼.

- **달걀물은 꼭 흠뻑 묻어야 하나요?**

다른 전을 부치는 것과 마찬가지로 찹쌀가루를 얇게 고루 묻히고, 달걀물도 뭉쳐진 곳 없이 골고루 두껍지 않게 묻혀줘. 그래야 전을 부치고 난 후 전 반죽이 들뜨지 않고 얌전한 모양새를 유지한단다.

- **빠르게 부쳐야 하는 이유는요?**

육전고기가 두껍지 않으니 달걀물이 노릇하게 익을 정도로만 빠르게 부쳐내면 알맞게 익게 돼.

{딸의 요령}

"쇠고기 육전은 라임이도 저도 정말 좋아하는 요리랍니다. 남은 육전용 쇠고기로 만들 수 있는 쇠고기 채소말이 레시피를 알려드릴게요. 육전용 쇠고기에 찹쌀가루를 얇게 묻힌 후에 바로 식용유를 둘러 달군 팬에 구우세요. 육전이 식기 전에 얇게 채 썰어 볶은 채소를 조금 넣고 돌돌 말아 이음새가 밑으로 가도록 접시에 두면 쇠고기 채소말이가 완성돼요. 마지막에 달군 팬에 조림간장 약간과 함께 넣고 살짝 굴려가며 졸여 먹어도 맛있어요. 안에 넣는 채소는 채 썬 파프리카, 얇게 찢은 버섯(느타리버섯, 팽이버섯 등), 채 썬 당근, 데친 시금치 등 원하는 채소를 소금으로 살짝 간을 해 볶아서 준비하면 됩니다. 고기와 채소를 함께 먹을 있어 좋고 맛도 있어 아이들이 꽤 잘 먹는답니다."

동글동글 노릇하게 부쳐내는

동그랑땡

명절을 생각하면 기름 향 솔솔 풍기는 전이 가장 먼저 생각나지요. 이 중 가장 흔하게 볼 수 있는 동그랑땡은 손으로 동글동글 빚고 눌러 끝도 없이 부쳐낸 기억마저 있습니다. 동그랑땡 반죽만 있으면 깻잎전, 풋고추전, 표고버섯전 등 다양한 별미전도 만들 수 있는데, 특별히 명절이 아니더라도 조금씩 간단하게 만들어 고소한 추억의 맛을 경험해보는 것을 어떨까요.

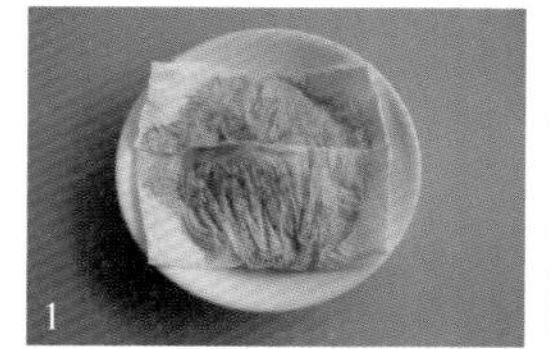

재료 | 직경 5cm 12~15개분

- 두부 150g
- 다진 돼지고기 100g
- 다진 쇠고기 100g
- 다진 채소(버섯, 당근, 양파) 1/2컵
- 달걀 2개
- 밀가루 적당량
- 식용유 적당량

고기양념

- 다진 파 3큰술
- 간장 1큰술
- 다진 마늘 1큰술
- 참기름 1큰술
- 국간장 1작은술
- 맛술 1작은술
- 후춧가루 약간

초간장

- 간장 1큰술
- 식초 1큰술
- 물(생수) 1큰술
- 설탕 한 꼬집

1 다진 고기는 키친타월로 감싸 핏물을 뺀다.

2 두부는 으깨서 전자레인지에 1분 정도 돌린 다음 면포에 꼭 짠다.

3 다진 채소의 물기도 면포로 꼭 짠다. 동그랑땡은 자칫 질어질 수 있기 때문에 재료의 물기를 꼭 짜주는 것이 가장 중요하다.

4 볼에 다진 돼지고기와 쇠고기를 담고, 분량의 고기양념으로 버무린다.

5 나머지 다진 채소와 두부를 넣고 치대면서 섞는다.

6 손에 식용유를 묻히고 반죽을 30g 정도 떼어 직경 5cm 정도로 동글동글하게 완자를 빚은 다음 랩을 씌워서 1시간 정도 냉동실에 넣어 살짝 얼린다.

7 달걀은 잘 풀어 준비한다.

8 고기완자를 밀가루, 달걀 순으로 골고루 묻힌다.

9 달군 팬에 식용유를 넉넉히 두르고 달걀물을 입힌 완자를 넣고 약불에서 앞뒤로 노릇하게 굽는다. 동그랑땡은 속재료를 익혀야 하기 때문에 아랫면이 노릇해지면 뒤집어서 약한 불에서 뚜껑을 덮어 2분 정도 은근하게 익힌 다음 꺼낸다.

10 ⑨를 키친타월 위에 놓아 기름기를 뺀 후 접시에 담아 초간장을 곁들인다.

엄마의 훈수

"동그랑땡 반죽을 냉동실에 잠시 넣어두면 살짝 얼면서 밀가루와 달걀물이 잘 묻어 전 부치기가 수월해지지. 전은 불 조절이 중요한데, 팬을 달굴 때는 중불에서, 재료가 올라가면 약불에서 느긋하게 익히는 것이 좋아. 한 번 전을 구운 후에는 키친타월로 팬을 깨끗하게 닦아 다시 사용하도록 하렴."

엄마의 비법을 알려 주세요!

● 두부는 왜 전자레인지에 돌려요?

으깬 두부를 전자레인지에 돌리면 두부가 살짝 익으면서 수분이 많이 나와. 이 두부를 거즈(면포)에 짜내면 비교적 보송보송한 으깬 두부가 만들어진단다.

● 치대면서 섞는 느낌이 어떤 거예요?

손바닥으로 힘을 줘 반죽을 밀듯이 반복해서 섞어주는 것인데 이렇게 하면 반죽이 골고루 섞이면서 약간의 끈기가 생겨 예쁜 모양의 완자를 빚을 수 있어.

● 식용유를 묻히고 반죽을 빚는 이유는요?

손에 식용유를 묻히고 반죽을 빚으면 반죽이 손에 들러붙지 않아 깔끔하게 부쳐진단다.

● 동그랑땡 반죽을 왜 냉동실에 살짝 얼리나요?

막 빚은 동그랑땡 반죽에 바로 밀가루, 달걀물을 입히면 모양이 흐트러질 수 있어. 냉동실에 살짝 얼리면 모양이 잘 잡혀서 부쳤을 때 예쁘단다.

● 동그랑땡이 자꾸 타요.

먼저 팬을 달굴 때는 중불로, 재료가 올라가면 약불로 줄여 천천히 부쳐야 해. 동그랑땡은 속까지 잘 익혀야 하기 때문에 아랫면이 노릇해지면 뒤집어서 약한 불에서 뚜껑을 덮고 2분 정도 은근하게 익힌 다음 꺼내면 타지 않고 예쁘게 전을 부칠 수 있지. 한 번 동그랑땡을 구웠던 팬은 육즙이 빠져 지저분해져 있을 테니 키친타월로 깨끗하게 닦아 낸 다음 사용하렴. 바로 먹을 전이 아니면 약불에서 색이 잘 나고 속이 어느 정도 단단하게만 익힌 후 꺼내서 식혔다가 다시 에어프라이어나 전자레인지에 데워 먹으면 기름도 빠지면서 먹기 좋아.

{딸의 요령}

"풋고추전이나 표고버섯전으로도 응용이 가능한데, 풋고추는 길게 반으로 잘라 씨를 빼고 표고버섯은 기둥을 떼고 사용하면 돼요. 밀가루는 안쪽에 얇게 묻혀고 동그랑땡 반죽을 채운 다음, 고기 쪽만 밀가루-달걀물 순으로 묻혀 부쳐주세요. 남은 반죽은 먹을 만큼씩 소분해서 공기가 통하지 않게 랩으로 밀봉한 후 얼려두면 하나씩 꺼내서 해동해 먹기 편해요."

깻잎전

재료 | 깻잎전 25~30개분

- 깻잎 25~30장
- 동량의 완자반죽
- 송송 썬 홍고추 약간

깻잎은 앞뒤로 밀가루를 묻힌 다음 깻잎 뒤쪽에 완자전 반죽을 1큰술 정도 넣고 깻잎을 접어 삼각형으로 감싸 모양을 만들어요. 깻잎전을 만들어 겹쳐진 부분이 아래로 가게 놓으면 깻잎이 서로 잘 붙게 되어 달걀물 묻히기가 수월합니다. 달걀물을 가볍게 묻혀서 달군 팬에 올린 다음 가운데 송송 썬 홍고추를 살짝 올려 약불에서 앞뒤로 노릇하게 부치세요.

육즙 가득 풍성한 맛

녹두빈대떡

다양한 속재료를 듬뿍 넣고 부쳐 먹으면 일품인 녹두빈대떡은 반죽의 묽기가 완성도를 좌우합니다. 반죽이 너무 찰지면 까슬하면서 덜 고소하고, 묽으면 바삭함이 덜하기 때문이지요. 손이 많이 가는 요리 같지만 반죽을 간단하게 만들면 생각보다 금방 만들 수 있어요. 특히 바로 만들어 먹으면 진하고 고소한 맛이 제일입니다.

1

4

5

6

7

재료 | **직경 8cm 12장분**

- 거피녹두 125g
- 돼지고기(삼겹살 또는 목살) 100g
- 김치 100g
- 대파 100g
- 물 3/4컵(150ml)
- 부침가루 2큰술
- 식용유 적당량

돼지고기양념

- 국간장 1/2큰술
- 다진 마늘 1/2큰술
- 맛술 1/2큰술
- 참기름 1/2큰술
- 간 생강 1/2작은술

* 생강은 강판에 살짝 갈아 사용

김치양념

- 참기름 1작은술
- 설탕 1작은술
- 국간장 1/2작은술

양념장

- 청양고추 3~4개
- 홍고추 1/2개
- 간장 1큰술
- 식초 1큰술
- 설탕 1/2큰술
- 통깨 1/2큰술

1 녹두는 물에 2시간가량 불려서 껍질이 벗겨지도록 손으로 박박 문질러 3~4번 헹군다. 이때 껍질이 약간 남아 있어도 된다.

2 김치는 속을 털어내고 씻어서 3cm 길이, 5mm 너비 정도로 곱게 채 썬 다음 꼭 짜서, 분량의 김치양념으로 무친다.

3 대파는 세로로 반 갈라 어슷하고 얇게 썬다. 흰 부분, 파란 부분을 섞어 사용해도 된다.

4 돼지고기는 믹서에 덩어리가 있게 살짝 간 다음 분량의 돼지고기양념에 재우고, 달군 팬에 가볍게 볶는다. 돼지고기는 간 것을 준비하거나 곱게 채를 썰어도 된다.

5 불린 녹두는 믹서에 분량의 물과 함께 넣고 약간 입자가 있도록 간다. * 여기까지 녹두 간 것과 속재료를 따로 만들어 놓고 부치기 전에 부침가루 넣고 섞어서 부치면 된다.

6 간 녹두에 볶은 돼지고기, 대파, 김치를 넣고 부침가루를 넣어 섞는다.

7 달군 팬에 식용유를 넉넉히 두르고 섞어 놓은 녹두전 반죽을 국자로 떠서 넣고 동그랗고 약간 도톰하게 모양을 만들어 중불에서 앞뒤로 노릇하게 부친다.

8 청양고추와 홍고추는 잘게 다진 다음 분량의 재료를 섞어 양념장을 만들어 곁들인다.

엄마의 비법을 알려 주세요!

● **생녹두가 어떤 건가요?**

요즘은 녹두빈대떡용 가루를 팔아서 간편하게 빈대떡을 부치기도 하는데, 생녹두는 가루가 아닌 그야말로 불리지 않은 곡식인 녹두를 말하는 거야. 생녹두에는 통녹두와 거피녹두가 있는데 녹두빈대떡에는 주로 껍질을 깐 거피녹두를 사용하지.

● **돼지고기랑 김치는 꼭 따로 양념해야 하나요?**

그렇지. 속에 들어가면 그냥 섞일것 같지만 고기는 고기의 양념맛을, 김치는 김치대로 양념맛을 가지고 있어야 섞었을 때 더욱 맛있거든.

● **제가 만드는 빈대떡은 늘 질어요.**

일단 레시피대로 녹두를 불린 다음 정확한 물의 양을 넣고 갈아둬. 여기에 쌀가루, 찹쌀가루, 부침가루 등으로 농도를 맞추면 되는데, 이때 주의할 것은 녹두전 반죽을 미리 섞어두면 안 된다는 거야. 간 녹두는 간이 더해지면 약간 삭으면서 물이 나오게 되는 성질이 있거든. 반죽이 묽어질 수 있는 거지. 속재료와 녹두 간 것은 따로 준비했다가 부치기 바로 전에 섞는 것이 노하우란다. 부침가루에도 약간의 간이 되어 있으니 속재료와 섞을 때 넣어 주는 것이 좋아.

● **다진 생강을 넣으면 안 되나요?**

엄마는 다진 생강이 음식에 들어갈 때 아무리 잘게 다진다고 해도 생강 입자가 씹힐 것 같아서 주로 강판에서 곱게 갈아 넣는단다. 요즘은 생강가루도 많이들 쓰던데 생강을 직접 갈아 넣는 것이 생강 본래의 맛을 충분히 낼 수 있지. 아니면 다진 마늘처럼, 다진 생강도 소분해서 파는 냉동 제품도 있으니 그걸 사서 필요한 만큼 잘라 쓰면 편해.

● **전을 부칠 때 기름을 어느 정도 넣어야 하나요?**

TV에서 보면 녹두빈대떡을 부칠 때 반죽이 튀겨길 정도로 기름을 넉넉히 넣어 굽는데, 집에서는 그냥 자작한 정도로 기름을 둘러 넣고 바삭하게 부쳐내면 된단다. 너무 기름을 아껴도 맛이 없지만, 엄청난 칼로리도 생각해야지!

● **돼지고기 대신 쇠고기를 넣어도 되나요?**

쇠고기를 넣어도 되지만 식감이 퍽퍽해서 아무래도 부드러운 돼지고기를 넣는 것이 맛있지. 돼지고기를 못 먹거나 싫어하면 다진 쇠고기로 바꾼 다음 레시피에 있는 방법대로 요리하면 된단다.

● **언제 뒤집어야 녹두전이 타지 않고 노릇해지나요?**

중불에 반죽을 올리면 팬에 기름이 자글거리면서 가장자리부터 안쪽으로 반죽이 익어가기 시작해. 가장자리 반죽이 1/3 정도 익었을 때 뒤집으면 잘 뒤집어지고, 밑면도 비교적 노릇하게 잘 익어 있단다. 익었나 안 익었나 자꾸 뒤집어 보기가 힘드니, 반죽 윗면의 익은 정도를 눈으로 확인하면서 뒤집으면 돼.

{딸의 요령}

"녹두빈대떡은 좀 도톰하게 부치는 게 맛있어요. 도톰하면서 노릇노릇하게 부치려면 시간 여유를 두고 부치는 것이 좋아요. 부칠 때에는 반죽을 꾹꾹 눌러 부치지 않고, 팬에 얌전하게 올려 두어 어느 정도 부피감 있게 구우면 식감이 더 좋답니다."

반죽에 쪽파를 가지런히 올리고 총총 썬 해물을 푸짐하게 올려 노릇하고 바삭하게 부친 파전은 비 오는 날이면 어김없이 생각나는 맛이에요. 고소한 반죽, 쫄깃한 해물, 달큰한 쪽파의 삼박자가 가히 예술이지요. 해물파전은 왠지 여러 사람이 둘러 앉아 먹어야 더 맛있더라고요.

재료 | 직경 21cm 2장분
- 쪽파(다듬은 양) 150g
- 오징어 1/2마리(100g)
- 새우살 50g
- 조갯살 50g
- 달걀 1개
- 청양고추 2개
- 홍고추 1개
- 부침가루 2큰술
- 식용유 적당량
- 밀가루 적당량
- 소금 약간
- 후춧가루 약간

반죽
- 부침가루(부침가루+밀가루) 1컵
- 젖은 찹쌀가루 1/3컵
- 물 180ml
- 달걀 1개
- 소금 1/4작은술

양념장
- 간장 2큰술
- 다진 쪽파 2큰술
- 통깨 1큰술
- 식초 1/2큰술
- 다진 마늘 1작은술
- 참기름 1작은술
- 설탕 1/2작은술

5

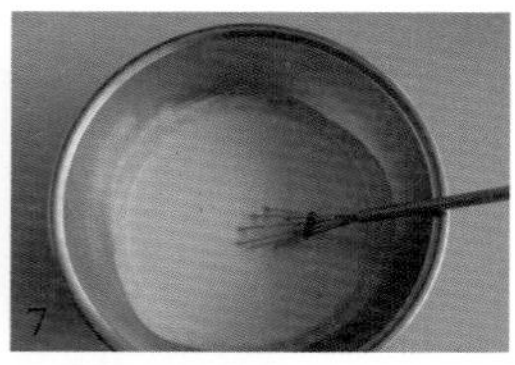
7

8-1

8-2

1 쪽파는 다듬어서 씻은 후 약 18cm 길이로 흰 부분과 잎을 잘라 준비한다.
2 오징어는 밀가루를 뿌려 조물조물해서 씻은 다음 2cm 길이 정도로 잘게 채 썬다.
3 새우살과 조갯살은 굵게 다진다.
4 청양고추와 홍고추는 얇게 송송 썰어 씨를 털어낸다.
5 해물은 체에 밭쳐 물기를 털어내고, 소금과 후춧가루로 간한 후 부침가루 1큰술에 버무린다. 쪽파에도 부침가루 1큰술을 골고루 뿌려 놓는다.
6 달걀 1개는 잘 풀어 알끈을 제거하고 준비한다.
7 분량의 재료를 섞어 반죽과 양념장을 만든다.
8 달군 팬에 식용유를 넉넉히 두르고 중불에서 반죽을 둘러준 후 쪽파를 가지런히 올리고 그 위에 준비한 해물을 골고루 얹은 다음 그 위에 청양고추와 홍고추를 얹는다.
9 고명 위에 다시 반죽을 골고루 살짝 얹어주고, 풀어둔 달걀물도 살살 붓는다.
10 아래가 바삭하고 노릇하게 익으면 뒤집어서 해물 쪽을 잘 익혀 뒤집고, 접시에 담아 양념장을 곁들인다.

● 쪽파는 어떤 것을 골라요? 손질법은요?

쪽파는 파김치와 마찬가지로 봄철과 김장철의 쪽파처럼 길이가 짧고 통통한 것이 달고 맛있어. 뿌리를 잘라내고 누런 겉줄기를 다듬은 다음 파전 부치기 좋은 길이로 일정하게 잘라주면 되겠지.

● 오징어를 밀가루로 씻는 이유는요?

오징어와 낙지 등은 다리 쪽 빨판에 뻘이나 이물질이 끼어 있기 쉬우니 밀가루를 뿌려 조물조물 씻으면 말끔하게 잘 씻어진단다. 오징어 몸통은 껍질을 벗겨서 준비하고, 다리만 밀가루 약간을 뿌려 조물거리면서 빨판에 있는 단단한 껍질을 훑어내면서 씻으면 돼.

● 새우살과 조갯살을 다지지 않고 넣어주면 안 돼요?

파전에 올라가는 해물을 통째로 넣으면 먹기도 불편하고, 해물이 서로 접착이 어려워 쉽게 떨어질 수 있으니 약간 굵게 다진 다음 부침가루에 버무려 올려 주는 것이 좋아. 그래야 반죽 위에 잘 붙어 있고 먹을 때도 골고루 섞여 있어 맛있지.

● 달걀물 살살 뿌릴 때 방법이 있나요?

달걀을 볼에 넣고 골고루 잘 풀어준 후 알끈을 제거하고, 해물 위에 뭉치지 않게 살살 골고루 흩뿌려주면 된단다.

● 젖은 찹쌀가루를 사용하는 이유가 있나요?

젖은 찹쌀가루는 방앗간에서 빻아온 젖은 찹쌀가루를 사용했어. 마른 찹쌀가루의 경우 양을 약간 줄이고 물 양을 약간 늘려서 흐르는 듯한 반죽으로 조절해야 한단다. 젖은 찹쌀가루는 주로 시장 떡집에서 파는데, 구매해서 냉동실에 넣어두면 여러모로 사용하기 편해.

{딸의 요령}

"이 레시피대로 전을 만들면 어린아이들에게는 조금 질길 수도 있어요. 라임이에게 해줄 때는 어른용을 만들면서 재료를 조금씩 덜어서 준비해요. 재료들을 더 잘게 썰고, 쪽파도 송송 썰어서 반죽과 섞은 다음 동그랑땡처럼 부치면 아이들도 부드럽고 맛있게 먹을 수 있어요."

엄마의 훈수

"파전 만드는 날이면 온 가족이 이미 진동하는 냄새에 취해 행복해하지. 노릇하게 구운 파전을 굽자마자 바로 먹으면 이보다 더 맛있을 수 없어. 이 레시피에는 없지만 낙지, 홍합 등 다양한 해산물로 대체하거나 추가로 넣어도 돼. 전을 부칠 때는 식용유를 넉넉하게 둘러야 아랫면이 바삭하고 고소하단다."

비 오는 날 어김없이 생각나는 그 맛

김치전

재료 | **직경 20cm 4장분**

- 송송 썬 김치 3컵(400g)
- 양파 1/4개
- 베이컨 4~5장(80g)
- 청양고추 2개
- 고춧가루 1/2큰술
- 식용유 적당량

반죽

- 부침가루 2컵(200g)
- 물 1 ¼컵

3

4

5

1 김치는 속을 털어내고 잘게 채 썬다. 양파는 반을 잘라 얇게 채 썬다.

2 베이컨도 5mm 두께로 채 썬다. 청양고추는 얇게 송송 썰어 씨를 제거한다.

3 부침가루에 분량의 물을 넣고 섞어서 약간 흐르는 반죽을 만든다.

4 반죽에 김치와 양파, 고춧가루를 넣고 골고루 섞는다.

5 달군 팬에 식용유를 넉넉히 두르고 반죽을 골고루 부은 다음, 그 위에 채 썬 베이컨을 넉넉히 얹고, 청양고추를 듬성듬성 얹는다. 베이컨과 청양고추의 양은 기호대로 조절한다.

6 중불에서 5분 정도 굽는데 가장자리 반죽이 익기 시작하면 뒤집어서 2~3분 정도 노릇하게 굽는다.

7 먹기 좋게 잘라 접시에 담는다.

김치전은 맛있는 김장 김치만 있으면 고소하고 기름진 맛이 당길 때 후다닥 만들어 먹기 제격인 요리입니다. 김치 하나만 넣어도 맛있지만, 우리 집 레시피에는 김치 맛을 보완할 다양한 재료를 더해 맛이 더욱 업그레이드되었지요.

엄마의 비법을 알려 주세요!

● **베이컨 대신 돼지고기나 햄으로 대체해도 되나요?**

베이컨이 김치와 가장 잘 어울리는 재료지만, 집에 얇은 삼겹살이나 새우, 소시지, 햄 등이 있으면 그냥 그걸 활용해도 될 것 같아.

● **반죽 농도 잡기가 어려워요.**

'흐르는 반죽'을 기억해. 많이 되직하지 않고 약간 질척거리는 정도인데, 젓기 편한 반죽 상태라고 생각하면 된단다. 김치전 반죽은 많은 경험이 축적되어야 노하우를 찾을 수 있지.

● **전집에서 파는 것처럼 바삭바삭하게 굽는 비법이 궁금해요.**

전집에서는 기름을 넉넉히 둘러 튀기듯이 굽고 다 익은 전은 열이 약한 가장자리로 옮겨 기름을 빠지게 하는 것이 비법이더라. 그런데 엄마는 기름을 넉넉히 둘러 달군 팬에 반죽을 부어 굽다가 어느 정도 익으면 팬을 움직여 살짝 반죽을 흔들어가면서 굽는데, 기름이 반죽의 중심부까지 들어가게 되어 더 바삭해지는 엄마만의 요령이지.

● **베이컨을 반죽에서 섞지 않고 따로 올리는 이유가 있나요?**

반죽에 넣고 버무리는 것보다는 위에 올려서 익히면 베이컨에서 기름이 흘러나와 노릇하게 익어 맛이 좋단다. 뜨거울 때 치즈를 올려 먹어도 그 맛이 일품이야.

{딸의 요령}

"저는 반죽에 마요네즈 2큰술을 추가해서 만들기도 해요. 그러면 맛이 좀 더 부드럽고 고소하답니다. 매운 것을 잘 못 먹는 아이라면, 고춧가루를 넣지 않거나 김치를 물에 씻은 후 만들어주세요. 의외로 잘 익은 백김치를 활용해서 만들어도 맛있어요."

엄마의 훈수

"김치전에 넣는 부재료들은 다 이유가 있어. 양파는 김치의 간간한 맛을 조금 부드럽게 만들어주는 역할을 하고, 고춧가루는 칼칼한 맛을 더할 뿐 아니라 김치전 색을 더 붉게 만들어주지. 베이컨은 김치랑 잘 어울리는 재료인데, 짭조름한 맛을 낼 뿐 아니라 기름이 흘러나와 겉면을 더욱 노릇하게 익혀주는 데 한몫한단다."

폭신폭신 부드러운 국민반찬

달걀말이

도시락 반찬, 사계절 집 반찬으로 많이 등장하는 달걀말이는 달걀물에 여러 가지 재료를 넣고 만들어 맛과 영양이 풍부합니다. 냉장고에 늘 있는 자투리 채소를 넣고, 달걀말이의 식감과 맛을 좌우하는 양념을 추가해 근사한 달걀말이를 만들어봅시다.

재료 | 1줄분, 2~3인분

- 달걀 5개
- 다진 채소
  (당근, 애호박, 양파) 80g
- 마요네즈 1/2큰술
- 파르메산치즈가루 1/2큰술
- 소금 1/2작은술
- 식용유 약간

1 볼에 달걀을 넣고 거품기나 포크로 골고루 풀면서 알끈을 제거한다. 달걀을 체에 걸러줘도 좋다. 흰자와 노른자가 뭉치지 않고 골고루 걸러져서 달걀물을 떠서 붓기 쉽고, 색도 잘 만들어진다.

2 채소는 모두 잘게 다진다.

3 달걀에 채소, 마요네즈, 파르메산치즈가루, 소금을 넣고 골고루 섞는다.

4 중불로 달군 달걀말이 팬에 키친타월로 식용유를 골고루 바른 후 팬 전체에 얇게 퍼질 정도의 달걀물을 붓는다. 이때 약불로 줄인다.

5 돌돌 말아 위로 보내고 다시 달걀물을 팬에 얇게 퍼질 정도로 붓는다. 달걀물이 살짝 보일 정도로 익었을 때 돌돌 만다. 그래야 말 때 달걀이 부서지지 않고 달걀말이가 알맞게 익어 부드럽고 모양도 예쁘다.

6 다시 돌돌 말아 위로 보내고 다시 달걀물을 부어 돌돌말기를 달걀물이 다 할 때까지 반복한다.

7 다 말아진 달걀말이는 김발에 싸서 모양을 잡아 식힌다.

8 1.5cm 정도의 두께로 약간 어슷하게 썰어 접시에 가지런히 담아낸다. 10조각 정도의 분량이 나온다.

엄마의 훈수

"누구나 만들 수는 있지만, 잘 만들기는 어려운 것이 바로 달걀말이야. 정성과 시간을 들여야 맛도 좋고 보기에도 예쁜 달걀말이가 완성되지. 일단 채소는 있는 대로 색을 맞춰 활용이 가능해. 예를 들면 애호박 대신에 쪽파로 초록색을 채우면 되지. 또 식용유를 키친타월에 약간 묻혀서 팬을 코팅한 다음 달걀말이를 하면 표면이 예쁘게 완성된단다. 천천히 느긋하게 달걀물을 붓고 집중해서 말아주는 노력이 절대적으로 필요하지. 마지막으로 뜨거울 때 김발로 말아 모양을 잡아주면 조금 터지거나 상처난 부분도 보완되고 일식집에서 먹는 것 같은 반듯한 달걀말이를 만들 수 있어."

엄마의 비법을 알려 주세요!

● **달걀을 체에 꼭 걸러야 해요?**

달걀은 골고루 섞기만 해서 말아도 되는데 번거롭더라도 체에 걸러서 부쳐보렴. 흰자와 노른자가 뭉치지 않고 곱게 걸러져서 달걀물을 떠서 붓기도 쉽고, 색도 예쁘게 만들어져. 예쁜 달걀말이를 위한 팁이지.

● **안에 들어가는 채소 재료는 어떤 것이 좋나요?**

달걀말이 안에 들어가는 채소 재료는 다양하게 활용 가능하지만 아무래도 말아서 익히는 거라 식감이 많이 단단하거나 또는 물렁거리는 재료는 적합하지 않아. 예를 들면 우엉, 연근, 무, 단호박, 고구마, 감자 등은 부적합하지.

● **마요네즈나 파르메산치즈가루를 대체할 만한 재료가 있나요?**

약간의 고소함과 감칠맛, 부드러운 맛을 위해 추가하는 팁인데, 없으면 우유를 약간 넣는 것도 방법이야. 집에 명란이 있다면 약간 넣어 봐. 감칠맛 나는 색다른 달걀말이가 완성될 거야. 피자치즈를 넣어줘도 부드럽고 맛있어.

● **기름을 너무 많이 부었어요.**

기름이 흥건하면 달걀물이 팬에 딱 붙지 않고 보글보글 기포가 생기면서 표면이 울퉁불퉁해지고 튀김처럼 되기 쉬워. 모양도 좋지 않을 뿐 아니라 식감도 부드럽지 않지. 달걀말이를 할 때는 최소한의 기름으로 팬에 달라붙지 않을 정도만 사용해야 깔끔하고 부드러운 달걀말이를 만들 수 있어.

● **돌돌 말 때 어떤 도구를 사용하는 것이 좋아요?**

엄마는 주로 작은 뒤집개랑 젓가락을 사용하는데, 처음 달걀물을 붓고 젓가락으로 팬 가장자리의 달걀물을 정리하고 젓가락으로 조금씩 달걀물을 말아. 어느 정도 말아지면 작은 뒤집개로 달걀부침을 밀어가며 말아주지. 그런데 초보자는 젓가락 사용이 쉽지 않을 테니 약간 긴 뒤집개로 편하게 말거나, 아니면 젓가락과 작은 뒤집개로 서로 도와가며 말아주는 요령을 터득하면 된단다. 초반에 좀 터지거나 찢어져도 개의치 말고 차곡차곡 말아나가면 금방 완성된단다.

● **계속 약불에서만 달걀말이를 해야 하나요?**

처음에 팬을 중불에서 달군 다음, 약불을 유지하면서 천천히 익히는데, 달걀물이 반쯤 익으면 말고 또 말아. 그래야 완성된 후에 연이어 말아준 자국도 없으면서 보들보들한 달걀말이를 만들 수 있거든. 그냥 중불 정도에서 달걀을 말아주면 팬과 닿은 면만 너무 빠르게 익고 색이 진하게 나서 말면서 자꾸 부서지고 색이 진하게 난 면들이 켜켜이 눈에 띄는 엉성한 달걀말이가 되는 거야. 사람들이 엄마의 달걀말이를 극찬하는 이유는 약불에서, 천천히, 이런 느긋한 요령에 있는 거란다.

- **돌돌 만 다음 다시 달걀물을 부을 때 어떤 상태까지 부어야 하나요?**

1차로 만 달걀말이의 끝부분에 새로 붓는 달걀물이 잘 포개지도록 팬을 살짝 들어 달걀말이 쪽으로 기울였다가 다시 팬 전체에 얇게 퍼지도로 부어줘. 너무 두껍게 부으면 말면서 부서질 수도 있으니 주의해야 해.

- **김발에 왜 싸는 거예요?**

모양에 그리 신경을 쓰지 않는다면 그냥 식혀서 썰어도 돼. 그런데 뜨거울 때 김발에 말아 모양을 잡고 식혀주면 그대로 모양이 잡혀. 좀 더 반듯한 달걀말이를 만들기 위해 김발에 마는 거야. 일본식 달걀말이는 김발로 여러 가지 모양을 만들기도 하거든.

- **어슷하게 써는 이유가 있나요?**

글쎄, 옆면으로 비스듬하게 썰면 단면이 넓어 보이면서 달걀말이가 푸짐하고 먹음직스러워 보이잖아. 맛도 중요하지만 모양도 보기 좋으면 더 좋은 거지.

{딸의 요령}

"동그랗게 만 달걀말이를 김밥에 넣어 달걀말이김밥을 만들어 보세요. 알록달록 색도 예쁘고 맛도 고소한 김밥입니다. 김밥 2줄 기준으로 레시피를 알려드릴게요. 달걀말이 레시피 절반 양으로 동그란 기둥 모양으로 달걀말이 2개를 만드세요. 밥 250g에 참기름 1작은술, 통깨 1/2작은술, 소금 1/4작은술을 넣고 잘 섞어주세요. 구운 김밥용 김에 밥을 고루 깔고, 달걀말이를 얹은 다음 돌돌 말아서 한 입 크기로 먹기 좋게 자르세요."

Chapter 11

구이

- 불고기
- LA갈비
- 떡갈비
- 돼지목살양념구이
- 닭불고기
- 닭갈비
- 더덕 고추장구이
- 고갈비
- 황태포 간장양념구이

세계인이 좋아하는 한국의 맛

불고기

불고기는 얇게 썬 고기를 간장양념에 재웠다가 구워 먹는 우리나라의 대표적인 고기요리로, 만들기 쉽고 편하게 먹을 수 있어 집집마다 자주 만드는 음식이에요. 다시마육수를 넉넉히 넣고 당면 사리와 버섯, 배추 등을 넣어 보글보글 끓여 먹는 불고기전골로 응용하면 더욱 푸짐하게 즐길 수 있습니다.

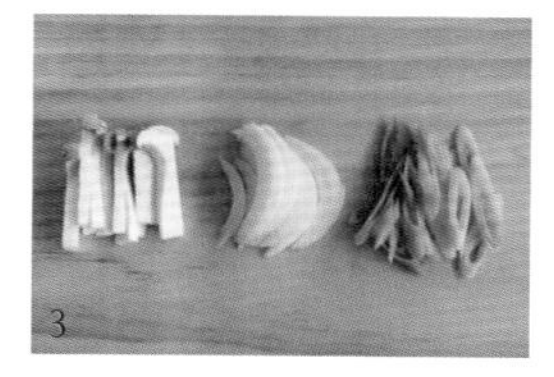
3

4

5

6

재료 | 3~4인분

- 쇠고기 불고기감 (등심, 앞다리살, 채끝) 500g
- 새송이버섯 1개
- 양파 1/4개
- 대파 1/2대(10cm)
- 양파즙 4큰술
- 배즙 4큰술
- 식용유 1/2큰술
- 통깨 1/2큰술
- 소금 약간

양념장

- 조림간장 5큰술
- 올리고당 1큰술
- 참기름 1큰술
- 다진 마늘 2작은술
- 후춧가루 약간

* 조림간장 5큰술 대신에 간장 3 ½큰술, 청주 1큰술, 설탕 1큰술로 대체 가능하다.
* 올리고당, 참기름, 후춧가루는 기호에 맞게 넣어도 된다.

1 쇠고기 불고기감에 양파즙과 배즙을 넣고 고루 버무려 1시간 정도 재운다.

2 1시간 정도 재운 후 손으로 꼭 짜준다.

3 새송이버섯은 6~7cm 길이로 잘라 반으로 자르고, 모양대로 5mm 정도로 슬라이스한다. 양파도 5mm 길이로 채 썰고, 대파는 파란 부분까지 얇게 어슷 썬다.

4 준비한 불고기에 분량의 양념장을 넣고 골고루 버무려 30분 정도 재운다.

5 달군 팬에 식용유를 두르고 버섯과 양파, 소금을 넣고 중불에서 1분 정도 양파가 아삭해질 때까지 볶아낸다.

6 다시 그 팬에 재운 불고기를 넣고 중불보다 약간 센 불에서 1~2분 정도 볶아 고기가 연해지도록 익힌 후 마지막에 볶아 놓은 버섯과 양파, 대파와 통깨를 넣어 골고루 섞는다.

엄마의 훈수

"조림간장이 있으면 고기 재울 때 편하고 맛도 더 있어. 불고기 100g에 조림간장 1큰술로 계량하면 쉽지. 그리고 국물이 많지 않으면서 촉촉한 불고기를 만들려면 고기가 알맞게 볶아졌을 때 약한 불로 줄이고, 고기를 열이 적은 팬 가장자리로 보내야 해. 팬 가운데는 국물을 모아 바글바글 졸인 다음 섞어주면 고기에 양념이 잘 배어 더욱 맛있지. 별거 아닌 것 같지만, 내공 있는 엄마의 한 끗 차 비밀이란다."

엄마의 비법을 알려 주세요!

● **불고기를 재운 후 꼭 짜주는 과정은 왜 필요한가요?**

양파즙과 배즙에 재우면 고기에 양념이 배기도 하지만 고기 핏물이 제법 나오기 때문에 꼭 짜야 해. 그러면 핏물도 어느 정도 빠져서 깔끔하고, 고기에 양념맛이 배면서 연해진단다. 배즙과 양파즙을 동량으로 섞어서 소분한 다음 냉동시켜두면 고기 재울 때 요긴하게 쓰이지.

● **채소도 불고기와 함께 재우면 안 되나요? 왜 따로 볶아야 해요?**

함께 재워두면 채소에 간장양념이 배서 짜고, 고기 핏물도 같이 배서 볶으면 지저분해질 수 있어. 따로 깔끔하게 볶은 다음 섞어야 채소와 고기의 맛이 산뜻하게 잘 어울리지. 또 채소의 식감이 더 좋고, 색도 선명해져 더 먹음직스러워.

● **결과적으로 고기를 두 번 재우는 건데, 좀 더 간단한 방법이 궁금해요!**

한 번에 재우려면 불고기를 키친타월로 감싸 어느 정도 핏물을 제거한 다음, 양파즙과 배즙 2큰술씩을 분량의 양념장이랑 섞어 재우면 돼. 번거롭지만 두 번 재워서 만드는 것이 보기에도 깔끔하고, 맛도 더 좋아. 네가 직접 해보고 비교해보면 엄마의 말에 맞장구 칠 수 있을 거야.

{딸의 요령}

"라임이는 쇠불고기를 정말 좋아하는데, 어릴 때 가끔 두꺼운 부분이 질겨서 뱉어낸 적이 있어요. 그래서 샤부샤부감으로 불고기를 재워 구워줬는데 야들야들하니 부드러워 아주 잘 먹더라고요."

명절 밥상의 히어로

LA갈비

우리 집 명절 밥상에는 갈비찜보다 LA갈비를 넉넉히 재워서 구워 올려요. 통통하게 살이 올라 구워 놓기만 해도 먹음직스러운 생선도 있지만, 그래도 입에 착착 감기는 양념 갈비가 있으면 명절 밥상이 더욱 풍성해지지요. 우리 집 LA갈비는 밑손질이 포인트! 밑손질 후에 간단한 양념만 더하면 언제나 최고의 맛을 자랑한답니다. 각자 집으로 돌아갈 때 손에 들려주면 다들 입이 귀에 걸려 챙겨 가지요.

1

2

3

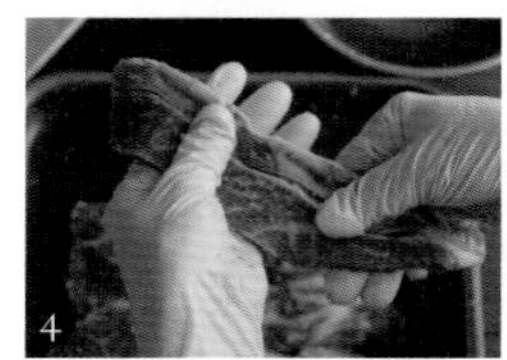

4

5

6

재료 | **4~5인분**

- LA갈비 1.5kg

양념 1

- 배(중) 1/2개
- 양파 1개

양념 2

- 조림간장 3/4컵
- 다진 마늘 2큰술
- 참기름 2큰술
- 올리고당 1큰술
- 후춧가루 약간

* 조림간장 3/4컵 대신에 간장 6큰술, 맛술·설탕·다진 마늘·참기름 2큰술씩, 올리고당 1큰술, 생강즙 1작은술, 후춧가루 약간으로 대체할 수 있다.

1 껍질을 벗긴 양파와 배를 믹서에 곱게 갈아 양념 1을 만든다.

2 해동하지 않은 갈비에 양념 1을 켜켜이 골고루 얹어 재운다. 이때 고기가 완전히 녹을때까지 1시간 이상 재운다.

3 분량의 재료를 섞어 양념 2를 만든다.

4 재워뒀던 갈비는 손으로 싹싹 양념 1을 훑어낸다. 손질이 되어 있지 않은 고기라면 뼈쪽에 있는 얇은 기름막도 벗겨내고 살쪽에 있는 기름도 떼어내면서 깔끔하게 고기를 정리한다.

5 말끔하게 손질한 갈비는 양념 2에 1시간 이상 재운다. 갈비를 양념에 푹 담갔다가 빼서 켜켜이 용기에 넣은 다음에, 남은 양념을 부어 고기에 양념이 고루 묻도록 한다. 최소한 1시간 이상 재워 양념이 고기에 배게 한 다음 냉장보관하거나 소분해서 냉동보관해도 된다.

6 달군 팬에 재운 갈비를 넣고 중불에서 앞뒤로 익히다가 육즙이 나오면 젓가락으로 고기를 살짝 움직여주면서 고기에 양념이 잘 묻도록 해준다.

엄마의 훈수

"LA갈비는 초보 주부들이 도전하기 힘든 음식이야. 내공 있는 주부들도 맛을 내는 것이 여간 쉽지 않단다. 일단 좋은 갈비를 골라야 하고, 밑손질을 특히 잘해야 해. 기름 부위는 웬만하면 다 정리를 해야 맛이 깔끔하지. 요즘 나오는 LA갈비는 어느 정도 기름 부위를 손질해서 파는 것도 있으니 손질이 어렵다면 그걸 고르도록 해. 양념은 번거롭더라도 꼭 두 가지를 만들어 재워야 맛이 다르단다. 양념장은 양을 정확히 계량해서 만들어야 짜지도 싱겁지도 않은 LA갈비가 완성돼. 여기에 양파와 피망을 채 썰어 올리브유·소금·후춧가루 약간씩을 넣고 살짝 볶아 곁들여 먹어도 맛있지."

● **LA갈비는 어떤 것을 골라야 맛있어요?**

LA갈비는 다 수입 쇠고기인데 먼저 살 부분이 넓적하고, 마블링이 골고루 분포하면서 잘라진 단면에 보이는 뼈가 작은 것이 좋아. 뼈가 작은 것이 암컷일 확률이 높고 무게로 보아서도 살이 충실한 것이지.

● **LA갈비는 손질이 어려워요.**

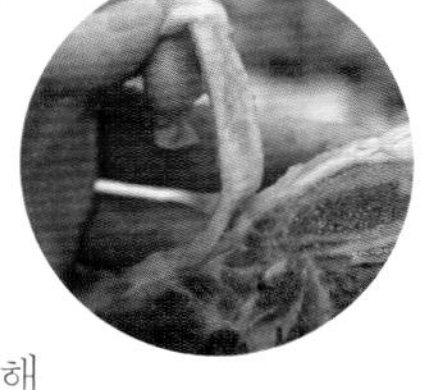

갈비는 쇠고기 중에서 가장 기름이 많은 부위라서 밑손질이 정말 중요해. 먼저 뼈 위쪽에 있는 얇은 기름막을 벗겨내고 살쪽에 있는 기름도 떼어내면서 깔끔하게 손질을 해줘. 갈비를 손질하다 보면 좋은 갈비 부위도 있지만, 어떤 부위는 기름층만 많고 살이 별로 없는 부위도 있는데, 기름 부위는 웬만하면 다 정리하는 것이 먹기 편하고 국물맛이 깔끔하지.

● **엄마, 왜 양념을 두 가지로 만들어요?**

양념 1은 갈비의 핏물을 빼주고, 고기 잡내도 없애주면서 고기를 연하게 해주는 양념이야. 보통은 물에 담가 핏물을 빼는데, LA갈비는 찜이 아니라서 물에 담그는 방법보다는 양파나 배를 갈아서 재우는 것이 좋아. 언 고기가 녹으면서 핏물도 빠지고, 양파와 배 맛이 고기에 배어 들면서 잡내도 없애주고 육질이 연해지거든. 양념 2는 갈비를 재우는 양념인데, 엄마는 직접 만든 조림간장을 사용한단다. 일종의 맛간장으로 여러 가지 재료가 들어 있어서 만들어만 놓으면 간단하게 최고의 맛을 낼 수 있거든.

● **양념 밴 고기는 타기 쉬운데, 굽는 요령을 알려주세요.**

양념갈비를 달궈진 팬에 구울 때는 팬에 꽉 차게 넣는 것이 좋아. 팬은 넓은데 조금씩 구우면 고기가 닿지 않는 부분의 양념이 먼저 타기 쉽거든. 처음엔 뚜껑을 덮고 육즙이 나오도록 익히다가 고기가 어느 정도 익으면 뚜껑을 열고 양념을 졸이면서 젓가락이나 집게로 고기를 바닥에 문질러가면서 구우면 양념이 갈비에 골고루 스며들면서 윤기가 나고 먹음직스럽게 구워진단다. 그리고 무조건 센 불보다는 달궈진 팬에서 중불로 맞추고 천천히 구워야 타지 않고 좋아.

● **고기 양이 늘면 양념장도 같은 양으로 늘려요?**

레시피 2배 정도의 고기 양이면 양념도 그대로 2배로 늘려도 되는데, 그다음 3~4배부터는 양념의 배수를 줄여야 해. 자칫하면 간이 짜게 되고 양념이 재료의 양보다 많아지면서 맛이 달라질 수 있거든. 2배가 넘어 갈 경우엔 번거롭더라도 2배씩 양념을 만들어 따로따로 재워주는 것이 맛을 유지하는 안전한 방법이란다.

{딸의 요령}

"명절을 보내고 오면 엄마가 재워둔 LA갈비를 싸주시는데, 양념이 된 것이니 김치냉장고에 보관하면서 일주일 이내로 빨리 먹거나, 소분해서 밀봉한 후 냉동보관해요. 냉동실에 둔 것도 한 달 이내로 먹는 것이 좋지요! 갈비의 식감이 유아들에게는 조금 질길 수도 있어요. 고기를 잘 못 먹는 어린아이들은 가위로 살 부분을 길고 얇게 결 반대로 썰어서 주면 잘 먹는답니다. 덮밥이나 볶음밥으로 응용해도 좋아요."

엄마의 정성과 공들인 양념으로 만든 명품 구이

떡갈비

쇠고기 갈비살 부위를 직접 갈아 여러 가지 재료를 다져 넣고 예쁘게 빚어 만드는 떡갈비는 웬만한 정성이 아니면 만들 수 없지요. 부드럽고 고소한 맛이 일품인 우리집표 떡갈비는 고급 한정식집 떡갈비 맛 못지않다는 칭찬이 자자하답니다.

재료 | 직경 6cm, 6개 분량

- 간 쇠고기
  (갈비살+불고기감) 200g

떡갈비 재료

- 다진 양파 3큰술
- 다진 새송이 3큰술
- 다진 파 2큰술
- 젖은 찹쌀가루 2큰술
- 다진 대추 1큰술
- 다진 마늘 1/2큰술

양념 1

- 간장 1/2큰술
- 참기름 1/2큰술
- 설탕 1작은술
- 맛술 1작은술
- 소금 1/4작은술
- 후춧가루 약간

양념 2

- 꿀 1큰술
- 간장 1/2큰술
- 참기름 1/2큰술

곁들임 채소

- 어린잎 채소 약간
- 새송이버섯 1개(윗부분)
- 식용유 적당량
- 소금 약간
- 후춧가루 약간

* 양념 1의 간장, 설탕, 맛술 대신에 조림간장 1큰술을 사용해도 된다.

* 여기에 쓰는 찹쌀가루는 방앗간에서 빻아 온 젖은 찹쌀가루다. 젖은 찹쌀가루 대신에 마른 찹쌀가루 1/2큰술을 사용해도 된다.

1 볼에 간 쇠고기와 떡갈비 재료, 양념 1을 모두 넣고 치댄다. 대추는 씨를 빼내고 곱게 다지고, 새송이버섯은 곁들임으로 잘라내고 남은 아랫부분을 다져서 사용한다.

2 65~70g 정도 양으로 동글납작하게 떡갈비 모양을 만든다. 떡갈비의 가운데 부분을 살짝 움폭하게 눌러 만들면, 구울 때 가운데 부분이 부풀어 올라 예쁜 모양으로 구워진다.

3 달군 팬에 중불에서 빚어 놓은 떡갈비를 굽는다. 아래 색이 노릇하게 나면 뒤집고, 약불로 줄여 뚜껑을 덮은 뒤 2분 정도 둔다. 다시 뚜껑을 열고 떡갈비가 봉긋하게 익으면 양념 2를 넣고 윤기나게 졸인다.

4 새송이버섯은 윗부분으로 잘라 달군 팬에 기름을 두르고 소금과 후춧가루를 뿌려 노릇하게 굽는다.

5 접시에 떡갈비를 담고 어린잎 채소와 구운 새송이버섯을 곁들인다.

엄마의 훈수

"엄마가 수년 동안 공부하고 만들어 보면서 완성한 떡갈비 레시피를 소개하려고 해. 먼저 엄마는 방앗간에서 빻아 온 젖은 찹쌀가루를 써. 마른 찹쌀가루를 사용해도 되지만 젖은 찹쌀가루를 썼을 때 좀 더 촉촉한 맛이 나거든. 쇠고기도 너무 입자 없이 곱게 다지지 말고, 적당히 씹히는 상태가 좋아. 옛날 궁중에서는 다지고 다져서 떡갈비를 만든다고 하잖아. 직접 다지는 것도 좋지만 너무 힘드니까 약간 입자가 있는 상태로 갈아주도록 해. 모양도 중구난방이면 접시에 담았을 때 볼품없어 보이니, 저울이 있다면 무게를 동량으로 재서 예쁘게 빚는 것이 좋겠어."

엄마의 비법을 알려 주세요!

● **간 쇠고기를 쓰지 않고 직접 다져서 넣으면 안 돼요?**

칼로 직접 다지면 아무래도 쇠고기 입자가 있도록 다져지는데, 곱게 갈아진 것보다는 쇠고기를 씹는 맛과 양념맛을 동시에 느낄 수 있어 좋지. 하지만 직접 다지면 아무래도 힘이 많이 드니까 간 쇠고기를 쓰는 거야. 다지기를 이용하더라도 약간 입자가 있도록 갈아주면 좋아.

● **동글납작하게 모양을 만든 다음 가운데 부분은 왜 눌러주는 거예요?**

동그란 떡갈비는 익으면 약간 사이즈가 작아지면서 가운데부터 봉긋하게 올라오거든. 가운데 부분을 미리 눌러두면 전체적인 모양도 평평해져서 구웠을 때 보기가 좋아. 또 구우면서 눌렀던 가운데 부분이 살짝 봉긋하게 올라와 딱 예쁜 모양으로 잡히는 거지.

● **색이 나면 뒤집어야 하는 건가요? 자주 뒤집는 것이 좋지 않나요?**

떡갈비 아래가 어느 정도 색이 난 후에 뒤집어야 부서지지 않고 잘 뒤집어져. 그 다음에 약한 불로 속까지 익히면서 다른 면을 서서히 노릇하게 익혀야 타지 않고 모양이 예쁜 떡갈비가 돼.

● **양념 1과 2를 합쳐서 구우면 안 되나요?**

양념 2는 달달하게 졸이면서 시럽처럼 바르는 것인데 한데 다 넣고 익히면 떡갈비가 익기도 전에 탈 수도, 쉽게 부서질 수도 있어. 앞뒤로 노릇하게 모양이 제대로 나게 익힌 후에 양념 2를 더해 반짝거리게 졸여주는 것이 좋아.

{딸의 요령}

"반죽 안에 스트링치즈를 작게 잘라 넣어 만들어 구우면 아이들이 정말 좋아해요. 채소를 잘 먹지 않는 아이를 위해 쪄서 다진 브로콜리를 반죽에 조금 추가하면 들어간지도 모르고 잘 먹을 거예요."

이름난 갈비집 레시피 못지않은

돼지목살양념구이

도톰한 돼지목살로 만든 양념구이라 기름도 많지 않고, 부드럽고 고소해 딱 우리 집 식구들 취향이랍니다. 너무 달지도 짜지도 않은 슴슴한 양념에 재웠다가 팬 또는 에어프라이에 넣고 구우면 갈비집에서 외식하는 기분이 나지요. 캠핑이나 나들이 갈 때 준비해가도 큰 사랑을 받는 메뉴입니다.

1

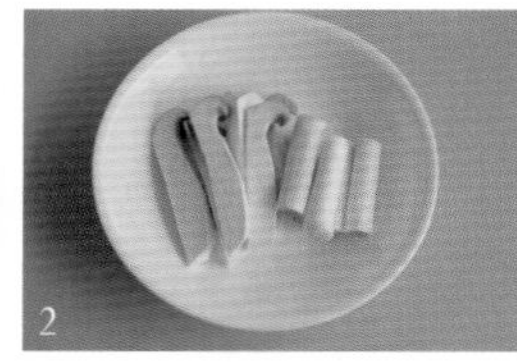
2

3

5

6

7

재료 | **4인분**

- 돼지목살(또는 갈비살) 800g
- 대파 1대(20cm)
- 새송이버섯 2~3개
- 참기름 1 ½큰술
- 후춧가루 1/4작은술

양념 1

- 간장 4큰술
- 설탕 3큰술
- 조청(쌀엿) 3큰술
- 물(또는 다시마육수) 2/3컵

양념 2

- 소주 2/3컵
- 마늘 4쪽
- 양파 1/4개분(50g)
- 생강 1쪽(10g)

1 돼지목살은 1cm 두께로 준비한 다음, 고기방망이로 두들겨서 7mm 두께로 편다.

2 대파는 5cm 길이로 썬다. 파의 속심이 있을 경우 그대로 사용하면 진액이 나와 양념을 걸쭉하게 만들 수 있으므로 속심을 제거한다. 새송이버섯은 반으로 잘라 3등분한다.

3 분량의 양념 1을 냄비에 넣고 설탕이 녹을 때까지 바글바글 끓인 다음 식힌다.

4 분량의 양파, 마늘, 생강, 소주를 믹서에 넣고 곱게 갈아 양념 2를 만든다.

5 식힌 양념 1과 양념 2를 섞고, 참기름과 후춧가루를 더한다.

6 대파와 돼지목살을 양념장에 잠기도록 재우는데, 간이 배도록 1시간 이상 둔다.

7 달군 팬에 돼지목살을 넣고 중불에서 타지 않게 앞뒤로 노릇하게 굽는다. 대파와 버섯도 함께 넣고 굽는다.

엄마의 훈수

"돼지목살양념구이는 양념이 그리 짜지 않은 딱 맞는 간이기 때문에 미리 재워서 김치냉장고에 보관해도 돼. 굽는 요령이 필요한데, 팬에 구울 때는 자글자글 끓고 있는 양념장이 잘 배도록 집게로 고기를 눌러 앞뒤로 문질러가면서 양념을 졸이듯이 굽는 것이 좋아. 타지 않으면서 간이 쏙 밴 구이를 만들기 위해서는 시선을 고정하고 정성을 다해 뒤집기를 반복하렴."

- **돼지 목살을 두들겨서 펴는 이유가 있나요?**

고기를 두들겨주는 것은 좀 더 연하게 만들기 위함이야. 구우면 다시 줄어들지만 그래도 두들겨서 뭉친 고기를 느슨하고 연하게 만들면 식감이 좋지.

- **양념을 꼭 1과 2로 나눠서 만들어야 하나요?**

양념 1은 끓여주는 양념이고, 양념 2는 갈아서 섞어주는 양념이라 각각 분리를 했어.

- **양념 1은 왜 꼭 식혀서 넣어야 해요?**

양념 2는 재료를 생으로 갈아서 넣고 또 소주도 들어가고 하니 뜨거운 양념이랑 합쳐지면 아무래도 향이 날아가고 맛도 변할 수 있어. 양념 1을 식힌 후 섞어 각각의 맛을 그대로 유지하면서 최상의 양념장으로 만들기 위해서 식히는 과정이 필요한 거야.

- **1시간 이상 재워두는데, 하루나 이틀 정도 충분히 재우면 더 맛있지 않을까요?**

1시간 이상 재우라는 것은 최소 1시간 정도는 재워야 고기에 양념이 밴다는 의미야. 이 목살구이는 돼지갈비집 구이처럼 양념 맛이 꽤 중요하거든. 하루이틀 정도는 괜찮지만 오래 재운다고 맛이 더 좋아진다고 할 수는 없어. 고기가 싱싱하면서 양념도 알맞게 잘 배었을 때가 가장 맛있겠지. 적어도 하루이틀 이내에는 소진하는 것이 좋아. 아니면 냉동보관을 해야 한단다.

- **노릇하게 잘 굽는 게 어려워요.**

야외에서 불판이나 숯불 등에 구워 먹기 딱 좋은 메뉴지. 타지 않게 잘 지켜보면서 뒤집어줘야 하고, 팬에 구울 때도 먼저 양념을 끓이면서 익힌 다음 양념이 서서히 졸아들면 고기를 팬에 문질러 가면서 구워야 반짝거리면서 노릇하게 익어. 결국 계속 지켜보고 있어야 할 것 같다. 그런데 요즘 많이 사용하는 에어프라이어는 온도와 시간을 세팅해 놓고 중간에 뒤집거나 양념을 덧발라줄 때만 보면 되니, 아무래도 편하지. 전기그릴이나 에어프라이어 등을 이용해 노릇하게 굽는 방법도 있어.

{딸의 요령}

"아이들은 고기가 조금만 질겨도 삼키지 못하고 뱉는 경우가 다반사예요. 고기를 두들긴 다음 칼등으로 살살 더 두들기고 잘게 칼집을 내면 고기의 식감이 한결 부드러워져요. 아이가 먹을 만큼의 고기는 칼집을 더 잘게 내서 조리하면 아이도 부드러운 양념구이를 먹을 수 있답니다."

3대가 모두 좋아하는 명불허전 요리

닭불고기

아이들부터 나이 드신 부모님까지… 우리 가족 모두가 좋아하는 인기 만점 닭요리예요. 닭다리살(정육)로 만들어 식감이 부드럽고 달콤짭조름한 양념도 맛있게 배어 자꾸 손이 가는 일품 요리랍니다.

재료 | 3~4인분

- 닭다리살(정육) 600g
- 브로콜리 1/2송이
- 식용유 적당량
- 소금 약간
- 후춧가루 약간

양념 1

- 간 양파 1/2개분
- 씨겨자 1큰술

양념 2

- 조림간장 4큰술
- 다진 마늘 1작은술
- 올리고당 1큰술
- 참기름 1큰술
- 후춧가루 약간

* 조림간장 4큰술 대신에 간장 3큰술, 맛술·설탕 1큰술씩으로 간을 보면서 대체해도 된다.

엄마의 훈수

"닭불고기는 바로 먹지 않아도 되고, 재워 놓으면 일주일 정도 냉장보관해서 끼니때 구워 먹으면 되기 때문에 우리 집 비상식량으로 통하지. 기력이 떨어지거나 허기질 때 양념이 잘 밴 닭불고기를 먹으면 그렇게 든든할 수 없어. 다채로운 곁들임 채소와 먹어도 되고, 쌈채소와 곁들여 그린 밥상을 차려도 좋단다."

2

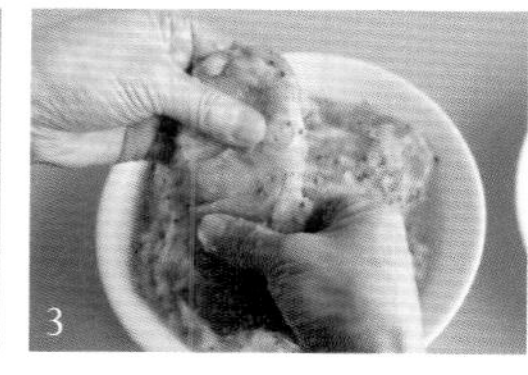
3

5

6

1 닭다리살은 껍질 주변의 기름을 떼어내고 두꺼운 살 부분은 살짝 저민다. 닭껍질을 벗겨 준비해도 된다.
2 준비한 닭다리살은 흐르는 물에 씻은 후 체에 밭쳤다가 키친타월 위에서 물기를 제거한다. 물기를 잘 제거해야 양념이 제대로 배게 된다.
3 물기를 제거한 닭다리살을 양념 1에 켜켜이 30분 정도 재운다. 재운 후 손으로 양념을 살짝 훑어내는데, 간 양파와 씨겨자는 조금 남아 있어도 된다.
4 분량의 재료를 섞어 양념 2를 만든다.
5 양념을 훑어낸 닭다리살은 준비한 양념 2에 푹 담갔다가 빼서 켜켜이 용기에 담은 다음, 남은 양념을 부어 고기에 양념이 고루 묻도록 해 10분 이상 재운다. 양념에 10분 정도 재웠다 구워도 되고, 미리 재웠다가 때마다 구워 먹어도 된다.
6 달군 팬에 재워 두었던 닭불고기를 넣고 중불에서 노릇하게 굽는다. 바글바글 끓으면서 양념이 졸아들면, 닭고기를 집게로 팬에 골고루 문질러 가면서 굽는데 양념이 고기에 잘 배면서 먹음직스러워진다.
7 브로콜리는 한 입 크기로 잘라 끓는 물에 파랗게 데쳐 식힌 후 소금과 후춧가루로 간을 하고 식용유에 살짝 볶는다.
8 구워진 닭불고기는 접시에 먹기 좋게 잘라 담고 브로콜리를 곁들인다.

엄마의 비법을 알려 주세요!

● **닭다리살 대신에 다른 부위로 해도 돼요?**

가장 부드럽고 알맞은 부위로 선택한 것인데, 굳이 다른 부위로 대체한다면 닭가슴살이 좋겠다. 닭가슴살을 반으로 얄팍하게 저미고 양념이 잘 밸 수 있게 사선으로 잘게 칼집을 내. 닭가슴살은 너무 오래 구우면 퍽퍽해지니 빠르게 굽는 것이 요령이야.

● **양념 두 가지를 그냥 합치면 안 되나요?**

양념 1은 밑양념으로 맛을 낸다기보다는 닭살의 군냄새를 없애고 양파와 겨자의 향을 배게 하는 역할을 해. 양념 2가 맛을 내는 것이지. 두 개를 합쳐서 구우면 양념도 질척해지고, 고기를 졸이듯이 과하게 굽게 되어 지저분해져. 번거롭더라도 깔끔하고 간이 딱 맞는 음식을 만들기 위해 양념은 따로 하는 것이 좋아. 맛을 보면 왜 따로 하는 것인지 알게 될 거야.

● **센 불에 익히는 게 더 맛있지 않나요? 타는 것이 걱정이라면 자주 뒤집어주면 될 거 같은데….**

일단 불이 세면 양념이 먼저 타고 살이 나중에 익어. 자주 뒤집어주면 살도 겉만 바삭하게 익게 되는 거야. 양념이 바글거리는 중불에서 먼저 닭고기를 촉촉하게 익힌 다음 양념을 졸이듯이 구우면 양념이 타지 않고 맛있게 졸아들어. 닭고기도 먹음직스럽게 반짝거리면서 속까지 부드럽게 익는단다.

● **브로콜리 외에 어떤 채소를 곁들이면 좋을까요?**

구하기 쉬운 브로콜리를 곁들였는데 파프리카, 아스파라거스, 껍질콩, 꼬마양배추 등 찌거나 볶아서 곁들이기 좋은 채소를 추천한단다.

● **미리 재워두려고 하는데, 냉장보관은 어느 정도 가능한가요?**

일주일 이내로 먹는 것이 좋아. 간이 너무 오래 배어 있어도 닭고기 본래의 맛이 떨어질 수 있거든.

{딸의 요령}

"밥 위에 닭불고기를 얹어서 덮밥으로 주면 간단하면서 맛있는 한 그릇 아이 밥상을 만들 수 있어요! 방울토마토, 브로콜리 같은 채소와 닭불고기, 그리고 반숙 달걀프라이까지 올려주면 금상첨화입니다."

춘천 부럽지 않은 환상의 맛

닭갈비

철판에 지글지글 구워 먹어야 제맛인 닭갈비지만 양념과 재료 준비만 잘 하면 집에서도 깔끔하게 맛볼 수 있어요. 춘천 닭갈비 부럽지 않은 우리 집표 닭갈비는 너무 달지도 짜지도 않고 양념과 닭고기, 부재료들이 딱 알맞게 어우러지는 맛이랍니다.

재료 | 3~4인분

- 닭다리살(정육) 500g
- 양파1/2개
- 깻잎 20장
- 양배추 1/4쪽
- 대파 1대(20cm)
- 청·홍고추 1개씩
- 고구마 1개
- 떡볶이떡 1컵

재움양념

- 간 양파 1/2개분
- 청주 1큰술
- 생강즙 1작은술
- 소금 1작은술
- 후춧가루 약간

양념장

- 고추장 4큰술
- 고춧가루 3큰술
- 다진 마늘 2큰술
- 맛술 2큰술
- 물 2큰술
- 간장 1큰술
- 참기름 1큰술
- 설탕 1/2큰술
- 다진 생강 2작은술
- 후춧가루 약간

1

3

4

7

1 닭다리살은 씻어서 키친타월로 물기를 제거한다. 4등분해 한 입 크기로 자르고 분량의 재움양념에 버무려 1시간 재운다.

2 분량의 재료를 섞어 양념장을 만든다.

3 닭의 재움양념을 손으로 대충 훑어내고 양념장 절반에 버무려 30분 정도 재운다. 재울 때 자르지 않고 구우면서 먹기 좋게 잘라도 된다.

4 양파, 깻잎은 굵게 채 썰고 대파, 고추는 굵게 어슷하게 썬다. 양배추는 큰 네모 모양으로 썰고, 고구마는 엄지손가락 굵기의 막대 모양으로 썬다.

5 중불에서 달군 팬에 양념에 재웠던 닭고기를 넣고 5분 정도 뒤적이면서 익힌다.

6 떡, 고구마, 양파, 양배추를 넣고 뚜껑을 덮은 후 약불에서 10분 정도 은근하게 익힌다.

7 뚜껑을 열어 나머지 양념장과 대파, 고추, 깻잎을 넣고, 중불에서 골고루 섞으면서 국물을 약간 졸이면서 먹는다.

엄마의 훈수

"닭과 각종 채소, 떡까지 다양한 재료들을 품은 닭갈비는 재료마다 익는 시간이 다르다는 것을 놓치면 안 돼. 익는 시간이 오래 걸리는 것부터 순서대로 넣어 익히는데, 뚜껑을 덮으면 재료도 잘 익고 양념이 튀지 않아 좋아. 식탁 위에 인덕션을 올리고 즉석에서 만들어 먹으면 춘천 닭갈비 골목에 온 것 같은 기분이 들어. 남은 국물에 볶음밥까지 만들어 먹으면 정말 맛있지."

● 닭다리살은 어떤 요리에 많이 써요?

닭갈비에 넣는 부위는 닭다리살 중에 넓적다리살을 말하는데, 기름이 거의 없고 살도 많으며, 퍽퍽하지 않은 맛있는 부위란다. 엄마는 주로 볶음이나 구이요리를 할 때는 닭다리살을 많이 이용해.

● 재움양념과 양념장을 꼭 따로 해야 하나요?

재움양념은 닭고기 자체의 누린내와 잡내를 없애고 고기에 맛과 향을 더하는 밑양념으로 맛을 내는 양념장과는 역할이 달라. 두 가지 양념을 합치면 아무래도 맛이 뒤섞일 수가 있어. 양념장을 과하지 않게 하면서 깔끔한 맛을 낼 수 있도록 역할 분담을 하는 것이라 생각하면 된단다.

● 재움양념을 손으로 대충 훑어내는 건 왜 그런 거예요?

재움양념의 역할이 충분히 끝났으므로 이제 본 양념장으로 맛을 내야 하기 때문에 재움양념을 털어내는 과정이 필요해. 굳이 물에 헹궈 완전히 제거할 필요 없이 양념장의 맛을 해치지 않을 정도만 털어내면 되는 거란다.

● 미리 잘라서 굽는 것과 구우면서 자르는 것의 차이가 있나요?

잘게 잘라서 요리하면 바로 먹기 편해서 좋고, 구으면서 자르면 조리가 간단해지는 장점이 있으니 편한 대로 요리해도 된단다.

● 그냥 센 불에 굽는 것이 더 맛있지 않아요? 모든 재료를 한꺼번에 넣고 구우면 안 돼요?

센 불에 구우면 재료 속까지 채 익기도 전에 겉만 빠르게 익을 수 있어. 식당에서처럼 한꺼번에 넣고 구워 먹는 방법과는 달리, 뚜껑을 덮고 양념된 닭살과 단단한 재료들은 먼저 은근하게 익힌 다음, 뚜껑을 열고 불을 올려서 나머지 양념과 빨리 익는 재료를 넣고 졸이듯이 섞어주면 맛이 잘 어우러지고 재료들이 딱 알맞게 익어 맛있게 먹기 좋단다. 재료들마다 익는 속도가 다르다는 것을 잊지 마. 그리고 뚜껑을 덮으면 주변에 튀는 일도 적어서 집 안에서 요리해 먹기에 적당한 조리법이야.

{딸의 요령}

"매운 것을 못 먹는 아이들과 먹을 때는 간장양념의 닭갈비로 만들어 보세요. 마지막에 치즈까지 올리면 아주 맛있답니다. 간장양념장은 간장 2~2½큰술, 다진 마늘·맛술 2큰술씩, 설탕 1/2큰술, 참기름 1큰술, 다진 생강 2작은술, 후춧가루 약간을 넣고 만들면 돼요. 양념만 다를 뿐 나머지 조리법은 동일합니다. 고추장양념보다 물기가 많을 수 있으니, 조리과정 ⑥번에서 뚜껑을 조금 열고 뒤적이면서 익혀주세요."

알싸한 향과 아삭하게 씹히는 맛이 일품

더덕 고추장구이

가을이 제철인 더덕은 '산에서 나는 고기'라고 부를 정도로 인삼 못지않은 귀한 식재료로 꼽히지요. 더덕 껍질을 살살 벗겨 납작하게 방망이로 두들긴 후 고추장양념을 발라 앞뒤로 노릇하게 구우면 알싸하고 향긋한 더덕의 내음이 은은하게 퍼지는 최고의 반찬이 됩니다.

재료 | 2~3인분

- 더덕 200g
- 식용유 2큰술
- 통깨 1작은술
- 송송 썬 실파 약간

양념장

- 고추장 2큰술
- 다진 파 1큰술
- 올리고당(또는 물엿) 1큰술
- 다시마육수(또는 물) 1큰술
- 참기름 1큰술
- 다진 마늘 1/2큰술
- 설탕 1작은술
- 간장 1작은술

* 좀 더 칼칼한 맛을 원하면 고춧가루 약간(1/2큰술) 추가하면 좋다.

1 더덕은 껍질째 깨끗하게 씻어 세로로 칼집을 내고, 칼로 껍질을 돌려가면서 뜯어 벗긴다. 더덕은 껍질 안쪽에 향이 나므로 껍질을 칼이나 필러로 얇게 벗긴다.
2 굵은 것은 세로로 길게 반을 가르고, 작은 것은 그대로 방망이로 자근자근 두들겨 펴준다. 가운데에 심이 있으면 쓴맛이 나므로 빼준다.
3 분량의 재료를 섞어 양념장을 만든다.
4 손질한 더덕을 양념장에 켜켜이 버무린다.
5 달군 팬에 식용유를 넉넉히 두르고 양념된 더덕을 얹어 양념이 타지 않도록 중약불에서 앞뒤로 뒤집어가면서 굽는다. 양념이 졸아 잘 붙도록 더덕을 약간 문지르듯이 양념을 묻혀가면서 굽는다.
6 구운 더덕을 접시에 담고 송송 썬 실파와 통깨를 뿌린다.

엄마의 훈수

"더덕을 고를 때는 향이 강하고, 뿌리가 희고 굵으며 곧게 뻗은 것, 통통하고 실한 것이 좋아. 잘랐을 때 진이 많이 나오면서 안에 심이 없는 것이 부드럽고 요리하기 편하단다. 껍질을 벗긴 더덕은 쟁반에 펼쳐서 반나절 정도 집 안에서 꾸덕꾸덕 말리거나, 끓는 물에 살짝 데치면 두드릴 때 덜 부서지면서 잘 펴져. 구운 더덕 위에 실파나 통깨 말고도 고소한 잣을 뿌리면 보기에도 좋고 더덕과도 잘 어울리지."

엄마의 비법을 알려 주세요!

● **방망이로 어느 정도 상태가 될 때까지 두들겨요?**

길이로 반 가른 후 세로의 결이 잘게 갈라지면서 약간 납작한 정도가 될 때까지 살살 두들기면 된다. 두들기면서 자칫 살이 부서질 수 있기 때문에 엄마는 반으로 가른 더덕을 쟁반에 펼쳐서 집 안에 반나절 정도 두었다가 두들기지. 표면이 약간 말라 있어서 거의 부서지지 않고 납작하게 잘 두들겨지더라고. 끓는 물에 살짝 데치는 것도 방법이야. 방망이 대신 밀대나 소주병 같은 원통형 물건으로 눌러주면서 밀어도 돼.

● **더덕을 최대한 얇게 펴주는 것이 좋나요?**

더덕을 두들기는 것은 더덕이 결대로 잘 펴져 양념이 잘 배게 하기 위함이야. 먹을 때 식감도 더 좋아지지. 많이 납작하게 펴줄 필요는 없어. 너무 납작하게 밀면 구웠을 때 흐물거릴 수도 있거든.

● **더덕 손질이 어려워요. 쉬운 방법을 가르쳐주세요.**

더덕은 껍질이 벗겨진 것을 구입할 수도 있는데, 흙이 묻은 더덕이 집에서 바로 손질해서 사용하니까 더 신선하고 향이 살아 있지. 반면 껍질이 벗겨진 더덕은 조리과정에 있어 훨씬 수월하단다. 벗겨진 더덕은 하얗고 고른 모양으로 잘 보고 사면 돼. 재래시장에 가면 간혹 껍질을 직접 까서 파는 분들이 있는데, 그게 더 싱싱하고 좋단다.

흙더덕을 냉장보관해야 할 경우 대충 흙을 털어내고 신문에 감싸 보관하면 수분이 덜 날아가면서 마르지 않아. 더덕을 손질할 때는 먼저 흙을 잘 털어내고 껍질을 말끔하게 씻은 다음 껍질 안쪽 부분에서 독특한 맛과 향이 나므로 칼로 뜯어내듯이 껍질을 조금씩 뜯어 돌려가면서 벗기면 돼. 껍질에서 끈적한 진이 나오기 때문에 꼭 일회용 장갑을 껴야 한다. 뜨거운 물에 살짝 데치면 칼로 살살 벗기기 쉽고, 그것도 어렵다면 필러를 이용해 최대한 얇게 껍질을 벗기렴.

● **가운데 심은 어떻게 구별해야 해요?**

심은 다 들어 있는 것은 아니고 있는 것도, 없는 것도 있어. 더덕을 반으로 갈라보면 가운데에 단단하고 노란 줄기처럼 들어 있는데 손으로 잘 빠지는 편이지. 심이 들어 있으면 뻣뻣하고 쓴맛이 나기 때문에 꼭 제거하는 것이 좋아.

● **더덕은 양념에 얼마나 재워야 해요?**

더덕을 미리 재우면 절여지는 것처럼 숨이 죽을 수 있으니 손질만 했다가 먹기 전에 양념을 발라 바로 굽는 것이 가장 맛있어. 그리고 더덕은 생으로 먹어도 되는 것이니 1~2분 이내로 빠르게 구워야 아삭하고 향긋하게 먹을 수 있단다.

{딸의 요령}

"더덕 고추장구이는 아이가 먹기에는 매운 맛이에요. 요즘은 맵지 않은 파프리카가루를 이용해서 만든 아이용 고추장이 있는데, 아이들이 먹을 것은 맵지 않은 고추장을 이용하고 단맛을 약간 더 추가해서 만들어 보세요. 처음 먹어보는 음식이더라도 맛있는 더덕구이 냄새에 반해 용감하게 도전해볼 수 있을 것 같아요."

더덕 고추장무침

재료 | 2~3인분
- 깐 더덕 200g
- 대파 1/4대(5cm)
- 된장 1큰술
- 통깨 1큰술

양념장
- 고추장 2큰술
- 올리고당 1 ½큰술
- 고춧가루 1/2큰술
- 다진 마늘 1/2큰술

손질한 더덕을 어슷하게 얇게 썬 후 곱게 채를 썰고, 대파는 얇게 채 썰어주세요. 껍질 벗긴 더덕은 두들겨서 뜯어 무치기도 하지만 얇고 어슷하게 썬 다음 채 썰어서 무치면 쉽게 만들 수 있어요. 더덕에 된장을 발라 15분 정도 절이는데, 된장에 재우면 숨도 죽고 뒷맛이 구수해집니다. 분량의 재료를 섞어 무침양념을 만드세요. 볼에 더덕과 양념, 대파를 넣고 고루 무친 후 마지막으로 통깨를 넣고 섞어주세요.

더덕잣즙무침

재료 | 2~3인분
- 깐 더덕 150g
- 검은깨 약간

잣즙소스
- 배 80g(1/8개)
- 잣 3큰술
- 식초 1큰술
- 설탕 1작은술
- 소금 1/2작은술

손질한 더덕은 방망이로 밀어서 펴준 후 얇게 쭉쭉 찢어요. 분량의 재료를 믹서에 넣고 곱게 갈아 잣즙소스를 만듭니다. 볼에 더덕과 잣즙소스를 넣고 조물조물 무친 다음 검은깨를 섞어주세요.

정겨운 추억의 맛

고갈비

재료 | 2~3인분

- 순살 간고등어 2쪽 (300~350g)
- 튀김가루 2큰술
- 식용유 적당량
- 쌀뜨물(고등어가 잠길 정도)

고명

- 송송 썬 쪽파 2큰술
- 다진 홍고추 1/2개분
- 통깨 1작은술

양념

- 고추장 1큰술
- 청주 1큰술
- 다진 마늘 1/2큰술
- 설탕 1/2큰술
- 고춧가루 2작은술
- 올리고당 1작은술
- 후춧가루 약간

2

5

1 냉동 순살 간고등어는 상온이나 냉장고에 꺼내 해동한 후 쌀뜨물에 10분 정도 담근다. 해동이 덜 되었다면 완전 해동된 상태가 될 때까지 담근다.

2 쌀뜨물에서 꺼낸 고등어는 키친타월로 물기를 제거한 다음 반으로 잘라 튀김가루를 골고루 얇게 입힌다.

3 ②를 기름을 두른 팬에 굽거나, 그릴 팬에 앞뒤로 노릇하게 굽는다. 또는 에어프라이어 180℃에서 15~20분 정도 굽는다.

4 분량의 재료를 섞어 양념을 만들고 고명을 준비한다.

5 노릇하게 구워진 고등어 위에 양념을 바르고 같은 온도에서 1분 정도 한 번 더 구운 후, 접시에 담고 고명을 먹기 좋게 뿌린다. 팬에 구울 때는 양념을 발라 고명을 얹는다.

싱싱한 고등어를 구워 양념에 발라 먹는 고갈비는 부산의 향토음식입니다. 고등어를 굽는 모습이 마치 돼지 갈비를 연상시킨다 해서 '고갈비'라는 이름이 붙었지요. 순살 간고등어를 바삭하게 구워 매콤한 양념장을 올리고 고명을 솔솔 뿌려주면 비싼 갈비 부럽지 않은 별미식이 탄생합니다.

엄마의 비법을 알려 주세요!

- **고등어를 쌀뜨물에 담그는 이유가 뭐예요?**

쌀뜨물은 주로 마른 생선의 비린 맛을 잡아줄 때 사용하는데, 간고등어도 쌀뜨물에 담그면 소금기도 빠지고 비린 맛도 잡을 수 있지.

- **튀김가루를 묻혀서 굽는 이유가 있나요?**

가루를 묻혀서 구워야 고갈비 양념이 고등어에 잘 묻어나. 그래서 튀김가루를 묻혀서 바삭하게 굽는데, 튀김가루 대신 전분가루나 밀가루를 사용해도 된단다.

- **생선 맛있게 굽는 요령이 궁금해요!**

요즘은 에어프라이어가 보편화돼서 엄마도 생선을 에어프라이어에 굽는데, 생선을 잘 손질한 후 튀김가루를 가볍게 묻혀 굽는 것이 좋아. 기름이 필요하다면 생선 위에 기름을 조금 뿌려서 굽기도 하고. 이렇게 가루를 묻혀서 구우면 생선 표면이 바삭해지고, 맛도 고소하면서 깔끔하단다. 팬에 구울 때도 같은 방법으로 달궈서 기름을 넉넉히 두른 팬에 가루를 묻힌 생선을 놓는데, 기름이 많이 나오는 껍질 쪽을 먼저 굽도록 해. 여러 번 뒤집지 말고 노릇노릇하게 익으면 한 번만 뒤집어서 반대쪽도 노릇하게 구우면 돼.

{딸의 요령}

"고등어 껍질에는 얇고 투명한 막이 있는데, 그것을 당겨서 제거하면 특유의 비린내도 없어지고, 질긴 껍질이 부드러워져 맛있게 먹을 수 있어요. 아이들과 함께 먹는다면 파프리카가루를 이용해서 만든 맵지 않은 고추장을 넣고 빨갛게 만들어 보세요."

맛과 영양이 풍부한 보양 생선

황태포 간장양념구이

꾸덕꾸덕 노랗게 말린 황태포는 잘 손질해서 간장양념에 재워 두었다가 촉촉하게 구워 반찬으로 내면 고기 요리 못지않게 귀해요. 갓 지은 밥에 양념이 폭 밴 황태살을 얹으면 달짝지근한 맛이 엄지척! 짭조름하면서 구수한 감칠맛까지 입안을 감돌아 밥 한 공기를 게눈 감추듯 해치울 수 있어요.

3

4

5

6

재료 | 2~3인분

- 황태포 2장
  (머리 잘라낸 것 총 150g 정도)
- 참기름 2큰술
- 간장 1작은술
- 식용유 적당량
- 송송 썬 실파 약간
- 통깨 1/2큰술

양념장

- 양파즙+배즙 2/3컵
- 간장 2큰술
- 국간장 1큰술
- 설탕 1큰술
- 물엿(또는 꿀, 올리고당) 1큰술
- 다진 마늘 1큰술
- 참기름 1큰술
- 식용유 1큰술
- 후춧가루 약간

* 레시피에서 배즙이 번거롭다면 양파즙에 다시마육수를 넣어 총량을 2/3컵으로 맞춘다.

1 황태는 머리와 꼬리, 지느러미를 자르고, 흐르는 물에서 껍질 쪽을 깨끗하게 닦는다.

2 살 쪽은 살짝 헹군 다음 황태살이 포슬포슬해지면 손으로 꽉 짠다.

3 껍질 쪽 지느러미를 다 자르고, 가위로 살 쪽에 박힌 가시 등을 빼내면서 손질한다. 살 쪽의 두꺼운 살 부분이랑 껍질 쪽에 살짝 칼집을 낸다.

4 황태 2마리에 간장 1작은술, 참기름 2큰술을 섞은 것을 앞뒤로 골고루 발라주면서 유장 처리를 한다. 벌려진 황태를 오므려 조물조물해준 후 30분 정도 그대로 둔다.

5 분량의 재료를 섞어 양념장을 만든 다음 황태를 양념장에 골고루 재운다.

6 달군 팬에 식용유를 넉넉히 두르고 중약불에서 팬에 살 쪽이 아래로 가도록 놓고 먼저 구운 후 뒤집어서 굽는다. 국물에 찌듯이 졸이면서 충분히 굽는다.

7 접시에 담고 송송 썬 실파와 통깨를 뿌린다.

엄마의 훈수

"황태는 양념장에 골고루 재운 다음 그때그때 꺼내서 구워 먹으면 돼. 오히려 미리 재웠다 구우면 양념이 맛깔나게 쏙 배어 더 맛있단 말이지. 황태철인 가을에 넉넉하게 구입해 양념에 잰 후 냉장 혹은 냉동 보관하고 먹기 직전에 바로 구워서 먹으면 일품이지. 양념을 잴 때 황태포 사이즈에 따라 조절하는 것이 좋아."

엄마의 비법을 알려 주세요!

● **양념을 잘 배게 하려면 황태를 어떻게 손질해야 하나요?**

황태포는 머리, 꼬리, 지느러미를 다듬고 흐르는 물에 살짝 씻어서 물기를 꼭 짜. 그런 후에 두꺼운 살 쪽이나 껍질 부분에 조금씩 칼집을 내주면 구울 때 오그라들지 않고 양념이 잘 배어서 먹기가 편해.

● **황태를 잘 굽는 또 다른 팁이 있을까요?**

아무래도 껍질 쪽이 많이 오그라드는데, 살 쪽을 먼저 구우면 쪼그라들면서 껍질을 당기게 되니 다시 뒤집어 껍질 쪽을 구워도 당겨진 껍질 쪽은 그리 많이 오그라들지 않고 편편하게 잘 구워진단다.

● **따로 유장 처리를 하는 이유는 무엇인가요?**

황태채에 다른 양념이 스며들기 전에 먼저 고소한 밑간을 해주는 거야.

● **재워둔 황태는 냉장보관해서 얼마나 둘 수 있어요?**

일주일이나 열흘 정도는 냉장보관이 가능하고, 조금씩 소분하면 냉동보관도 가능해.

{딸의 요령}

"굽기 직전에 황태 양념 위에 약간의 찹쌀가루를 살살 뿌리고, 찹쌀이 잘 배도록 주걱을 세워서 눌러 구우면, 양념이 잘 밀착되고 퍼석한 살도 쫀득하고 부드러워져요."

황태 고추장양념구이

재료 | 2~3인분

- 황태포 2장
  (머리 잘라낸 것 총 150g 정도)
- 참기름 2큰술
- 간장 1작은술
- 식용유 적당량
- 송송 썬 실파 약간
- 통깨 1/2큰술

양념장

- 양파즙+배즙 2/3컵
- 고추장 2큰술
- 고춧가루 2큰술
- 다진 마늘 1큰술
- 간장 1 ½큰술
- 물엿 1 ½큰술
- 식용유 1큰술
- 설탕 1/2큰술
- 참기름 1/2큰술

양념만 바꿔서 동일한 방법으로 조리하면 매콤하면서도 고소한 맛의 황태 고추장양념구이를 만들 수 있어요.

Chapter 12

솥밥

다섯 가지 이상의 곡식으로 건강하게 지은

오곡밥

정월 대보름날 꼭 먹어야 하는 절기 음식인 오곡밥은 부족하기 쉬운 영양소를 채울 수 있는 선조의 지혜가 담겨 있어요. 옛날에는 찹쌀과 잡곡을 불려 시루에 쪄서 만들었지만, 요즘은 적은 양을 만들기 쉽게 압력솥으로 휘리릭~ 오곡밥을 지을 수 있죠. 대보름날 다양한 나물, 김과 곁들여 먹으면 맛도 영양도 풍부해 한없이 먹게 되는 마법의 밥이랍니다.

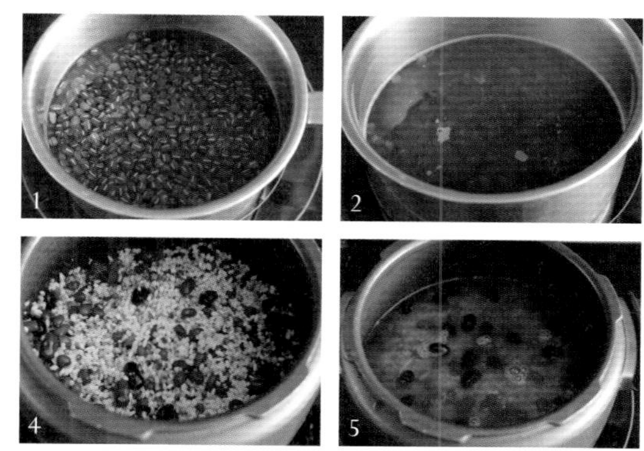

재료 | 4인분

- 찹쌀 1컵
- 쌀 1컵
- 불린 서리태+불린 강낭콩 1컵
- 삶은 팥+불린 차수수+불린 차조 1컵
- 밥물(팥 삶은 물+물) 2 ½컵
- 소금 1작은술

* 밥물은 보통 압력솥에 2 ½컵으로 사용하나 잡곡을 오래 불렸거나 꼬들꼬들한 찰밥을 원하면 밥물을 2컵~2 ½컵 사이로 약간 줄여도 된다.

1 팥은 깨끗하게 씻어 냄비에 넉넉한 물과 함께 넣고 한 번 우르르 끓인다. 첫 물을 따라내 아린 맛을 뺀다.

2 다시 팥의 3배 정도의 물을 붓고 중약불에서 팥알이 터지지 않을 정도로 20분 정도 삶고, 체에 밭쳐 팥과 팥물을 분리한다. 분리한 팥물은 물과 섞어 밥물로 활용한다.

3 쌀과 찹쌀은 물에 씻어서 체에 밭쳐 준비한다. 다른 잡곡과 콩은 물에 3시간 정도 불려 체에 밭쳐 준비한다.

4 불린 잡곡과 쌀을 모두 섞어서 냄비에 넣은 후 소금을 섞은 밥물을 넣고 오곡밥을 앉힌다.

5 압력솥의 뚜껑을 닫고, 센 불에서 8분, 약불에서 5분 조리한 후 불을 끄고 추가 내려가도록 두었다가 김을 뺀다. 잔열이 남는 전기레인지(하이라이트)라면 센 불에서 8분, 약불에서 3분 정도 두고, 잔열로 더 익힌다.

엄마의 훈수

"다섯 가지 이상의 잡곡을 섞어 지으니 영양이 풍부하고, 건강에 얼마나 좋겠어. 잡곡은 가짓수나 종류를 바꿔도 좋아. 단 이 레시피 기준으로 불린 잡곡 2컵의 양만 맞추면 된단다. 꼭 정월 대보름이 아니더라도 도시락을 싸거나 주먹밥을 만들 때 오곡밥이 있으면 꽤 요긴해."

엄마의 비법을 알려 주세요!

- **재료가 달라짐에 따라 물을 맞추는 기준이 있나요?**

잡곡의 종류가 달라져도 불린 잡곡의 총량만 맞춰 주면 돼.

- **팥은 왜 미리 삶아서 사용해요?**

팥은 아린 맛도 있고 단단해서 미리 따로 삶아 사용해야 한단다.

- **쌀과 찹쌀은 따로 불릴 필요가 없어요?**

압력솥에 할 경우엔 따로 불릴 필요 없이 그냥 씻어서 밥을 지으면 되고, 일반 솥에 밥을 할 경우에는 쌀과 잡곡을 충분히 불려야 해. 찹쌀과 멥쌀은 1시간 이상, 잡곡은 3시간 이상 불려서 준비하도록!

- **압력솥 말고 전기 압력밥솥이나 일반 솥으로는 만들 수 없나요?**

만들 수 있지. 전기 압력밥솥엔 잡곡밥코스로 한 다음 레시피대로 밥을 지으면 된단다. 일반 솥으로 오곡밥을 지을 경우엔 찹쌀과 멥쌀을 충분히 불려서 준비하고, 솥에 쌀과 잡곡을 앉혀서 뚜껑을 덮어 밥물이 자작하도록 센 불에서 2~3분 정도 끓이다가 밥물이 잦아들면 불을 아주 약하게 줄여 밥의 상태를 보아가면서 20~25분 정도 뜸을 들이면 돼.

- **뜸을 들인다는 건 밥이 어느 정도 상태가 될 때까지를 이르는 말이에요?**

밥물이 끓어서 밥물이 위에 거의 없도록 자작해지면 불을 약하게 줄여서 뜸을 들이는데, 뜸을 들인다는 것은 익지 않은 쌀을 은근한 불로 익도록 둔다는 뜻이야.

- **왜 뜸을 들이는 과정이 필요한가요?**

밥을 지을 때 그냥 중불에서 밥을 지으면 밥물은 다 없어졌는데 밥알이 설익은 상태가 되고 시간이 더 가면 솥 아랫부분의 밥은 익지도 못하고 타게 될 거야. 밥물이 자작하게 줄면 불을 약하게 줄여서 밥이 타지 않고 고슬고슬하게 익는 시간을 주는 거란다.

{딸의 요령}

"오곡밥은 간간하니 그냥 먹어도 너무 맛있지만 많이 남았을 경우엔, 자칫 금방 쉴 수 있어요. 다양한 요리로 활용하는 게 좋겠죠. 제가 어렸을 때 정월 대보름이면 엄마가 자주 해주시던 요리인데, 오곡밥과 나물을 이용해 오믈렛밥을 만드는 거예요.
오곡밥 치즈오믈렛의 재료는 오곡밥 2공기, 대보름나물 1접시, 도시락 조미김 1팩, 콜비잭 슈레드치즈(또는 피자치즈) 1컵, 참기름·통깨 1작은술씩, 식용유 적당량, 비빔고추장 약간을 준비하세요. 준비된 대보름나물은 가위로 작게 자르고, 오곡밥에 조미김을 부숴 넣어 잘 섞어주세요. 달군 팬에 식용유를 두르고 오곡밥을 얇게 편 다음 중불에서 오곡밥 아래 쪽을 살짝 누르면서 굽는데, 많이 누르면 딱딱하니 적당히 구워야 돼요. 또 밥이 팬에 들러붙지 않는지 확인해야 합니다. 밥 위에 나물, 치즈 순으로 올리고 뒤집개를 사용해 오믈렛 모양으로 반으로 접은 다음, 불을 끄고 치즈가 녹도록 뚜껑을 덮고 잔열에 잠시 두면 뜸이 듭니다. 그릇에 담고 참기름과 통깨를 위에 고루 뿌린 다음 기호에 따라 비빔고추장을 곁들여 먹으면 정말 맛있어요."

밥이 아닌 일품요리!

영양솥밥

가을날 한 끼 건강식으로 추천하는 푸짐한 영양솥밥. 곡식이 풍요로운 가을철에는 햅쌀을 비롯해 솥밥 짓기에 좋은 재료들이 많아 마음까지 풍성해지지요. 산해진미 재료들이 맛과 영양의 밸런스를 맞춘, 이름 그대로 영양 가득한 솥밥 레시피를 소개합니다.

재료 | 2~3인분

- 쌀+찹쌀 1 ½컵
- 전복(중) 1마리
- 새우(중하) 3~4마리
- 밤 4~5개
- 대추 4개
- 오이 파란 부분(껍질, 2/3개 정도) 50g
- 표고버섯 2개(50g)
- 참기름 1큰술
- 국간장 1/2큰술
- 다시마육수 350ml

초간장

- 물 2큰술
- 간장 1큰술
- 통깨 1/2큰술
- 식초 1작은술
- 설탕 1작은술
- 참기름 1작은술

* 쌀에 찹쌀을 3큰술 정도 섞어서 1 ½컵을 만든다.
* 압력솥일 경우 백미 짓듯이 쌀을 불리지 않고 밥물을 300ml 정도로 잡는다.

1 쌀은 씻어서 30분 정도 불렸다가 체에 밭친다.

2 오이는 껍질(파란 부분)만 돌려 깎아 사방 5mm로 다진다. 밤은 껍질을 벗겨 2~4등분한다. 새우와 전복은 살만 발라내어 한 입 크기로 자른다.

3 대추도 돌려 깎아 사방 1cm 정도 크기로 자르고 표고버섯은 기둥을 떼어내고 반을 잘라 5mm 정도 두께로 슬라이스한다.

4 달군 솥에 쌀과 참기름, 국간장을 넣고 중불에서 1분 정도 달달 볶다가 다시마육수를 넣어 밥물을 맞춘다.

5 ④에 밤을 넣고 뚜껑을 덮어 중불에서 바글바글 끓이다가 밥물이 잦아들면 표고버섯을 추가한다. 뚜껑을 덮고 중약불에서 5분 정도 뜸을 들인 후 새우살, 전복살, 대추를 넣고 다시 뚜껑을 덮어 약불에서 10~15분 정도 뜸을 들인다.

6 마지막으로 다진 오이를 넣고 섞는다.

7 양념장을 곁들인다.

엄마의 훈수

"영양솥밥은 제철 재료를 응용해서 풍성하게 만들 수 있어. 각종 버섯뿐 아니라 단호박, 인삼, 죽순, 완두콩, 은행, 연근, 우엉, 해산물 등 몸에 좋은 재료들을 넣으면 맛과 영양이 업그레이드되지. 만들 때마다 넣는 재료가 달라지니 팔색조 같은 매력을 지닌 한 그릇 솥밥이 된단다."

- **쌀은 꼭 불려서 사용해야 하나요?**

솥밥, 냄비밥을 지을 경우에는 30분 정도 꼭 불려서 넣어야 해.

- **쌀과 찹쌀의 비율은 어느 정도가 적당해요?**

솥밥을 지을 때 밥을 약간 찰지게 하느라 찹쌀을 조금 섞는 거야. 쌀과 찹쌀의 비율은 4:1정도로 섞으면 돼. 압력솥에 지을 땐 굳이 찹쌀을 섞지 않아도 되고.

- **전기밥솥으로도 만들 수 있나요?**

솥밥이 서툴면 오이를 뺀 재료를 모두 쌀과 섞어서 전기밥솥에 넣고, 백미밥코스로 밥을 지은 후 마지막에 그릇에 담기 전 오이랑 섞어 주면 돼. 압력 전기밥솥으로 할 경우 밥물을 300ml 정도로, 솥밥보다 조금 적게 잡아야 한단다.

- **재료를 한꺼번에 넣으면 안 되나요? 시간차로 나눠서 넣는 이유는요?**

솥밥 재료를 모두 한꺼번에 넣지 않는 이유는 밥을 지을 때 재료가 익는 시간이 다르기 때문이야. 시간차를 두고 넣어 모든 재료가 알맞게 익도록 하는 거지. 밤은 익는 데 시간이 꽤 걸리고 표고버섯은 미리 넣어도 맛을 내면서 식감이 그대로이니 먼저 넣는 거야. 반면 새우나 전복은 일찍 넣으면 많이 오그라들면서 질겨지고 대추는 물러질 수 있어. 전기밥솥에 밥을 하면 쉽지만 이 점은 감안해야 한단다.

- **어떤 재료를 추가할 수 있을까요?**

영양솥밥은 제철 재료를 다양하게 활용할 수 있어. 각종 버섯, 단호박, 인삼, 죽순, 완두콩, 은행, 뿌리채소, 해산물 등이 특히 잘 어울리지.

- **혹시 어울리지 않거나 넣으면 안 되는 재료가 있나요?**

영양솥밥은 제철 재료로 영양이 풍부한 식재료를 넣고 함께 밥을 짓는 것이 좋아. 안에 들어가는 재료는 익는 시간을 생각해보고 너무 물러지지 않게 시간차를 두고 넣어준다면 대부분 사용할 수 있을 것 같구나. 대신 재료의 맛이 서로 어울리는지 체크해봐야 하겠지.

{딸의 요령}

"이 영양밥을 단호박에 넣어서 먹으면 아주 별미예요. 단호박을 잘 씻어서 꼭지 쪽에 동그랗게 구멍을 적당히 내고 숟가락으로 속을 파내요. 단호박 속에 한 김 식은 영양밥을 넣고, 잘라냈던 단호박 뚜껑을 닫은 다음 김 오른 찜통에 넣고 중불에서 20분 정도 찌면 완성입니다. 먹기 좋게 잘라서 먹으면 모양도 맛도 훌륭해요."

봄내음 가득한 나물로 지은 고슬고슬 밥

곤드레나물밥

맛이 부드럽고 담백하며 고유의 향이 살아 있는 곤드레나물. 5월이 제철인 곤드레는 어린 순은 생으로 먹기도 하지만, 주로 튀김이나 무침으로 먹는데, 말리거나 냉동해서 보관하면 1년 내내 곤드레나물밥을 지어 먹을 수 있어요. 갓 지은 곤드레나물밥에 양념장만 넣어 쓱쓱 비비면 별다른 반찬 없이도 술술 넘어가지요.

재료 | 2~3인분

- 불린 곤드레나물 150g
- 쌀 1 ½컵
- 물 1 ½컵
- 들기름 1 ½큰술
- 국간장(또는 액젓) 1작은술

양념장

- 간장 2큰술
- 다진 파 2큰술
- 참기름 1큰술
- 국간장 1/2큰술
- 고춧가루 1/2큰술
- 통깨 1/2큰술
- 다진 마늘 1작은술
- 송송 썬 청양고추 1개분

1 불린 곤드레나물은 잘 씻어서 물기를 꼭 짠 후 먹기 좋게 6~7cm 길이로 자른다.
2 쌀은 씻어서 30분 정도 불렸다가 체에 밭친다.
3 달군 뚝배기에 손질한 곤드레나물과 국간장, 들기름을 넣고 기름이 잘 섞이도록 중불에서 1분 정도 볶는다.
4 ③에 불린 쌀을 넣어 섞은 후 쌀과 동량의 밥물을 붓는다.
5 뚜껑을 덮고 밥물이 자작하도록 센 불에서 2~3분 정도 끓이다가 밥물이 잦아들면 불을 아주 약하게 줄여서 10~15분 정도 뜸을 들인다. 밥이 고슬고슬하게 지어지면 불에서 내려 골고루 섞는다.
6 분량의 재료를 섞어 양념장을 만들어 곁들인다.

엄마의 훈수

"밥물은 쌀과 곤드레나물 위에 부어 자작하게 잡아. 좀 더 찰기 있는 밥을 원하면 쌀 대신에 찹쌀을 1/2컵 정도 섞어서 지어도 좋지. 취나물밥이나 시래기나물밥도 같은 방법으로 지으면 된단다. 나물밥 만들기 생각보다 쉽지? 양념장을 만들 때도 꼭 레시피 재료에 구애받지 말고 부추, 청양고추, 달래, 대파, 쪽파 등 냉장고 속 자투리 채소나 제철에 나는 채소를 넣어주면 색다른 풍미가 더해진단다."

엄마의 비법을 알려 주세요!

- **곤드레나물 고르는 법이 궁금해요.**

5~6월이 제철인 곤드레나물은 강원도 산간에서 특히 많이 수확되는데, 수확 직후 말려서 많이 팔아. 마른 곤드레나물은 전체적으로 고르게 녹갈색을 띠는 것이 잘 건조된 것이고, 곤드레 특유의 향이 나는 것이 좋아. 이물질이 없는지도 꼭 확인해라! 햇것을 말린 것은 초여름에 구입하면 좀 더 신선한 맛이 나 좋단다. 곤드레나물밥은 자주 해 먹는 편이 아니니 믿을 만한 곳에서 조금씩 구입하는 것이 지혜지.

- **마른 곤드레나물은 어떻게 불려요?**

마른 곤드레나물은 하룻밤 정도 물에 불렸다가 곤드레가 잠길 만큼의 물을 붓고 끓인 다음 손으로 만져 보아 어느 정도 부드러워질 때까지 삶아 불을 꺼. 그런 다음 냄비째 그대로 식히면서 좀 더 불리는 거지. 대부분 마른 나물은 같은 방법으로 불리는데, 상태에 따라 삶는 시간은 다를 수 있으니 말랑하면서 먹기 좋은 상태를 만져 보면서 체크하렴.

- **마른 곤드레나물을 빨리 불리는 방법이 있어요?**

빨리 불리려면 마른 곤드레나물을 뜨거운 물에 잠시 불렸다가 삶는 방법이 있지. 곤드레 줄기가 무르지 않고 먹기 좋게 씹힐 정도로 삶아주면 돼.

- **마른 곤드레나물을 삶았더니 양이 많아졌어요. 밥물의 양도 늘릴까요?**

곤드레나물 양이 많아져도 쌀과 물의 양만 맞추면 된단다. 곤드레나물은 삶아진 상태에서 더 익히는 거라 물을 거의 먹지 않고 숨이 죽어 있지. 그렇기 때문에 밥물의 양에 그리 신경을 쓰지 않아도 된단다.

- **솥밥, 냄비밥 짓는 게 어려워요.**

우선 솥밥(냄비밥)을 지을 때는 도톰한 냄비나 뚝배기가 좋고, 밥물이 넘치지 않도록 약간 깊은 사이즈를 선택해야 해. 혹시 자주 밥물이 넘친다면 처음엔 센 불에서 뚜껑을 살짝 열고, 밥물이 끓으면서 잦아들면 바로 뚜껑을 닫은 다음 최대한 약불로 줄여 10~15분 정도 충분히 뜸을 들여 줘. 누룽지도 거의 생기지 않고 고슬고슬한 솥밥이 완성된단다.

{딸의 요령}

"우리 식구는 곤드레나물밥을 좋아해서 자주 먹는 편인데, 반숙 달걀프라이를 올리면 금상첨화예요. 어른들은 레시피의 매콤한 양념장을 곁들이는데 달걀비빔밥처럼 비벼 먹어도 맛있어요. 라임이는 버터나 간장, 참기름만 넣고 비벼주면 금세 한 그릇을 비워요."

한 그릇에 담긴 조화로운 맛의 향연

콩나물 김치밥

김장 김치가 폭 익어 가장 맛있을 때 양념한 돼지고기와 송송 썬 김치를 넣고 콩나물밥을 만들면 굳이 다른 반찬이 필요하지 않아요. 부추, 달래, 쪽파 등 제철 재료를 듬뿍 넣은 양념장에 쓱쓱 비벼 먹으면 게눈 감추듯 한 그릇 뚝딱입니다.

2·3

4

5-1

5-2

7

재료 | 4인분

- 콩나물 300g
- 김치 200g
- 돼지고기(살코기) 200g
- 쌀 2컵
- 참기름 1큰술
- 물(또는 다시마육수) 2컵

돼지고기양념

- 간장 1큰술
- 설탕 1작은술
- 다진 마늘 1작은술
- 참기름 1작은술
- 후춧가루 약간

부추양념장

- 부추(또는 달래, 쪽파) 30g
- 간장 2큰술
- 참기름 1큰술
- 통깨 1/2큰술
- 고춧가루 2작은술
- 올리고당 1작은술

* 돼지고기는 등심, 앞다리살, 뒷다리살을 사용하면 된다.

1 쌀은 30분 정도 물에 담가 불려서 체에 밭친다. 콩나물은 물에 2~3번 살살 헹궈 체에 그대로 밭쳐 둔다.

2 김치는 속을 털어내고 짧게 채 썬 다음 참기름에 버무린다.

3 돼지고기는 가늘게 채 썰거나 굵게 다진 다음 양념에 재운다.

4 부추를 1cm 정도로 짧게 썰고, 분량의 재료를 섞어 양념장을 만든다.

5 냄비에 쌀과 동량의 물을 넣는데, 밥물은 거의 재료가 잠길 정도면 된단다. 쌀 위에 돼지고기, 김치 순으로 골고루 얹는다.

6 뚜껑을 덮고 센 불에서 밥물이 끓어오르면 중불로 줄여 2~3분 정도 끓이다가 밥물이 자작해지면 콩나물을 넣고 다시 뚜껑을 덮어 아주 약한 불에서 10~15분 정도 뜸을 들인다.

7 콩나물이 아삭하게 익고 뜸이 잘 들었으면 불을 끄고 뚜껑을 열어 밥을 골고루 섞는다. 이때 돼지고기가 서로 뭉칠 수 있으니 잘 풀어야 한다.

8 완성된 밥에 부추양념장을 곁들인다.

엄마의 훈수

"밥을 지을 때 물 대신 다시마육수를 넣으면 감칠맛이 돌아 양념장 없이 먹어도 맛있단다. 번거롭더라도 다시마육수를 내서 밥을 해 봐. 그냥 물을 넣는 것과 차원이 다른 맛이라는 걸 느낄 수 있을 거야. 솥밥을 지을 때 쌀을 충분히 불려야 하는데, 그래야 밥이 고슬고슬하고 맛있어. 처음에는 불 조절이 어려워 보초 서면서 보고 있어야 하지만, 여러 번 하다 보면 노하우가 생겨서 밥의 상태만 보고도 불 조절을 잘 할 수 있지."

● **김치가 너무 익었거나 안 익었을 경우 어떻게 해야 하나요?**

너무 익은 김치는 물에 씻어서 신맛을 약간 감하고 넣으면 되는데, 안 익은 김치는 맛이 어우러지지 못해 넣지 않는 것이 나을 수도 있어. 하루 정도 실온에서 익혀서 사용하거나 익은 김치를 사용하는 것이 맛있지.

● **쌀을 불리는 과정 없이 밥을 짓는다면 조리 방법이 달라지나요?**

그렇지. 밥물의 양을 좀 더 잡아야 하고 뜸 들이는 시간도 길어져. 대개 솥밥을 지을 땐 쌀을 꼭 불려서 하는데, 밥을 고슬고슬하고 맛있게 지을 수 있는 첫 번째 조건이란다.

● **돼지고기는 결 방향 상관없이 썰어도 되나요?**

반드시 결 방향을 따라 썰어야 되는 경우가 아니라면, 보통 결 반대로 썰어야 식감이 연하고 좋아. 잘 구분이 안 가거나 굵게 다져서 넣을 경우에는 결이 크게 상관없어.

● **솥밥을 지을 때 밥물이 자주 넘쳐요. 솥밥을 맛있게 잘 짓는 비법이 있을까요?**

솥밥을 지을 때는 도톰한 냄비나 뚝배기가 좋은데, 솥밥 짓는 것이 익숙해지기 전에는 밥물이 넘치지 않도록 약간 깊은 사이즈를 사용하도록 해. 솥에 밥을 앉힌 후 지켜보면서 밥물이 끓어오르면 넘치지 않게 뚜껑을 살짝 열어줘. 그 찰나를 놓쳐 자칫 넘쳐 흐를 수도 있으니, 그것이 싫다면 처음부터 밥물이 잦아들 때까지 뚜껑을 살짝 열었다가 밥물이 잦아들면 뚜껑을 닫고 약불로 줄여 뜸을 충분히 들이면서 밥과 재료를 익혀도 된단다. 콩나물은 살짝 아삭하게 익히는 것이 좋기 때문에 엄마는 밥물이 잦아든 다음에 넣었어.

{딸의 요령}

"매운 것을 못 먹는 아이들은 물에 씻은 김치나 백김치를 넣으면 얼마든지 먹을 수 있어요. 김칫소를 털어낼 때 물에 흔들어 고춧가루 입자 없이 깨끗하게 씻어주면 됩니다."

촉촉한 가지로 만드는 별미 솥밥

가지밥

재료 | **2~3인분**

- 가지 1개(150g)
- 다진 돼지고기(살코기) 100g
- 쌀 1 1/2컵(쌀1컵+찹쌀 1/2컵)
- 참기름 1큰술
- 물(또는 다시마육수) 1 1/2컵

돼지고기양념

- 맛술 1/2큰술
- 간장 1작은술
- 다진 마늘 1작은술
- 후춧가루 약간

양념장

- 송송 썬 실파 3큰술
- 다진 홍고추 1/3개분
- 간장 2큰술
- 참기름 1큰술
- 통깨 1/2큰술
- 올리고당 1작은술

3

5

7

1 쌀은 깨끗하게 씻어 30분 정도 불려 체에 밭쳐 물기를 뺀다.
2 돼지고기는 분량의 돼지고기양념에 10분 이상 재운다.
3 가지는 길이로 4등분한 후 큼직하게 썬다.
4 분량의 재료를 섞어 양념장을 만든다.
5 달군 냄비에 참기름을 두르고 재워둔 돼지고기를 넣고 중불에서 볶는다. 고기가 익으면 가지를 넣고 살짝 익도록 볶아낸다.
6 같은 냄비에 불린 쌀을 앉히고 동량의 물을 붓는다.
7 뚜껑을 덮고 센 불에서 밥물이 끓어오르면 중불로 줄여 2~3분 정도 끓이다가 밥물이 자작해지면 볶아 놓은 돼지고기와 가지를 넣고 다시 뚜껑을 덮는다. 아주 약한 불에서 10~15분 정도 뜸을 들인다.
8 밥이 고슬고슬하게 지어지면 불에서 내려 골고루 밥을 섞는다.
9 양념장을 고루 섞어 가지밥에 곁들인다.

가지는 보통 나물, 전, 튀김으로 많이 해 먹는데, 밥에 넣어 먹어도 색다른 매력을 느낄 수 있어요. 반찬 없을 때 뚝딱 만들어 먹는 한 그릇 솥밥으로 최고! 맛의 궁합이 잘 맞는 돼지고기를 함께 넣어 맛과 영양을 살린 가지밥은 양념장에 쓱쓱싹싹 비벼 먹으면 꿀맛입니다.

엄마의 비법을 알려 주세요!

● **돼지고기 대신 쇠고기를 넣어도 되나요?**

쇠고기를 넣어도 되지만 맛의 궁합은 돼지고기가 더 좋단다.

● **가지를 어떤 모양으로 썰어야 해요?**

깍두기보다 약간 더 큰 사이즈의 깍둑썰기로 써는 거란다. 가지는 익으면 쉬이 물러지므로 약간 큼직하게 써는 것이 좋아. 깍둑썰기를 하지 않아도 좀 큰 듯한 크기로(큼직하게) 먹기 좋게 썰면 돼.

● **고기를 볶을 때 참기름 말고 식용유를 넣어도 되나요?**

식용유를 넣어도 되지만 참기름을 넣으면 한층 풍미가 살아나고 고소하니 되도록 참기름을 사용하길 바란다.

{딸의 요령}

"가지를 깨끗하게 씻은 뒤에 물기를 제거하고 원하는 크기로 썬 다음, 소쿠리 같은 것에 펼쳐서 햇볕이 잘 드는 창가 쪽에 두세요. 한나절 정도 살짝 말려서 사용하면 쫄깃쫄깃하니 식감도 좋아지고 맛과 영양이 배가됩니다."

엄마의 훈수

"가지를 볶을 때는 고기를 볶은 기름으로 코팅하는 정도로만 볶는 것이 좋아. 너무 많이 볶으면 물컹해질 수 있거든. 쌀과 동량의 물을 부어 밥을 지으면 고슬고슬한 밥이 되는데, 조금 더 부드럽게 하려면 물을 50ml 정도 더 잡으면 돼. 뜸을 들이는 이유는 그래야 눌은밥이 생기지 않고 고슬고슬한 밥이 완성되기 때문이지."

은근한 버섯의 향기가 매력적인

표고버섯밥

제철 표고버섯은 향이 깊고, 오동통해서 고기보다 더 맛있어요. 식이섬유가 풍부하고 저칼로리 식재료라 다이어트 식단에 제격이며 암, 고혈압, 골다공증, 동맥경화 등 각종 질환을 예방해줍니다. 표고버섯을 듬뿍 넣고 밥을 지으면 맛과 향이 풍부해 오감을 만족시키는 한 끼 식사가 됩니다.

재료 | 4인분

- 표고버섯 10개(150g 정도)
- 쌀 2컵
- 다시마 사방 10cm 1장
- 물 2 ½컵

양념

- 청주 1큰술
- 멸치액젓 1큰술
- 참기름 1큰술
- 간장 1작은술

1 표고버섯은 물에 1회 정도 빠르게 씻어 건진 다음 갓과 기둥을 분리한다.

2 갓은 6등분하고, 기둥 아래 지저분한 부분을 잘라낸 뒤 얇게 슬라이스한다. 이 상태로 하루 정도 실온에 두어 살짝 말린 뒤에 사용하면 표고버섯 맛이 더 쫄깃해진다.

3 쌀은 씻어서 압력솥에 넣고 밥물을 앉힌 후 양념을 넣고 그 위에 다시마와 표고버섯을 얹는다.

4 압력솥의 뚜껑을 닫고, 센 불에서 7분, 약불에서 5분 조리한 후 불을 끄고 추가 내려가도록 두었다가 김을 뺀다. 잔열이 남는 전기레인지(하이라이트)라면 센 불에서 7분, 약불에서 3분 정도 두고, 잔열로 더 익힌다. 전기 압력밥솥일 경우 백미코스로 밥을 지으면 된다.

5 밥이 다 되면 다시마를 꺼내 한 입 크기로 썰고, 다시 표고버섯과 밥을 고루 섞는다.

엄마의 훈수

"생표고버섯은 수분을 잘 빨아들이기 때문에 빠르게 씻어야 버섯의 맛과 향을 유지할 수 있어. 여러 번 씻는 것이 아니라 받은 물에 한 번 빠르게 씻는 것이 포인트야. 표고버섯에 들어 있는 에르고스테롤 성분은 자외선을 만나면 비타민 D로 변하기 때문에 생표고버섯을 구입했다면 반나절 정도 햇볕에 말리는 것이 좋아."

엄마의 비법을 알려 주세요!

● **표고버섯은 어떤 것을 골라야 하나요?**

갓이 많이 피지 않고 색이 선명하면서 주름지지 않은 것이 좋은 표고버섯이야.

● **말린 표고버섯을 써도 되나요? 분량도 똑같나요?**

말린 표고를 사용해도 되는데 불려서 꼭 짠 다음 같은 분량으로 사용하면 될 것 같아. 참고로 불린 표고는 버섯 향이 훨씬 강하고 식감이 더 쫄깃하단다.

● **표고버섯 외에 다른 재료를 추가한다면요?**

같은 철에 나오는 다른 버섯 종류를 더 추가해 모둠버섯밥으로 지으면 더욱 영양 만점 식사가 되겠지.

● **일반 솥에 밥을 지으려면 뭐가 달라지나요?**

압력솥에 밥을 지을 경우에는 쌀을 불리지 않고 씻어서 바로 사용하지만, 일반 솥에 밥을 할 경우는 쌀을 30분 이상 불려서 준비해야 해. 조리과정 ④번에서 뚜껑을 덮고 센 불에서 밥물이 자작해지도록 2~3분 정도 끓이다가, 밥물이 잦아들면 불을 아주 약하게 줄여서 10~15분 정도 은근하게 뜸을 들여. 밥의 상태를 보아가면서 뜸을 들이면 돼.

{딸의 요령}

"고구마를 한 입 크기로 썰어 표고버섯을 넣을 때 함께 넣어주면 맛있는 고구마 표고버섯밥이 된답니다. 쫄깃한 버섯과 달콤하고 포슬포슬한 고구마가 제법 잘 어울려요."

겨울철에는 무 하나만 있어도 만들어 먹을 수 있는 음식이 무궁무진해져요. 무치고, 볶고, 국과 찌개에 넣는 등 제철 재료라 그 맛이 달고 시원해 요리의 맛을 살리는 역할을 톡톡히 하지요. 무를 굵직하게 채 썰어 굴과 함께 고슬고슬하게 지은 무 굴밥은 겨울이 선물하는 최고의 맛이랍니다.

1·2

3

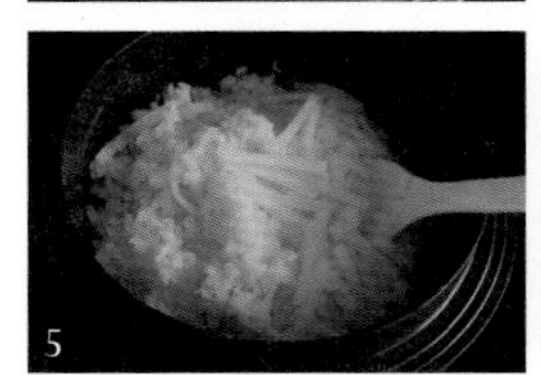
5

6

7

재료 | **2~3인분**

- 무 4cm 1토막(200~250g 정도)
- 굴 150g
- 쌀 1 ½컵
- 물 1 ½컵
- 다시마 사방 10cm 1조각
- 참기름 1/2큰술
- 소금물
  (생수 5컵+소금 1 ½큰술)

양념장

- 부추 20g
- 간장 2큰술
- 참기름 1큰술
- 국간장 1/2큰술
- 고춧가루 1/2큰술
- 올리고당 1/2큰술
- 통깨 1/2큰술
- 다진 마늘 1작은술

1 쌀은 깨끗하게 씻어 30분 정도 불린 후 체에 밭쳐 물기를 뺀다. 무는 4~5cm 길이로, 5mm 두께로 채 썬다.

2 굴은 손으로 만져보면서 껍질이 있으면 떼어내고 소금물에 체에 담긴 굴을 넣고 흔들어 가면서 1~2번 씻어 체에 10분 정도 밭쳐서 충분히 물기를 뺀다.

3 쌀과 동량의 밥물을 잡고 그 위에 다시마를 올린 후 썰어 놓은 무를 얹는다.

4 뚜껑을 덮고 밥물이 자작하도록 센 불에서 2~3분 정도 끓이다가 밥물이 잦아들면 불을 아주 약하게 줄여서 10~15분 정도 뜸을 들인다.

5 뚜껑을 열고 밥과 무가 잘 섞이도록 골고루 저어준 다음 중간에 다시마를 꺼낸다.

6 섞어진 밥 위에 굴을 얹고 굴 위에 참기름을 뿌린 후 다시 뚜껑을 덮어 굴이 익도록 약불에서 10분 정도 뜸을 더 들인다.

7 부추를 1cm 길이로 썰고 분량의 재료를 섞어 양념장을 만든다.

8 밥을 고루 섞어 그릇에 담고 양념장을 곁들인다.

● **다시마는 어떤 역할을 하나요?**

다시마육수 대신에 조각을 넣은 것인데, 감칠맛을 더해 주는 역할을 해. 다시마가 없다면 굳이 넣지 않아도 된단다.

● **꺼낸 다시마가 아까워요. 활용할 수도 있을까요?**

밥물이 끓고 나면 다시마는 이미 맛이 우러난 상태고, 조각이 크기 때문에 꺼내는 거야. 말랑한 다시마를 잘게 썰어 다 지어진 무 굴밥에 넣고 섞어 먹어도 씹는 맛이 있어 좋지.

● **굴을 마지막에 넣는 이유가 있나요?**

굴 같은 조개류들은 너무 많이 익히지 않고 딱 알맞게 익어야 제맛이 나는 법이야. 마지막에 넣는 것은 알맞게 익는 타이밍을 찾아 넣는 거란다. 처음부터 넣으면 크기도 작아지고 질겨지면서 맛이 없어져.

● **굴 대신 다른 해산물로 대체해도 되나요?**

무와 굴이 가장 잘 어울리는 재료의 조합이야. 다른 재료로 대체하기보다는 무가 맛있는 철에는 굳이 굴을 넣지 않고 무만 넣고 밥을 지어 양념장에 비벼 먹어도 부족함 없이 맛있을 거야.

{딸의 요령}

"무 굴밥에 불린 녹두나 표고버섯을 넣고 응용해 먹어도 맛있어요. 불린 녹두와 표고버섯은 무 넣을 때 같이 넣어서 밥을 지으면 됩니다. 말린 표고버섯을 사용할 경우 물에 불린 후 손으로 짜서 물기를 제거하세요. 여기서 나온 물은 밥물에 활용해도 좋아요."

엄마의 훈수

"무와 굴은 제맛을 내는 타이밍이 다르니 같이 넣으면 안 되고 무가 다 익은 다음 굴을 얹어 뜸 들이는 정도로만 익히면 돼. 굴 위에 참기름을 뿌리는 이유는 굴의 풍미를 살려 더 맛있는 밥을 짓기 위함이지. 무 굴밥은 양념장 맛이 생명인데, 부추 대신에 청양고추, 대파, 쪽파 등 보기에 예쁜 초록 채소를 다져서 넣으면 좋아."

바다의 향기와 영양을 가득 품은

홍합 버터밥

재료 | **2~3인분**

- 홍합 500g
- 버터 2큰술
- 쌀 1 ½컵
- 홍합육수+다시마육수 350ml

양념장

- 간장 2큰술
- 물 1큰술
- 통깨 1큰술
- 참기름 1작은술
- 다진 마늘 1작은술
- 설탕 1/2작은술
- 송송 썬 실파(또는 다진 파) 2큰술

3

4

8

1 홍합은 여러 번 씻어 겉의 지저분한 것을 떼어내고 깨끗하게 손질한다. 껍질 홍합을 사용할 경우, 입을 열고 있는 것은 죽은 것이기 때문에 다물고 있는 것만 사용해야 한다.
2 씻은 홍합을 물기가 있는 채로 바로 냄비에 넣는다.
3 냄비에 물을 따로 붓지 않고 뚜껑을 덮어 중불에서 5분 정도 김이 살짝 나도록 끓인다. 껍질이 입을 벌리기 시작할 정도까지만 익히면, 홍합살을 껍질에서 발라내기 쉽다.
4 홍합살을 발라내고, 국물을 체에 밭쳐 남은 홍합육수를 따로 준비한다. 발라낸 홍합살 가운데 부분에서 질긴 끈 부분이 보이면 당겨서 빼낸다.
5 분량의 재료를 섞어 양념장을 만든다.
6 쌀은 씻어서 30분 정도 불렸다가 체에 밭친다.
7 냄비에 불린 쌀과 다시마육수와 홍합육수를 섞어서 넣고 중불에서 뚜껑을 열어 밥물이 자작해질 때까지 끓인다.
8 밥물이 잦아들면 약불로 줄이고, 뚜껑을 닫은 후 10분 정도 뜸을 들이고 뚜껑을 열어 발라낸 홍합살과 버터를 넣는다.
9 뚜껑을 닫고 홍합이 알맞게 익을 정도로 약불에서 1~2분 정도 둔 다음 다시 뚜껑을 열고 불에서 내려 골고루 섞는다.
10 양념장을 곁들인다.

홍합으로 만드는 한 그릇 솥밥으로, 제철 맞아 탱글탱글한 홍합살로 만들어 먹으면 맛도 영양도 으뜸이랍니다. 홍합은 주로 국물요리에 많이 사용하지만, 밥에 넣어 양념장과 비벼 먹어도 별미지요. 홍합 한 자루 넉넉하게 사서 홍합탕도 끓이고, 홍합밥도 지어 한 상 차려내면 바다의 향기가 식탁 위에 고스란히 전해진답니다.

엄마의 비법을 알려 주세요!

● **홍합은 어떤 것을 골라야 하나요?**

홍합은 사이즈가 좀 크고 입을 다물고 있는 것으로 골라야 해. 입을 벌린 홍합은 죽은 것이거나, 덜 싱싱하거나 상한 것일 수도 있거든.

● **껍질 홍합을 사용하지 않을 경우 육수를 어떻게 내나요? 다른 육수로 대체 가능한가요?**

껍질 홍합이 없고 홍합살만 있을 경우엔 소량의 끓는 물에 홍합살을 살짝 데치고, 그 국물을 밥물로 사용하면 돼. 다시마육수가 준비되지 않았다면 홍합을 익히면서 나온 육수와 물로 밥물을 잡아도 돼. 또는 시판용 육수 제품을 연하게 사용해도 된단다.

● **쌀을 꼭 불려야 하나요?**

솥밥으로 짓는 것이니 쌀은 꼭 30분 이상 불려 넣어야 쌀이 골고루 익어 맛있어.

● **홍합살을 미리 넣으면 안 되나요?**

홍합살은 조리과정 ③번에서 이미 살짝 익힌 상태로 사용하기 때문에 미리 넣으면 홍합살이 너무 오그라들면서 질겨지고 맛도 덜 하게 돼.

{딸의 요령}

"비슷한 조리법으로 홍합 대신에 전복 4~5마리(250g)를 넣고 전복 버터밥을 만들어도 맛있어요. 손질한 전복을 살과 내장으로 나누고, 내장을 믹서에 곱게 갈아 준비합니다. 냄비에 불린 쌀, 국간장 1/2큰술, 간 내장을 넣고 고루 섞어서 밥을 짓다가 밥물이 자작해지면 먹기 좋게 썬 전복살과 버터를 넣고 뚜껑을 덮어 마저 밥을 지으면 완성입니다. 위 레시피의 양념장을 곁들여 먹으면 꿀맛이에요."

엄마의 훈수

"홍합이 제철인 가을과 겨울에 통과의례처럼 꼭 해 먹는 색다른 별식이지. 홍합에서 나온 육수가 진하고 짭짤하기 때문에 엄마는 다시마육수와 섞어준단다. 홍합 외에도 전복, 바지락살, 미니 관자 등으로 재료를 바꿔줘도 좋아."

Chapter 13

죽

영양 가득 든든한 한 끼

쇠고기 채소죽

요즘은 아플 때만 죽을 먹는 게 아니라 간단하게 아침 대용식으로 즐겨 먹곤 하죠. '죽' 하면 대표적으로 떠오르는 쇠고기 채소죽은 양질의 단백질인 쇠고기와 여러 가지 건강한 채소를 동시에 섭취할 수 있어 영양적으로 훌륭한 식사가 됩니다.

1·2·3

4

5

7-1

7-2

재료 | **3~4인분**

- 다진 쇠고기 100g
- 당근 60g
- 애호박 60g
- 양파 60g
- 쌀 1컵
- 표고버섯 40g
- 소금 1/4작은술
- 다시마육수 7컵

쇠고기양념

- 국간장 1/2큰술
- 참기름 1/2큰술
- 다진 마늘 1작은술
- 후춧가루 약간

1 쌀은 씻어서 30분 이상 물에 불린 후에 체에 밭쳐 물기를 뺀다.

2 다진 쇠고기는 키친타월에 감싸 핏물을 뺀 후 분량의 쇠고기양념과 섞는다.

3 표고버섯, 당근, 애호박을 곱게 다진다. 표고버섯은 불린 표고버섯을 사용해도 된다.

4 달군 냄비에 다진 표고버섯, 양념한 쇠고기를 넣고 중불에서 1~2분 정도 볶는다.

5 불린 쌀을 넣고 쌀이 투명해지도록 중불에서 5분 정도 볶는다. 냄비 바닥에 눌어붙으면 살살 긁어가면서 쌀과 고기를 꼬들꼬들하게 볶는다.

6 준비한 다시마육수를 붓고 불을 중불보다 약간 센 불에서 끓인다. 끓어오르면 불을 약불로 줄이고 쌀이 어느 정도 퍼질 때까지 뚜껑을 덮어 25분 정도 바글바글 끓인다. 중간에 한두 번 눌어붙지 않도록 젓는다.

7 쌀이 퍼지고 윗물이 어느 정도 남아 있을 때 뚜껑을 열고 나머지 준비한 채소를 넣고 5분 정도 더 끓인다.

8 소금으로 간을 한다.

엄마의 훈수

"죽은 너무 오래 끓이면 오히려 식감이 떨어지기 때문에 숟가락으로 들었을 때 끈기가 없이 호로록 떨어지는 정도가 적당하단다. 맛있는 죽의 포인트는 쌀과 고기를 꼬들꼬들하게 볶는 과정인데, 타지 않을 정도로, 눌어붙지 않을 정도로 긁어가면서 볶아줘야 해. 요리 초보들은 이 부분이 참 어려운데, 이렇게 해야 쇠고기 누린내도 덜 나고 누룽지처럼 고소한 맛이 나."

엄마의 비법을 알려 주세요!

● 쌀은 30분 이상 불리는 것과 하루 혹은 반나절 불리는 것이 다른가요?

쌀을 최소한 30분은 불려야 한다는 의미야. 반나절이나 하루 동안 불려도 큰 지장은 없겠지만 날씨에 따라 쌀이 상할 수도 있고, 쌀의 수용성 영양분이 물에 빠져나갈 수도 있어. 오래 불리는 것이 꼭 좋은 것만은 아니란다. 30분~1시간 정도 불리는 것이 가장 적정한 시간이야.

● 꼬들꼬들하게 볶는 느낌이 어떤 건가요? 냄비에 눌어붙거나 타지 않게 잘 볶는 노하우가 있나요?

죽을 고소하고 맛있게 끓이는 노하우 중 하나가 쌀과 기본 재료인 고기나 해물을 넣고 쌀이 꼬들꼬들거릴 정도로 충분히 볶아 끓이는 거야. '꼬들꼬들하다'는 쌀이 투명하게 제법 익은 정도를 말하는 거지. 그렇게 볶다 보면 냄비 바닥에 들러붙을 수 있으니 잘 긁어가면서 타지 않게 볶아야 해. 그만큼 충분히 볶아주어야 된다는 얘기야.

● 다지기를 이용해서 채소를 다져도 되요?

그럼! 굳이 칼로 다지지 않아도 되고 편리하게 다지기 등을 이용해도 돼.

● 죽은 식으면 더 되직해지는데, 어떤 상태에서 불을 꺼야 죽 농도가 적당한가요?

죽은 생쌀일 경우 쌀 1컵에 물 7컵, 불린 쌀 1컵일 경우는 물 5컵이 적당한 물의 양이야. 정확히 계량을 해서 레시피대로 죽을 끓이고, 뜨거울 때 약간 묽은 듯한 느낌이 되면 불을 끄렴. 숟가락으로 떠봤을 때 끈기 없이 호로록 떨어질 정도의 죽이 되는데 이 정도가 딱 알맞은 농도야. 식어도 너무 되직하지 않고 딱 먹기 좋은 상태의 죽이 되는 거지.

{딸의 요령}

"수능 보는 날, 긴장하면 소화가 잘 안 되는 탓에 밥을 먹으면 체할까 봐 엄마가 도시락으로 싸 주신 메뉴가 바로 쇠고기 채소죽이에요. 중요한 날에는 죽을 먹으면 안 된다는 얘기도 있지만, 저에게는 엄마의 배려와 사랑, 관심이 듬뿍 담긴 든든한 도시락이었죠. 그 덕에 원하는 대학에 갈 수 있었고요.
쇠고기 채소죽은 사골육수를 넣고 끓여도 맛있어요. 미역이 있다면 불린 미역을 먹기 좋게 잘라 위 레시피와 같이 고기와 쌀을 볶을 때 같이 넣어 볶은 다음에 육수를 넣고 끓이면 돼요. 마지막으로 국간장과 소금으로 간을 맞추면 간단하게 쇠고기 미역죽을 끓일 수 있답니다."

후다닥 쉽고 간단하게 끓이는

참치 채소죽

참치만 있으면 쉽고 간편하게 끓일 수 있는 고소하고 감칠맛 나는 영양죽이에요. 입맛이 없을 때, 가벼운 식사를 원할 때 참치 채소죽으로 해결하면 속이 든든하고 편안하지요. 밥을 이용해 간단하게 끓일 수 있지만, 쌀을 직접 볶아 끓이는 것이 훨씬 맛있답니다.

재료 | 3~4인분
- 참치 통조림 1개(150g)
- 애호박 50g
- 새송이버섯 40g
- 양파 30g
- 당근 20g
- 쌀 1컵
- 참기름 1/2큰술
- 국간장 1/2큰술
- 소금 1/4작은술
- 다시마육수 7컵

고명
- 구운 김 또는 김자반 약간
- 송송 썬 파 약간
- 참치 통조림 약간

1 쌀은 씻어서 30분 이상 물에 불린 후 체에 밭쳐 물기를 뺀다.
2 애호박, 새송이버섯, 당근, 양파는 곱게 다진다.
3 참치 통조림은 체에 밭쳐 숟가락으로 골고루 눌러 기름기를 뺀다.
4 달군 냄비에 불린 쌀, 참기름을 넣고 쌀알이 투명해지도록 중불에서 2분 정도 바닥을 긁어가면서 달달 볶는다.
5 ④에 준비한 다시마육수를 붓고 중불보다 약간 센 불에서 끓인다. 끓어오르면 약불로 줄이고 쌀이 어느 정도 퍼질 때까지 뚜껑을 덮어 20분 정도 바글바글 끓인다. 중간에 한두 번 눌어붙지 않도록 젓는다.
6 쌀이 퍼지고 윗물이 어느 정도 남아 있을 때 뚜껑을 열고 나머지 준비한 채소와 참치를 넣고 10분 정도 더 끓인다.
7 국간장과 소금으로 간을 맞추고, 그릇에 죽을 담고 고명을 얹는다.

엄마의 훈수

"급히 죽을 끓여야 할 땐 참치 채소죽만 한 것이 없어. 집에 늘 비상식품으로 갖추고 있는 참치 통조림이랑 냉장고에 있는 자투리 채소만 있으면 쉽고 빠르게 끓일 수 있거든. 채소는 형형색색 제철 채소를 이용하되 너무 향이 강하거나 단단한 것만 피하면 돼. 고소한 맛을 좋아하면 마지막에 통깨나 참기름을 또르르 흘려서 먹으면 맛있지."

엄마의 비법을 알려 주세요!

● **참치만 빼면 채소죽인가요? 어떤 채소를 더 추가하거나 대체하면 좋을까요?**

참치만 빼면 채소죽인데, 채소만 넣고 끓이는 것보다 해물이나 고기류를 함께 넣고 육수를 내서 끓이는 것이 맛있지. 표고버섯, 연근, 시금치, 브로콜리 등 제철 채소를 응용해 죽을 끓이면 돼.

● **바닥을 긁어가면서 볶는 느낌이 어떤 건가요? 코팅 냄비라 바닥이 상하면요?**

불린 쌀에 약간의 참기름을 넣고 볶으면 쌀이 익기 시작하면서 냄비 바닥에 붙기 때문에 타지 않도록 바닥을 부지런히 주걱으로 긁어주면서 볶아야 해. 제대로 눌어붙지 않은 누룽지를 긁는 느낌이라고 생각하면 된단다. 쌀이 고소하게 익는 과정이야. 그리고 죽을 끓일 때는 코팅 냄비보다는 도톰한 스테인리스 냄비나 죽을 끓일 수 있는 무쇠 주물냄비가 좋아. 코팅이 잘 된 냄비라면 쉽게 눌어붙진 않으니 걱정 말고 충분히 볶아주면 돼.

{딸의 요령}

"죽의 윗물이 어느 정도 남아 있을 때(조리과정 ⑥) 참치 대신 달걀을 풀어 넣으면 달걀 채소죽, 연어 통조림을 이용해서 만들면 연어 채소죽, 게살이나 맛살을 넣으면 게살 채소죽으로도 응용이 가능해요."

속이 한결 편안해지는 건강죽

닭 녹두죽

닭과 마늘, 한약재를 넣어 진한 육수를 우려내고, 그 육수에 불린 찹쌀과 쌀, 녹두를 넣고 부드럽게 끓인 후, 발라낸 닭살을 양념해서 올려 내는 보양죽입니다. 녹두의 부드러운 맛과 찹쌀이 잘 어우러져 먹으면 속이 편하고, 맛깔스럽게 양념한 닭살까지 먹을 수 있어 든든하답니다.

재료 | 3~4인분

- 닭 1마리(500g, 영계)
- 거피 녹두 1/3컵
- 쌀 1컵(찹쌀 2/3컵+쌀 1/3컵)
- 참기름 1작은술
- 소금 약간
- 닭육수 7컵

닭 삶는 재료

- 삼계탕 한약재(황기, 오가피, 엄나무 등) 60g
- 통마늘 반 줌(30g)
- 양파 1/2개
- 통후추 1작은술
- 물 1.8L

닭살양념

- 대파 1/2대(10cm)
- 참기름 1/2큰술
- 국간장 1/2큰술
- 소금 1작은술
- 후춧가루 약간

엄마의 훈수

"기력이 없거나 입맛이 없을 때 푹 끓여서 먹으면 세상 어떤 보약이 부럽지 않을 만큼 몸을 보해주는 죽이야. 닭육수를 내고, 닭살을 따로 찢어 양념하고, 죽을 끓이는 과정이 복잡할 수 있지만, 노력하고 신경 쓴 만큼 보람이 있는 보양식이란다. 엄마는 귀찮더라도 닭살을 먹기 편하게 잘게 찢어주는 편이야. 안 그러면 닭살이 퍽퍽하고 맛없게 느껴질 수 있거든."

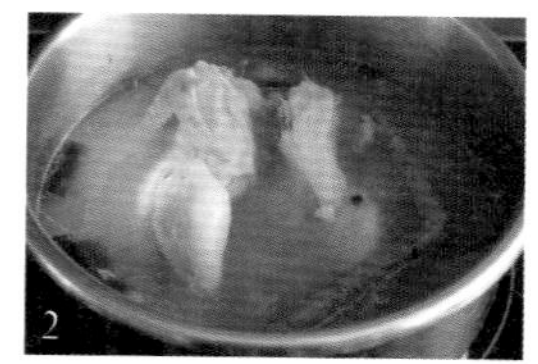
2

3

6

8

1 닭은 흐르는 물에 말끔하게 씻으면서 기름이 덩어리진 부분과 기름이 두툼한 껍질 부분, 꼬리 부분을 제거하고, 일부 내장이 붙어 있는 뼈 부분도 훑어내 깔끔하게 손질한다.

2 분량의 닭 삶는 재료와 닭을 냄비에 넣고 센 불에서 끓이다가, 끓어오르면 중불로 줄여 뚜껑을 덮고 50분 정도 끓인다.

3 쌀과 찹쌀, 녹두를 물에 30분 정도 불려 체에 밭쳐 준비한다. 거피 녹두는 여러 번 씻어 껍질을 제거한다.

4 삶은 닭은 꺼내고 국물은 거름종이나 고운 면포에 맑게 걸러내는데 육수는 7컵 정도 나온다.

5 한 김 나간 후 닭살을 발라내고, 잘게 찢는다.

6 대파를 송송 썰고 분량의 재료를 섞어 양념을 만든 다음 닭살을 넣고 버무린다.

7 불린 쌀과 참기름 1작은술을 냄비에 넣고 중불에서 쌀이 투명해지도록 2분 정도 달달 볶는다.

8 닭육수 7컵을 붓고, 불린 녹두도 넣어 약간 센 불에서 뚜껑을 열고 끓인다. 닭육수가 모자라면 물을 합쳐 준비하면 된다.

9 육수가 끓어오르면 불을 약하게 줄이고 뚜껑을 덮어 쌀 알이 위로 올라올 정도로 30분 정도 더 끓인다. 중간에 한두 번 저어주어야 한다.

10 닭죽을 그릇에 담고 버무려진 닭살을 듬뿍 올린 후 소금을 곁들인다.

엄마의 비법을 알려 주세요!

- **닭 한 마리를 통째로 넣는 요리를 할 때, 어떤 닭을 골라야 해요?**

닭죽을 끓이는 것이라 500g 정도의 신선한 영계 한 마리면 3~4인분의 닭죽을 알맞게 만들 수 있어.

- **닭은 오래 삶아도 질겨지지 않나요?**

닭은 오래 삶으면 국물이 진하게 나올 수 있으나, 닭살은 맛이 다 빠지고 퍽퍽해질 수 있어. 레시피대로 끓어오르면 중불에서 50분 정도 삶는 것이 닭살도 맛있고, 국물도 알맞게 우릴 수 있는 시간이니 이에 맞춰 끓이는 것이 좋아.

- **쌀과 찹쌀, 녹두는 물에 불리지 않고 오래 끓이면 안 되나요?**

쌀과 잡곡 종류를 불려서 넣으면 쌀과 잡곡 속의 수분이 열전도율을 좋게 하고 전분을 쉽게 분해해 골고루 잘 퍼지게 하는 역할을 해. 불리지 않고 오랫동안 끓이기만 하면 일부는 퍼지고, 일부는 덜 익는 현상이 생길 수도 있으니 꼭 불려서 죽을 끓이도록 해라.

- **센 불에서 끓일 때 뚜껑을 열고 끓이는 이유가 있어요?**

냄비가 깊고 넉넉하다면 뚜껑을 닫고 끓여도 되는데, 그렇지 않으면 끓어오르면서 밥물이 넘치기가 십상이라 뚜껑을 열라는 거야. 끓인 후에는 뚜껑을 덮고 불을 약하게 줄여서 은근하게 죽이 퍼지도록 두는 것이지.

- **쌀알이 위로 올라올 정도는 국물이 졸아들고 죽처럼 된 상태인가요?**

그렇지. 죽이 잘 끓여지면 쌀알이 퍼져서 위로 올라오고 쌀알 위엔 걸쭉한 밥물이 고여 있게 돼. 저었을 때 죽을 위에서 떨어뜨리면 부드럽게 흐르는 정도의 농도가 잘 쑨 죽이란다.

{딸의 요령}

"녹두는 꼭 눌렀을 때 쉽게 부서지면 잘 불린 거예요. 그렇지 않다면 불리는 시간을 조금 늘려줘야 해요. 아이에게 줄 때는 닭살을 조금 잘게 잘라주면 먹을 때 좀 더 편하게 먹을 수 있어요."

내장까지 넣어 진하고 고소한

전복죽

조개류 중에서 귀하디귀한 전복은 단백질이 많고 지방이 적으며 소화흡수율이 좋아 예로부터 보양식 재료로 널리 쓰였지요. 요즘은 비교적 쉽게 전복을 구할 수 있어 참 다행입니다. 몸에 좋은 전복을 내장까지 넉넉히 넣고 고소하게 끓여보았어요.

1

2

4

4

5

6

재료 | **3~4인분**

- 전복 2개(150g 정도)
- 쌀 1컵
- 참기름 1/2큰술
- 국간장 1/2큰술
- 소금 1/4작은술
- 다시마육수 7컵

고명

- 송송 썬 파 약간
- 곱게 채 썬 김 약간
- 깨소금 약간

1 쌀은 씻어서 30분 이상 물에 불린 후 체에 밭쳐 물기를 뺀다.

2 전복은 솔로 잘 문질러 씻은 후 끓는 물에 껍질 부분만 살짝 잠기도록 약 10초간 넣었다 꺼내 숟가락으로 살을 떼어내고 내장과 살을 발라낸다.

3 발라낸 살을 모양대로 얇게 슬라이스하고, 내장은 칼로 다져서 준비한다.

4 달군 냄비에 참기름을 두르고 중불에서 전복살을 넣어 1분 정도 볶다가 내장 다진 것을 넣고 1분 정도 더 볶는다.

5 불린 쌀을 넣고 쌀알이 투명해지고 꼬들꼬들해질 정도로 5분 정도 충분히 볶는데, 쌀알이 바닥에 들러붙을 수도 있으니 살살 긁어가면서 볶는다. 이렇게 볶아야 비린 맛이 나지 않고 고소한 죽이 된다.

6 ⑤에 다시마육수를 붓고 풀어준 다음 중불보다 약간 센 불에서 끓인다. 끓어오르면 약불로 줄이고 쌀이 어느 정도 퍼지고 밥물이 위에 보일 정도가 될 때까지 뚜껑을 덮어 30분 정도 바글바글 끓인다. 중간에 한두 번 저어준다. 숟가락으로 들었을 때 끈기 없이 호로록 떨어질 정도로 끓인다.

7 국간장과 소금으로 간을 한 다음, 그릇에 담고 고명을 올린다.

엄마의 비법을 알려 주세요!

● **내장을 넣는 이유가 있나요?**

해초를 먹고 자라는 전복의 내장에는 해초 성분이 농축돼 있어 맛과 영양이 뛰어나다고 해. 내장까지 넣고 죽을 끓여야 영양 면에서 더 좋겠지. 또 내장이 들어가야 구수한 바다의 풍미가 더해진단다.

● **다시마육수를 넣는 이유는요? 그냥 물을 넣어도 되나요?**

물을 넣고 끓여도 되지만, 다시마육수가 전복죽의 맛과 영양을 더해 주는 천연 조미료 역할을 하기 때문에 넣는 거야.

● **죽을 만들 때 물 양이 늘 헷갈려요. 딱 알맞는 비율이 있을까요?**

죽은 생쌀 1컵에 물 7컵, 불린 쌀 1컵에 물 5컵이 가장 알맞아. 이 비율을 절대 잊지 마.

{딸의 요령}

"전복 덩어리를 씹기 힘든 아이라면 전복살을 내장과 함께 다져서 넣으면 돼요. 칼로 다져도 되고, 더 곱게 다지고 싶으면 믹서에 약간의 다시마육수를 넣고 갈아주세요. 이렇게 하면 살과 내장까지 쉽게 먹을 수 있어요."

엄마의 훈수

"전복은 8~10월이 제철인데, 무더위에 지칠 때 푹 끓여 먹으면 기운이 샘솟는 기분이 들지. 피로 해소와 원기 회복에 좋은 전복은 특히 내장에 영양이 풍부하니 죽에 꼭 넣어서 끓이도록 해라. 싱싱한 전복은 내장도 비리지 않고 맛있단다."

추운 겨울날 몸의 온도를 높여주는

매생이 굴죽

겨울철에는 바다에서 나는 것들이 특히 맛있어요. 굴, 홍합, 꼬막, 미역, 다시마, 파래, 매생이 등은 겨울 바다가 우리에게 주는 고마운 선물이자 보약입니다. 굴과 매생이는 궁합이 잘 맞아 국으로도 먹고, 떡국으로도 먹고, 전으로도 만들어 먹는데, 죽으로 끓이니 뜨끈하고 부드러워 온몸의 세포를 녹이는 느낌입니다.

2

3

4

5

6

재료 | **3~4인분**

- 매생이 200g
- 굴 150~200g
- 쌀 1컵
- 국간장 1/2큰술
- 참기름 1/2큰술
- 굵은 소금 1/2작은술
- 다시마육수 7컵
- 소금물(물 5컵 + 소금 1 ½큰술)

1 쌀은 씻어서 30분 이상 물에 불린 후에 체에 밭쳐 물기를 뺀다.

2 매생이는 물을 넣고 굵은 소금으로 바락바락 주물러준 후 여러 번 물에 헹궈 체에 밭친다. 손으로 물기를 짠 후 죽에 풀어지기 쉽게 여러 번 자른다. 세척된 냉동 매생이일 경우는 해동 후 체에 밭쳐서 한 번 정도 씻어주면 되고, 건조 매생이는 생수에 살짝 불린 후에 동량으로 사용한다.

3 굴은 손으로 만져보면서 껍질이 있으면 떼어내고 소금물에 체에 담긴 굴을 넣고 흔들면서 1~2번 씻은 다음 체에 10분 정도 밭쳐 충분히 물기를 뺀다.

4 냄비에 불린 쌀과 참기름을 넣고 쌀이 투명해지도록 중불에서 1~2분 정도 볶는다.

5 준비한 다시마육수를 붓고 불을 중불보다 약간 센 불에서 끓인다. 끓어오르면 약불로 줄이고 쌀이 어느 정도 퍼질 때까지 뚜껑을 덮어 20분 정도 바글바글 끓인다.

6 쌀이 퍼지고 윗물이 어느 정도 남아 있을 때 뚜껑을 열고 매생이를 잘 풀어 넣는다. 그런 다음 굴을 넣고 다시 불을 중불보다 센 불에서 끓이는데, 끓어오르면 뚜껑을 닫고 약불로 줄여 굴이 익도록 5분 정도 끓인다.

7 국간장과 소금으로 간을 하고, 그릇에 담는다.

엄마의 훈수

"어른, 아이 할 것 없이 기력이 없을 때, 감기 때문에 고생할 때 매생이 굴죽 한 그릇이면 금세 회복된단다. 시간이 좀 걸리더라도 죽이 넘치지 않도록 약불에서 뭉글뭉글하게 끓이도록 해라. 쌀알이 부드럽게 퍼졌을 때 바다 내음 가득한 매생이와 굴을 더하면 몸과 마음이 편안해지는 귀한 죽이 완성돼."

엄마의 비법을 알려 주세요!

● 쌀을 불리지 못했을 때, 다른 방법이 없나요?

죽을 끓일 때는 쌀을 충분히 불려서 넣어야 끓으면서 쌀알이 알맞게 퍼지게 된단다. 쌀을 불려 넣을 시간이 안 된다면 이미 지어져 있는 밥을 이용하면 빠르게 죽을 끓일 수 있어.

● 죽이 바글바글 끓을 때 젓지 않아도 되나요?

죽이 일단 끓어오르면 불을 아주 약한 불로 줄이고 뚜껑을 덮어. 그러면 속에서 쌀알이 넘치지 않고 조용히 끓으면서 서서히 퍼지게 된단다. 물론 한두 번은 저어줄 수도 있는데, 많이 젓지 않아도 시간이 되면 밥물이 얌전하게 올라오면서 죽이 완성돼. 죽을 맛있게 끓이려면 쌀과 물의 양도 중요하지만 불 조절도 중요한 조건 중 하나지.

● 매생이나 굴은 미리 넣으면 안 되나요?

매생이와 굴은 오래 끓이지 않아도 제맛을 내는 재료들이라 알맞게 익혀야 비리지 않고 최상의 맛을 내. 쌀알이 어느 정도 퍼져 죽이 2/3 정도 완성이 되었을 때 넣어야 푹 퍼진 쌀과 어우러지면서 굴과 매생이 특유의 감칠맛이 살아나고, 시원한 바다내음이 느껴지거든. 재료에 맞는 타이밍이 중요한 거지.

● 국간장과 소금으로 동시에 간을 하나요?

보통 간은 한 가지로 하기보다는 여러 가지로 맞추는 것이 좋아. 국간장과 소금이 간을 맞추는 가장 대표적인 재료이니 두 가지를 함께 넣어 간을 조절하는 것이 맛을 내는 비결 중 하나란다.

{딸의 요령}

"불린 쌀이 준비가 안 되었을 때, 집에 있는 밥으로 간편하게 휘리릭~ 끓이는 매생이 굴죽을 소개할게요. 재료는 매생이·굴 100g씩, 흰밥 250g(햇반 1개 정도), 국간장·참기름 1작은술씩, 소금 1/4작은술, 다시마육수 3컵을 준비하세요. 냄비에 흰밥과 참기름을 넣고 섞은 다음 다시마육수를 넣어 밥을 풀어주고 윗물이 어느 정도 남아 있고 밥이 퍼질 때까지 중약불에서 끓입니다. 손질한 매생이와 굴을 넣고 끓어오르면 뚜껑을 덮어 굴이 익도록 5분 정도 끓이세요. 마지막으로 국간장과 소금으로 간을 합니다."

붉은빛 팥은 질병이나 귀신을 쫓는 곡식이라 여겨져 예로부터 건강 식재료로 사용되었어요. 겨울 동짓날이면 새알 옹심이를 듬뿍 넣은 팥죽을 먹으며 우리 가족 올 한 해 무탈하기를 비는 시간을 꼭 가진답니다. 요즘은 삶은 팥을 통째로 갈아 만들기도 해서 먹고 싶을 때 번거롭지 않게 뚝딱 만들 수 있어요.

재료 | **2~3인분**

○ 팥 1컵
○ 찹쌀 1/2컵
○ 소금 1/2작은술
○ 물 7컵

옹심이

○ 찹쌀가루 1컵
○ 전분가루 1/2큰술
○ 끓는 물 2큰술
○ 소금 한 꼬집

* 찹쌀가루는 방앗간에서 빻은 젖은 찹쌀가루다. 마른 찹쌀가루일 경우 끓는 물을 더 추가해야 한다.

1 찹쌀은 씻어서 30분 이상 물에 불린 후 체에 밭쳐 물기를 뺀다.

2 냄비에 팥과 잠길 정도의 물을 넣고 한소끔 끓여 삶은 물은 쏟아버리고, 다시 물 3컵을 붓고 팥이 무르도록 중약불에서 40~50분 정도 은근하게 삶는다.

3 찹쌀가루에 소금을 넣고 섞은 후 끓는 물을 조금씩 넣어가면서 주걱으로 저어 대충 뭉친 후 손으로 직경 1.5cm 정도로 옹심이를 빚어 전분가루에 굴린다.

4 푹 무르게 퍼진 팥은 나머지 물 4컵을 부어가면서 고운 체에 내려 껍질을 걸러내고 팥물을 만든다. 주서를 이용해 껍질과 팥물을 걸러내거나, 믹서로 껍질째 아주 곱게 갈아도 된다. 팥앙금과 물이 섞인 팥물은 5~6컵 정도면 된다.

5 냄비에 내려진 팥물과 불린 찹쌀을 넣고 중불에서 끓어오르면 약불로 줄여서 쌀을 퍼지도록 30분 정도 중간중간 저어가면서 끓인다. 찹쌀의 양은 팥죽 농도가 약간 묽은 팥죽을 원하면 조금 줄여도 된다.

6 팥죽이 끓고 있는 사이에 끓는 물에 옹심이를 따로 삶는다. 옹심이가 동동 떠오르면 건져서 찬물(얼음물)에 잠깐 헹궜다가 건진다. 옹심이는 용기에 따로 보관했다가 팥죽을 먹을 때 넣으면 된다.

7 팥죽이 잘 퍼지도록 끓여졌으면 소금으로 간을 하고 옹심이를 섞어서 그릇에 담는다.

엄마의 비법을 알려 주세요!

- **찹쌀은 꼭 불려야 하나요?**

꼭 불려서 넣어야 해. 죽을 끓이는 것이라 불려서 넣어야 팥물이랑 잘 섞이면서 쌀이 부드럽게 퍼지게 되거든.

- **왜 한소끔 끓인 뒤 쏟아버리고 다시 물을 붓나요?**

팥에는 떫고 아린 맛이 있는데, 처음에 삶았던 물을 버리면 그 맛이 제거된단다.

- **집에 전분가루가 없어요.**

옹심이가 서로 붙지 말라고 굴리는 것인데 전분가루가 없다면 굳이 묻히지 않아도 되고 쟁반에 랩을 깔고 서로 달라붙지 않도록 놓으면 돼.

- **옹심이 삶은 뒤 찬물에 꼭 헹궈야 하나요?**

그렇지. 옹심이는 찹쌀 반죽이라 익으면 흐물거리기 때문에 찬물에 헹궈야 쫄깃해지면서 모양이 잘 잡히는 거야.

- **옹심이를 따로 삶지 않고 팥죽 속에서 익히면 안 되나요?**

옹심이는 삶지 않고 팥죽 속에 넣고 익혀도 되긴 해. 하지만 데쳐서 섞으면 옹심이가 더 쫀득거리고 죽이 많이 되직해지지 않아 맛이 깔끔해서 따로 삶아내는 거지. 팥죽 속에 넣고 끓이는 옹심이는 많이 퍼지지 않도록 쌀가루와 섞어 만들기도 한단다.

{딸의 요령}

"제가 가장 좋아하는 음식 중 하나가 바로 팥죽과 팥칼국수예요. 어린 시절 엄마가 많이 만들어주셨는데, 사먹는 맛보다 담백하고 깔끔해서 두세 그릇씩 먹곤 했어요. 팥죽이 질릴 때쯤 팥칼국수를 만들어보세요. 찹쌀과 옹심이를 넣는 대신에 따로 삶아낸 칼국수를 팥물에 넣어서 한소끔 더 끓인 다음 기호에 맞게 소금과 설탕을 넣어서 완성하면 돼요."

엄마의 훈수

"팥죽은 시간이 꽤 걸리는 음식인데, 팥을 삶는 동안 옹심이를 만들면 돼. 옹심이는 삶지 않고 그대로 팥죽 속에 넣고 익혀도 된다. 그렇지만 데쳐서 섞으면 옹심이가 더 쫀득거리고, 죽이 되직해지지 않아 맛이 깔끔하긴 해."

늙은 호박과 단호박을 황금 비율로 섞은

호박죽

재료 | 5~6인분

- 손질한 늙은 호박 1.6kg
- 손질한 단호박 400g
- 젖은 찹쌀가루 1/2컵 + 물 2컵
- 소금 1/2큰술
- 물 3컵

고명

- 호박씨 약간
- 대추말이 약간

* 호박은 껍질을 벗기고 속은 빼서 다듬은 양이다.
* 젖은 찹쌀가루는 불려서 빻은 찹쌀가루로 시장 방앗간이나 떡집에서 구할 수 있다.
* 마른 찹쌀가루를 쓸 경우 가루 양을 반으로 줄인다.

1 호박은 반으로 잘라 속을 파내고 껍질을 벗겨서 손질한 다음 너무 크지 않게 토막을 낸다.

2 냄비에 물 3컵을 붓고 센 불에서 끓어오르면 중약불로 줄여서 호박이 충분히 무르도록 뚜껑을 덮어 20분 정도 푹 끓인다.

3 한 김 나간 후에 핸드블렌더로 곱게 가는데, 거의 죽과 비슷한 농도로 진하게 간다.

4 다른 냄비에 찹쌀가루와 물을 넣고 개어 중약불에서 되직한 풀을 끓인다.

5 ③에 찹쌀풀을 섞고 소금을 넣어 간을 한다. 설탕이나 꿀은 기호에 맞게 추가한다.

1

2

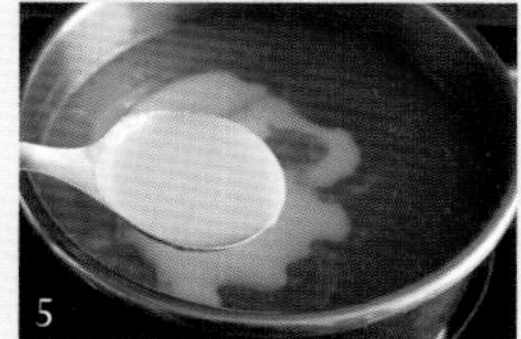
5

시중에 파는 호박죽은 단맛이 강하지만, 집에서 직접 끓이면 오히려 고소한 호박맛이 강하고 많이 달지는 않게 먹을 수 있어 좋아요. 늙은 호박과 단호박을 알맞게 섞어 만든 호박죽은 색도 예쁘고, 따로 단맛을 추가하지 않아도 될 정도로 은은한 단맛이 난답니다.

엄마의 비법을 알려 주세요!

- **단호박과 늙은 호박을 함께 쓰는 이유가 있어요?**

늙은 호박은 깊은 호박 맛이 나지만 색과 단맛이 부족하고, 단호박은 단맛과 색은 좋은데 호박의 깊은 맛이 부족하지. 두 가지 호박을 섞어 사용하면 색도 예쁘고, 늙은 호박의 풍미가 더해져 설탕을 넣지 않아도 호박죽의 달달한 맛을 즐길 수 있단다.

- **풀을 끓이지 않고 찹쌀가루를 바로 넣으면 안 되나요?**

호박죽에 찹쌀가루를 바로 넣거나 물에 개어서 넣고 끓이면 되직한 호박죽은 완성되겠지만 가루가 완전히 퍼지지 않고 희끗희끗하게 돌아다니는 경우가 생겨. 이렇게 찹쌀풀을 쑤어서 섞으면 호박죽이 부드럽고 곱게 만들어지지. 또 찹쌀가루를 그냥 넣는 것보다 찹쌀 날것의 냄새가 훨씬 덜해.

- **풀의 되직한 느낌은 어떤 건가요?**

죽과 같은 농도로 끓이면 돼.

{딸의 요령}

"고명으로 찹쌀경단을 넣거나 인절미를 잘라 넣고 먹어도 맛있어요. 팥, 밤, 울타리콩, 검은콩, 강낭콩 등을 삶아서 함께 섞어 먹기도 해요."(찹쌀경단 만드는 법과 팥 삶는 법은 팥죽 497p 참고)

엄마의 훈수

"김치 만들 때 들어가는 찹쌀풀이 죽에도 들어간다 하니 신기하지? 찹쌀풀을 쑤어 죽을 끓이면 곱고 부드러운 식감이 돼. 찹쌀풀을 쑤어 넣는 대신 찹쌀 1컵을 물에 30분 이상 불렸다가 함께 죽을 끓여도 되는데, 약한 불에서 일반 죽 끓이듯이 중간에 저어가면서 끓이도록 해라. 한 번에 좀 넉넉히 만들었다면 식혀서 바로 냉장고에 넣고, 먹을 만큼만 덜어서 먹어야 해."

정성스레 갈아 만든

잣 은행죽

재료 | **3~4인분**

- 잣 2/3컵(80g)
- 은행 1/4컵(50g)
- 쌀 1컵
- 소금 약간
- 물 5컵(1컵+3컵+1컵)

고명

- 다진 은행 약간

2

3

4

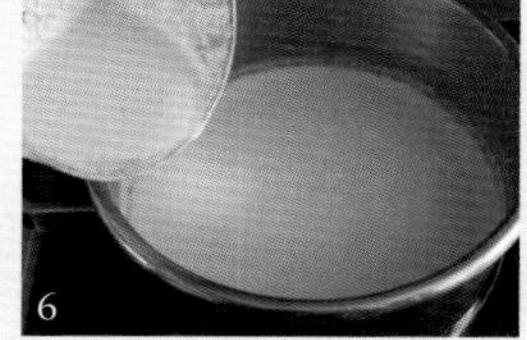
6

1 쌀은 씻어서 30분 정도 불렸다가 체에 밭친다.

2 은행은 끓는 물에 넣고 국자로 저으면서 껍질을 벗기는데, 안 벗겨진 것은 손으로 벗긴다.

3 믹서에 불린 쌀, 잣, 물 1컵을 넣고 곱게 간다.

4 냄비에 물 3컵을 넣고 센 불에서 끓이다가, 끓어오르면 ③을 넣고, 나머지 물 1컵으로 믹서를 헹궈 넣어 중불에서 끓인다. 갈아진 쌀의 멍울이 잘 풀어지지 않아도 대충 저으면 끓으면서 잘 풀어진다.

5 끓어오르면 아주 약불로 줄여 5분 정도 뜸을 들이듯이 끓인다.

6 믹서에 준비된 은행과 한 김 식힌 죽 1컵을 넣고 살짝 입자 있게 간 다음 뜸을 들인 죽에 섞어 한소끔 끓인다.

7 먹기 전에 소금을 넣어 간을 맞춘다.

엄마의 훈수

"잣죽은 자칫 죽이 묽어지면서 풀어질 수 있으니 끓이면서 한두 번만 젓고 되도록 손대지 않는 것이 좋아. 주걱은 나무주걱이나 실리콘 소재 주걱을 사용해라. 금속주걱으로 저으면 죽이 쉽게 삭을 수 있거든. 은행은 꼭 믹서에 갈 필요 없이 껍질을 벗긴 후 곱게 다져서 넣거나 고명으로 올려도 괜찮아."

몸이 아프거나 입맛이 없을 때 맛있는 죽 한 그릇이 생각납니다. 고소한 잣과 쌀을 곱게 갈아 곱디고운 죽을 쑤어 한 그릇 먹고 나면 아픈 몸과 마음이 금세 회복되지요. 씹는 맛 좋으라고 은행도 함께 갈아 넣은 부드럽고 고소한 잣죽은 가끔씩 수프 대신, 아침밥 대신 먹기 좋은 건강식이지요.

엄마의 비법을 알려 주세요!

● **잣은 어떤 것을 고르는 것이 좋아요? 보관법도 알려주세요.**

잣은 황잣과 백잣이 있는데, 황잣은 잣의 속껍질이 있는 것으로 가공과정이 전혀 없는 자연 상태의 생잣을 말해. 잣의 속껍질과 씨눈이 있어 영양가가 높지. 백잣은 황잣의 껍질을 제거한 잣을 말해. 백잣의 경우 잣을 맑은 물에 씻어 건조기에 넣고 건조한 것인데, 쌀에 비유하자면 황잣은 현미, 백잣은 백미라 생각하면 이해하기 쉬워.

잣은 알이 굵고 윤기 있는 노란색을 일정하게 띠고 있는 것을 고르면 돼. 국산 잣은 씨눈이 거의 붙어 있지 않고, 표면에 상처가 많아. 냄새를 맡아서 찌든 냄새가 나지 않는 것을 고르는 것도 중요하단다. 오래된 견과류는 불포화지방산이 산패가 되어 찌든 냄새가 날 수 있거든. 구입 후에는 밀폐용기에 담아 냉장보관하는 것이 좋고, 냉동실에 넣으면 더 오래 보관할 수 있지.

● **은행을 팬에 볶아서 껍질을 벗기는 방법은 안 되나요?**

은행을 팬에 볶아도 되는데, 죽에 넣을 거라 물에 삶아 껍질을 벗겨 넣는 것이 깔끔해서 그리 했어. 끓는 물에 익히면서 국자로 문질러주듯이 저으면 껍질이 잘 벗겨진단다.

● **믹서에 갈아 끓일 때와 그냥 끓일 때 식감이나 조리 시간에 차이가 있나요?**

잣과 쌀을 믹서에 곱게 갈아 끓는 물에 넣어 풀어주면 10분 이내로 죽이 완성되지만, 갈지 않고 그냥 끓인 쌀죽에 잣을 갈아 넣으면 시간이 30분 이상 걸린단다. 그리고 잣죽은 고소한 견과류죽이라 수프처럼 곱게 갈아 죽을 끓이는 것이 목넘김도 좋고 고소함도 배가돼.

● **잣이랑 은행이 잘 어울리나요?**

잣과 은행은 같은 견과류인데, 은행은 곱게 갈아지지 않아 약간 굵게 다져서 넣으면 씹히는 맛과 고소한 맛이 곱게 끓여진 잣죽의 맛을 더 업그레이드시켜줘. 은행이 없다면 그냥 잣죽만 끓이면 돼.

{딸의 요령}

"잣죽은 만드는 법이 간단하지만 조금만 방심해도 금방 삭아서 물처럼 변해버리기 때문에 섬세함이 필요한 죽이에요. 위 레시피대로 시간을 딱 맞춰 만들면 되는데, 만약 삭는 것이 걱정된다면 먼저 쌀과 물 1컵을 함께 간 다음 물 3½컵을 넣고 쌀죽을 끓이다가 어느 정도 엉기기 시작하면, 잣과 물 1/2컵을 간 물을 조금씩 부어가면서 한소끔 끓이면 됩니다. 너무 많이 끓여도 삭을 수 있어요. 소금은 먹기 직전에 넣어야 삭지 않아요. 은행은 따로 곱게 다져 섞어주세요."

고소함과 부드러움의 결정체

콩죽

재료 | 2~3인분

- 마른 흰콩 1/2컵
- 물 2컵(1 ½컵+1/2컵)
- 불린 쌀 1컵
- 물 3컵(2컵+1컵)
- 잣 2큰술
- 참기름 1작은술
- 소금 1작은술

1

4

5

6

1 흰콩은 물에 담가 6~8시간 정도 불렸다가 냄비에 콩이 잠길 정도의 물과 함께 넣고 센 불에서 끓어오르면 불을 끄고 뚜껑을 덮어 5분 정도 둔 다음 체에 걸러 준비한다. 흰콩은 불리면 2배의 양이 된다.

2 쌀은 씻어서 30분 이상 물에 불린 후 체에 밭쳐 물기를 뺀다.

3 삶은 콩과 잣은 물 1 ½컵과 함께 믹서에 넣고 곱게 갈아 콩물을 만든다. 나머지 1/2컵은 믹서를 헹궈내 합친다.

4 불린 쌀은 물 2컵과 함께 믹서에 넣고 5~10초 정도 짧게 간다. 나머지 물 1컵으로 믹서를 헹궈내 갈아준 쌀과 합쳐서 체에 거른다. 거른 물은 버리지 않고, 거른 물과 쌀은 따로 둔다.

5 달군 냄비에 참기름을 두르고 체에 밭쳤던 불린 쌀을 넣어 살짝 익도록 중불에서 2분 정도 볶은 다음 거른 물을 넣고 골고루 잘 섞어 끓인다. 죽이 끓어오르면 약불로 줄여 뚜껑을 덮고 15~20분 정도 되직하게 끓인다. 중간에 아래가 눋지 않도록 두세 번 젓는다.

6 쌀이 퍼지고 윗물이 어느 정도 남아 있을 때 뚜껑을 열고 간 콩물을 넣고 5분 정도 더 끓인다.

7 소금으로 간을 맞춘다.

콩을 곱게 갈아 쌀과 함께 끓인 죽으로 맛이 아주 고소하고 부드러워요. 여름철 더위로 기운 없을 때 콩국수를 먹는 것처럼 콩죽을 먹으면 온몸 구석구석 영양이 전해지는 느낌이 들지요. 맛은 담백하고 속은 든든해져 아침 대용식으로 제격입니다.

엄마의 비법을 알려 주세요!

● **콩을 하루 이상 불리지 않아도 되나요?**

콩을 하루 동안 불린다는 것은 충분히 불린다는 얘기와 같아. 6~8시간 정도면 콩이 잘 불려지는데, 더 불려도 크게 상관은 없어.

● **쌀뜨물(거른 물)을 사용하는 이유는요?**

쌀을 살짝 갈아서 거르면 쌀뜨물(거른 물)이 진하게 나오는데, 이걸 죽에 넣고 끓이면 재료를 서로 조화롭게 잡아주는 역할을 하고, 한결 진하고 구수한 맛이 난단다.

● **콩물을 마지막에 넣는 이유가 있나요? 콩물을 오래 끓이면 맛이 떨어지나요?**

그렇지. 콩물은 너무 오래 끓이면 맛이 덜해져. 콩은 오래 끓이면 텁텁한 메주 냄새가 나고, 덜 끓이면 비린 맛이 남게 돼. 반면 콩을 곱게 갈아준 콩물을 쌀죽에 넣어 5분 정도만 끓이면 알맞게 익고 쌀죽과 어우러져 고소한 맛이 나지.

{딸의 요령}

"쑥이 나오는 이른 봄에는 콩죽에 쑥을 넣고 끓이기도 해요. 죽을 거의 다 끓인 마지막에 먹기 좋게 자른 쑥을 넣고 한소끔 끓여 내면 콩죽에서 봄의 향기가 물씬 난답니다."

엄마의 훈수

"콩죽은 양질의 단백질 함량이 높아 대체로 더운 계절에 먹으면 힘이 나는 죽이야. 흰콩으로 만든 레시피지만 검은콩, 완두콩, 강낭콩을 같은 방법으로 만들면 되는데 각기 다른 색이 나겠지. 요즘은 믹서 성능이 좋아서 껍질째 그대로 갈아도 아주 곱게 갈리지만, 콩 껍질을 벗겨서 갈거나 갈아서 체에 거르면 훨씬 고운 콩물이 만들어진단다."

국수

추운 날씨에 딱! 온몸을 녹이는 깊고 진한 국물

바지락칼국수

비가 오거나 매서운 찬바람이 불 때 더욱 생각나는 바지락칼국수는 바지락을 우려낸 시원하고 감칠맛 나는 국물이 포인트지요. 바지락만 잘 해감하면 의외로 쉽게 만들 수 있는데, 살이 통통하게 오른 바지락이 푸짐하게 올라가 있어야 한층 먹음직스러워 보인답니다.

재료 | 2인분

- 바지락 2컵(400~500g)
- 생칼국수 300g
- 애호박 50g
- 양파 30g
- 만가닥버섯 30g
- 당근 20g
- 대파 1/2대(10cm)
- 멸치 다시마육수 6~7컵

양념장

- 다진 홍고추 1큰술
- 다진 청양고추 1큰술
- 다진 파 1큰술
- 국간장 1큰술
- 다진 마늘 1작은술

1 바지락은 해감된 것으로 잘 씻어서 준비한다. 넣기 전에 씻으면서 입을 벌리고 냄새 나는 것이 없나 잘 확인한다.

2 애호박과 당근은 5mm 두께로 슬라이스해서 도톰하게 채 썰고, 양파는 1cm 두께로 채 썬다. 만가닥버섯은 밑동을 잘라 갈라놓고, 대파는 어슷 썬다.

3 분량의 재료를 섞어 양념장을 만든다.

4 냄비에 멸치 다시마육수를 넣고 센 불에서 끓어오르면 당근, 양파, 버섯, 칼국수를 넣는다. 다시 끓어오르면 중불에서 3분 정도 끓인다.

5 ④에 준비한 바지락과 애호박을 넣고 센 불에서 끓어오르면 중불로 줄이고 2분 정도 더 끓인다.

6 어슷 썬 대파를 넣고 한소끔 더 끓인 다음, 그릇에 바지락칼국수를 담고 양념장을 곁들인다.

엄마의 훈수

"바지락칼국수는 푸짐하고 소복하게 쌓인 바지락과 그 국물이 맛의 포인트야. 되도록 살아 있는 싱싱한 바지락을 구입해서 쓰도록 해. 버섯과 채소도 레시피에 있는 재료 외에 제철 재료로 얼마든지 응용할 수 있고, 양념장을 준비하지 않았다면 국간장과 소금으로 간을 완전히 맞춰도 맛있단다."

엄마의 비법을 알려 주세요!

- **바지락은 어떤 것을 골라야 하나요?**

바지락은 해감이 잘 되어 있고, 살아 있는 것을 골라야 해. 봉지 바지락이든 그냥 물속에 있는 것이든 건드리면 움직이면서 입을 다무는 것이 살아 있는 바지락이야.

- **칼국수 대신 소면이나 중면을 넣어도 되나요?**

이 요리는 일반적인 칼국수면이 가장 어울리지만, 생칼국수도 소면과 중면으로 나누어 팔기도 하니 부드럽게 먹고 싶다면 그리 사용해도 된단다. 단, 일반 칼국수면보다는 빨리 익으니 끓이는 시간을 좀 줄여야 해. 생면이 아닌 마른 칼국수면을 사용할 경우에는 따로 삶아서 넣는 것이 좋아. 마른 소면이나 중면을 이용해서 잔치국수 같은 느낌으로 먹고 싶다면, 만드는 양을 좀 더 줄이면 돼. 그렇다면 잔치국수처럼 면은 따로 삶아 그릇에 담고 그 위에 국물을 부어서 먹는 것이 좋겠지.

- **생칼국수를 넣을 때 마른 가루째 그냥 넣어도 되나요?**

칼국수는 마른 가루까지 다 넣으면 국물이 탁해지니 마른 가루를 털어내거나 물에 살짝 헹궈서 넣는 것이 좋아.

- **바지락은 해감이 덜 된 것이나 상한 것이 들어 갈 수도 있을 텐데 구별할 방법이 없나요?**

먼저 바지락은 씻으면서 입을 다물고 있는지, 벌린 것이 있으면 상한 것이 아닌지 체크해야 해. 입을 다물고 있어 뻘을 물고 있지 않을까 걱정된다면 냄비에 넣어 바지락이 약간 잠길 정도의 물을 붓고 입을 벌릴 정도만 끓인 다음 바지락과 국물을 분리해. 국물은 윗물만 잘 따라내 멸치 다시마육수와 합쳐 6~7컵으로 계량하고, 바지락은 칼국수가 반 이상 익었을 때 넣고 한소끔 같이 끓여 내면 된단다. 이 방법이 바지락국물을 내는 가장 안전한 방법이야.

{딸의 요령}

"칼국수를 넣고 국물이 팔팔 끓을 때 수제비를 빚어(얼큰 해물수제비 반죽 523p 참고) 얇게 떠서 넣으면 칼국수와 쫄깃한 수제비를 함께 즐길 수 있는 칼제비가 완성돼요."

황태
바지락칼국수

재료 | 2인분

- 황태채 40g
- 바지락 2컵(400~500g)
- 생칼국수 300g
- 애호박 50g
- 당근 20g
- 실파 4줄기
- 참기름 1/2 작은술
- 멸치 다시마육수 6~7컵

양념장

- 다진 홍고추 1큰술
- 다진 청양고추 1큰술
- 다진 파 1큰술
- 국간장 1큰술
- 다진 마늘 1작은술

바지락은 해감된 것으로 잘 씻어서 준비하세요. 당근과 애호박은 5mm 두께로 슬라이스해서 도톰하게 채 썰고, 실파도 같은 길이로 썹니다. 황태채는 흐르는 물에 헹궈 살짝 짠 다음 먹기 좋은 크기로 자르세요. 분량의 재료를 섞어 양념장을 만드세요. 달군 냄비에 참기름을 두르고 황태채를 넣어 중불에서 살짝 볶은 다음 멸치 다시마육수를 넣고 끓입니다. 센 불에서 끓어오르면 당근과 칼국수를 넣고, 다시 끓어오르면 중불에서 3분 정도 끓입니다. 그 다음에 준비한 바지락과 애호박을 넣고 센 불에서 끓어오르면 중불로 줄이고 2분 정도 더 끓이세요. 실파를 넣고 한소끔 더 끓인 다음, 그릇에 칼국수를 담고 양념장을 곁들입니다.

국물이 끝내주는 호로록 한 사발

잔치국수

재료 | 2인분

○ 소면 200g
○ 어묵 2장(100g)
○ 마른 고추(매운맛) 2개
○ 국간장 2작은술
○ 소금 1/2작은술
○ 꼬치 4개
○ 멸치 다시마육수 6컵

김치양념

○ 참기름 1작은술
○ 통깨 1작은술

고명

○ 묵은 김치 120g
○ 당근 30g
○ 대파 1/2대(10cm)
○ 구운 김 1장

1 묵은 김치는 송송 썰어 김치양념에 조물조물 무치고, 김은 파릇하게 구워 잘게 부순다. 대파는 얇게 송송 썰고, 당근은 얇게 채 썬다. 어묵은 끓는 물에 살짝 데쳐 내어 한 입 크기로 자른다.

2 멸치 다시마육수를 냄비에 담고, 마른 고추와 어묵을 넣어 중불에서 끓어오르면 중약불로 줄여 5~10분 정도 끓인다. 어느 정도 끓으면 어묵과 마른 고추를 건져내고 어묵은 꼬치에 다시 꽂아서 준비한다.

3 국물은 국간장과 소금으로 살짝 간간하게 간을 한다.

4 냄비에 넉넉하게 물을 끓여 소면을 넣고 넘칠 듯이 파르르 끓어오르면 찬물을 조금 넣고 또 끓어오르면 찬물을 넣는 과정을 2~3번 반복하면서 4분 정도 삶는다. 잘 익었는지는 국수를 약간을 꺼내어 찬물에 헹궈서 테스트해도 된다.

5 다 삶은 소면은 찬물에 풀기가 없도록 충분히 헹구고 체에 밭쳐 톡톡 털면서 물기를 뺀다. 양이 많으면 미리 1인분씩 돌돌 말아 덩어리를 만든다.

6 면기에 국수를 담고 국물을 붓는다.

7 준비한 고명을 골고루 얹고 어묵꼬치를 곁들인다.

2

5

잔치국수는 삶은 국수에 고명을 얹고 맑은 장국을 부어낸 음식인데, 온면 또는 국수장국이라고 불러요. 하얗고 긴 면발이 장수의 의미를 담고 있어 예부터 잔칫날 여럿이 어울려 기쁨을 나누며 먹는 대표음식으로 꼽히지요. 이 레시피는 포장마차 국수 스타일의 칼칼하고 시원한 맛의 잔치국수입니다. 멸치 다시마육수로 매콤하면서 약간 간간한 국물을 만들고 김치와 고명을 올리면 속이 후련하니 속풀이 음식으로는 단연 최고지요.

엄마의 비법을 알려 주세요!

● 어묵은 꼬치로 꽂아서 준비하지 않고 그냥 넣으면 안 되나요?

물론 그냥 넣어도 된단다. 기분 좋게, 보기 좋게 먹으라고 그리 했단다.

● 제가 만드는 잔치국수는 끓는 국물을 부어도 먹을 때 국물이 늘 미지근해요.

잔치국수는 국수를 그릇에 담아낼 때 뜨거운 국물을 부었다 따라냈다를 반복하면서 토렴한 다음 다시 국물을 뜨끈하게 끓여서 국물을 부어 내는 것이 맛의 비법 중 하나야. 삶은 국수를 다시 국물에 넣고 끓이면 국수가 퍼져서 쫄깃한 맛을 유지하기 힘들고, 국물 맛도 탁해지지.

● 다진 쇠고기를 넣어도 되지 않아요? 다른 어울리는 재료가 또 있을까요?

레시피에 있는 잔치국수는 간단한 포장마차 스타일로 시원하고 얼큰하게 먹는 것이라 간단하게 했지만, 취향에 따라 여러 가지 고명을 올려 푸짐하게 먹어도 된단다. 쇠고기 볶음, 호박볶음, 달걀지단, 당근볶음 등 다양한 고명을 풍성하게 올려 먹어도 맛있지.

{딸의 요령}

"조금 더 간단한 방법으로도 잔치국수를 만들 수 있어요. 소면과 국물 양은 위와 동일하게 하면 준비하면 됩니다. 멸치 다시마육수에 약간의 국간장과 소금으로 간간하게 간을 맞춘 다음 애호박 1/3개를 채 썰어 국물에 넣고 끓여주세요. 애호박이 거의 익을 때쯤 달걀 1~2개 풀어 넣고 멍울지게 익히면서 대파 1/2대(10cm)를 어슷 썰어 넣어주세요. 이렇게 국물에 재료들을 넣어 익힌 다음 뜨끈하게 끓이고, 소면 위에 얹어내면 됩니다."

엄마의 훈수

"잔치국수의 국물을 약간 간간하게 하는 이유는 국수가 들어가면 싱거워지기 때문이야. 그걸 계산해서 간을 하면 된단다. 또 국수와 국물의 온도가 달라 먹을 때 입안에서 따로 노는 느낌이 들지 않으려면 토렴(밥이나 국수 등에 더운 국물을 여러 번 부었다가 따라내어 덥히는 일)을 해주는 것이 좋아."

콩 비린내 잡은 고소하고 담백한 국물이 비법

우묵 콩국

재료 | 3~4인분

- 우묵 200g
- 흰콩(백태) 250g
- 토마토 1개
- 오이 1/2개
- 통깨 3큰술
- 잣 1큰술
- 소금 1/2큰술
- 물(생수) 6~7컵

1 콩을 씻어서 물에 담가 6~8시간 정도 불린 다음 체에 밭친다.
2 냄비에 불린 콩을 넣고 콩 위에 1~2cm 올라올 정도로 물을 붓고 삶는다. 콩 불린 물을 넣어도 된다.
3 뚜껑을 열고 중약불에서 20분 정도 삶으면 흰 거품이 올라오면서 끓기 시작하는데, 끓어오르면 약 2분간 더 삶은 다음 불을 끄고 그대로 식힌다.
4 체에 밭쳐서 물을 따라낸 다음 따로 두고, 삶은 콩은 껍질을 벗긴다. 껍질은 물에 바락바락 비벼주면 잘 벗겨지는데, 곱게 갈아지는 믹서에 껍질째 갈아도 된다.
5 믹서에 따라낸 물 5컵, 콩, 통깨, 잣, 소금을 넣고 곱게 간다. 기호에 따라 생수를 더 추가해도 되고, 소금은 곁들인다.
6 오이는 5cm 길이로 곱게 채 썰고, 우묵도 5mm 두께로 채 썬다. 토마토는 반 잘라 1cm 두께로 썬다.
7 그릇에 콩국을 붓고 우묵, 오이, 토마토를 곁들인다.

1

3

5

여름에 즐겨 먹는 고소한 콩국에 밀가루로 만든 국수 대신 저칼로리 우묵을 넣고 오이, 토마토를 곁들여 완성했어요. 콩국은 비린내 없이 고소하고, 우묵은 후루룩 넘어가는 넘김이 좋으며, 상큼한 오이와 토마토가 콩의 느끼한 맛을 잡아주지요.

엄마의 비법을 알려 주세요!

● **콩의 비린내는 어떻게 잡아요?**

콩을 물에 충분히 잘 불리고 딱 알맞게 삶아야 비린 맛이 없어. 여름에는 6~7시간, 겨울에는 8시간 정도 콩의 속까지 잘 불리고, 중약불에서 레시피에 있는 시간을 잘 지켜 삶으면 비린 맛 없이 고소하게 삶아진단다. 그리고 잣과 통깨를 넣고 함께 갈아 고소한 맛을 더하면 비린내를 그야말로 완벽하게 잡을 수 있지.

● **우묵 대신에 소면이나 우동면으로 바꿔줘도 되나요?**

물론이지. 칼로리를 줄이고 건강하게 먹으려고 우묵을 활용했는데, 소면이나 칼국수면, 우동면을 쫄깃하게 삶아 함께 먹어도 좋단다.

● **우묵이 생소해요. 어떤 식재료예요?**

우묵은 해초인 우뭇가사리로 만든 묵으로 식이섬유가 많아 칼로리가 낮고 포만감이 있어 비만을 예방하고 변비에 좋은 식품이야. 우뭇가사리는 우리가 잘 아는 한천의 원료로 양갱을 만들 때도 쓰이지. 미네랄, 요오드, 칼륨 등의 성분도 풍부하게 들어 있어.

{딸의 요령}

"시판용 생식 두부로 간단하게 콩국을 만들 수 있어요. 고소하고 맛있답니다. 생식용 두부 200g, 우유 2컵, 잣 1큰술, 아몬드 6알, 소금 1/2작은술을 믹서에 모두 넣고 곱게 갈아주면 완성돼요. 기호에 따라 우유로 농도를 조절하세요."

엄마의 훈수

"국수가 의외로 칼로리가 높은데, 먹기 부담스럽다면 우묵을 적극 활용해 봐. 야들야들 부드러운 우묵은 후루룩 먹기에 좋고, 칼로리가 낮아 살 찔 걱정이 없어. 콩국은 콩을 비린내 나지 않고 삶는 것이 맛의 포인트인데, 엄마가 알려준 조리시간만 지키면 고소하고 담백한 국물을 맛볼 수 있단다."

여름에는 차갑게~ 겨울에는 따뜻하게~

도토리묵국수

재료 | 2인분

- ○ 도토리묵 400g
- ○ 배추김치 200g
- ○ 김 2장
- ○ 송송 썬 파 2큰술
- ○ 참기름 1큰술
- ○ 통깨 1큰술
- ○ 멸치 다시마육수 2컵
- ○ 김치국물 1/2컵

1 배추김치는 속을 털어내고 굵게 채를 썬 다음 참기름에 버무린다.

2 도토리묵은 모양대로 슬라이스해서 5mm 정도 두께로 가늘게 채 썬다.

3 김은 구워서 2cm 길이로 가늘게 채 썬다.

4 멸치 다시마육수와 김치국물을 섞어 준비한다. 국물은 차게 해도 좋고, 따뜻하게 준비해도 된다.

5 그릇에 묵과 김치를 담고 준비한 국물을 붓는다. 구운 김을 듬뿍 얹고 통깨와 송송 썬 파를 올린다.

2

5

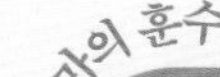

"도토리묵국수는 국물에 따로 간을 안 해도 김치와 김치국물만으로도 간간하고 감칠맛이 나지. 계절에 따라 차갑게, 또는 따뜻하게 먹어도 되는데, 차게 먹는 국물에는 기호에 따라 식초, 설탕, 겨자 등을 넣어 간을 맞추고, 오이나 양배추, 달걀 지단을 채 썰어 함께 곁들이면 폼 나는 한 그릇이 완성된단다. 따뜻한 국물에 밥까지 말아 먹으면 속이 든든하고 개운해져."

후루룩 술술 넘어가는 도토리묵에 멸치 다시마육수를 우려내 붓고, 잘 익은 김치를 송송 썰어 구운 김과 함께 얹어내면 깊고 개운한 맛의 도토리묵국수 완성! 소면 대신 도토리묵을 넣으면 배를 든든하게 채우고 칼로리는 낮아 다이어트 음식으로 딱이랍니다.

엄마의 비법을 알려 주세요!

● 집에서 도토리묵 만들 수 있어요?

그럼, 물론이지. 일반적으로 도토리묵가루 1컵을 물 6컵에 풀어서 중불에서 서서히 저어가면서 끓여. 도토리묵이 엉키면서 끓기 시작하면 들기름 2큰술, 소금 1/2큰술을 넣고 섞어 준 다음 불을 약하게 줄여서 묵이 투명하고 끈기가 있을 때까지 20분 정도 저어가면서 충분히 뜸을 들이는 거지. 그런 다음 사각 내열용기에 쏟아 묵이 굳은 다음 먹기 좋게 썰어 먹으면 된단다. 뜸을 충분히 들여야 묵이 찰랑거리면서 쫀득해. 좋은 도토리묵가루로 집에서 묵을 쑤면 정말 맛이 있으니 꼭 한 번 해보렴.

● 너무 많이 익은 김치밖에 없어요.

많이 익은 김치라면 물에 헹궈서 물기를 꼭 짜고 약간의 참기름과 설탕을 넣어 버무려. 신맛이 많이 나는 김치국물은 사용하지 말고 멸치 다시마육수로만 간을 맞추는 것이 좋을 것 같구나. 되도록이면 새콤하게 잘 익은 배추김치를 사용하는 것이 좋지.

● 좀 더 든든하게 먹고 싶어요.

멸치 다시마육수에 맛있게 익은 김치국물이 어우러진 도토리묵국수라 도토리묵과 함께 밥을 말아 먹어도 맛있단다.

● 김치가 싱거웠는지 국물 맛이 좀 심심해요.

간을 본 후 국간장이나 멸치액젓, 소금으로 간을 추가하렴. 연겨자를 살짝 풀어줘도 별미란다.

{딸의 요령}

"더운 여름철에는 멸치 다시마육수 대신 살얼음이 동동 떠 있도록 살짝 얼린 냉면육수를 사용하면 시원한 묵국수를 먹을 수 있어요. 채 썬 오이나 달걀지단을 고명으로 추가해서 먹으면 더욱 맛있답니다."

속이 느끼하고 매콤새콤한 것이 당길 때

김치말이국수

재료 | 2인분

- 김치 120g
- 소면 200g
- 오이 1/4개
- 삶은 달걀 1개

김치양념

- 송송 썬 쪽파 1큰술
- 통깨 1큰술
- 설탕 1/2큰술

국물

- 멸치 다시마육수 2컵
- 김치국물 2컵
- 식초 2큰술
- 설탕 1큰술
- 소금 1/4작은술

1 오이는 돌려 깎아 얇게 채 썬다. 삶은 달걀은 반으로 자른다. 김치는 속을 털어 내고 얇게 썰어 분량의 김치양념에 버무린다.

2 분량의 재료를 섞어 국물을 만든다. 국물은 미리 준비해서 냉장고에 넣어 차게 준비하거나, 냉동실에 1~2시간 넣어두어 살짝 살얼음이 있도록 준비한다.

3 냄비에 넉넉하게 물을 끓여 소면을 넣고 넘칠 듯이 파르르 끓어오르면 찬물을 조금 넣고 또 끓어오르면 찬물을 넣는 과정을 2~3회 반복하면서 4분 정도 삶는다.

4 삶은 소면은 찬물에 풀기가 없도록 충분히 헹궈서 체에 밭쳐 톡톡 털면서 물기를 뺀다.

5 소면을 1인분씩 돌돌 말아 면기에 담는다.

6 오이와 양념한 김치를 섞어서 국수 위에 올리고 삶은 달걀 반쪽을 얹고, 국물을 살며시 붓는다.

4

6

잘 삶은 소면에 양념한 김치를 소복하게 얹고 감칠맛 나는 김치국물로 간을 맞춰 말아낸 김치말이국수는 언제 먹어도 입맛을 돋워주죠. 레시피도 간단하고 빠르게 만들 수 있는 여름철 별미 메뉴! 김치와 면을 돌돌 말아 후루룩 먹으면 더위가 싹~ 가신답니다.

엄마의 비법을 알려 주세요!

● **오이는 왜 돌려 깎아요?**

오이는 씨를 빼고 색과 모양을 가지런하게 하기 위해 돌려 깎는단다. 씨가 적은 오이라면 그냥 슬라이스한 후 채를 썰어도 되고, 간편하게 채칼로 씨 부분을 제외한 겉 부분만 채 썰어도 돼.

● **김치가 너무 익었거나 덜 익었을 때 양념을 어떻게 해야 해요?**

김치 자체는 그냥 썰어서 양념해도 되는데, 김치국물은 김치의 익힘 정도에 따라 다를 수 있으니 맛을 보면서 설탕, 식초, 소금으로 조절해야 해. 묵은지보다는 잘 익은 배추김치나 열무김치, 동치미 국물을 사용하는 것이 좋아.

● **면을 삶을 때 찬물을 붓는 이유가 뭐예요?**

물이 곧 넘칠 듯 파르르 끓어오를 때 찬물을 휙 끼얹는 것을 '깜짝 물'이라고 해. 물이 끓어 넘치는 것을 막고 물 온도를 순간적으로 낮춰 면의 속이 익기도 전에 겉만 과하게 익는 것을 방지해 면이 고루 익을 수 있게 하는 거지. 그래서 그냥 끓이는 것보다 면발을 탱글탱글하게 삶을 수 있단다.

● **다른 채소를 넣어도 되나요?**

쑥갓, 어린잎 채소, 샐러드 채소 등을 먹기 좋게 썰어 함께 얹어도 잘 어울리고 맛도 풍부해지지.

{딸의 요령}

"김치말이국수의 가장 중요한 포인트는 바로 잘 익은 김치국물이죠. 멸치 다시마육수가 없으면 시판용 냉면육수를 사용해도 좋아요."

비법 양념장으로 비빈 새콤달콤 여름 국수

열무비빔국수

여름철 입맛 돋우는 별미 중 하나인 열무비빔국수는 그냥 국수만 삶아 비벼 먹어도 맛있지만, 조금 정성을 들여 비빔국수 초고추장을 따로 만들어 넣으면 훨씬 맛있어요. 새콤달콤한 맛도 일품이지만, 비타민과 무기질이 풍부한 제철 열무에 신선한 제철 채소들까지 더하니 무더위에 지칠 때 먹으면 이게 바로 보양식이죠.

재료 | 2인분

- 열무김치 200g
- 소면 200g
- 송송 썬 쪽파(또는 대파) 1큰술
- 참기름 1큰술
- 통깨 1큰술

비빔양념장

- 비빔국수 초고추장 3큰술(60g)
- 고추장 1큰술
- 올리고당 1큰술
- 간장 1작은술
- 다진 마늘 1작은술

비빔국수 초고추장(6인분)

- 고추장 1/2컵(100g)
- 올리고당 1 ½큰술
- 와사비 1/2작은술
- 식초 2큰술
- 사과즙 1큰술
- 레몬즙 1큰술
- 양파즙 1/2큰술
- 다진 마늘 1작은술
- 소금 1/2작은술
- 생강 1/4작은술

* 양파와 생강은 강판에 갈아 넣어도 된다.

1 열무김치는 먹기 좋은 크기로 썬다.

2 분량의 재료를 섞어 비빔양념장을 만든다.

3 냄비에 넉넉하게 물을 끓여 소면을 넣고 넘칠 듯이 파르르 끓어오르면 찬물을 조금 넣고, 또 끓어오르면 찬물을 넣는 과정을 2~3번 반복하면서 4분 정도 삶는다. 잘 익었는지는 국수를 약간 꺼내어 찬물에 헹궈서 테스트해도 된다.

4 다 삶은 소면은 찬물에 풀기가 없도록 충분히 헹궈서 체에 밭쳐 톡톡 털면서 물기를 뺀다.

5 그릇에 소면과 열무김치, 비빔양념장, 참기름, 통깨를 넣어 비벼 낸다.

엄마의 훈수

"여름철 입맛 없고, 여러 반찬 하기 싫을 때 엄마에게 구세주 같은 메뉴야. 미리 만들어놓은 비법 양념장만 있으면 소면만 삶아 휘리릭 비벼 먹으면 꿀맛이거든. 비빔국수 초고추장은 만드는 과정이 간단하지는 않지만, 갖은 재료가 들어 있어 일반 양념장과는 맛의 차원이 달라. 만들어 놓고 냉장고에 하루 이틀 숙성시켜 먹으면 더 맛있단다."

엄마의 비법을 알려 주세요!

● 초고추장은 한 번 만들어 놓고 보관해서 써도 되나요?

아무래도 여름철엔 비빔국수를 자주 해 먹게 되니, 미리 만들어서 냉장보관해 사용하면 편리하단다.

● 소면 삶을 때 면이 자꾸 뭉쳐요.

끓는 물에 소면을 넣고 잘 풀어지도록 저어야 하는데, 젓지 않고 그대로 두면 끓는 물속에서 서로 엉겨붙은 채 익어 버릴 수 있어.

● 소면에 '풀기'라는 게 뭐예요?

소면도 전분으로 이루어져 있어 삶고 나면 끈적끈적한 풀기라는 게 남게 돼. 찬물에 여러 번 헹궈주면 끈적한 풀기도 씻겨 나가고, 면의 전분이 식으면서 탱글탱글 쫄깃해진단다.

{딸의 요령}

"입맛 없을 때 온 가족 다같이 식탁에 모여 비빔국수를 나눠 먹었던 일이 행복한 추억으로 남아 있어요. 아이들 비빔국수는 삶은 달걀이나 달걀프라이, 볶은 당근채, 오이채를 올리고 간장양념으로 비벼주세요. 사과즙 2큰술, 간장 1½큰술, 참기름·올리고당 1큰술씩, 검은깨 1/2큰술을 넣고 만들면 돼요."

엄마의 버전-업 레시피

쫄면양념장

재료 | 2인분

- ○ 고추장 3큰술
- ○ 식초 2큰술
- ○ 올리고당 2큰술
- ○ 고춧가루 1큰술
- ○ 간 양파 1큰술
- ○ 간장 1작은술
- ○ 설탕 1작은술
- ○ 다진 마늘 1작은술
- ○ 와사비 1/4작은술

삶은 쫄면, 채 썬 어묵, 데친 콩나물, 삶은 달걀, 채소 등을 얹고 쫄면양념장을 넣어 비벼 보세요. 위 열무비빔국수에서 초고추장 만드는 과정이 복잡하다면 쫄면양념장에서 식초 1큰술만 줄여 열무국수 비빔양념장으로 사용하면 됩니다. 와사비는 생략 가능해요.

비빔냉면양념장

재료 | 2~3인분

- ○ 간 사과 4큰술
- ○ 고춧가루 3큰술
- ○ 식초 3큰술
- ○ 물엿 2큰술
- ○ 간 양파 2큰술
- ○ 고추장 1큰술
- ○ 다진 마늘 1/2큰술
- ○ 연겨자 1/2큰술
- ○ 소금 1/2작은술
- ○ 간장 1/2작은술

삶은 냉면 사리 위에 비빔냉면양념장을 올리고 오징어무침(341p 참고)을 얹어 참기름을 넉넉히 둘러 먹으면 정말 맛있어요. 물론 오징어무침 없이 오이나 삶은 달걀 등만 곁들여 비벼도 충분히 맛있답니다.

해물 육수의 깊고 진한 맛에 반하다

얼큰 해물수제비

해물이 한가득 들어 있어 얼큰하고 진한 국물맛이 일품인 해물수제비! 몸이 으슬으슬한 날 한 그릇 먹고 나면 이만한 보양식이 또 없죠. 수제비뿐 아니라 칼국수면을 넣어 칼제비를 만들어 먹는 것도 아이디어입니다.

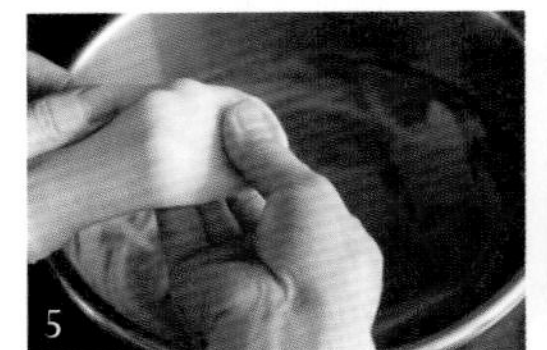

재료 | **2인분**

- 바지락 300g
- 새우살 100g
- 미더덕 80g
- 애호박 50g
- 양파 50g
- 당근 30g
- 새송이버섯 30g
- 대파 1/2대(10cm)
- 청양고추(홍) 1개
- 국간장 1/2큰술
- 소금 1/2작은술
- 멸치 다시마육수 6컵

수제비 반죽

- 밀가루(중력분) 250g(2컵)
- 달걀흰자 1개분(40g)
- 소금 1/4작은술
- 냉수 100g(1/2컵)

양념장

- 고춧가루 2큰술
- 맛술 1큰술
- 다진 마늘 1큰술
- 국간장 1큰술
- 고추장 1/2큰술

1 수제비 반죽을 분량대로 말랑하게 치대어 마르지 않게 덮어 30분 정도 숙성시킨다.

2 애호박, 당근을 5mm 두께 정도로 슬라이스한 다음 같은 두께로 채 썬다. 양파도 1cm 정도 두께로 채 썰고, 새송이버섯은 길이로 4등분한 다음 얇게 슬라이스한다.

3 대파와 청양고추는 어슷 썰고, 청양고추의 씨는 털어낸다. 새우살과 해감된 바지락을 준비한다. 새우살은 껍질 있는 새우를 껍질을 벗겨서 사용해도 되고, 냉동 새우살을 사용해도 된다. 미더덕은 잘 씻어서 칼 끝으로 살짝 터뜨려 준비한다.

4 분량의 재료를 섞어 양념장을 만든다.

5 냄비에 멸치 다시마육수와 양파, 버섯, 당근을 넣고 센 불에서 끓이는데, 육수가 끓어오르면 바로 수제비 반죽을 떼어 넣는다.

6 ⑤에 양념을 기호에 맞게 풀어 넣은 다음 센 불에서 5분 정도 바글바글 끓이고 바지락과 새우, 미더덕을 넣어 알맞게 익히면서 국물이 우러나도록 5분 정도 더 끓인다.

7 소금과 국간장으로 간을 맞춘 후에 대파, 애호박, 청양고추를 넣고 1~2분 정도 더 끓인다.

엄마의 비법을 알려 주세요!

● **수제비 반죽은 왜 숙성시켜요?**

반죽을 30분 이상 숙성시키면 반죽 속의 물과 다른 재료들이 서로 잘 섞이면서 말랑거리고, 야들야들하게 반죽을 떠서 넣을 수 있고, 익었을 때 훨씬 더 쫀득쫀득해. 직접 해서 먹어보면 그 차이를 확실히 알 수 있지. 남은 반죽은 냉장고에 3~4일 정도 두고 먹어도 돼.

● **끓고 있을 때 수제비 반죽을 넣어야 더 쫄깃한가요?**

센 불에서 바글바글 끓을 때 반죽을 넣어야 들어가자마자 바로 익기 때문에 퍼지지 않고 쫀득해져. 넉넉한 양의 국물을 팔팔 끓여가면서 수제비 반죽을 얇게 떠 넣으면 밀가루 냄새도 안 나고 쫀득쫀득하니 맛있지.

● **수제비 반죽이 자꾸 두껍게 떠지고 얇게 뜨기가 어려워요. 쉽고 얇게 뜨는 방법이 있을 까요?**

수제비 반죽을 숙성시키면 탄력이 생겨 얇게 펴도 잘 끊어지지 않아. 오른손을 이용해서 넓게 펼쳐서 뚝뚝 떼어내면 되는데, 넓고 얇게 뜨는 것이 어렵다면 밀대로 반죽을 얇게 민 다음 손으로 뚝뚝 떼서 넣으면 쉬워.

{딸의 요령}

"맵지 않게 해물수제비를 만들려면 재료에서 고추장과 고춧가루, 청양고추를 빼고 조리하세요. 부족한 간은 새우젓을 조금 넣어 맞추면 감칠맛과 시원한 맛이 끝내주는 맑은 해물수제비가 됩니다. 아이용은 수제비 반죽을 한 입 크기로 조금 작게 떠서 넣어주세요."

엄마의 훈수

"해감이 덜 된 바지락이라면 바로 국물에 넣지 말고, 약간의 물과 함께 살짝 미리 삶아 입이 벌어진 상태에서 바지락과 국물을 분량에 맞춰 넣어야 안전해(106p 참고). 바지락에 있는 이물질 때문에 국물을 망칠 수도 있거든. 그리고 육수에 해물을 넣고 끓이기 시작하면 10분 이내로 조리를 마치는 것이 좋아. 너무 오래 끓이면 해물의 풍미가 사라지거든. 조개, 미더덕 외에도 낙지, 홍합, 다양한 조개 등을 넣어줘도 된단다."

INDEX 가나다 순

친정엄마 요리백과

초판 1쇄 2020년 10월 26일
3쇄 2024년 4월 1일

지은이 | 윤희정·옥한나

발행인 | 박장희
대표이사·제작총괄 | 정철근
본부장 | 이정아
편집장 | 조한별

기획위원 | 박정호

진행 | 한혜선
표지 사진 | 15스튜디오 이과용
표지 디자인 | ALL designgroup
내지 디자인 | 변바희, 김미연
마케팅 | 김주희, 박화인, 이현지, 한륜아

발행처 | 중앙일보에스(주)
주소 | (03909) 서울시 마포구 상암산로 48-6
등록 | 2008년 1월 25일 제2014-000178호
문의 | jbooks@joongang.co.kr
홈페이지 | jbooks.joins.com
네이버 포스트 | post.naver.com/joongangbooks
인스타그램 | @j__books

ISBN 978-89-278-1173-2 13590

중앙북스는 중앙일보에스(주)의 단행본 출판 브랜드입니다.